空间电推进科学与技术丛书

U0170384

空间电推进试验测量技术

Test and Measurement Technology for Space Electric Propulsion

康小录 刘 佳 乔彩霞 张 岩 等 著

科 学 出 版 社

北 京

内 容 简 介

本书主要介绍了空间电推进试验测量方面的原理、方法和应用技术等。全书共分为四篇14章,试验基础篇(第1~3章)主要介绍了电推进试验概述、电推进试验真空系统和电推进点火试验;性能测量篇(第4~7章)主要介绍了电推进推力、流量、束流特性、电磁发射特性的测量;寿命试验篇(第8~10章)主要介绍了电推力器、空心阴极和电推进系统组部件的寿命试验和评估方法;等离子体诊断篇(第11~14章)主要介绍了与电推进等离子体相关的诊断技术,包括Langmuir探针、发射探针、静电探针、光谱诊断等。

本书可供从事空间电推进装置研究、设计、生产、试验和应用的工程技术人员及管理人员参考、借鉴,也可作为高等院校相关专业研究生和高年级本科生的参考书。

图书在版编目(CIP)数据

空间电推进试验测量技术 / 康小录等著. —北京:
科学出版社,2020.11
　(空间电推进科学与技术丛书)
　ISBN 978-7-03-066376-4

　Ⅰ.①空… Ⅱ.①康… Ⅲ.①空间定向-电推进-测量 Ⅳ.①V514

中国版本图书馆 CIP 数据核字(2020)第 197788 号

责任编辑:徐杨峰 / 责任校对:谭宏宇
责任印制:黄晓鸣 / 封面设计:殷　靓

科 学 出 版 社 出版
北京东黄城根北街16号
邮政编码:100717
http://www.sciencep.com

南京展望文化发展有限公司排版
苏州市越洋印刷有限公司印刷
科学出版社发行　各地新华书店经销

*

2020 年 11 月第 一 版　开本:B5(720×1 000)
2020 年 11 月第一次印刷　印张:26 1/2
字数:515 000

定价:190.00 元
(如有印装质量问题,我社负责调换)

空间电推进试验测量技术
编写人员

主 编

康小录

副主编

刘 佳 乔彩霞 张 岩

参编人员

（以姓名笔画排序）

田雷超 乔彩霞 任大呈 刘 佳 刘 鹏
李 林 李 晶 余水淋 张 岩 张 敏
杭观荣 赵 震 徐亚男 黄 浩 康小录

丛书序

喷气推进通过将工质流高速向后喷出,利用动量守恒原理产生向前的反作用力使航天器运动变化,在此过程中消耗质量和能量。根据能量供应的形式,喷气推进可以分为基于燃料化学能的化学推进和基于外部电能源的电推进。电推进的设想由俄国物理学家齐奥尔科夫斯基和美国物理学家罗伯特·戈达德分别在 1902年和 1906 年提出,与传统化学火箭提出时间基本一致。但是由于其技术复杂性和空间电功率等限制,早期电推进的发展明显滞后于化学推进。20 世纪 50 年代,美国和苏联科学家对电推力器进行了理论研究,论证了空间电推进的可行性,并开始了电推进技术的工程研究。1960~1980 年是电推进技术成熟发展并开始应用的主要发展阶段,几位电推进的先驱者留下了探索的足迹。

空间飞行器对燃料消耗量非常敏感,推进器的比冲成为最重要的性能指标。化学推进受到推进剂焓能限制和耐高温材料的制约,比冲达到 340 s 水平后几乎再难以大幅度提升;电推进可以借助于外部电能,突破传统化学推进比冲的极限,目前已经很普遍地达到 1 000~3 000 s 的高比冲,并且远未达到其上限。

电推进由于其高比冲、微推力等主要特征,在长寿命卫星、深空探测、无拖曳控制等航天工程中正日益发挥极其突出的作用,成为航天推进技术的前沿,受到世界各国的重视;智慧 1 号探月卫星,隼鸟号、深空 1 号、全电推进卫星等的成功应用,标志着电推进技术逐渐走向成熟,在未来航天领域的重要性日益凸显;中国的电推进经过了漫长的发展储备期,在离子推进、霍尔推进、电弧推进、脉冲等离子体推进等方面取得了坚实的进展,2012 年实践 9 号卫星迈出了第一个空间验证的步伐,此后实践 13、实践 17 等卫星进入了同步轨道应用验证和工程实施阶段。

我国电推进的学术交流蓬勃发展,其深度、广度和影响力持续提高,电推进学会发展走入正轨,对促进电推进技术的知识共享、扩大影响、壮大队伍、加快技术进步发挥了巨大的作用。

在此背景下,我国电推进行业的发展和人才培养急需一套电推进技术领域的专业书籍,科学出版社和中国宇航学会电推进技术专业委员会合作推出了这套丛书,希望这套丛书的出版,对我国航天推进领域科学技术的发展起到推动作用。

　　丛书在编辑过程中得到北京控制工程研究所、上海空间推进研究所、兰州空间技术物理研究所、北京理工大学、北京航空航天大学、哈尔滨工业大学、中国空间技术研究院通信卫星事业部、航天工程大学、西安微电子技术研究所、合肥工业大学、上海交通大学等单位的大力支持,对此表示感谢。

　　由于电推进技术处于快速发展中,丛书所包括的内容来不及涵盖最新的进展,书中的不足之处在所难免,敬请广大读者和同行批评指正。

丛书编委会
2019 年 7 月

序

　　空间电推进技术作为航天动力的后起之秀,以其领先传统化学推进一个数量级的高比冲优势,在航天器在轨推进领域发挥着越来越重要的作用。截至目前,国际上已经发射的采用电推进技术的卫星或航天器达 600 多颗,共计装备的电推力器数量超过 1 400 台,发展和应用势头迅猛。

　　我国空间电推进技术经历几十年的发展,取得了长足的进步。2012 年 11 月,装备有霍尔电推进和离子电推进的实践九号卫星成功发射并圆满完成了电推进在轨运行工作试验,标志着我国电推进技术实现了由实验室研发转入空间应用的过渡。随后的实践十三号和实践二十号等应用电推进卫星的相继发射,以及在研的空间站核心舱和多颗卫星型号,使得我国电推进技术发展和应用步伐不断提速,前景喜人。

　　空间电推进技术涉及物理电子学、电磁学、等离子体物理、电力电子、流体机械、热力学等专业领域,是一项多学科交叉融合的航天动力技术。在空间电推进概念形成、技术研究、产品研制和型号应用的整个科研实践过程中,试验测量是非常重要的一个环节,其对于支撑电推进概念创新、认识电推进工作机理、优化电推进设计、评估电推进装置性能、确保电推进应用成功等都具有不可替代的作用。"兵马未动,粮草先行",作为航天动力重要的基础技术,空间电推进试验测量技术需要超前布局,大力发展。

　　以上海空间推进研究所康小录研究员为带头人的先进空间推进团队是中国航天首批二十个科技创新团队之一,在空间电推进特别是霍尔电推进技术领域创造了多项国内第一,是我国空间电推进技术发展的国家主力队。团队专家在充分调研国内外空间电推进试验测量技术的基础上,结合自身在电推进科研实践中的经验,完成了《空间电推进试验测量技术》的编著。该书涵盖空间电推进的试验基础知识、试验条件、性能测量、寿命试验以及相关的等离子体诊断技术等内容,不仅反映了作者多年来在电推进科研实践中的研究成果,同时也借鉴和吸纳了国内外同行在空间电推进试验测量方面的最新成就和创新思想,内容系统全面,知识性强,是从事空间电推进研究设计和工程应用的科研工作者及工程技术人员非常有益的参考书。

　　很高兴应作者邀请为《空间电推进试验测量技术》作序,相信该书的正式出版,对于提升我国空间电推进试验测量技术水平、推动空间电推进技术创新发展和工程应用具有重要意义,也为我国实现航天强国战略目标起到积极的支撑作用。

中国工程院院士

2020 年 5 月

前　言

试验测量技术是人类认识和改造客观世界必不可少的重要手段,电推进的试验测量对于认识电推进工作机理、优化电推进设计、评估电推进装置性能等具有重要的作用,是推动电推进专业发展和工程应用的基础技术。

航天技术的不断进步,对空间电推进技术的需求在迅猛增长,从而也极大地促进了电推进技术的发展和创新。"工欲善其事,必先利其器",在当前电推进全面工程应用和新技术不断涌现的大背景下,欲善电推进其事,需要先利试验测量之器。为此,作者经过对国内外电推进试验测量技术的系统调研,并结合国内在科研和工程实践中积累的经验,完成本书。本书主要着眼于电推进试验测量方面具有特殊性的试验测量技术和方法等,希望能对空间电推进技术专业发展和工程应用有所帮助。

本书共分为四篇(共14章):试验基础篇(第1~3章)主要涉及电推进试验测量的基础性内容,其中第1章为电推进试验概论,第2章为电推进试验真空系统,第3章为电推进点火试验;性能测量篇(第4~7章)主要涉及电推进基本性能的测量,其中第4章为微小推力测量,第5章为气体微流量控制与测量,第6章为束流特性测量,第7章为电磁辐射特性测量;寿命试验篇(第8~10章)主要涉及与电推进寿命试验相关的内容,其中第8章为电推力器寿命试验,第9章为空心阴极寿命试验,第10章为电推进系统组部件寿命试验;等离子体诊断篇(第11~14章)主要涉及电推进等离子体参数的诊断技术,其中第11章为等离子体密度及电子温度的诊断,第12章为等离子体空间电势测量,第13章为离子特性测量,第14章为等离子体光谱诊断。

本书在编写过程中,得到了各级领导和专家学者的大力支持与帮助。上海空间推进研究所朱智春所长对本书的选题和编写给予了大力支持和指导。空间电推进科学与技术丛书编辑委员会的专家审阅了书稿并提出了有益的修改意见。上海空间推进研究所、兰州空间技术物理研究所、北京控制工程研究所、北京航天计量测试技术研究所、哈尔滨工业大学、北京航空航天大学等单位的专家学者为本书提供资料或参与了部分编撰审阅。对上述为本书提供帮助的单位和专家一并表示衷心的感谢。

电推进试验测量技术涉及的专业知识和学科领域广泛,相关的新理论、新技术不断涌现。限于作者的知识水平和能力,书中疏漏或不足之处在所难免,恳请读者批评指正。

康小录

2020 年 5 月于上海

目　录

第 2 章　电推进试验真空系统

第 3 章　电推进点火试验

性 能 测 量 篇

第 4 章 微小推力测量

第5章 气体微流量控制与测量

第6章 束流特性测量

第7章 电磁辐射特性测量

寿 命 试 验 篇

第 8 章　电推力器寿命试验

第9章 空心阴极寿命试验

第10章 电推进系统组部件寿命试验

等离子体诊断篇

第 11 章　等离子体密度及电子温度的诊断

第 12 章　等离子体空间电势测量

第 13 章　离子特性测量

第 14 章 等离子体光谱诊断

试验基础篇

第 1 章
电推进试验概论

1.1 电推进技术简介

电推进技术就是通过电能的引入,来增加推进剂动能,以获得更高喷气速度的一门空间推进技术。一般而言,电推进系统可以使推进剂的喷出速度比传统化学推进系统高出一个数量级以上。对于一定的空间推进任务,采用电推进系统比采用化学推进系统可以节约更多推进剂,这对于航天器设计无疑是非常有益的:一方面可以使得航天器设计过程中重量分配的紧张局面大为缓解,另一方面可以增加有效载荷的占比、减轻航天器重量从而降低发射成本,或提高航天器的工作寿命[1-4]。

与传统化学推进系统相比,电推进系统可以达到的推力密度较低,完成同样的空间任务,采用电推进系统需要更长的在轨工作时间,这就使得航天器控制的工作模式需要做相应调整。另外,电推进系统增加了电源需求以及可能的功率处理装置等,这就增加了推进系统的干重,部分削弱了因高比冲所带来的重量优势。电推进应用于航天器,将会带来一系列新的问题和物理现象,如电推进放电羽流中的带电粒子对航天器表面带电状态的影响、高能羽流粒子对航天器表面的溅射和沉积污染效应、电推进工作与航天器电磁兼容问题、长时间持续工作对材料和空间环境的影响、导电等离子体对太阳帆板的漏电效应等,这些都需要在电推进发展和应用过程中予以关注和研究。

从原理上来看,电推进与靠推进剂的化学反应在喷管处膨胀喷出产生推力的化学推进有着本质的区别。通常电推进提高喷气速度都是通过如下两种方式中的一种或两种的结合来实现的:① 增加靠气动加速推进剂的热能;② 靠其他方式直接加速推进剂。

基于推进剂的加速原理,并考虑电推进的发展历史和应用习惯,电推进技术通常分为三大类,即电热推进、静电推进和电磁推进[5,6]。

(1)电热推进:推进剂通过某种形式的电能(过程)被加热,然后通过喷管膨胀加速喷出产生反作用推力。

（2）静电推进：推进剂通过某种方式被电离为离子，离子通过直接的静电场加速喷出产生反作用推力。

（3）电磁推进：推进剂通过某种方式被电离为离子，离子通过电场和磁场的联合作用被加速喷出产生反作用推力。

图1-1为电推进分类示意图，其中三种基本类型分别包含数种电推进技术。各种电推进技术的原理、特点、优势和问题已有大量的书籍和文献介绍[1-3]，本章就不再重复。

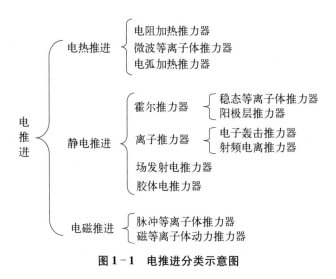

图1-1　电推进分类示意图

1.2　电推进试验的地位与作用

电推进种类繁多，工作原理和特点各异，但无论哪一款电推进装置，在其物理概念确定之后，都要经历设计、试制、试验三个基本环节组成的循环，试验在这个循环中起到重要作用：一方面，电推进装置的功能、性能、环境适应性和可靠性需要通过试验来评定和验证；另一方面，电推进装置研制过程中的一些问题都需要通过试验暴露，并通过试验来寻求解决方案。因此，电推进装置研制离不开试验技术。

试验测量技术在电推进研究和研制的预研、模样、初样、正样和飞行应用的诸阶段都起着重要的作用，是电推进技术不可分割的组成部分。试验对于电推进技术的作用可以概括为如下几个方面。

（1）试验是推动电推进理论发展和完善不可或缺的环节。电推进装置主要是基于电磁加速原理工作的，其工作过程相对复杂，涉及流体机械、工程热物理、电磁理论、等离子体输运等多个学科，仅靠分析计算很难把电推进工作过程描述清楚，也无法严格确定各性能参数之间的数量关系，只有通过各种试验，取得大量实测数据,对理论和实际工作情况的数据进行反复比对检验和修正,才能使电推进理论得以不断完善和提高。另外,在新型电推进概念发展之初,检验新概念是否正确可行的唯一标准就是试验,离开了试验,电推进理论将无从发展。

(2)试验是确定电推进装置性能指标、评价其可靠性和寿命的重要手段。电推进与化学推进的主要不同点就在于电推进的能源不是来源于推进剂本身贮存的化学能,而是从外部输入的电能。表征电推进装置性能的指标包括物理性能和电性能。因此,评价电推进性能的参数除了与传统化学推进相同的推力、比冲外,还有电推进特有的性能参数,如功率、效率、推力功率比等与电相关的参数。另外,可靠性和寿命也是评价电推进装置必不可少的重要指标。在电推进技术发展的各个阶段,都存在对上述电推进指标的确定和评价,而确定和评价这些指标的最重要的手段之一就是试验测量,因此从这个角度来看,电推进技术发展离不开试验测量技术。

(3)试验是电推进装置优化设计的有效手段。优化设计作为工程研制中的重要过程,是提升产品性能和成熟度的必由之路。试验在优化设计过程中是非常关键的一环,能够帮助设计师验证设计结果是否正确,暴露设计阶段的实际问题,帮助解决电推进研制中遇到的工程难题,为改进和优化设计指明方向,并提供依据。电推进装置工作环境复杂,设计约束条件苛刻,可靠性要求高,如何选择装置的结构、材料、工作点和工艺方法才能使其强度、尺寸、重量、可靠性、工作性能等满足要求,显然也是一个优化设计命题,离不开试验的引领和把关作用。

(4)试验是检验电推进装置生产工艺稳定性和可靠性的重要手段。在电推进装置进入正样研制和批产阶段,所采用的原材料、元器件不可能绝对一样,组部件及整机产品的加工、处理、装配工艺不可能没有差异,因此同批次之间以及不同批次之间的产品性能存在一定的差异是难免的。要实现电推进装置生产工艺的稳定和可靠,就必须将上面提到的这种差异控制在规定的范围,这就需要通过工艺检验试验来达到这一目标,即按照一定的规则抽取一定数量的产品进行工艺性试验,以检验生产工艺的可靠性和稳定性。

(5)试验是检验电推进装置环境适应性的唯一途径。与其他空间产品一样,电推进装置需要在相应的使用环境下具备所需要的功能和性能。因此,需要了解不同使用环境下电推进装置功能和性能的差异,以及性能包络,从而判断和评价装置的环境适应性。对工作环境的适应性评价没有其他方法,只有通过环境试验来检验。相应的试验主要包括贮存环境试验、运输环境试验、发射环境试验、空间运行环境试验,对应的具体试验内容主要有盐雾试验、温/湿度环境试验、加速度试验、振动/冲击试验、声试验、真空放电试验、热真空/热平衡试验、温度循环试验、磁试验、压力试验、检漏试验、电磁兼容试验、空间辐照环境试验等,具体开展哪些试验需要针对具体的使用环境确定。

综上所述,电推进试验测量是电推进装置研制工作的重要组成部分,电推进研制的每一阶段都离不开试验测量技术的支持,缺乏有效可靠的试验测量技术,电推进装置的研制工作要么难以持续进行下去,要么就会偏离正确的研制轨道。

1.3   电推进试验的特点

电推进装置的性能、功能和可靠性等信息,大部分都无法通过对电推进装置进行直接测量而获得,通常需要通过某种人为方法,借助专门的装置,将其存在的相关信息激发出来,再通过一定的手段,检测出这些信息,并加以量度。因此,获取电推进装置相关信息的试验测量将主要涉及两大部分:一部分是激发电推进相关信息的方法和装置,另一部分是检测和量度这些信息的手段和设备[7]。

由于电推进与传统化学推进有着本质的不同,其工作方式、工作条件、工作环境有很大差异,因此获取电推进装置信息的试验测量技术就必须适应这种变化,从而导致激发电推进相关信息的方法和装置以及检测和量度这些信息的手段和设备具有不一样的特点。与传统化学推进的试验测量技术相比,电推进试验测量技术有诸多独有的特点[8,9]。

1.3.1   试验真空环境

与化学推进装置可以在大气环境下点火工作不同,电推进装置通常都必须在真空环境下才能点火工作,特别是对于静电推进和电磁推进,由于装置本身就是一个电子离子器件,存在电子发射材料,注定其只能在真空下,甚至在很高真空度的环境下才能正常工作。当然,电推进装置在空间的应用环境通常也满足所要求的高真空条件,但在地面试验时,就需要人工制造高真空环境,以满足电推进试验的要求。

电推进试验真空设备与一般的真空设备存在较大的差别,主要表现在如下几方面:

(1)电推力器工作时不断有推进剂流入真空舱内,同时还要保证真空舱的真空度维持在规定的水平,有时甚至对有些气体的分压力还需要做具体规定。因此,真空抽气系统的能力要求要高,还要考虑真空泵的选择性抽气性能等。

(2)通常,为了实现清洁真空,电推进试验真空抽气采用低温泵。由于电推进排气多为高速等离子体,热流密度较高,势必带来低温泵制冷板的温升,长时间的积累效应可能导致低温泵抽气能力的失效,因此电推进真空系统要充分考虑高能等离子体羽流对低温泵的热影响。

(3)高能等离子体羽流对真空舱体的溅射效应以及返流也是电推进试验真空系统必须要面对的问题,溅射返流将导致试验羽流特性与实际羽流差异加大,试验结果偏离真实情况。因此,在真空舱结构尺寸的设计方面,必须根据电推进羽流特点进行相应的考虑。

(4) 有些电推进试验还需要特别的真空系统,例如,电推进的辐射特性试验既对真空度有要求,还需要真空舱体对电磁波是透明的,这就需要建造透波材料真空舱。

1.3.2　测量参数种类

电推进试验要测量的参数种类繁多,涉及力学、热学、光学、电磁学、等离子体物理等多个领域,与化学推进试验测量的参数存在诸多不同。例如,电推进的推力通常都较小,有些推力器的推力水平甚至在微牛(μN)量级,加上电推力器的自重都比较大,推重比变得非常小,这使得推力测量变得相当困难。另外,电推力器地面试验时通常都有推进剂供给管路和供电线路与推力器相连,这也使得电推力器不是一个孤立单元,推力测量时,管路和线路的应力干扰是制约电推力器推力测量的又一拦路虎;另外,电推进的微流量测量也是一项难度较大的工作,特别是对于气体的微流量测量,由于相关的流量标定尚不成熟,势必会加大测量工作的难度。

还有的电推进装置启动特性复杂,工作模式为脉冲方式,如脉冲等离子体推力器的放电时间尺度在微秒(μs)量级,这就要求测量系统的响应时间适应这一特点。

1.3.3　电推力器的羽流

电推进羽流形态涉及固态颗粒、液态液滴、气态、等离子体,羽流粒子速度快,通常速度都在 10 km/s 以上,如此高能的羽流粒子的测量对测量工具提出了较为严苛的要求,羽流粒子对测量工具的撞击、溅射、沉积等效应,不仅影响测量工具的正常工作,而且会对测量的数据结果有效性、精度等产生较大影响。特别是电推进的等离子体羽流,虽然宏观呈现电中性,但是在微观尺度内,具有带电粒子的特点,会对放入其中的测量工具的电性能产生影响;同时,等离子中的带电粒子均为微观粒子,如离子、电子等,运动速度很快,目前宏观的测量工具和手段均不能实现对某个带电粒子运动特性的准确测量,只能对某一宏观区域的等离子体中带电粒子的分布、电势、密度等进行半定量的诊断。此外,由于电推进羽流的特性,如果采用介入式测量手段,则对羽流产生的干扰可能会大幅度改变羽流特性,从而失去了测量的意义,因此对于电推力器的等离子体羽流,需要根据其不同形态、不同组分、不同区域等选择切实有效的测量或诊断工具、手段[10]。

1.3.4　电推进试验成本

由于电推进试验的特性,电推进试验的成本一般比较高:

(1) 电推进试验的设备投入成本较高。电推进试验一般需要电推进装置点火工作,如前所述,电推进装置点火工作必须在真空环境中,甚至对真空度、真空环境组分均有一定的要求,不仅需要建造真空舱,而且需要配套满足清洁高真空要求的低温泵等抽真空系统。试验中对电推进性能参数的测量、羽流特性诊断等,均需要研制专用的测量或诊断设备。

(2)电推进试验设备的运行维护成本较高。电推进试验过程中,真空舱内清洁高真空环境的维持需要抽真空系统一直工作,对水、电等资源的消耗量较大,尤其是电推进寿命试验,动辄几千上万小时,人力、物力成本均较高。同时,为确保电推进试验的长期正常运行,需要对试验设备、测量设备等进行定期检修、维护,提高设备运行可靠性,进一步增加了试验成本。

(3)有些电推进装置工作所需的推进剂价格较高,开展寿命试验等电推进试验需要消耗大量的推进剂,这使得消耗推进剂的总成本也比较高。以霍尔推力器为例,采用高纯氙气作为推进剂,高纯氙气的市场价格一般在 80~200 元/L,按照目前国际上广泛应用的 SPT-100 霍尔推力器[11],开展 8 000 h 地面长寿命试验,需要消耗高纯氙气约 150 kg,仅推进剂的费用就在 200 万~500 万元,成本高昂。

1.3.5　电推进试验周期

电推进装置的推力普遍很小,一般是毫牛(mN)甚至 μN 量级,意味着完成相同的空间任务需要非常长的时间,这就导致满足应用的电推进装置的寿命很长,至少是几千小时甚至上万小时的寿命。对于一款新型电推力器的定型,在没有加速寿命试验方法的情况下,寿命试验必须采取 1:1 的工作试验验证方式,势必会使得试验周期很长。以离子推力器为例,其寿命通常在 20 000 h 左右,要完成 1:1 的工作寿命试验,在试验系统无故障的情况下,试验周期都要持续近三年的时间。因此,电推进寿命试验不仅是对试验产品寿命的考核,也是对试验测量设备可靠性和长期运行能力非常严酷的考验。

1.4　电推进试验的分类和内容

1.4.1　电推进试验的分类

电推进科研的内涵主要是指电推进的研究、研制、试验、鉴定和应用等活动,通常被划分为预先研究和型号研制两个大的阶段,电推进试验测量则贯穿于整个电推进科研活动之中。随着电推进科研的不断深入,试验的对象越来越复杂,试验的要求也越来越多。各层次的软硬件都要经历试验和测量的检验。按照电推进科研活动的阶段不同,电推进试验也可以划分为预先研究试验和型号研制试验两大类。

预先研究试验是在电推进预先研究阶段开展的各种试验,其突出特征是关注技术,主要涉及电推进基础研究试验、应用研究试验和先期技术开发试验。其中基础研究试验主要是配合电推进新概念、新原理和新方法的研究而开展的基础性试验,试验所涉及的专业技术领域可能会非常宽泛,但对试验精度和条件等的要求不会太特殊,常规的基础物理类试验测量技术便可满足要求;应用研究试验主要是配合新型电推进在空间推进领域应用的可能性和技术的可行性研究活动而开展的试验,需要有专门的试验测量设备来实现目标;先期技术开发试验主要是配合新型电推进原理样机或模型样机开展的对基础研究和应用研究结果的验证,在整个电推进预先研究阶段,这一环节的试验内容项目多,试验范围几乎涵盖了电推进试验的全部领域,只是在有些具体要求方面与型号研制阶段试验存在差异。一般来说,只有经过了预先研究阶段充分的试验考核过的新型电推进技术才能够在型号研制中采用。

型号研制试验是在电推进型号研制阶段开展的各种试验,其突出特征是关注产品,主要涉及电推进方案(模样)阶段试验、初样阶段试验、正样阶段试验。其中方案阶段试验主要是配合型号的方案论证而开展的针对具体型号的可行性试验验证工作,通过试验考核电推进装置设计方案的可行性,结构的合理性,所采用的各项新技术的相互匹配性、协调性等,通过试验暴露问题,达到完善方案的目的。初样阶段试验是在电推进装置基本方案已经确定的前提下进行的,各组部件的结构、材料、控制方式等已经确定,研制基线已经形成。在这一阶段,电推进装置要经历模拟使用环境条件的大量试验,如地面贮存环境、运输环境、发射环境、空间运行环境等试验。经过这些环境试验的电推进装置需要再经过点火试验,考核其经过环境试验后的可靠性、稳定性以及性能指标的符合性等。除环境试验之外,初样阶段试验还需要开展电推进装置与应用航天器的相容性等试验。初样阶段试验要充分验证设计的正确性,做到试验验证充分,测试覆盖全面。正样阶段试验是在技术状态固化之后进行的,这一阶段的试验主要是质量一致性试验,正样阶段试验要保证系统级测试验证充分。

上面是按照电推进科研活动的阶段对电推进试验进行分类的,也可以按照其他特征对电推进试验进行分类,例如:按试验的目的,可将电推进试验划分为基础研究试验、产品开发试验、产品鉴定试验、产品验收试验、质量检定试验、故障诊断试验等;按照试验环境,可将电推进试验划分为模拟环境试验、真实环境试验(如飞行试验)等;按照试验对象,可将电推进试验划分为组部件试验、单机试验、分系统试验、系统级联合试验等。无论哪种分类方法,都很难全面概括电推进试验的特点。因此,习惯上通常综合电推进试验所属阶段和试验目的,将电推进试验按照如下三种进行划分:

(1)研发试验;

(2)鉴定试验;

(3)验收试验。

研发试验基本上相当于上面所提到的预先研究试验,是指电推进研发或关键技术攻关阶段,为了验证技术方案的可行性、优化方案设计而开展的所有试验的统称。因此,研发试验一般以研究性试验为主,如电推力器原理验证试验、电推力器性能摸底与优化试验、电推力器放电特性研究试验等。

鉴定试验是指在完成关键技术攻关、技术方案确定之后,为了验证电推进系统或单机产品满足航天型号任务需求、可靠性要求而开展的所有试验的统称。鉴定试验一般包括电推进寿命试验,以及力学试验、高低温试验、湿热试验等环境适应性试验。鉴定试验一般需按照最高限值要求或者超出最高限值一定水平开展,因此鉴定试验的条件最为恶劣,产品经受的考核也最为严酷,经过鉴定试验之后的产品只能用于开展地面试验,不能随航天器发射升空和在轨工作。

验收试验是指在产品交付给航天器总体或系统总体前,为验证电推进系统或单机产品的功能、性能等满足要求而开展的所有试验的统称。由于产品在通过验收试验之后,是要随航天器发射升空和在空间工作的,因此验收试验仅开展必要的试验项目,且试验的条件没有鉴定试验严酷,目的是验证产品研制质量和一致性。验收试验一般需完成电推进点火试验、性能测试试验,以及必要的力学试验、高低温试验等环境适应性试验。

1.4.2　电推进试验的内容

电推进试验的分类很难统一,不同分类的试验存在交叉重复,但其试验的内容是相对明确的。从电推进试验对试验设备、试验测量技术、试验测量方法要求的角度来看,电推进试验的主要试验内容包括如下几方面。

1. 电推进点火试验

电推进点火试验是激发电推进相关信息的重要手段,主要包括电推进点火启动试验和电推进稳态工作试验。

电推进点火启动试验是为确保电推进成功可靠地点火启动而开展的试验,试验内容包括点火启动特性试验、点火启动参数优化试验等。

电推进稳态工作试验是在完成电推进点火启动试验的基础上,开展电推进装置稳定工作研究试验,主要包括为确保电推进点火启动后短时或长时间稳定工作而开展的试验,因此电推进稳态工作试验内容包括电推进稳态工作特性研究试验、电推进稳态工作参数优化试验。

2. 电推进性能测量试验

在完成电推进点火试验,实现电推进装置的可靠启动和稳定工作之后,需要对电推进装置进行性能测量试验,以便获得性能参数,完成对电推进装置的性能分析评价。

对于电推力器,可直接测量的性能参数主要包括推力、推进剂流量、功率、束流发散角、推力矢量偏心、电磁发射特性[12]。

在获得直接测量的性能参数结果后,可计算得到的性能参数有比冲、效率等,主要性能参数的计算公式如下。

1) 推力

电推进通过喷出高速粒子而获得反作用力,称为推力。根据动量定理可获得电推进推力 T 的计算公式为

$$T = \frac{\mathrm{d}(mu)}{\mathrm{d}t} = \dot{m}u \qquad (1-1)$$

式中,$\dot{m}$ 为推力器推进剂质量流量;u 为推力器喷出羽流的平均速度。

通常,电推力器的推力通过推力测量装置直接获得,也可以通过测量推进剂质量流量和喷出羽流的平均速度估算推力。

2) 比冲

比冲是指推进装置消耗单位推进剂的量所产生的冲量,或者在推进剂流量恒定时,单位推进剂流量所产生的推力。

电推进比冲的计算公式为

$$I_{sp} = \frac{T}{\dot{m}g} \qquad (1-2)$$

式中,I_{sp} 为比冲,s;g 为重力加速度,取值为 $9.8\ \mathrm{m/s}^2$。知道了推力和推进剂流量,就可以通过式(1-2)计算出比冲。

如果将推力计算公式(1-1)代入式(1-2),则可得到

$$I_{sp} = \frac{u}{g} \qquad (1-3)$$

可以看出,通过测得羽流的平均速度,也可以通过式(1-3)计算得到比冲。

3) 效率

电推力器的效率是指电推力器的束流喷射功率与输入电功率之比,束流功率也就是电推力器喷出羽流的动能,其大小与推力和喷出羽流的速度成正比,则推力器的效率 η 可表示为

$$\eta = \frac{\frac{1}{2}\dot{m}u^2}{P} = \frac{Tu}{2P} \qquad (1-4)$$

式中,P 为推力器输入的电功率。

综合式(1-1)和式(1-4),可得到电推力器的效率计算公式为

$$\eta = \frac{T^2}{2\dot{m}P} \tag{1-5}$$

可以看出,测得推力器的推力、流量和电功率,就可以通过式(1-5)获得推力器的效率。

3. 电推进寿命试验

电推进寿命试验是为了验证电推进装置的累积工作时间、开关次数等是否满足设计指标要求或达到航天任务需求而开展的地面试验[13]。

通常情况下,电推进寿命试验只在单机或模块层级开展,电推进系统不再单独开展寿命试验,需重点开展寿命试验的是核心单机电推力器、核心组件空心阴极等。除此之外,由于电推力器等核心单机的工作寿命长、工作流量小且精度高等,在电推进系统内部,对一些关键部组件的寿命提出了较高的要求,如比例阀寿命、Bang-Bang阀开关次数、节流组件总的推进剂通量(相当于化学推进的过肼量)等,在特定情况下也需要在部组件级单独开展寿命试验进行考核。

4. 电推进等离子体诊断

通常的电推进装置,其实现加速产生推力的介质大都处于等离子体状态,其喷出的羽流也基本上是等离子体。因此,开展等离子体诊断测量无论是对于优化电推进装置设计,还是评估电推进羽流对航天器的影响都具有重要意义[14]。

电推进等离子体诊断主要包括探针诊断、光谱诊断及微波诊断等。其中,探针诊断属于侵入式诊断方法,又可分为 Langmuir 探针、发射探针、阻滞势能量分析仪(RPA)等诊断方法;光谱诊断又可分为发射光谱、吸收光谱、激光诱导荧光光谱等诊断方法,光谱诊断是非侵入式诊断方法,对等离子体影响较小。

5. 电推进环境适应性试验

电推进环境适应性试验是为了考核电推进产品的可靠性设计满足航天器发射、在轨工作环境而开展的地面试验,目的是验证电推进产品在该条件下的性能和可靠性[15]。

电推进环境适应性试验所需开展的试验项目与航天化学推进产品相同,常见的环境适应性试验如下。

1) 动力学环境试验

动力学环境是在航天器运输、装卸、升空、飞行、分离、变轨、返回等过程中诱导产生的,其中以发射升空阶段最为剧烈,包括振动、加速度、噪声和冲击等。动力学环境试验主要包括振动、冲击、加速度、噪声等环境模拟以及结构模态试验,主要用于暴露电推进系统组部件的各种结构缺陷。

2) 电磁兼容试验

电磁兼容试验的目的是检验电推进系统与航天器其他分系统之间的电磁兼容

性是否满足设计要求,同时还要检验电推进系统在航天器变轨、在轨运行时的极限电磁环境中是否能够安全运行。

3)空间环境试验

空间环境试验一般在地面模拟的环境中进行,用于检验电推进系统中涉及的材料、元器件等在空间真空环境下产生的材料效应以及热控性能,常见的试验项目主要涉及真空热环境试验、真空放电试验等。真空热环境试验是通过模拟以辐射为换热主导方式的效应,检验电推进产品的热控性能。真空放电试验用来检验电推进电子单机或电子元器件在低真空下是否会产生真空放电现象以及承受电晕、飞弧及介质击穿的能力。

由于电推进环境适应性试验与化学推进产品或者其他航天产品所进行的环境适应性试验基本相同,是航天产品在研制定型和交付验收前必须完成的常规试验项目,因此在本书中不再介绍,其试验要求、试验方法及评估技术可参照其他航天产品的相关要求和文献资料[16-18]。

1.5　电推进试验的发展与展望

电推进试验技术是伴随着电推进技术的发展,并结合相关科学技术的提高而逐渐发展起来的。随着新型电推进技术的不断出现,新的测量技术的不断涌现,电推进试验技术在不断发展和进步。

电推进试验技术的发展可以归纳为如下几方面[19-21]。

1)试验的覆盖范围进一步拓展

随着电推进技术的发展,各种新概念、新原理的电推进技术层出不穷,推动了各种新型试验手段、试验工具的涌现,促进了电推进试验范围的扩展。对于目前广泛应用和研究的电推进技术,随着试验技术的不断进步,原来无法开展的试验种类,如电磁兼容试验等,已经可以在地面完成。此外,随着国内外对电推进技术的兴趣越来越高,以及社会经济水平的发展,拥有电推进试验设备的机构越来越多,用于电推进试验的设备更新换代更快,设备也更加先进,对拓展电推进试验范围、完善电推进试验内容、提升试验有效性均发挥着重要作用。

2)试验测量方法不断突破

电推进试验测量手段不断改进和丰富,试验测量的仪器、设备等不断推陈出新,同时对于电推进试验测量的设备原理也在不断完善,因此在原有试验测量方法的基础上,不断提出新的测量方法。例如,对于电推进放电羽流的诊断,当前试验中使用较为广泛的 Langmuir 探针等诊断工具,均是基于对放电羽流的介入式诊断方法,该种方法对电推进羽流存在一定的干扰,因此也就会对电推进羽流特性诊断结果产生影响。目前,研究人员已经提出采用非接触式诊断手段,采用激光诱导荧光光谱、微波干涉测量等方法,可有效避免对放电羽流的干扰,从而提升测量的准确度。

3) 试验测量的智能化程度不断提升

电推进试验测量智能化程度的持续提升,主要得益于对电推进装置原理研究更加深入、试验测量仪器和设备更加自动化以及当今人工智能的深度学习能力的不断提升。随着对电推进装置原理的研究逐步深入,研究人员对电推进装置的启动特性、工作特性、性能变化规律等有更加系统化、量化的认识,有利于提升对试验测量结果的预估和预判能力。电推进装置特性和原理的深入认知,一方面可以提升试验测量的全面性和准确性,因此有助于开展电推进装置的性能和故障的自主诊断能力;另一方面,可以在设备自动化的基础上,进一步促进测量系统的智能化发展。目前方兴未艾的人工智能研究,也有利于测量设备本身的自主学习能力,从而提升电推进试验的自主化、智能化水平。这不仅可以显著节约开展电推进试验测量的人力、物力、时间等成本,还可以缩短电推进产品的研制周期,推动产品的更新换代,使之更高效地服务于空间应用。

参考文献

[1] 康小录,杭观荣,朱智春.霍尔电推进的发展与应用.火箭推进,2017,43(1):8−17,37.

[2] 毛根旺.航天器推进系统及其应用.西安:西北工业大学出版社,2009.

[3] 萨顿 G P,比布拉兹 O.火箭发动机基础.洪鑫,张宝炯,等译.北京:科学出版社,2003.

[4] Advanced Propulsion Technology Group Jet Propulsion Laboratory. Advanced Propulsion Concept. Los Angeles:California Institute of Technology, 2000.

[5] Goebel D M, Katz I. Fundamentals of Electric Propulsion:Ion and Hall Thrusters. New York:John Wiley & Sons, 2008.

[6] Jahn R G, von Jaskowsky W. Physics of Electric Propulsion. New York:McGraw-Hill, 1968.

[7] Dankanich J W. Electric propulsion for small body missions. AIAA − 2010 − 6614.

[8] Martinez-Sanchez M, Pollard J E. Spacecraft electric propulsion — An overview. Journal of Power and Propulsion, 1998, 14(5):688 − 699.

[9] Dariusz Daniłko. Overview of electric propulsion. Photonics Applications in Astronomy, Communications, Industry, and High-Energy Physics Experiments, Moscow, 2014.

[10] Tverdokhlebova E M, Korsun A G. Plasma plume/spacecrafe interaction:State of the art in investigation methodology. The 3rd International Conference on Spacecraft Propulsion, Cannes, 2000.

[11] Murashko V M, Oranskiy A I. Russian flight Hall thrusters SPT − 70 & SPT − 100 after cathode change start during 20 − 25 ms. IEPC 2007 − 62.

[12] 黄良甫.电推力器的比冲及其选取.真空与低温,2004,(1):3 − 7.

[13] Sengupta A, Brophy J R, Anderson J R. An overview of the results from the 30,000 h life test of deep space 1 flight spare ion engine. AIAA − 2004 − 3608.

[14] 刘磊等.电推进羽流与航天器相互作用的研究现状与建议.航天器环境工程,2011,

28(5)：440 - 445.

[15] Coreyl R L, Pidgeon D J. Electric propulsion at space systems/Loral. The 31st International Electric Propulsion Conference, Detroit, 2009.

[16] 中国人民解放军总装备部. 军用装备实验室环境试验方法 第 15 部分：加速度试验. GJB 150. 15A—2009. 北京：中国人民解放军总装备部.

[17] 中国人民解放军总装备部. 军用装备实验室环境试验方法 第 16 部分：振动试验. GJB 150. 16A—2009. 北京：中国人民解放军总装备部.

[18] 中国人民解放军总装备部. 军用装备实验室环境试验方法 第 18 部分：冲击试验. GJB 150. 18A—2009. 北京：中国人民解放军总装备部.

[19] 张郁. 电推进技术的研究应用现状及其发展趋势. 火箭推进,2005,31(2)：27 - 36.

[20] 武汉基,蒋远大,张志远. 电推进技术的应用与发展趋势. 推进技术,2003,24(5)：385 - 392.

[21] 康小录,张岩. 空间电推进技术应用现状与发展趋势. 上海航天,2019,36(6)：24 - 34.

第 2 章
电推进试验真空系统

2.1　电推进试验的一般要求

任何一款新的电推力器或电推进系统,从物理概念的提出,一直到最终获得空间应用的准入证,都需要通过一系列的地面试验,以验证其性能和在运行条件下的寿命。另外,还需要验证设计方案与产品在运输装卸、贮存、装配、发射、飞行等过程所涉及的各种力学载荷和环境条件的相容性。虽然电推进系统的环境和力学载荷试验与其他空间系统的试验相差无几,但是与其他传统的(如化学推进)推进系统相比,电推进系统的性能和寿命试验全然不同,具有许多明显的特殊性。

电推进的性能和寿命试验之所以不同,主要是由电推力器及其系统的独有特点所决定的,最明显的几个特点如下。

1) 微小推力量级

电推力器的推力通常都很小,为 mN 量级;有些电推力器的推力甚至低至 μN 量级,如场发射静电推力器(FEEP)等。这就使得传统的推力测量技术无法满足电推力器的推力测量需求,再加上电推力器通常都需要在真空下才能工作,营造真空环境的真空泵的机械振动对推力测量的干扰等,将明显加大微小推力测量的难度。

2) 正常工作需要合适的真空条件

电推力器点火工作通常都需要在真空环境下才能进行,有些电推力器工作时要求真空度在高真空,甚至在超高真空范围。由于电推力器工作时必然有推进剂的注入和排出,要维持较高的真空度,对抽气系统的要求与静态真空设备就存在很大的差异。另外,有些电推力器工作时,不但对总的真空度有要求,还可能对真空环境的个别气体的分压力有特殊要求。这就要求在进行真空抽气系统的设计时要特别关注真空泵的选择性抽气特性。

除对真空度和分压力的要求特殊,电推力器试验时对真空环境的空间大小也有苛刻的要求。由于电推力器喷出羽流的速度快,通常高出化学推进一个数量级以上,这就导致羽流的有效作用距离较长,羽流与真空舱壁作用产生的次生效应对试验的影响变得更加复杂,需要针对试验的目的和具体要求,选择合适的真空舱结构和大小,以最大限度地降低真空环境的空间大小对试验结果的影响。

3) 工作时间很长

电推力器的推力小,完成同样的空间任务就需要更长的推力作用时间。通常电推力器的工作寿命不像化学推力器以秒计,而是以小时计。例如,典型的卫星轨控发动机 490 N 双组元化学推力器,其工作寿命通常为数万秒,折合成以小时为单位也就 10 h 左右。而同样用于卫星轨道控制的离子推力器的工作寿命达几万小时,即使推力器连续工作,也需要几年的时间(1 年累计也只有 8 760 h)。因此,对于像离子推力器这样的电推力器,要开展 1∶1 工作寿命试验将是一个耗时超长的大工程。如此复杂的大工程对试验设备,特别是真空设备必然有许多特殊性要求。

4) 特殊的推力器羽流

通常电推力器排出的羽流与化学推力器有着本质的不同:一方面羽流的物质形态可能是固体颗粒、液滴、气体等中性粒子,还可能是带电液滴、等离子体;另一方面,电推力器羽流的速度都比较高,有的速度可能大于 100 km/s。如此复杂的羽流形态和高速度,使得电推进羽流的诊断和测量无法沿用化学推进相应技术。

针对以上对电推进性能和寿命试验等特殊性的分析,可以看出,电推进系统试验需要应用非常特殊的设备、工具和测量仪器。这些通常都不是货架产品或者直接能通过市场购买获得的,特别是当需要测量微小推力或者羽流等离子体参数时,测量设备通常都需要根据具体使用环境专门定制。显然,试验的具体要求因不同条件而异,难以形成统一的标准。

关于电推进系统试验的另一项重要事项就是如何合理地确定试验真空条件。当然,最理想的情况就是,这个试验真空条件与实际工作环境完全一样,包括环境气体成分(化学成分、密度、温度等)以及推力器周围的结构布局和接口界面(结构布局、材料、温度等)。可以想象,在地面试验时,试验真空条件完全复制实际工作环境是不可能实现的,换句话说,即使可以实现这样"理想"的真空环境,付出的代价在工程上也将是非常巨大的。因此,电推进地面试验时需要对上述"理想"的真空环境进行基于指标、代价和可行性的综合分析,参照以往试验获得的信息、结果和经验,对"理想"真空环境进行适当的裁剪,这也就是人们常说的"环境模拟",而不是"环境复制"。

2.2　真空系统主要参数的确定

电推进试验的重要条件之一就是真空系统。设计电推进试验真空系统,主要任务就是确定系统的基本配置,选配真空舱的结构尺寸、真空泵的类型和抽速、系统极限和工作真空度、真空测量装置等。一般而言,电推进试验真空系统设计主要解决如下几个基本问题:

（1）根据电推进试验对象的排气量、设备的出放气和漏气量、要求的动态工作真空度、真空残气分压力、极限真空度和抽气时间等,确定真空抽气主泵的类型和抽速。

（2）根据电推进试验对象的结构、喷出羽流的特性、试验的目的及其对试验模拟环境的要求,确定真空舱的基本结构和最小尺寸等。

（3）根据电推进试验对真空品质、试验抽气准备时间等的要求,确定真空系统压力或分压力监测、预抽机组配置等真空系统其他部分的配置等。

2.2.1　电推进试验工作真空度

"真空"是指在指定空间内低于环境大气压力的气体状态,在真空技术中常用真空度来度量真空状态下空间气体的稀薄程度。通常真空度用气体压力值来表示,压力值越高代表真空度越低,反之,压力值越低代表真空度越高。

随着真空技术的发展,真空获得和真空测量的手段不断更新,真空区域可分为以下几种:

（1）粗真空区域,$10^{-1} \sim 10^{5}$ Pa;

（2）高真空区域,$10^{-5} \sim 10^{-1}$ Pa;

（3）超高真空区域,$10^{-9} \sim 10^{-5}$ Pa;

（4）极高真空区域,$<10^{-9}$ Pa。

在地面真空系统开展电推进试验时,如果系统真空度较低,较多的背景气体会参与到推力器的放电工作中,影响推力器性能和羽流分布的测试结果;若要获得较高的真空度,则需要配置抽速更大、数量更多的真空泵等真空获得设备,增加试验成本。因此,要在有限的试验成本内获得电推进较为真实的试验数据,必须研究分析真空度对不同类型电推进试验的影响,以确定开展相关试验所需真空度的最低约束。

要确定电推进试验真空系统抽气主泵的类型和抽速,试验动态工作真空度是一个关键参数。由于被试的电推进装置的性能特点各异,对工作真空度的要求有很大的差异,难以形成一个统一的标准。这里主要分析霍尔推力器性能和寿命试验时动态工作真空度的选择,其他电推力器试验动态工作真空度的选择可以参考这一选择原则。

确定电推力器性能和寿命试验动态工作真空度的基本原则是真空背景气体对推力器性能的影响在可接受的范围。可以从两个角度考虑:一个就是以背景气体的等效质量流量远小于推力器的推进剂质量流量为准则,这样背景气体对推力器性能的贡献或影响也就小到可以忽略的地步;另一个就是直接通过试验数据来评估工作真空度对推力器性能测量结果的影响规律,从而通过综合分析得出不明显影响推力器性能测量结果的动态工作真空度。

1. 背景气体等效质量流量法

以霍尔推力器为例,假设霍尔推力器试验时,真空舱的动态工作真空度为 P_b,当真空背景气体对应的等效质量流量 m_b 与供给到推力器的质量流量 m_t 相比非常小时,背景气体对推力器工作和性能的影响就会非常小,可以达到忽略不计的程度。满足这一原则所对应的真空舱的背景气体的压力 P_b 就是所要确定的动态工作真空度或动态工作压力。

由于 m_b 与真空舱内的气体密度成正比,在已知推力器出口截面面积为 A 的情况下,很容易通过式(2-1)估算:

$$m_b = n_b A \sqrt{\frac{MkT_b}{2\pi}} \tag{2-1}$$

式中,n_b 为背景气体的密度;T_b 为背景气体的温度;M 为背景气体单个分子的质量;k 为玻尔兹曼常量。

根据压力与密度和温度的换算关系,可以得出对应的最低的动态工作真空度 P_b 为

$$P_b = n_b k T_b = \frac{m_b}{A} \sqrt{\frac{2\pi T_b}{M}} \tag{2-2}$$

需要注意的是,对于霍尔推力器,推力器有效出口截面比实际推力器出口几何截面要大一些,这是由于推力器工作时部分电离和加速过程发生在加速通道之外。因此,式(2-2)中的推力器有效出口截面面积 A 的取值至少要比推力器出口实际面积大 2 倍左右。对于有些特殊设计的霍尔推力器,如为了提高推力器寿命,设计师有意通过磁场设计将电离加速区移向推力器出口之外,则这时 A 的取值要比 2 倍大更多。

按照这个准则,并且以背景气体流量不超过推力器推进剂质量流量的 5% 为限,则对于 1.35 kW 霍尔推力器 SPT-100 的试验,推进剂质量流量为 5 mg/s,则按照 5% 原则,对应允许的背景等效气体质量流量为 0.25 mg/s,如果背景温度按照室温 300 K 计算,推力器出口截面直径取 100 mm,单个 Xe 分子的质量为 2.18×10^{-25} kg,则由式(2-2)计算得到的最大动态工作真空度 P_b 为 5.5×10^{-3} Pa。

按照满足上述准则开展地面试验,通过对 SPT-100 霍尔推力器的性能测量,所得的性能指标与通过空间飞行试验所获得数据的比较来看,其差异都在 5% 以内,说明了这一准则的合理性。但对于大功率的推力器试验,按此准则确定的工作真空度会很低,这时就需要确保在该真空度下推力器不会打火,否则就要适当提高试验真空度。

从另外的角度来看,按照上述准则开展的性能测量结果与飞行试验数据一致性很好也是可以理解的。通常,霍尔推力器放电通道内的电离和离子加速过程发生在一定的空间范围,在推力器试验期间,从理化特性的角度,大部分背景气流与供给推力器的工质气体相同。因此,少量额外气体的存在不会明显改变推力器整体工作情况。而且,霍尔推力器采用混合气体工质的试验研究也表明推力器性能在一级近似下与工质气体的组分是线性关系[1]。

2. 试验数据分析法

另一个确定试验背景气体压力的方法就是直接通过对试验数据的分析来确定。试验的关键就是要弄清楚背景气体压力对推力器工作情况和性能的影响。SPT-100 的相关试验结果表明:当背景气体压力超过 4.0×10^{-3} Pa 时,推力器工作情况出现明显变化,这也与阴极流量和推力器的工作寿命有关。但是,对于 SPT-100 霍尔推力器,按照俄罗斯火炬机械制造设计局的数据[2],在背景气压不超过 5.5×10^{-3} Pa 的情况下,背景气压对试验的影响是相当小的。因此,可以断定:对于 SPT-100 和与之类似的霍尔推力器的性能试验,最基本的要求就是要使真空舱内背景气体的压力低于 5.0×10^{-3} Pa。可以看出,这一结论与背景气体等效质量流量法是一致的。

以上两种确定工作真空度的方法主要是针对电推力器性能试验的,对于需要长期工作的寿命试验,不建议采取上述方法。例如,在美国喷气推进实验室[3]和俄罗斯火炬机械制造设计局[4]开展的 SPT-100 长期点火试验,试验舱的动态压力都未超过 2.0×10^{-3} Pa。而法国 SNECMA 公司的 PPS-1350 寿命试验时的动态压力达 6.5×10^{-3} Pa,试验效果也相当令人满意。虽然早期俄罗斯火炬机械制造设计局 SPT-100 寿命试验的动态压力与法国 SNECMA 公司[5]的 PPS-1350 寿命试验的动态压力有较大的差别,但寿命试验结果非常接近,这也证实了对于寿命试验,降低对动态真空度的要求是可行的。由于得出这一结论所依据的试验事例非常有限,还需要业界后续大量的实践来进一步证实。

工质气体之外的残余气体分压力,必须远远小于工质气体的分压力,但到底可接受的值是多少至今尚无统一的标准。真空舱内残余气体的来源是多渠道的,有通过推进剂供给系统带入的,也有通过真空舱的出放气产生的,还有通过试验系统的漏气(从大气中)产生的。残余气体的存在,可能会导致推力器部件对气体的吸附以及表面材料与气体的化学反应;这些作用可能造成表面层的形成,从而改变材料的电绝缘性能、功函数值、二次电子发射特性、溅射产额等;这些特性的改变对于寿命试验本身影响是明显的。以往的经验表明,要开展推力器长期点火全寿命试验,选择无油真空设备是最基本的要求。俄罗斯早期的 SPT-100 寿命试验是在油扩散泵抽真空设备中进行的,试验结果表明推力器性能呈单调退化的趋势,但经过机械清洗放电室表面之后,推力器性能得以恢复。可见,有油真空系统不适合推力器的长期工作试验,解决这一问题的最佳方案就是采用低温抽气真空设备。此外,为了准确评价推力器的寿命,最重要的一点就是要让推力器在真空环境一直工作至寿命终止,其间不能让推力器暴露于大气环境,以防止功能表面吸附水蒸气和空气,影响推力器在每一个循环开始期间的性能。

另外,对于以电推进羽流诊断为目的的试验,本节确定试验动态真空度的方法不再适用,具体方法将在 2.2.3 节另行论述。

2.2.2　电推进试验真空舱尺寸

电推进试验真空舱的尺寸大小直接关系到试验结果的准确度和可信度,无限大的真空舱是最能真实反映和代表电推进装置的真实运行环境的,但是建造这样的真空舱显然是不现实的,也是不经济的。最为科学的方法是针对试验的要求和特点,以最小的代价达到试验的目标。从原理上讲,电推进真空舱尺寸越大越好,因此电推进试验真空舱尺寸大小的选择这一命题就演绎为寻找模拟真空舱的最小尺寸。

电推进试验真空舱的最小尺寸的确定主要考虑两方面的因素:一方面要保证试验时推力器羽流特性不能因为空间狭小而发生改变;另一方面要使得推力器被从真空舱壁溅射下来的粒子造成的沉积污染程度在可接受的水平。对于不同的试验目的,对这两方面因素的考量也是有差异的。

设想一款新型电推进系统的长期(如 18 000 h)工作能力通过了地面真空环境的长时间点火试验的验证,那么要维持这么一个复杂的等离子体装置(通常在数千瓦功率量级)在长达两年多的时间内不间断地运行,需要庞大的后勤保障和技术支持。虽然电推进经历了几十年的发展,目前已有上千台电推力器进入了空间(数据也是在近几年迅猛增长),但也只有非常有限数量的电推力器经过了地面全寿命周期的试验考核。

电推力器喷出的通常都是能量较高的带电粒子,试验时这些带电粒子必然会与真空舱壁面发生相互作用。不同电推力器喷出带电粒子的能量范围不同,对壁面材料的溅射产额必然有很大的差异。惰性气体工质的电推力器(如霍尔推力器和离子推力器)与传统的电弧推力器相比,其喷出带电粒子对真空舱壁面的溅射腐蚀要严重得多。例如,加速到 1 500 eV 的氙离子作用到钼材料上的溅射产额是典型的电弧推力器喷出的能量范围内氢(原子或离子)的溅射产额的 $2.0×10^4$ 倍[6]。

电推力器喷出带电粒子对真空舱壁面的溅射腐蚀是选择真空舱尺寸需要考量的重要因素之一。其基本原则就是要求从真空舱壁溅射粒子的返流明显低于推力器因自身组部件的蒸发和溅射而造成的自污染的量。由于溅射返流取决于真空舱的几何形状和尺寸大小,因此对于特定的电推力器,其上限值就决定了试验所需要的真空舱最小尺寸。另外,溅射粒子的污染对于绝缘子、电极(阳极、阴极、中和器等)、放电室壁面特性(对于霍尔推力器)都可能产生一定的影响,在选择寿命试验真空舱尺寸时,也需要充分考虑这一因素。

下面以霍尔推力器为例进行分析。通常磁层霍尔推力器(SPT 型)的等离子体通道的腐蚀速率在 5~30 Å/s,而这些粒子的再沉积速率约为 1 Å/s。基于这一结果,对于 SPT‒100 的寿命试验,按照上面给出的原则,设定溅射粒子的返流流率小于 0.1 Å/s 是比较合适的选择[7]。另外,对于采用石墨内衬的试验设备,则要考虑功能表面的绝缘失效问题。

对于圆柱形设备,通过建立溅射返流率的理论模型,计算沿着真空室的离子电流密度的衰减,试验测量真空壁面材料的溅射产额。基于上述结果,对于 SPT‒100 推力器的寿命试验,估算下来真空舱的直径为 1.5 m、长度为 2.5 m 就可以满足要求。

美国喷气推进实验室和美国前沿技术研究中心的联合试验结果表明:试验测得的溅射返流率比理论预计的数据小一半,从这个角度考虑真空舱尺寸的要求可以再放宽一些。但是,必须注意的是,采用更大尺寸的真空设备还要考虑热载荷的影响,过小的真空舱尺寸将随着试验时间的推移,舱内温度会逐渐上升,势必引起壁面材料蒸发以及吸附气体解吸的加剧,从而导致对上述准则的突破。

无论怎样,上述关于霍尔推力器试验真空舱尺寸的结论已被 SPT‒100 和 PPS‒1350 推力器的寿命试验结果所验证,可以作为霍尔推力器寿命试验对真空舱尺寸确定的基础。考虑到 SNECMA 公司真空设备尺寸最小,并且在寿命试验期间没有发现推力器的明显污染,所以可以将这个真空舱尺寸数据作为确定真空舱尺寸的参考基准。

对于霍尔推力器,其所有的与确定试验真空舱尺寸相关的标志性参数(如羽流分布、带电粒子对壁面材料的溅射产额等)随着放电功率成比例变化。而确定试验真空舱尺寸的原则是被试推力器试验时所产生的污染不能比上述参考基准更差。一般而言,溅射粒子的沉积率与真空舱的特征尺寸成反比,尺寸越大,溅射粒子的沉积率越小。正是基于这样的前提,可以用如下公式确定新型推力器试验所需真空舱的直径和长度:

$$D \approx D_0 \sqrt{\frac{N}{N_0}} \qquad (2-3)$$

$$L \approx L_0 \sqrt{\frac{N}{N_0}} \qquad (2-4)$$

式中,D 为被试推力器所需真空舱的直径;L 为被试推力器所需真空舱的长度;D_0 为参考基准真空舱的直径;L_0 为参考基准真空舱的长度;N 为被试推力器的放电功率; N_0 为参考基准推力器的放电功率。

如上所述,由于真空舱尺寸的估算基于一个非常简单的分析模型,结果只能对溅射粒子返流给出一个非常粗略的估计。另外,由于在高真空条件下,粒子的自由程与真空舱的尺寸已非常接近或者大于真空舱尺寸,则采用上面的公式无法得到满意的结果。为了解决这一问题,采用网格粒子/直接蒙特卡罗模拟(PIC/DSMC)[8]方法,结合推力器在真空舱的安装布局(对应的几何结构和抽速分布),就能够得到满意的结果[9]。目前美国和欧洲正在研制这种算法,一旦这种算法成型,必将成为确定电推进试验真空舱尺寸的首选方法。

上述讨论都是针对霍尔推力器的,但对于离子推力器也是普遍适用的。不过要注意的一点是,由于离子推力器比霍尔推力器产生更加会聚的离子束,并且其离子能量也高很多,因此对于同样功率量级的推力器试验,离子推力器的真空舱的直径可以适当减小,但长度则需要适当加长。

2.2.3　羽流诊断测量的工作真空度和舱尺寸

2.2.1 节和 2.2.2 节论述了电推进试验工作真空度以及真空舱尺寸的选择原则和方法,仅适合电推进性能测量试验和寿命试验的情况。对于电推进羽流特性的诊断测量,由于工作真空度和真空舱尺寸对羽流特性更加敏感,需要针对具体情况进行具体分析研究。

通常的电推进羽流诊断测量主要有两种方法:一种是测量尽可能大的范围内所有位置的羽流参数(这需要足够大的真空舱以及足够高的真空度,以降低羽流粒子与舱壁及本底背景气体的相互作用)[10];另一种方法就是测量羽流上游相对较小的参考平面的粒子流,然后通过羽流膨胀模型计算羽流下游的羽流特性[11]。后一种方法是目前霍尔推力器羽流测量普遍采用的方法,主要是因为这种方法测量速度快,成本也较低,其所需的动态压力可以不用太低,可以根据第一种方法所需要的真空舱尺寸与第二种方法参考平面的尺寸的比值来作为动态压力的放大因子。

分析表明,第二种羽流测量方法必须满足如下两个基本假设:

(1) 在推力器和参考平面之间的区域,背景气体不能明显干扰羽流的产生和输运过程;

(2) 参考平面的特征尺寸必须明显大于推力器尺寸。

第一个假设表明在参考平面测得的羽流参数是可信的,可以作为下游羽流参数计算的输入条件。满足这一假设的临界压力可以通过背景气体与推力器释放的中性气体的密度比来估算。对于霍尔推力器,其释放的中性气体等效流率通常不会超过推力器总流率的 15%。以 SPT-100 霍尔推力器为例,其推进剂总流率约为 5 mg/s,则中性气体流率通常不会超过 0.75 mg/s,这些中性气体的主要来源是阴极中和器。如果假设这些中性气体全部来自阴极,并且阴极释放的中性气体流率为 m_n,其分布遵循余弦定律,则可以估算出在离阴极出口为 R 的参考平面的最大中性气体流率 m_{nsp} 为

$$m_{nsp} \approx \frac{m_n}{\pi R^2} \qquad (2-5)$$

对于 $R = 1$ m 的位置,可以由式(2-5)得到参考平面的气体流率为 $m_n \approx$ 0.239 mg/(s·m^2),换算成到达参考平面单位面积的中性气体分子数为 $\Gamma_n = 1.1 \times 10^{18}$/(s·m^2),按照如下气体分子碰撞频度(单位时间进入单位面积的分子数)Γ_n 的计算公式:

$$\Gamma_n = \frac{1}{4} n_n v_n \qquad (2-6)$$

式中,n_n 为中性气体的密度;v_n 为中性气体的平均热速度。

以采用 LaB$_6$ 阴极的 SPT-100 霍尔推力器为例,工作时发射体温度按照 1 500 ℃ 计算,且假设气体与阴极发射体达到了热平衡,则中性气体的平均热速度为

$$v_n = \sqrt{\frac{8RT}{\pi M}} \approx 5.33 \times 10^4 \text{ cm/s} \qquad (2-7)$$

式中,R 为摩尔气体常数,值为 8.314 J/(mol·K);M 为气体的摩尔质量,kg/mol。通过计算可以得到,$n_n = 8.25 \times 10^9$ cm^{-3}。

如果气体温度按室温计,则中性 Xe 气体的平均热速度为

$$v_n = \sqrt{\frac{8RT}{\pi M}} \approx 2.2 \times 10^4 \text{ cm/s} \qquad (2-8)$$

则可以得到 $n_n = 2 \times 10^{10}$ cm^{-3}。

综上,在室温条件下,可以规定背景气体的密度必须小于 2×10^{10} cm^{-3},按照 $P = nkT$(n 是气体密度,k 是玻尔兹曼常量,T 是温度),对应的室温下背景气压为 8.3×10^{-5} Pa,取整后则可以规定羽流测量时动态压力必须小于 1×10^{-4} Pa。

另一种确定羽流测量时动态压力的方法就是直接考虑背景气体与羽流的相互作用。众所周知,中性原子与快速离子相互作用最具代表性的现象就是电荷交换碰撞(CEX)过程,其碰撞截面随着离子能量(速度)的减小而增大[12],当 Xe 离子的能量在数百电子伏量级时,其 CEX 截面约为 5×10^{-15} cm^2。因此,在 1 m 范围内要求 CEX 离子与背景气体之比小于 0.01(即与背景气体发生 CEX 的快速离子数不超过背景气体总数的 1%)。

由于碰撞截面就相当于发生碰撞的"靶面积",根据已知 CEX 截面数据就可以估算单位时间在参考平面单位面积发生 CEX 的数目为

$$N_{CEX} = \frac{1}{\sigma_{CEX}} = 2 \times 10^{18} \text{ m}^{-2} \cdot \text{s}^{-1} \qquad (2-9)$$

对于霍尔推力器,CEX 快速离子的速度通常在 1×10^4 m/s 量级,则可以得到发生 CEX 的快速离子的数密度为

$$n_{CEX} = \frac{N_{CEX}}{v_{CEX}} = 2 \times 10^{14} \text{ m}^{-3} \qquad (2-10)$$

按照 CEX 离子与背景气体之比小于 0.01 的准则,则背景气体的密度为

$$n_n = \frac{n_{CEX}}{0.01} = 2 \times 10^{16} \text{ m}^{-3} = 2 \times 10^{10} \text{ cm}^{-3} \qquad (2-11)$$

与第一种方法估计值相同,即同样可以规定羽流测量时动态压力必须小于 1×10^{-4} Pa。

总之,从以上结果可以看出,羽流测量时要求的动态真空条件远比性能试验时要苛刻。这一结论也被美国国家航空航天局格林研究中心的 SPT – 100 推力器羽流离子流分布测量实验所证实[13]。试验结果表明:背景气压在 $8 \times 10^{-4} \sim 3 \times 10^{-3}$ Pa 范围内的羽流外侧部分的离子流分布与背景气压为 3×10^{-4} Pa 时得到的数据有明显的差异。如果重点关注的是等离子体密度分布,那么测量过程就必须在更低的背景气压(1×10^{-4} Pa 量级)下进行;相同的情况也适用于低能离子的返流与航天器表面相互作用的评估,因为这一现象也主要受 CEX 过程的影响。换句话说,对于中心轴 30° 以内的羽流部分(假设近轴羽流区包含了几乎全部的高能离子),美国国家航空航天局格林研究中心的研究结果表明,在背景气压升到 3×10^{-3} Pa 时,测量结果尚能达到可接受的精度。上述假设也暗示了间接的推力向量测量以及仅关注能量为 $20 \sim 30$ eV 离子的其他测量试验可以适当放宽动态压力到 5×10^{-3} Pa 以上。

根据特定试验的主要目的,各项试验都可以提出对羽流测量的要求。在制订试验计划时需要仔细考量各种因素,以保持研究现象的主要特性,而不对试验环境条件(增加不必要的成本和附属设备条件)提出过于严酷的要求。

2.3　抽速设计与真空泵配置

确定了真空系统的主要参数,接下来的问题就是如何实现所确定的参数。由于真空设计技术相对成熟,有关真空设计的工作在相关的真空设计手册和书籍中

都有比较详细的论述[14-16]。通常,真空抽气系统设计与配置选择恰当与否,直接关系到获得的真空环境的性能好坏,在设计与选择之前,要确定一些基本设计参数,并针对不同电推进类型试验的特殊性,从成本和性能的角度综合考虑,优选配置真空泵组合方案。

2.3.1　真空抽速设计的主要参数

1. 极限真空度

电推进试验过程中,极限真空度是指电推力器不工作(不通入推进剂)的情况下,真空舱容器空载所能达到的真空度:

$$P_j = P_0 + \frac{Q}{S} \tag{2-12}$$

式中,P_j 为真空舱容器的极限真空度,Pa;P_0 为真空泵的极限真空度,Pa;Q 为空载时真空舱容器本身因材料表面出气、漏气以及安装于真空舱内的电推进装置的出放气等产生的气体负载总和,Pa·L/s;S 为真空舱容器抽气口附近泵的有效抽速,L/s。

一般地,真空泵的极限真空度 P_0 远远低于真空舱容器的极限真空度 P_j,故可以忽略,式(2-12)可简化为

$$P_j = \frac{Q}{S} \tag{2-13}$$

空载时,真空舱气体负载总和 Q 一般可分为几类,以下对各类负载的特点加以说明。

1) 容器的出气负载

容器的出气负载与其结构材料以及表面状态(表面粗糙度、清洁程度等)有关。真空容器材料有金属和非金属两大类,金属材料中,不锈钢是最常用的优良真空容器材料[14]。根据实际经验,对于不烘烤的不锈钢表面,在常温下表面出气率选取约 6×10^{-7} Pa·L/(s·cm^2);对于烘烤比较彻底的不锈钢表面的出气率选取在 $4 \times 10^{-9} \sim 1.3 \times 10^{-8}$ Pa·L/(s·cm^2)较为合适[15]。非金属材料通常有玻璃和复合材料等,出放气情况差别较大,需要根据实际使用材料的具体出放气特性区别对待。

2) 密封圈表面出气负载

真空系统离不开密封结构,如果密封结构的密封圈采用金属(金、银、铜、铝、铟等)材料做成,由于材料的表面出气率很低,加上密封圈表面积不大,可忽略不计。对于大型真空容器的舱门、真空泵安装法兰的密封,可能会采用橡胶材料密封圈。通常,橡胶材料在高真空环境下的表面出气率比金属表面出气率要大几个数量级,例如,氟橡胶材料常温下表面出气率约为 10^{-4} Pa·L/(s·cm^2),在系统气体负载中所占的比重较大。一般可对密封圈局部施加低温度烘烤,烘烤完毕后再将密封

圈冷冻到-20 ℃左右。经过这样处理过的密封圈,其表面出气率要比常温下低 2~
3 个数量级,大大降低了抽气的负担。

3) 电推进装置和其他附属装置释放的气体负载

电推进装置作为试验对象,由于其涉及的材料较复杂,以及不同电推进装置的
差异,很难估计其出放气数据,为了减小出气负载,通常电推进装置在安装于真空
舱试验之前,对其进行烘烤除气(特别是对于霍尔推力器,其电磁线圈中存在大量
出放气率比较高的绝缘材料)等措施,可以使得其在试验过程的出放气明显改观。

其他附属装置,如热沉等表面积较大的装置,在常温和高温状态下,要考虑其
内外表面的出气;还有固定支架、传动机构、推力测量装置、测试用电缆、推进剂供
给管路等表面积小的装置,由于情况复杂,对这一部分气体负载只能作粗略估算。

总之,为了降低出气负载,要避免使用在真空中不适宜使用的材料,电推进装
置和其他附属装置在试验前要彻底进行真空清洁并烘干,必要时,置于真空中或干
燥氮气中保存。

4) 真空舱容器漏气产生的气体负载

焊缝漏气产生的负载,指金属间焊接质量不高,焊缝产生气孔、夹渣、微裂纹、
虚焊等缺陷造成的气体泄漏。对于焊接合格的真空舱,该项可忽略不计,但在平时
清洗真空容器内壁时,要避免对焊缝进行机械打磨。

连接部件泄漏产生的负载,如法兰连接、引线接头、测量用芯柱、传动引入等,
对于连接部件,安装前进行严格的检漏程序,安装后再进行复检,以后又定期检查
(尤其是运动部件),则该项漏气负载可以控制到忽略不计。

板材缺陷造成的漏气负载,是指容器材料本身因微裂纹、夹层等缺陷造成的泄
漏。板材这种缺陷一般不多见,但为稳妥可靠,在加工前对板材进行探伤检查。

根据估算的气体负载,和已知的极限真空度的目标值,代入式(2-13)即可计
算得到需要的抽速,在实际设计时,还应增加适当的安全裕度。通常抽速设计安全
裕度一般取 1.5~2.0,也可根据实际情况酌情考虑。

2. 工作真空度

工作真空度是指电推力器点火工作过程中,通入真空容器中的推进剂气体分
子或原子,推进剂被电离、加速、碰撞、复合等产生的高能粒子,推力器及容器内壁
材料溅射产物等在容器中运动形成的动态压力,即

$$P_g = P_j + P_0 + \frac{Q}{S} \qquad (2-14)$$

式中,P_g 为工作真空度,Pa;P_j 为真空舱容器的极限真空度,Pa;P_0 为真空泵的极
限真空度,Pa;Q 为工作过程中真空舱容器的气体负载,Pa·L/s;S 为真空舱容器
抽气口附近泵的有效抽速,L/s。

　　典型的电推力器工作时,将推进剂加热后喷出或者电离加速喷出后中和,推进剂没有发生化学成分的变化,因此电推进试验过程中的气体负载主要是通入的推进剂流量。推进剂质量流量 $\dot{m}(\text{mg/s})$ 与气体负载 $Q(\text{Pa}\cdot\text{L/s})$ 的换算关系为

$$Q = \frac{\dot{m}V_{\mathrm{m}}}{1\,000M}P \qquad (2-15)$$

式中,M 为推进剂气体摩尔质量,g/mol;V_{m} 为标准工况下气体摩尔体积,22.4 L/mol;P 为标准大气压,其值为 10^5 Pa。

　　3. 真空舱抽气口附近泵的有效抽速

　　气体负载为 Q 的真空舱,通过流导为 U 的管道被真空机组或真空泵抽走,设 P、P_{p} 分别为管道的入口压力和出口压力,S_{p} 为真空泵的名义抽速,则有

$$Q = U(P - P_{\mathrm{p}}) \qquad (2-16)$$

　　泵抽走的气体流量为

$$Q = S_{\mathrm{p}}P_{\mathrm{p}} \qquad (2-17)$$

　　设有效抽速为 S,则通过入口的气体流量为

$$Q = SP \qquad (2-18)$$

式中,S 为真空舱抽气口附近泵的有效抽速,L/s。

　　在动态平衡时,流经任意截面的气体流量相等,则有

$$S = \frac{S_{\mathrm{p}}U}{S_{\mathrm{p}} + U} \qquad (2-19)$$

式中,S_{p} 为真空泵的名义抽速,L/s;U 为管道的流导,L/s。

　　由式(2-19)可知,如果管道的流导 U 远大于真空泵的名义抽速 S_{p},则 $S \approx S_{\mathrm{p}}$,在此情况下,有效抽速 S 只受泵的限制,若管道的流导 U 远小于真空泵的名义抽速 S_{p},则 $S \approx S_{\mathrm{p}}$,在此情况下,有效抽速 S 受管道流导的限制。可见,要提高泵的有效抽速,必须使管道流导尽可能增大,为此管道设计应该遵循短而粗的原则。

　　4. 各种气体的管道流导关系

　　真空泵的名义抽速一般是指对空气或氮气的抽速,而电推力器推进剂会采用各种不同的气体,如氙气、氪气、氩气甚至氢气等,因此在计算工作真空度所需要的抽速时,要考虑各种气体的管道流导关系。电推力器工作在高真空的环境下,气体流动状态为分子流。分子流时,各种气体的管道流导关系为[16]

$$U_2 = \sqrt{\frac{M_1}{M_2}}U_1 \qquad (2-20)$$

式中,U_2 是对第二种气体的流导,L/s;U_1 是对第一种气体的流导,L/s;M_1 是第一种气体的摩尔质量,g/mol;M_2 是第二种气体的摩尔质量,g/mol。

分子流时,各种气体和空气流导的关系见表 2-1。

表 2-1　各种气体和空气的流导关系

序　号	流　导　关　系
1	$U_{H_2} = 3.78 U_{空气}$
2	$U_{N_2} = 1.02 U_{空气}$
3	$U_{Xe} = 0.46 U_{空气}$
4	$U_{Ar} = 0.85 U_{空气}$
5	$U_{NH_3} = 1.30 U_{空气}$
6	$U_{O_2} = 0.95 U_{空气}$
7	$U_{H_2O} = 1.26 U_{空气}$
8	$U_{He} = 2.67 U_{空气}$
9	$U_{气体} = \sqrt{\dfrac{29}{M_{气体}}} U_{空气}$

不同温度下的流导计算公式为

$$U_T = \sqrt{\frac{T}{293}} U_{293\,K} \qquad (2-21)$$

式中,U_T 是对温度 T 下的流导,L/s;$U_{293\,K}$ 是对温度 20 ℃下的流导,L/s;T 是气体温度,K。

5. 抽气时间

真空系统的设计不仅要考虑抽气效果、设备成本,同时要考虑时间成本,因此抽气时间在设计过程中也要综合考虑。

设被抽真空容器的容积为 V,真空系统对容器的有效抽速为 S,容器中的压力为 P,则单位时间内系统所排出的气体流量为 SP,容器中压力变化率为 dP/dt,容器内气体减少量为 VdP/dt。根据动态平衡关系,可列出如下真空抽气方程:

$$V \frac{dP}{dt} = -SP + Q \qquad (2-22)$$

式中,V 为真空容器容积,L;S 为有效抽速,L/s;P 为真空容器压力,Pa;Q 为真空容器本身及容器内所有物体的出气负载(包括表面出气、漏气、推进剂等),Pa·L/s。

在不同的抽气阶段,真空容器内的真空度不同,使用抽气泵的类型不同,影响抽气时间的因素也不同,真空抽气方程的表现形式也就不同,以下分阶段对抽气时间进行分析计算。

1) 粗真空下抽气时间的计算

粗真空条件下(压力 10^{-1} Pa 以上),真空容器本身及内部的出气量与容器总的气体负荷相比,可以忽略不计,主要是抽除容器内的自由气体,真空抽气方程表示为

$$V\frac{\mathrm{d}P}{\mathrm{d}t} = -SP \qquad (2-23)$$

则容器达到某一压力的抽气时间为

$$t = 2.3V\left(\frac{1}{S_\mathrm{p}} + \frac{1}{U}\right)\lg\frac{P_1}{P_2} \qquad (2-24)$$

式中,t 为抽气时间,s;V 为真空容器容积,L;U 为圆截面管道的流导,L/s;S_p 为真空泵的抽速,L/s;P_1 为真空泵开始抽气时的压力,Pa;P_2 为真空泵抽气结束时的压力,Pa。

因为泵的抽速和管道的流导都是压力的函数,所以泵的有效抽速 S 也是压力的函数。粗抽过程中,真空舱压力随抽气时间的增加逐渐降低,而有效抽速 S 也随之变化。在实际计算中,可将容器内压力下降曲线分成 n 段,分别计算每一段内泵的平均有效抽速,从而得到容器达到一定压力的抽气时间,计算公式为

$$t = 2.3V\sum_{i=1}^{n}\left(\frac{1}{S_i}\lg\frac{P_i - P_0}{P_{i+1} - P_0}\right) \qquad (2-25)$$

式中,t 为抽气时间,s;V 为容器容积,L;S_i 为真空舱压力从 P_i 降至 P_{i+1} 时泵的平均有效抽速,L/s;P_i 为容器 i 段开始压力,Pa;P_{i+1} 为容器 i 段结束压力,Pa;P_0 为容器的极限压力,Pa。在泵的大小和抽气管道参数未定的情况下,可用式(2-26)进行估算:

$$t = 2.3k_\mathrm{q}\frac{V}{S_\mathrm{p}}\lg\frac{P_1}{P_2} \qquad (2-26)$$

式中,t 为抽气时间,s;k_q 为修正系数,与设备抽气终止时的压力有关,见表 2-2;V 为容器容积,L;S_p 为真空泵的名义抽速,L/s;P_1 为真空容器开始抽气时的压力,Pa;P_2 为抽气结束时的容器压力,Pa。

表 2-2 修正系数 k_q

抽气终止压力/Pa	$10^5 \sim 10^4$	$10^4 \sim 10^3$	$10^3 \sim 10^2$	$10^2 \sim 10$	$10 \sim 1$
k_q	1	1.25	1.5	2	4

2) 高真空下抽气时间的计算

由式(2-26)可知,在高真空下($10^{-5} \sim 10^{-1}$ Pa),由于容器内压力较低,抽气时间取决于该阶段泵的抽速和容器本身及容器内物体的材料出气量。在刚开始抽气阶段,材料出气率是变量,真空容器内的总出气量随时间而衰减。在泵的抽速足够大时,抽气时间取决于材料的出气率,一般可用查材料出气率曲线和绘图的方法进行计算;但考虑到泵的抽速随时间逐渐增大的情况,如低温泵从开始工作到达到稳定抽速(即冷板温度从常温降低至 $10 \sim 20$ K)需要 $2 \sim 4$ h,则抽气时间取决于泵的抽速稳定时间。

2.3.2　真空泵的配置

1. 真空泵的种类及特点

真空泵按照结构和工作原理可分为机械真空泵、蒸汽流真空泵、气体捕集真空泵(又称表面吸附泵)等三大类型,每大类又可分成各种不同形式。了解真空泵的工作性能和特点是优选配置真空泵的基础,表 2-3 整理了各种泵的性能参数和特点。

表 2-3　各种类型真空泵性能参数和特点[16]

类型	名称	基本原理	最大进口压力	极限真空度	抽速范围(对空气)	主要特点
机械真空泵	往复式真空泵	通过活塞的往复运动和阀门的配合,将容器中的气体排至大气	大气	10^3 Pa (双级可到 1 Pa)	$45 \sim$ 20 000 m^3/h	排气量大; 被抽气体温度不超过 35 ℃; 不适用于抽除腐蚀性或含有颗粒物的气体
	液环式真空泵	多叶片的偏心转子在泵壳内旋转形成的液环与转子叶片形成了容积周期变化	大气	$8 \times 10^3 \sim 10^2$	$0.25 \sim$ 500 m^3/h	可抽腐蚀性气体、含有灰尘的气体和气液混合物; 被抽气体的温度在 $-20 \sim 40$ ℃
	油封式旋转机械真空泵	通过偏心转子、偏心轮等旋转与泵腔形成容积周期变化以排出容器内气体,按结构形式可分为定片式、旋片式、滑阀式、直联式	大气	6×10^{-2}	$0.5 \sim 600$ L/s	常用作油扩散泵、罗茨泵、分子泵的预真空泵; 不适用于抽除含氧过高的、腐蚀性、易爆性、含有颗粒物、对真空油起化学反应的气体; 不适用于长期在高于 10^{-3} Pa 的真空下工作,易返油到容器
	罗茨真空泵	利用两个 8 字形转子在泵壳内旋转而产生吸气和排气作用	10^3 Pa	3×10^{-2}	$30 \sim 2\,000$ L/s	泵腔不需要油润滑; 转速高,启动快,在很宽的压力范围内有很大的抽速; 需要与前级泵串联使用
	涡轮分子泵	靠高速转动的转子携带气体分子获得高真空	<10 Pa	10^{-8}	$100 \sim$ 5 000 L/s	抽速范围宽,适用于清洁的高真空和超高真空; 对较轻的气体抽速较大; 需要前级泵排气

续　表

类型	名称	基本原理	最大进口压力	极限真空度	抽速范围（对空气）	主要特点
机械真空泵	无油机械真空泵	通过安装在斜轴上的摇摆活塞反复改变进排气口容积大小实现抽气	大气（前级泵）；1 Pa（增压泵）	<10（前级泵）；10^{-2}（增压泵）	<10 L/s	无油、干燥、清洁；可作前级泵、循环泵或者增压泵、隔离泵
	隔膜式真空泵	通过偏心轮带动固定在连杆上的橡胶隔膜往复变形，改变泵腔容积实现抽气	大气	5×10^4	0.2 L/s	结构简单、体积小；粗抽真空，适用于真空度要求不高的场合
蒸汽流真空泵	水蒸气喷射真空泵	依靠喷嘴喷射出的湍流状态的蒸汽流表面大量的漩涡卷带被抽气体实现抽气	大气	10^{-2}	数百千克每小时	对被抽介质无严格要求；工作范围宽，抽气量大；多级串联工作
	油增压泵/扩散喷射泵	依靠喷嘴喷射出的黏滞流状态的蒸汽流边界层和被抽气体层之间的黏性摩擦实现抽气	<133 Pa	10^{-2}	$450\sim23\,000$ L/s	在 $1\sim10^{-1}$ Pa 压力范围内有较大抽速，可弥补低真空泵和高真空泵在此区间抽速小的缺点；综合了扩散泵和喷射泵的特点
	油扩散泵	依靠喷嘴喷射出的高速蒸汽流将扩散进入蒸汽流中的被抽气体分子进行多级压缩，最后被前级泵抽走	10 Pa	10^{-6}	$10\sim10^5$ L/s	存在油蒸汽返流和油分子反迁移现象，影响真空系统极限压力，可增加冷阱装置以缓解；质量较轻的气体易扩散，尤其是氢，可增加液氮冷却的钛升华阱
气体捕集真空泵	钛泵	利用钛金属强烈的化学吸附能力而实现抽气，按工作特点可分为蒸发钛泵、升华钛泵、溅射离子泵等	<1 Pa	$10^{-6}\sim10^{-10}$	$10^3\sim10^6$ L/s	钛泵对被抽气体有明显的选择性，对活性气体抽速很大，对惰性气体抽速很小；钛泵的极限真空度取决于惰性气体分压、钛材在高温下的出气和钛膜再解析的限制
	低温泵	采用低温介质循环或制冷机的方式使抽气冷板冷却到 20 K 以下的低温，将被抽气体冷凝而实现抽气	<1 Pa	$<10^{-7}$	$10^3\sim10^6$ L/s	低温泵的抽气能力和所能达到的极限压力，与低温泵冷板的温度以及被抽气体的饱和蒸汽压有关；低温泵的热负荷来自气体冷凝潜热和周围壁板的辐射热负荷，热屏蔽是必要的防护手段
	分子筛吸附泵	依靠微孔型结构的碱金属铝硅酸盐在低温条件下强的吸气能力而实现抽气	大气	<1 Pa	受分子筛装载量影响	分子筛对气体分子有很强的选择性，对极性分子有优先吸附的能力，对惰性气体吸附能力很小；温度对分子筛的吸附影响大；使用前级泵预抽降低惰性气体分压可提高极限真空度

续　表

类型	名称	基本原理	最大进口压力	极限真空度	抽速范围（对空气）	主要特点
气体捕集真空泵	锆铝吸气泵	依靠锆铝合金材料在高温条件下的吸气能力实现抽气	$<10^{-1}$ Pa	受真空系统主泵极限真空度的影响	受材料温度和背景气体分压影响	锆铝吸气带工作温度需随不同的工作情况变化；吸气速率随吸气量的增加而降低，需定期高温激活；适用于在高真空或超高真空系统中有针对性地降低某活性气体的分压

2. 粗抽系统的配置

抽气系统按照抽气的职能,可分为主抽系统和粗抽系统;按照使用环境的清洁度要求,又可分为有油抽气系统和无油抽气系统。

1) 小型真空系统

小型真空系统真空舱容积小($10\ m^3$ 以下),对抽气速率要求不高,粗抽机组可简单选择旋片式机械泵作为粗抽泵,一般旋片式泵工作压力范围为 $10^5 \sim 10^{-1}$ Pa,抽速在几升每秒到几十升每秒,可满足小型真空容器的抽气需求,而且旋片式泵工作简单、可靠,价格低廉,应用广泛。

2) 大型真空系统

大型真空系统的容积通常在几十立方米甚至数百立方米,粗抽机组需要同时满足大的抽气速率和较低的压力极限,罗茨泵是较为合适的选择,但罗茨泵不能从大气压开始抽气,需配备相应的辅助泵组成罗茨泵机组,如可选择滑阀式泵、往复式泵等作为罗茨泵的前级泵,实现从大气开始抽气。

3) 无油真空系统

对于许多电推进装置,由于存在对油污染比较敏感的组件,需要严格控制真空系统的油污染源。因此,应避免采用滑阀泵等油封式旋转机械泵作为前级泵,如不能避免使用油泵,则应在下游管路上设置油蒸汽隔离的装置,如吸附阱。常用的无油粗抽系统有分子筛吸附泵、机械泵+分子筛吸附泵、机械泵+吸附阱等,而对于大型真空系统,机械泵+吸附阱+分子泵配置的系统,抽气和油隔离的效果很好,成为目前大型真空系统粗(预)抽配置的首选。

3. 主抽系统的配置

电推进试验真空系统设计的关键就是主泵的选择。选取主泵不能只追求某一项指标,必须根据具体的使用条件综合考虑多方面的因素。通常对选取主泵起主要作用的因素就是系统的极限真空度和工作动态真空度。

通常,电推进试验真空系统选取主泵及其抽速可以按照如下几方面进行综合考虑。

(1) 电推力器试验空载时,即推力器不工作时需要达到的真空度。根据电推进试验时需要建立的真空舱极限真空度确定真空主泵类型,一般而言,选取的真空主泵的类型主要考虑如下两方面因素：一是主泵的极限真空度要高于所要求的极限真空度，通常按照高半个到一个数量级为宜；二是选取主泵类型还要考虑极限真空残余气体的分压力情况，例如，对于带有空心阴极的电推力器试验，正常试验前需要开展阴极的除气、激活等前处理流程，这些流程对于极限真空度以及真空残余气体(特别是氧气、水蒸气)的分压力都有一定的要求，则选取的主泵的选择性抽气能力都需要满足这些要求。还有一个例子就是场发射静电推力器试验，试验的前处理过程涉及发射针与推进剂的浸润流程，这一过程对试验舱极限真空环境的氧气分压力要求特别严格，氧气分压力太高时，难以达到所要求的效果。

(2) 根据电推力器试验时要求的工作真空度选择主泵。这一步是主泵选取最重要的依据，首先需要了解各种真空泵的工作压力范围，这是选择的基础。图 2-1 给出了不同真空泵的工作压力范围。

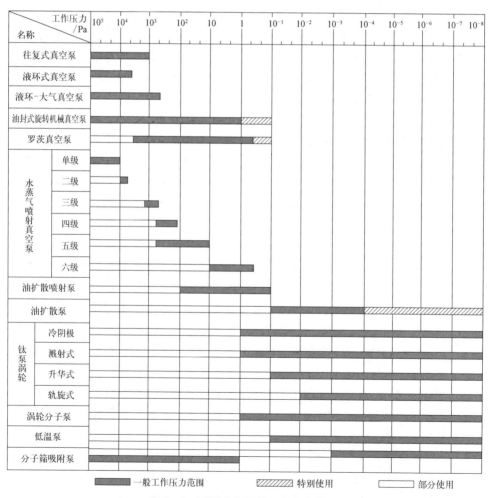

图 2-1　不同真空泵的工作压力范围

选择主泵的第一原则就是要使得电推进试验要求的动态工作压力落在所选真空主泵的最佳工作压力范围。真空主泵的抽速则需要根据电推进试验时推力器的推进剂流量、系统放气量、系统漏气量以及工作真空度等来确定,主要涉及两个步骤。

① 确定主泵的有效抽速。根据真空舱要求的工作压力 P_b、总的气体负载量 Q,按照式(2-27)计算有效抽速 S

$$S = \frac{Q}{P_b} \qquad (2-27)$$

式中,Q 为真空舱的总的气体负载量。通常 Q 由如下三部分组成,即

$$Q = Q_1 + Q_2 + Q_3 \qquad (2-28)$$

式中,Q_1 为电推力器工作时所释放的气体量,等效于推进剂流率;Q_2 为真空舱及真空元件的放气量;Q_3 为真空舱的总漏率。

按照真空设计的一般原则,最终确定的主泵的有效抽速数值 S,需要在通过式(2-27)计算的有效抽速数值基础上增大 20%~30%,甚至更大。

② 确定主泵的抽速。根据上面确定的主泵有效抽速,并结合主泵与真空舱的连接管道的流导,确定主泵的抽速。按照流导的串联公式,就可以按照式(2-29)确定主真空泵的抽速 S_p

$$S_p = \frac{SU}{U - S} \qquad (2-29)$$

式中,S_p 为主泵的抽速;U 为主泵与真空舱的连接管道的流导。

按照流导的串联理论,要增大主泵的有效抽速,就需要尽量增大主泵与真空舱的连接管道的流导 U,即连接管道要设计成短而粗的形式。一般来说,管道直径不能小于泵的入口直径,通常大部分真空系统设计的管道直径都等于主泵的入口直径。若管道上要设置冷阱,则为增大流导,可以考虑管道局部加粗。

对于有些真空泵,如低温泵在使用时采取"裸泵"的形式,则泵与被抽真空舱之间不存在管路,则主泵的抽速就采用上面确定的有效抽速的数值。

(3) 根据被抽气体种类、成分、温度等选择主泵。由于大部分真空泵不同程度地存在选择性抽气的特点,因此在选择真空主泵时,要考虑泵对不同气体的抽气能力的差异。例如,蒸汽流泵对不同气体的理论抽速存在较大的差异,低温泵也对不同气体的抽速存在选择性,涡轮分子泵对于不同分子量气体的理论抽速也不同。相关真空泵对不同气体的理论抽速可以在有关真空设计手册和产品说明书中查到,如最常用的霍尔电推进和离子电推进一般选用氙气作为推进剂,普通低温泵

（冷板温度 10 K 以下）对氙气的抽速小于对空气抽速的 1/2（由于流导的损失，如表 2-1 所示），而设备厂商针对抽氙专门研制的内置式氙低温泵（冷板温度 50 K 左右，如图 2-2 所示）不仅流导损失小，而且所需的制冷功率也大大降低，因此在氙推进剂试验真空系统实现相当的工作真空度目标时，使用普通低温泵+氙泵的配置相比全部普通低温泵的配置将节省大量的购置成本和运维成本。

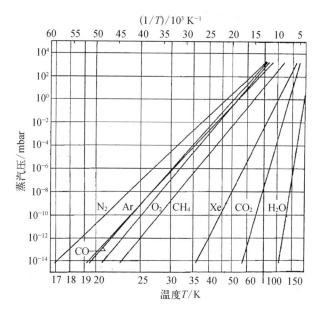

图 2-2   不同气体饱和蒸汽压力与温度的关系曲线

另外，被抽气体的温度对于抽气能力的影响也是不容忽视的，特别是对于电推进试验，由于电推力器喷出羽流能量较高，这些带电羽流所到之处将与该处壁面发生能量交换，使得壁面温度上升。如果羽流打到低温泵的冷板上，将大大增加冷板的热负荷，可能导致低温泵冷板温度难以维持在正常的工作温度区间，造成低温泵工作异常。因此，在选择主泵时，被抽气体的温度也是不容忽视的一个因素。

还有一种情况，即当电推力器选择固体、液体等作为推进剂时，如碘工质的霍尔推力器，要考虑推进剂在喷出后固化、液化形成的附着物对真空泵的影响，选择耐腐蚀、耐污染或清洁方便的真空泵。

（4）针对试验对真空清洁程度的要求选择主泵。电推进试验环境的真空品质要适应被试电推进本身的特点，如带有空心阴极等电子发射材料的电推力器，其试验环境不能有油蒸气、水蒸气和氧气等的存在，因此在选择真空泵时，需要考虑低温泵等清洁无油真空泵，自然前级辅助泵也要配置无油泵。

（5）根据建造和运行成本选择主泵。经济成本是电推进试验主泵选择必须要考虑的,一般来说,主泵的选择原则就是在最低限度满足试验要求的前提下,选择最经济的主泵系统。这里的最经济需要综合考虑建造成本和运行成本。

通常,电推进试验真空主泵就可以按照以上五条原则进行选择,实际操作时要针对具体的试验,以不浪费资源(人力、财力和时间)为目的来设定必要条件。一个典型的例子就是大功率霍尔推力器的地面试验,设想输入功率为 $10\,kW$,Xe 工质的质量流量为 $18\,mg/s$,则要确保试验期间真空舱内的压力正好为 $2.6\times10^{-3}\,Pa$ 时,通过计算得到的真空系统对 Xe 的抽气速度为 $1.3\times10^{5}\,L/s$,等效为对氮(或空气)的抽速约为 $2.6\times10^{5}\,L/s$(通常真空设备抽气性能习惯用等效氮气抽速表示)。对于 $10\,kW$ 的离子推力器,Xe 工质的质量流量为 $10\,mg/s$,但试验期间真空舱内的压力要保持在 $10^{-4}\,Pa$ 量级,而不是 $10^{-3}\,Pa$ 量级,则需要的真空系统的最小抽气速度要高数倍。这样抽气能力(包括需要配套的大功率散热能力)的设备在国际上也是不多的。

2.3.3　真空残气对试验的影响

电推进试验时,真空舱内除工质气体之外的残余气体对试验的影响必须引起足够的重视。一般的要求是残余气体分压力必须远远小于工质气体的压力。但到底可接受的值是多少至今尚无一个统一的标准,需要针对具体情况进行分析。

真空舱内残余气体的存在,可能会导致推力器部件对气体的吸附以及表面材料与气体的化学反应。这些作用可能造成表面层的形成,从而改变电绝缘性能、功函数值、二次电子发射特性、表面材料的溅射产额等。这些特性的改变对于寿命试验本身的影响是明显的。以往的经验表明,要开展推力器长期点火寿命试验,选择无油真空设备是最基本的要求。俄罗斯早期的 SPT‐100 寿命试验是在油扩散泵真空设备中进行的,试验结果表明推力器性能呈单调退化的趋势,但经过机械清洗放电室表面之后,推力器性能得以恢复。可见,有油真空系统不适合推力器的长期工作试验,解决这一问题的最佳方案就是采用低温抽气真空设备。此外,为了准确评价推力器的寿命,最重要的一点就是要让推力器在真空环境一直工作直至寿命终止,其间不能让推力器暴露于大气环境,以防止功能表面吸附水蒸气和空气,影响推力器在每一个循环开始期间的性能。

对于带空心阴极的电推力器试验,由于氧和水蒸气会导致阴极中毒,因此需要格外关注真空残气氧和水蒸气分压力。大量试验表明:工作在极高真空度下的阴极,随着氧气的引入,阴极的电子发射能力会急剧下降,最后甚至会导致阴极失去电子发射能力,即阴极失效。可能导致阴极中毒的残余气体的分压力临界值取决于阴极的工作温度和发射体材料的类别,如图 2‐3 所示。

除氧气和水蒸气,其他气体和金属也可能导致阴极中毒,但氧气是阴极表面最为敏感的气体。

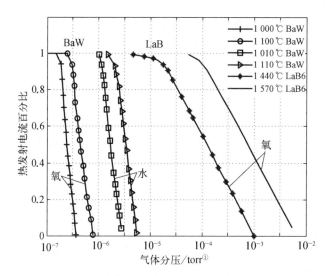

图 2-3　残气分压力对阴极发射性能的影响

2.4　真　空　测　量

2.4.1　电推进真空测量的特点

真空测量是真空系统的主要组成部分。电推进试验所要测量的真空对象因不同电推进类型差异很大,主要表现在如下几方面。

1）物质形态的差异

由于不同电推进装置的排出物不同,有的电推进装置排出的是固体颗粒,有的是液体液滴,有的是气体,还有的是等离子体。总之,电推进装置的排出物几乎涵盖了物质的所有形态。因此,在开展电推进试验真空测量时,要特别关注排出物形态这一重要因素。

2）气流状态的差异

对于电推进试验,在真空舱内存在两股气流,一股是电推进装置排出物形成的气流,另一股是主泵排气口形成的抽气流。两股气流的平衡最终形成真空舱内的动态真空环境。由于不同电推进装置排出气流不同,有的是稳态气流,有的是瞬态气流,有的是均匀气流,有的是非均匀气流。因此,在开展真空测量时,必须考虑气流状态对真空测量的影响。

3）排出物温度的差异

不同电推进装置排出物的温度差异很大,有高温的,也有低温的,有等温的,也

---

①　1 torr＝1.333×10² Pa。

有非等温的。这就导致真空测量时要充分考虑温度对测量的影响,从而选择合理的测量技术和方法。

4) 环境的差异

不同电推进装置在工作时,形成了不同的诱导环境,从而导致真空测量的环境产生较大的差异,例如,有些电推进装置在工作时,产生电场、磁场、电磁辐射等,这些因素可能对真空测量造成一定的影响。有些电推进装置工作时,会有材料溅射物弥漫于真空舱内,形成对舱内表面的沉积环境。因此,在电推进真空测量时,必须考虑这些诱导环境对真空测量的影响。

2.4.2　电推进试验真空规的选择

真空规是实现真空测量的关键,针对上面对电推进真空测量被测对象的分析可知应正确选择真空规。从真空规的工作原理、量程、特殊性和局限性等角度,结合被测对象的特点,正确选择和使用真空规。本节对适用于电推进试验真空测量的真空规进行简要的介绍。

对于真空测量,通常是指真空度在 10^{-14} Pa 至大气压范围的真空度的检测和量度。目前,尚没有哪一种单项测量技术能够精确测量全范围的真空度。事实上,各种各样的真空规仅适用于特定范围的真空测量。对于大于或等于 10^{-2} Pa 较高压力范围的真空测量,通常推荐采用基于机械变形或热传导原理的测量技术,如热偶规、电容薄膜规、流体压力计等。对于更低压力(高真空)的测量,往往采用基于气体分子电离产生的离子数目与气体密度成正比的原理,首先测量气体密度,然后将其转换为压力。这样的高真空规主要有冷阴极电离规、热阴极电离规、潘宁规等。有关这些真空规的原理、特点、测量范围、适用环境等细节描述可以在相关的真空手册和产品说明书中查到。针对电推进试验的实际情况以及各种真空规的特点,推荐选用热阴极电离规进行电推进试验的真空测量,这是由于热阴极电离规比冷阴极电离规的测量精度高,比潘宁规稳定,并且由于电推进试验的真空度区间基本是 $10^{-2} \sim 10^{-5}$ Pa,恰恰是热阴极电离规的理想测量范围。

2.4.3　影响真空测量的因素

影响真空测量的因素有很多,对于电推进试验的真空测量,特别需要关注气体种类、温度、磁场等因素。下面分别对这几项因素对电推进真空测量的影响进行分析。

1. 气体种类的影响

不同气体的电离电位有明显的差别,表 2 - 4 给出了一些常见气体的电离电位。正是由于气体电离电位的差异,热阴极电离规的灵敏度与被测气体种类相关。换句话说,当热阴极电离规的灵敏度按照特定气体标定之后,其测量输出就只针对特定气体才是有效的,当被测对象的气体种类变化时,热阴极电离规的输出就是无效的。通常的真空测量热阴极电离规都是采用氮气进行标定的,则热阴极电离规的输出数值就是被测对象的等效氮压力。

表 2 - 4　常见气体电离电位

气体	V_i/V	气体	V_i/V	气体	V_i/V	气体	V_i/V
He	24.5	Na	5.1	Fe	7.9	O_2	12.2
Ne	21.5	K	4.3	Ni	7.6	Cl_2	11.6
Ar	15.7	Rb	4.2	W	8.0	CO	14.1
Kr	14.0	Cs	3.9	CO_2	13.7	H_2O	12.6
Xe	12.1	Hg	10.4	NO_2	11.0		
Rn	10.7	Cl	13.0	H_2	15.4		
Li	5.4	Ca	6.1	N_2	15.5		

如果要表征实际气体的压力数值,就需要采用实际被测气体对真空规进行标定。为了区别电离规对不同气体灵敏度的差异,引入热阴极电离规相对常数 S_R,其定义表达式为

$$S_R = \frac{S}{S_{N_2}} \qquad\qquad (2-30)$$

式中,S_R 为被测气体的相对灵敏度因子;S_{N_2} 为热阴极电离规对氮气的灵敏度;S 为热阴极电离规被测气体的灵敏度。

热阴极电离规的相对常数除与气体种类有关,规管结构、电参数、试验条件等因素也会使得相对常数测量值存在较大的离散性。表 2 - 5 是综合了相关因素而得到的热阴极电离规对几种不同气体相对常数的平均值。

表 2 - 5　电离规对不同气体的相对灵敏度常数

气体	S_R	气体	S_R	气体	S_R	气体	S_R
N_2	1.00	H_2O	1.29	Ar	1.38	C_2H_6	2.60
O_2	0.85	Air	0.98	Kr	1.81	NH_3	1.20
H_2	0.48	Hg	3.38	Xe	2.87		
CO	1.04	He	0.18	D_2	0.38		
CO_2	1.45	Ne	0.32	CH_4	1.40		

对于常规的电推进试验,设想真空测量采用热阴极电离规,其灵敏度也是按照常规方法用氮气(或空气)进行标定的。由于真空舱内的主要气体成分是电推力器工作介质,如 Xe,则电离规输出的压力数值仅表示舱内的等效氮压力,至于舱内的实际压力值,则需要根据电离规对舱内气体的相对灵敏度常数进行修正。假设系统未工作时的极限真空度为 P_0,由于极限真空残气成分与空气差异可忽略,可以认为其数值就是电离规的输出读数。当电推力器工作时,电离规的输出读数为 P_D,由于这时真空舱内主要气体成分为电推力器的推进剂气体,则 P_D 的数值就表达的是等效氮压力,实际的压力可以由式(2-31)求得

$$P = P_0 + \frac{P_D - P_0}{S_R S_{N_2}} \qquad (2-31)$$

2. 温度的影响

热阴极电离规要实现准确的压力测量,其内部及其周围环境必须达到热平衡状态。对于大部分的商用热阴极电离规,通常都配备除气功能来加速这一过程。

热阴极电离规在进入试验测量之前,通常都需要运行 2 h 以上,以确保表面除气过程完成并达到热平衡状态。其中,在除气过程完成之后至压力测量之前,规需要工作至少 1 h。对于重要的测量,建议热阴极电离规工作持续数小时,甚至隔夜之后再开展测量活动。

3. 磁场的影响

对于电推进,通常都存在一定的磁场,如果在真空测量的热阴极电离规附近有磁场,将明显干扰带电粒子的轨迹,必然对真空测量特性造成影响。并且这种影响效应与磁场和压力呈非线性关系,这导致难以得出磁场对压力测量影响的规律性结论。通过合理安置热阴极电离规位置,可以将磁场对热阴极电离规测量的影响降至最低。如果无法避免热阴极电离规远离磁场源,建议对有磁场和没有磁场的情况分别进行测量,从而分析两者的差异。推荐的标准就是要使得离子的回旋半径比真空规的半径大一个数量级,这样就可以确保离子是非磁化的,则当地磁场对热阴极电离规测量的影响可以忽略不计。

4. 气流的影响

由于一般意义上的真空测量都是基于气流各向同性假设,即在一定的空间范围内,单位立体角内的气体密度与方向和位置无关。也就是说,在给定空间的某一点只存在一个压力值,此压力值与在此点的压力规的方位无关。对于没有定向气流的静态真空系统,由于各处的压力相同,则真空测量相对简单。但对于电推进试验,由于系统内存在高速气流,各处的真空度存在较大的差异,使得真空测量变得相对复杂。

一般而言,测量静态压力,真空规"裸规"形式比"管规"形式测量精度高,有时

会高出一个数量级,这主要是由"管规"的布利斯(Blears)效应造成的。但是对于像电推进试验这样存在明显气流的情况,"裸规"形式的读数没有明确的含义,显然是不适用的。而"管规"形式可以给出反映方向性的"有效压力",可以作为电推进试验真空测量的推荐形式。

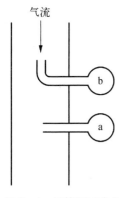

气流

图 2 - 4   导管开口方向安装图

对于有明显气流的电推进试验,由于各处的真空度不同,测量时就需要根据试验的目的确定真空规的安装位置。要尽可能将真空规安装于待测压力之处,如果由于某种原因需要在其间安装冷阱、导管、挡板、过滤器等部件,就需要对测量结果进行适当修正。

规管的安装及导管的开口方向需要根据测量目的确定,如图 2 - 4 所示。如果要测量静压,推荐的导管开口方向如图 2 - 4 中的 a 所示,这是一般情况的接法。如果需要测量方向性压力,推荐的导管开口方向如图 2 - 4 中的 b 所示。如果要测量系统空间内气流的不均匀性分布,则要采用具有球形散射装置的"碰撞压力转换器"规,并不断变换其小孔方位,以测出空间气流的各向异性特征。

5. 等离子体的影响

电推进试验的一个典型特征就是喷出羽流是等离子体态,由于热阴极电离规本身测量真空的原理也是基于测量离子电流的,这样,在测量时,电推力器喷出的等离子体中的带电粒子可能会在热阴极电离规的收集极产生虚假信号,从而导致测量结果不准确,当带电粒子的能量和密度较大时,甚至可能使得热阴极电离规无法正常工作或者烧毁电极。因此,在设置热阴极电离规时,需要屏蔽其他带电粒子,保证这些带电粒子不能被电离规收集极接收而产生虚假信号。

2.4.4   真空校准

真空校准是真空测量的基础,目前,长度、质量、时间、温度等基本计量已做到了国际性的统一,但是真空校准还未达到这样的水平。

真空校准是在一定条件下对一定种类气体进行的,得到校准系数或刻度曲线。当气体种类改变或工作条件变化时,原校准曲线就不能使用,必须重新进行校准。同一台真空计,更换规管时校准曲线也会发生变化。因此,对真空计的使用,必须委托具有资质的计量检测单位进行定期检测、校准,否则会产生超过允许的测量误差。

对于相对真空规的校准,可采用与绝对真空规直接比对的方法进行,如目前比较可靠的精密 U 型压力计、压缩式真空规等已被一些国家列为国家级标准的绝对真空规,校准压力区间为 $10^5 \sim 10^{-3}$ Pa。为了扩展校准压力下限,也发展了许多不同类型的绝对真空校准系统,常用的如膨胀式校准系统、动态流量法校准系统等。

动态流量法已广泛应用于高真空和超高真空校准,其校准压力的下限已延伸到 10^{-10} Pa。真空规校准的发展趋势,首先要解决准确度的问题,如发展更多类型的绝对真空校准、进行国际性的比对、加强有关基础理论的研究等;其次,要扩展校准的压力范围,如延伸极高真空的校准下限;再次,就是发展原位置校准和特殊环境条件下的校准。

2.5　典型的电推进真空系统配置

目前国内外应用较为广泛的电推进为霍尔推进和离子推进,两者常用的推进剂均为氙气,本节以氙工质推进为例,介绍国内外典型的电推进试验真空系统的基本情况。

2.5.1　格林研究中心 VF - 5 真空系统

格林研究中心是美国国家航空航天局的重要研究机构之一,专门从事航空航天发动机的试验研究,拥有 24 个大型综合试验设施和 500 多台专项试验设施。

图 2 - 5 为美国国家航空航天局格林研究中心电推进实验室(EPL)的 VF - 5 真空系统,真空舱结构为主舱+多副舱形式,主舱尺寸 Φ4.6 m×18.3 m,轴向副舱尺寸为 Φ1.8 m×2.5 m,主要用于热真空试验及电推进系统研发等试验。主抽系统为筒状液氮/液氦制冷低温冷板和 20 台口径 0.8 m 的扩散泵混合抽气的方式,空载极限真空度可达 1× 10^{-5} Pa,50 kW 推力器工作真空度约 4× 10^{-3} Pa(氙气标定的真空计示数)。该系统常用于开展 NASA - 300M、NASA - 457M 等 20~50 kW 推力器点火及性能试验。

图 2 - 5　美国国家航空航天局格林研究中心电推进实验室的 VF - 5 真空系统

2.5.2　上海空间推进研究所 VF - 6 真空系统

图 2 - 6 为上海空间推进研究所电推进实验室的 VF - 6 真空系统,该系统真空舱主舱尺寸为 Φ4.0 m×9.0 m,副舱尺寸为 Φ1.0 m×1.0 m。副舱的设计便于快速开展试验件的更换及试验,便于推力测量装置、推力器的安装和调试。抽真空系统由三组抽真空机组组成:粗抽机组——干泵机组(2 套,单台对氮抽速 950 L/s)、预

抽机组——分子泵(7 套,单台对氮抽速 1 200 L/s)、主抽机组——大型气氦低温泵机组(9 套,单台对氮抽速 60 000 L/s),可达到 1×10^{-6} Pa 的极限真空度。5 kW 霍尔电推力器额定工况下工作真空度为 2×10^{-3} Pa。VF-6 真空系统配置组成如图 2-7 所示,该系统主要用于上海空间推进研究所 5 kW 及以下推力器性能试验,以及电推进系统试验[17]。

图 2-6 上海空间推进研究所 VF-6 真空系统

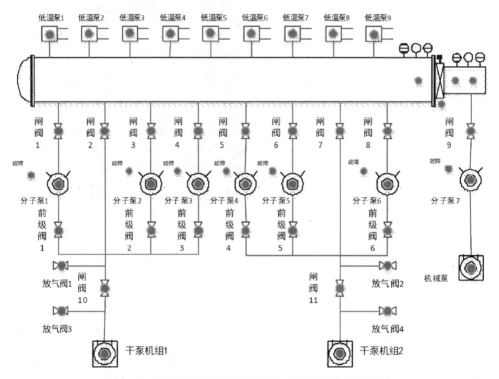

图 2-7 上海空间推进研究所 VF-6 真空系统配置组成

2.5.3　兰州空间技术物理研究所 TS‑7A 真空系统

图 2‑8 为兰州空间技术物理研究所的 TS‑7A 真空系统,真空舱主舱尺寸为 $\Phi4.8$ m×12 m,副舱尺寸为 $\Phi2$ m×1.5 m。真空舱配备 6 台 DN500 低温泵(单台对氮抽速 10 000 L/s)和 12 台 DN500 氙泵(单台对氙抽速 14 900 L/s)作为主抽泵。该真空系统空载极限真空度可达到 $1×10^{-4}$ Pa,供入氙气流量为 80 sccm 的工况下工作真空度为 $1×10^{-3}$ Pa。此外,该真空舱内侧壁使用钛板、大舱门内侧使用石墨片及冷却水系统进行离子溅射防护。该真空系统和 TS‑7B 真空系统是兰州空间技术物理研究所电推进地面寿命及可靠性试验的专用设备,主要用于开展 5 kW 及以上离子推力器的寿命摸底与考核试验。

图 2‑8　兰州空间技术物理研究所 TS‑7A 真空系统

2.6　国外典型电推进试验真空系统统计

本节对美国、俄罗斯等电推进发展最早的各研究机构,以及欧洲、日本等电推进发展较为迅速的各研究机构所建设的用于电推进试验的真空系统设备进行统计整理,如表 2‑6 所示。

总结分析国外应用于氙工质电推进的试验真空系统共性发现,除传统的低温泵作为主泵的系统配置,为了克服抽气能力不足的局限,目前电推进地面试验设备一般采用四级真空抽气配置进行抽气。典型的真空系统配置包括四级干式无油系统,第一级为粗抽真空系统,主要设备为罗茨机组;第二级真空抽气为分子泵抽气系统;第三级为高真空抽气系统,主要设备包括低温泵;第四级为氙气抽除系统,一般通过冷头驱动冷板抽气或氦系统循环制冷冷板的方式,实现对氙气的抽除。此

表 2-6 国外电推进试验真空系统设备情况统计表

研究机构	设备名称	舱体尺寸/m	主抽配置	抽速/(L/s)	极限真空度/Pa	工作真空度/Pa	配套设备	设备用途	备注
美国国家航空航天局格林研究中心	VF-5 真空系统[18]	主:Φ4.6×18.3;副:Φ1.8×2.5	液氦/氦制冷的低温抽气系统,搭配带液氮冷屏的油扩散泵抽气系统	低温系统 3 500 000(氦);扩散泵 250 000(氦)	10^{-5}	$4×10^{-3}$ 50 kW 工况	推力测量装置	热真空试验及 20~50 kW 霍尔电推进研发等试验	多个副舱工位
	VF-6 真空系统[19]	Φ7.6×21.3	低温抽气系统	900 000(氦)	$6×10^{-5}$	—	太阳模拟装置	大功率电推进性能及寿命试验,大型热真空试验等	
加州理工大学喷气推进实验室	ETF 真空系统[20]	Φ3×10	低温抽气系统	170 000(氙)	10^{-6}	$1.7×10^{-3}$ 15.43 mg/s 流量工况	—	开展 BPT-4000 霍尔推力器寿命考核试验,以及 20 kW 功率以下离子推力器和霍尔推力器的试验	
Busek 公司	T6 真空系统[21]	Φ1.8×3.7	扩散泵+低温泵+液氦冷板(扩展)	扩散泵 17 000(氙);低温泵 90 000(氙)	—	10^{-3}	固体推进剂供给系统	碘、铋等不同种类推进剂的霍尔推力器试验	
	T8 真空系统[22]	Φ2.4×5	30台液氦低温泵	200 000(氙)	—	$3×10^{-3}$	固体推进剂供给系统	碘、铋等不同种类推进剂的霍尔推力器试验	
Boeing 公司	寿命试验真空系统[23]	Φ6.1×12.2	—	1 000 000(氙)	—	—	—	离子推力器的寿命考核试验	
密歇根大学等离子体动力学离子推进实验室	LVTF 真空系统[24]	Φ6×9	筒状液氮冷板+CVI的 TM-1200 低温泵	245 000(氙)	$9×10^{-5}$	$2×10^{-3}$ 21.4 mg/s 流量工况	—	PEPL H6 等霍尔推力器试验	
佐治亚理工大学大功率电推进实验室	VTF-2[25]	Φ4.9×9.2	CVI 公司 TMI 系列液氦前级的低温泵(10台)	350 000	$7×10^{-7}$	$2×10^{-3}$ 10.4 mg/s 流量工况	—	大功率霍尔推力器试验	

续 表

研究机构	设备名称	舱体尺寸/m	主抽配置	抽速/(L/s)	极限真空度/Pa	工作真空度/Pa	配套设备	设备用途	备注
欧洲航天局推进实验室	Corona 真空系统[26]	主：Φ2×5 副：Φ1×1.2	低温抽气系统	80 000(氙)	—	—	内部烘除气的红外灯，液氮冷却的石墨冷束靶	电推进试验	
德国宇航中心	STG-ET 真空系统[27]	Φ5×12.2	低温泵+液氦冷板	低温泵 210 000(氙)；液氦冷板 400 000(氙)	—	—	羽流诊断装置,束靶	电推进试验	
意大利 Alenia Aerospazio 公司	LVTF2 真空系统[28]	Φ3.8×12.5	低温泵+抽氙冷板	200 000(氙)	—	—	羽流诊断装置	电推进试验	
意大利 Alta 公司	IV-4 真空系统[29]	主：Φ2×3.2 副：Φ1×1	低温泵(1)+抽氙泵(7)	3 000(氩)+130 000(氙)	—	—	束靶,液氮冷板,诊断系统	Alta 公司 2 kW 和 5 kW 的霍尔推力器的性能测试和寿命考核	
	IV-10 真空系统[30]	主：Φ5.7×10 轴副：Φ2×3.2 侧副：Φ1×1	低温泵+氙泵+扩展抽氙装置	1 500 000(氙，扩展后)	—	—	液氮热沉	Alta 公司 25 kW 功率以下的霍尔推力器的长寿命考核试验，以及 25~50 kW 功率霍尔推力器的性能试验	目前欧洲最大
英国 QinetiQ 公司	LEEP2 真空系统[31]	大段：Φ3.8×4 小段：Φ2.6×5	低温泵+抽氙系统	—	—	2×10^{-2}	束靶,液氮冷板,诊断系统	T6 离子发动机的研发测试以及欧洲和国际上其他电推进器的试验	
俄罗斯克尔德什研究中心	大功率试验真空系统	Φ3.8×8	10 台 DN900 低温泵	200 000(氙)	—	4×10^{-3}		大功率霍尔推力器试验	
俄罗斯火炬机械制造设计局	KVU-120 真空系统[32]	Φ3.75×9.5	低温泵	—	—	—		SPT-230 等大功率霍尔推力器试验	多工位

外,大型真空系统设备一般预留抽氙能力扩展接口或设施,便于开展更大功率电推力器性能或寿命考核试验。

参考文献

[1] Kim V. Investigation of SPT performance and particularities of its operation with Kr and Kr/Xe mixtures. IEPC, Paper: 2001 - 065.

[2] Maslennikov N A. Lifetime of the stationary plasma thruster. IEPC, Paper: 1995 - 075.

[3] Garner C. A 5,730 - Hr cyclic endurance test of the SPT - 100. IEPC, Paper: 1995 - 179.

[4] Arkhipov B. The results of 7 000 hour SPT 100 life testing. IEPC, Paper: 1995 - 039.

[5] Dumazert P, Lagardere-Verdier S. PPS 1 350 plasma thruster subsystem life test. The 3rd International Conference on Space Propulsion, Cannes 2000.

[6] Kahn J. Effect of background nitrogen and oxygen on insulator erosion in the SPT - 100. IEPC, Paper: 1993 - 092.

[7] Randolph T. Facility effects on stationary plasma thruster testing. IEPC, Paper: 1993 - 093.

[8] Biagioni L. Particle simulation of tailored vacuum pumping configurations for electric propulsion testing. The 4th International Symposium on Environmental Testing for Space Programmes, 2001.

[9] Andrenucci M. PIC/DSMC models for Hall effect thruster plumes: Present status and ways forward. AIAA, Paper: 2002 - 4254.

[10] Askhabov S. Investigation of plume of the stationary plasma thruster with closed drift of electrons. PhysikaPlazmi, 1981, 7(31): 225 - 230.

[11] Absalyamov V K. Measurement of plasma parameters in the stationary plasma thruster (SPT - 100) plume and its effect on spacecraft components. AIAA, Paper: 1992 - 3156.

[12] Kim V. Plasma parameter distribution determination in SPT - 70 plume. IEPC, Paper: 2003 - 0107.

[13] Manzella D H, Sankovic J M. Hall thruster ion beam characterization. AIAA, Paper: 1995 - 2927.

[14] 蔡国飙. 真空羽流效应实验系统设计. 北京: 国防工业出版社, 2016.

[15] 达道安. 空间真空技术. 北京: 宇航出版社, 1995.

[16] 达道安. 真空设计手册. 3 版. 北京: 国防工业出版社, 2004.

[17] 邱刚, 康小录, 乔彩霞, 等. 霍尔电推进长寿命试验台测控系统研制. 火箭推进, 2012, 38(3): 65 - 73.

[18] Kamhawi H. Performance evaluation of the NASA - 300M 20 kW Hall effect thruster. AIAA, Paper: 2011 - 5521.

[19] Peterson P Y. Reconfiguration of NASA GRC's vacuum facility 6 for testing of advanced electric propulsion system (AEPS) hardware. IEPC: 2017 - 028.

[20] Hofer R R. High-specific impulse operation of the BPT - 4000 Hall thruster for NASA science missions. AIAA, Paper: 2010 - 6623.

[21] Szabo J. Performance evaluation of an iodine vapor Hall thruster. AIAA, Paper: 2011 - 5891.

[22] Szabo J. Measurements of a krypton fed 1. 5 kW Hall effect thruster with a centrally located

cathode. IEPC, Paper: 2017 - 26.

[23] Chien K R. An overview of electric propulsion at L - 3 Communications, Electron Technologies Inc. AIAA, Paper: 2006 - 4322.

[24] Shastry R. Experimental characterization of the near-wall plasma in a 6 - kW Hall thruster and comparison to simulation. AIAA, Paper: 2011 - 5589.

[25] Xu K G. Plume characterization of an ion focusing Hall thruster. AIAA, Paper: 2011 - 5588.

[26] del Amo J G. ESA propulsion Lab at ESTEC. IEPC, Paper: 2009 - 236.

[27] Neumann1 A. DLR's electric propulsion test facility — The first three years of thruster operation. IEPC, Paper: 2015 - 59.

[28] Pagano D. Commissioning of aerospazio test facilities for PPSÒ5000 qualification programme. IEPC, Paper: 2017 - 477.

[29] Andrenucci M. THE New EP test facilities at centrospazio and alta. IEPC, Paper: 2003 - 229.

[30] Saverdi M. The IV10 space simulator for high power electric propulsion testing: Performance improvements and operation status. IEPC, Paper: 2007 - 321.

[31] Clark S D. QinetiQ electric propulsion test facilities. IEPC, Paper: 2017 - 116.

[32] Pyatykh I N. Development of stationary plasma thruster SPT - 230 with discharge power of 10 ... 15 kW. IEPC, Paper: 2017 - 548.

第 3 章
电推进点火试验

3.1　电推进点火试验的作用

电推进点火试验的目的：一方面是验证电推力器、空心阴极等电推进装置的设计正确性，如功能是否正常、工作寿命是否达到设计要求等；另一方面，电推进点火试验可激发出电推进装置的相关特性信息，如电推力器的放电等离子体羽流、电磁特性、推力性能等信息，为电推进装置的参数测量奠定基础[1]。

根据电推进装置点火工作的不同阶段，电推进点火试验主要包括电推进点火启动试验和电推进稳态工作试验。

电推进点火启动试验是为确保电推进装置可靠点火启动而开展的试验，试验内容包括点火启动特性试验、点火启动参数优化试验等。

电推进稳态工作试验是在完成电推进点火启动试验的基础上，开展电推进装置稳定工作研究试验，主要包括为确保电推进点火启动后短时或长时间稳定工作而开展的试验，因此电推进稳态工作试验内容包括电推进稳态工作特性研究试验、电推进稳态工作参数优化试验。

电推力器作为电推进的核心装置，是电推进试验与测量的核心对象，而空心阴极是目前广泛发展和应用的霍尔、离子等电推力器的点火和羽流中和装置，也是电推进试验与测量的重点对象。另外，无论是预先研究，还是型号研制，都需要为核心装置电推力器配套能量供给装置和工质供给装置，形成一套可独立工作的电推进系统，在研制期间，还需要开展电推进系统的点火试验，以验证单机与单机之间、整个系统的匹配性。因此，电推力器、空心阴极、电推进系统是电推进研发和研制过程中必不可少的三种对象，本章即针对上述三种对象，详细介绍电推进点火试验的配置、试验方法等。

3.2　电推力器点火试验

电推力器是电推进系统的核心，电推进系统的主要性能指标大部分都是由电推力器来表征的,因此电推力器点火试验是电推进点火试验非常重要的一环,一方面可以验证电推力器设计的合理性,另一方面通过电推力器点火工作,可以建立和形成测量电推力器主要性能指标的基本条件。

3.2.1　电推力器点火试验内容

电推力器点火试验的主要内容是开展电推力器的点火启动试验和稳态工作试验,为了保证上述电推力器试验的顺利进行,还需要开展电推力器点火前的电性能测试、极性检查、冷流测试等,以及点火期间的参数监测、故障处理等工作。因此,电推力器点火试验的内容如下。

1) 电推力器装舱前测试

电推力器的装舱前测试是指安装在真空舱内之前,一般需要开展一些基本检查,以确认参加试验的电推力器的基本状态正常,基本检查一般包括外观检查、机械接口检查、气路接口与电接口检查、气密性检查、通气性检查、电性能测试等。其中,电性能测试主要开展电导通性、电绝缘性测试。

2) 电推力器装舱后检查

电推力器安装在真空舱内之后,由于涉及与真空舱内外的电缆、气路的连接,因此在关闭真空舱之前,需要开展电推力器的机械接口、气路、电路检查以及极性检查等;在关闭真空舱后,需要开展真空环境的检查。

(1) 机械接口检查:检查电推力器与安装接口连接的正确性、牢固性。

(2) 气路检查:检查电推力器的气路与穿舱气路连接的正确性、牢固性、气路导通性。

(3) 电路检查:检查电推力器的电路与穿舱电缆连接的导通性、牢固性,检查穿舱线缆的绝缘性能。

(4) 极性检查:检查电推力器的电极性、气路极性,确保气、电极性正确。

(5) 真空环境检查:检查和确认真空舱的真空度等条件是否满足开展电推力器点火试验的要求。

3) 电推力器冷流试验及加电测试

电推力器在开展点火试验之前,需要先开展冷流试验及加电测试,确认真空承载能力、推力器的流量供给、电源供给均满足要求。

(1) 冷流试验:开展电推力器的阳极流量、阴极流量等各个气路的流量供给,测试推力器流量供给的正确性、有效性,同时,测试在电推力器流量供给下的真空舱的真空承载能力,确保真空环境的可靠性。

(2) 加电测试:对电推力器所需的各个电源模块,开展电推力器点火所需的电流、电压加电测试,检查供电电源的有效性,以及电推力器各电路舱外连接的正确性。

　　4）电推力器点火试验

　　如前所述,电推力器的点火试验主要包括点火启动试验和稳态工作试验。在电推力器点火启动和稳态工作期间,需要对电推力器的工作参数进行监测,如羽流形貌观察,电流、电压的平均值、振荡及启动瞬时值,以评估电推力器的启动特性和稳态工作特性。此外,还需对电推力器点火期间出现的故障进行有效、及时的处理,如真空舱真空环境恶化、电推力器熄火、电源故障等[2]。

3.2.2　试验配置

　　电推力器点火试验所需的地面设备一般包括地面电源供给系统、推进剂供给系统、地面测控系统、真空环境模拟系统(含真空舱和抽真空系统)以及相应的点火参数采集设备。典型的电推力器点火试验的系统配置如图 3-1 所示。

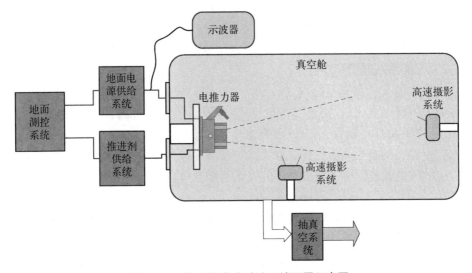

图 3-1　电推力器点火试验系统配置示意图

　　不同电推力器点火工作机制不同,对地面电源供给系统、推进剂供给系统、真空环境模拟系统等的需求也有所不同。例如,霍尔推力器、离子推力器虽然点火原理相似,但所需的供电电源模块数量及参数要求差别明显;霍尔推力器、离子推力器以氙气为推进剂,需要地面气体推进剂供给系统,而脉冲等离子体推力器、场发射推力器则采用固体推进剂,一般推力器与推进剂供给集成设计,不再需要地面额外提供推进剂供给系统[3,4]。

　　下面以目前研究和应用最为广泛的霍尔推力器为例,简要描述电推力器点火试验对各地面设备的需求和配置。

　　1. 地面电源供给系统(图 3-2)

　　霍尔推力器点火启动和稳态工作所需的供电电源模块: 阳极电源、磁线圈电

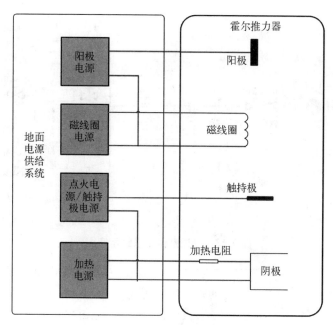

图3-2 地面电源供给系统示意图

源、点火电源/触持极电源、加热电源。

阳极电源是主放电电源,为电压源,提供霍尔推力器放电功率,必须满足不同功率规格的霍尔推力器的放电电流、放电电压及放电功率需求。

磁线圈电源为霍尔推力器的磁线圈供电,是电流源,提供工作所需的磁场,功率要求较小,对于千瓦级的霍尔推力器,一般电流不超过10 A,功率不超过100 W。

点火电源是霍尔推力器的重要组件——空心阴极的点火启动电源,为电压源,点火电源的电压要求至少需达到300~600 V,电流一般不超过10 A。

触持极电源为空心阴极启动放电后的维持电源,可以是电流源或电压源,电压一般不超过50 V,电流可根据需求确定,一般不超过10 A,功率不超过500 W。

加热电源为空心阴极组件的加热器供电,将空心阴极加热到工作温度,加热电源可以选电压源,也可以用电流源,其电流一般不超过10 A,电压不超过50 V,功率不超过300 W。

2. 推进剂供给系统

霍尔推力器采用氙气(Xe)作为推进剂,气体推进剂的地面供给系统配置一般如图3-3所示。地面供气时,首先通过减压阀将氙气瓶中的高压气体减压至0~1 MPa,压力表可直接显示压力值,过滤器用于过滤气体和地面管路中混入的颗粒物,手动阀用于控制推进剂供给气路的通断,MFC为流量控制器,将工质气体精确调节至推力器所需的流量,一般使用标准的商用流量控制器,根据不同的推进剂供给路数和流量需求,选取不同量程的流量控制器。气体供给管路通过穿舱法兰进

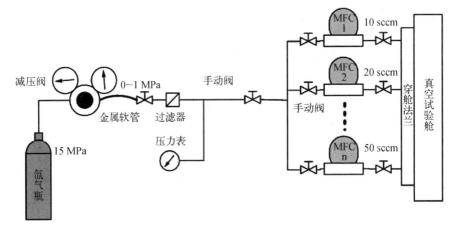

图 3 - 3　推进剂供给系统示意图

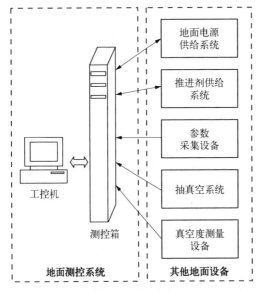

图 3 - 4　地面测控系统与其他地面设备关系框图

入真空舱内,为电推力器提供推进剂供给。

3. 地面测控系统

地面测控系统主要用于对地面电源供给系统和推进剂供给系统的开关、调节控制和数据采集,同时对真空系统、采集设备等进行数据采集和监控,在试验自主运行期间,进行故障监测和紧急处理等。

一般地,一套真空环境模拟系统配备一套地面测控系统,地面测控系统与其他地面设备的关系如图 3 - 4 所示。

4. 真空环境模拟系统

真空环境模拟系统包括真空舱和抽真空系统,电推力器安装在真空舱内进行点火试验,抽真空系统负责真空舱内高真空环境的维持。真空舱的尺寸、舱内真空度、抽真空系统的有效抽速等,不同种类、规格的电推力器的要求不同,需要根据具体开展试验的电推力器,参照第 2 章论述,选取合适的真空环境模拟系统开展试验。

5. 参数采集设备

在霍尔推力器点火试验期间,需要采集电流、电压等电参数以判定霍尔推力器是否成功点火启动和稳定工作,一般使用示波器采集电流、电压值及其振荡情况。除此之外,还可采用高速摄影设备对霍尔推力器的放电羽流图像进行高速拍摄,以从宏观放电图像上判定霍尔推力器点火启动情况和稳定放电情况。

3.2.3 电推力器点火试验方法

电推力器点火试验包括点火启动试验和稳态工作试验,一方面验证电推力器的成功点火启动以及启动后的稳定工作情况,另一方面研究电推力器点火启动和稳定工作时的基本特性,并对工作参数进行优化。

下面详细介绍电推力器点火试验的试验前准备、点火试验流程、试验步骤以及试验期间的常见故障处理预案。

1. 试验前准备

电推力器点火试验的试验前准备工作主要包括试验文件编制、试验设备自检与调试、参试产品测试等工作。

1）试验文件编制

开展电推力器点火试验前,必须编写试验指导性文件,如试验任务书、试验大纲、试验方案、试验细则等,规定试验目的、试验要求、试验内容、试验方案、试验流程步骤、注意事项等,便于指导试验的顺利进行。

2）试验设备自检与调试

开展电推力器点火试验前,必须对参试的地面设备、仪器进行全面的自检与调试,确保试验用到的所有设备、仪器可正常工作。需要进行自检或调试的设备、仪器一般如下。

（1）地面电源供给系统：各电源模块自检,确保电流、电压输出的有效性、满足性,电路的连通性。

（2）推进剂供给系统：源气瓶压力检查,确保推进剂量满足试验需求;气路导通性、气密性检查;流量控制器的流量调节有效性检查。

（3）地面测控系统：地面测控系统硬件检查、软件自检与调试,确保控制、采集功能的有效性。

（4）参数采集设备：示波器、万用表、高速摄像仪等仪器自检。

（5）真空环境模拟系统：真空舱、抽真空气路气密性检查;真空舱穿舱电路法兰绝缘性检查;抽真空设备自检等。

3）参试产品测试

对参试的电推力器产品,开展外观检查、机械接口检查、气路接口与电接口检查、气密性检查、通气性检查、电性能测试等,确认产品基本性能正常,满足试验要求。

2. 点火试验流程

电推力器点火启动试验流程如图 3 - 5 所示,稳态工作试验流程如图 3 - 6 所示。

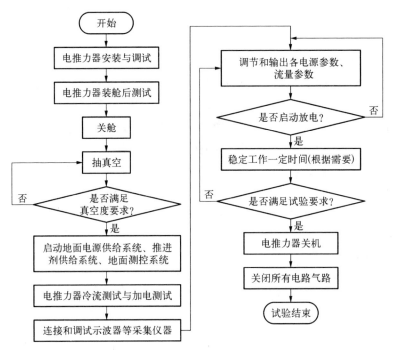

图 3-5　电推力器点火启动试验流程图

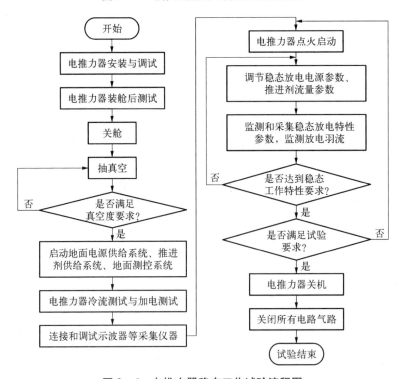

图 3-6　电推力器稳态工作试验流程图

3. 试验步骤

1）电推力器点火启动试验步骤

电推力器点火启动试验步骤如下：

（1）确认地面电源供给系统、推进剂供给系统、地面测控系统、真空环境模拟系统、参数采集设备等状态正常，确认参试产品状态正常。

（2）按照图 3-1~图 3-3 将电推力器安装到真空舱内的安装板上，连接好所有的电路和气路，确认所有设备连接正确。

（3）开展电推力器装舱后测试。

（4）关闭真空舱，开启抽真空系统。

（5）检查真空设备的空载真空度是否满足电推力点火要求。

（6）连接和调试示波器等参数采集设备。

（7）启动地面电源供给系统、推进剂供给系统和地面测控系统。

（8）开展电推力器冷流测试和加电测试。

（9）调节电推力器各气路（阴极、阳极等）所需流量值，并输出。

（10）调节各电源模块（放电电源、点火电源、加热电源等）电流、电压输出值。

（11）测控系统启动监测，示波器等启动采集。

（12）启动地面电源输出，监测和判定电推力器是否点火成功。

（13）若电推力器点火启动失败，则重复步骤（9）~（12），直至电推力器成功点火启动。

（14）电推力器点火启动成功后，记录流量和各电性能参数，记录电推力器放电羽流情况，稳定放电工作一段时间（根据需要，一般几分钟至几十分钟）。

（15）记录数据，关闭推进剂流量供给和电源输出，电推力器关机。

（16）如需重复测试，重复（7）~（15）。

（17）完成所有测试，关闭参数采集设备，关闭地面电源供给系统、推进剂供给系统、地面测控系统，设备断电。

2）电推力器稳态工作试验步骤

电推力器稳态工作试验步骤如下：

（1）确认地面电源供给系统、推进剂供给系统、地面测控系统、真空环境模拟系统、参数采集设备等状态正常，确认参试产品状态正常。

（2）按照图 3-1~图 3-3 将电推力器安装到真空舱内的安装板上，连接好所有的电路和气路，确认所有设备连接正确。

（3）开展电推力器装舱后测试。

（4）关闭真空舱，开启抽真空系统。

（5）检查真空设备的空载真空度是否满足电推力器点火要求。

（6）连接和调试示波器、高速摄影仪等参数采集设备。

（7）启动地面电源供给系统、推进剂供给系统和地面测控系统。

（8）开展电推力器冷流测试和加电测试。

（9）设定电推力器点火启动各气路（阴极、阳极等）所需流量值，并输出。

（10）设定电推力器点火启动所需各电源模块（放电电源、点火电源、加热电源等）电流、电压输出值。

（11）测控系统启动监测放电参数和放电羽流，示波器、高速摄影仪等启动采集。

（12）启动地面电源输出，电推力器启动放电。

（13）调节稳态放电电源参数、推进剂流量参数，监测和判定电推力器是否达到稳态工作特性要求。

（14）若不满足稳态工作特性要求，则重复步骤（13），直至电推力器达到稳态工作特性要求。

（15）记录数据，关闭推进剂流量供给和电源输出，电推力器关机。

（16）如需重复测试，重复步骤（7）~（15）。

（17）完成所有测试，关闭参数采集设备，关闭地面电源供给系统、推进剂供给系统、地面测控系统，设备断电。

图 3-7 为典型的霍尔推力器点火试验期间的放电图像。

图 3-7   霍尔推力器典型点火放电图像

4. 故障处理

电推力器点火试验期间，可能发生的故障一般分为两类，一类为电推力器产品故障，另一类为试验设备故障。若试验期间发生故障，需根据故障的类别、故障具体现象、严重程度等，采取相应的处理措施。下面给出几种常见的试验故障及其一般处理方式。

1）产品故障

常见的电推力器产品故障有电推力器无法正常点火启动、电推力器工作期间异常熄火、电推力器工作期间打火。

（1）电推力器无法正常点火启动。若用额定或常用的电推力器点火启动电参数、推进剂流量参数，电推力器均无法成功点火启动，则停止试验，采取如下措施进行现场故障排查：

① 检查电推力器的电导通、绝缘性能是否正常。

② 检查电推力器的气路是否通畅、是否有外漏等。

③ 检查电推力器的气路、电路极性是否正确，气路流量是否满足要求。

④ 检查电推力器的外部结构是否完好、外观是否正常等。

对于上述排查项目，若发现故障，且在不破坏电推力器试验配置的情况下可修复，则修复完成后，可继续试验，按照电推力器额定或常用点火参数进行点火；若发现的故障需要改变现有试验配置，特别是需要破坏真空环境，则需终止试验，待真空舱具备开舱条件后，再行修复故障，按照前述电推力器点火启动流程与步骤，再行开展试验。

若上述排查未发现故障，且再次用额定或常用点火启动参数仍无法点火启动，则停止试验，采取如下措施进行进一步故障排查：

① 开舱取出电推力器，详细检查电推力器内外结构、电结构、绝缘及气路结构是否完好。

② 检查和测试电推力器配套的空心阴极功能是否正常。

对上述故障进行排查和修复后，即可按照前述电推力器点火启动流程与步骤，再行开展试验。

（2）电推力器工作期间异常熄火。若电推力器在稳态工作期间反复出现异常熄火，则停止试验，采取如下措施进行故障排查：

① 检查试验所用的各电源模块是否完好，电流、电压输出是否正常。

② 检查电推力器的电导通、绝缘性能是否正常。

③ 检查地面推进剂流量供给装置是否正常，流量是否满足要求。

④ 检查电推力器的气路是否通畅、是否有外漏。

⑤ 检查电推力器的外部结构是否完好、外观是否正常等。

对于上述故障，排查和修复后，可继续试验，进行前述电推力器稳态工作试验流程与步骤，再行开展试验。若仍反复出现异常熄火问题，则必须终止试验，对电推力器的设计正确性、功能是否正常展开详细排查和分析。

（3）电推力器工作期间打火。若电推力器在稳态工作期间反复出现打火，则记录打火的具体现象、位置和打火频次，据此分析判断是否停止试验，采取相应措施进行故障排查。

一般情况下，若为新产品的初期点火工作期间出现打火，打火较轻、频次不高，且不影响电推力器的正常工作，则可继续开展试验，试验过程中密切监测。

若电推力器工作期间打火较为严重,打火频次较高,影响电推力器的稳定工作,甚至导致电推力器熄火,则须停止试验,对以下可能故障进行排查:

① 检查电推力器的电绝缘性能是否正常。

② 检查真空舱的真空度是否满足电推力器工作需求。

③ 检查地面电源与电推力器之间的舱内外连接线缆导通、绝缘性是否良好,是否有破损。

④ 检查真空舱内气体管路、电推力器的气路是否有外漏。

若对上述可能故障排查和修复后,仍反复出现打火问题,则必须终止试验,对电推力器的设计正确性、功能是否正常展开详细排查和分析。

2) 设备故障

电推力器点火试验期间,常见的设备故障包括真空舱真空度快速上升(变差)、地面电源输出异常、地面推进剂供给流量异常。

(1) 真空舱真空度快速上升。试验过程中,若发现真空舱的真空度快速上升,即真空环境快速变差,则应立即关闭电推力器,排查原因。一般地,真空舱的真空度出现快速上升的原因有如下两种:

① 真空舱的抽真空系统承载能力饱和或下降,导致电推力器工作时的真空度无法维持而上升。针对此原因,应待电推力器冷却至室温,再关闭抽真空系统,等抽真空系统恢复至待机状态后,修复并确认抽真空系统正常。

② 真空舱或地面供气管路有外漏。若地面供气管路出现外漏,则应立即关闭相应阀门,隔断外漏点与真空环境的气路连接,对故障进行排查和修复后,继续开展试验;若真空舱出现外漏,则应立即采取措施封堵漏点,待电推力器冷却至室温后,关闭抽真空系统,等抽真空系统恢复至待机状态后,开真空舱进行详细检查和漏点修复。

对上述原因进行排查和修复后,可按照前述电推力器稳态工作流程及步骤,继续开展试验。

(2) 地面电源输出异常。在电推力器点火试验前,应对地面电源供给系统的各个电源模块进行合理选用和状态自检,特别是电推力器的放电电源、加速电源等主电源模块,确保其能够满足电推力器点火试验需求。

在电推力器点火试验期间,地面电源输出异常的情况一般有电源的电流/电压输出异常、电源模块保护、电源模块断电等,出现异常情况,应立即停止试验,根据异常现象展开检查和采取措施。

① 电流/电压输出异常:检查电源输出线缆有无断路、短路等问题,检查电源的输出电流、电压相关设置是否正常。

② 电源模块保护:检查电源模块是否过流、过压或过功率保护,检查其电流、电压、功率的保护点设置是否满足电推力器工作所需的电流、电压、功率要求。

③ 电源模块断电：若电源模块在工作过程中突然断电,则检查电源模块的输入电缆是否短路或断路,检查输入电路是否正常,若排除上述故障电源仍无法加电启动,则必须检查电源模块是否故障,需要更换电源模块继续开展电推力器试验。

（3）地面推进剂供给流量异常。在电推力器点火试验期间,推进剂供给系统可能出现的流量异常情况一般有推进剂流量无输出、推进剂流量异常下降等,出现异常情况,应立即停止试验,根据异常现象展开检查和采取措施。

① 推进剂流量无输出：检查推进剂供给系统中是否有阀门未开启,检查对应气路支路的地面流量控制器的加电、调节阀是否正常。

② 推进剂流量异常下降：在电推力器工作期间,若出现推进剂流量异常下降,则需检查推进剂供给系统中是否有阀门未开启、管路堵塞问题,检查地面推进剂气瓶的压力是否仍满足供给系统压力要求。

上述列出的为电推力器点火试验期间可能出现的常见产品故障和设备故障,若试验期间出现其他故障,可参照上述处理措施开展故障排查和处理。

3.3　空心阴极点火试验

空心阴极是目前广泛应用和研究的霍尔推力器、离子推力器等电推力器的关键组件,其作为电子源,一方面为电推力器的点火启动和稳态工作提供源源不断的电子,另一方面为电推力器喷出羽流中和提供所需的电子。因此,空心阴极的点火启动、稳态工作性能直接影响配套电推力器的相关性能。空心阴极具备独立开展试验的条件,一般地,在空心阴极研制过程中,均对空心阴极开展独立的点火试验、性能试验、寿命试验等[5,6]。

3.3.1　空心阴极点火试验内容

与电推力器类似,空心阴极点火试验的主要内容是开展空心阴极的单独点火启动试验和稳态工作试验,同样,为了保证空心阴极试验的顺利进行,也需开展点火前空心阴极的电性能测试、冷流测试等,以及点火期间的参数监测、故障处理等工作。空心阴极点火试验的内容如下。

1. 空心阴极装舱前测试

空心阴极的装舱前测试是安装在真空舱内之前,开展一些基本检查,以确认参加试验的产品的基本状态正常,基本检查一般包括外观检查、机械接口检查、气路接口与电接口检查、气密性检查、通气性检查、电性能测试等。其中,电性能测试主要开展电导通性、电绝缘性测试。

2. 空心阴极装舱后检查

空心阴极安装在真空舱内之后,由于涉及与真空舱内外电缆、气路的连接,因此在关闭真空舱之前,需要开展空心阴极的机械接口、气路、电路检查,极性检查等;在关闭真空舱后,需要开展真空环境的检查。

(1) 机械接口检查:检查空心阴极与安装接口连接的正确性、牢固性。

(2) 气路检查:检查空心阴极的气路与穿舱气路连接的正确性、牢固性、气路导通性。

(3) 电路检查:检查空心阴极的电路与穿舱电缆连接的导通性、牢固性,检查穿舱线缆的绝缘性能。

(4) 极性检查:由于空心阴极一般为一路气路,因此重点检查其电极性,确保产品电极性、与真空舱内外连接电缆的电极性均正确。

(5) 真空环境检查:检查和确认真空舱的真空度等条件是否满足开展空心阴极点火试验的要求。

3. 空心阴极冷流试验及加电测试

电推力器在开展点火试验之前,也需要先开展冷流试验及加电测试,确认真空承载能力、流量供给、电源供给均满足要求。

(1) 冷流试验:空心阴极仅一路气路,对该气路供给所需流量,测试空心阴极流量供给的正确性、有效性,同时,测试在空心阴极流量供给下真空舱的真空承载能力,确保真空环境的可靠性。

(2) 加电测试:对空心阴极所需的各个电源模块,开展点火所需的电流、电压加电测试,检查供电电源的有效性,以及空心阴极各电路舱外连接的正确性。

4. 空心阴极点火试验

如前所述,空心阴极的点火试验主要包括点火启动试验和稳态工作试验。在空心阴极点火启动和稳态工作期间,需要对空心阴极的工作参数进行监测,如羽流形貌观察,电流、电压的平均值、振荡及启动瞬时值,以评估空心阴极的启动特性和稳态工作特性。此外,还需对空心阴极点火期间出现的故障进行有效、及时处理,如真空舱真空环境恶化、电推力器熄火、电源故障等。

3.3.2　空心阴极试验构型

空心阴极的试验构型按照试验装置可分为二极管结构和三极管结构,三极管结构又分为平板阳极结构和圆筒阳极结构[7]。

1. 二极管结构

空心阴极试验的二极管结构如图 3-8 所示。空心阴极只对点火极/触持极放电,相当于电子元器件二极管工作状态,放电产生的电子全部流到点火极上。二极管试验方式一般只用于点火循环试验,不能用于持续寿命试验,特别不适用于大电

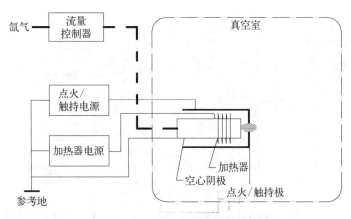

图 3-8　空心阴极试验二极管结构图

流阴极试验,触持极收集的电流太大容易引起触持极热变形和短路。

2. 三极管结构

1) 平板阳极结构

空心阴极试验的三极管试验装置最常用的是平板阳极结构,如图 3-9 所示。空心阴极外部有电气隔离的平板阳极,模拟电推力器阳极形成的电场,收集空心阴极发射的电子电流。这种方式工作时,放电稳定后,阳极电位较高,触持极处于低电位或电位悬浮状态(关闭点火/触持极)电源,放电电流主要被阳极板收集。三极管试验方式可以用于空心阴极单独点火试验,也可用于寿命试验。阳极板与阴极顶孔同轴位置开孔,便于采用光学温度计观测空心阴极工作时阴极顶温度。

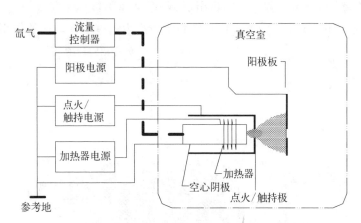

图 3-9　空心阴极试验三极管-平板阳极结构图

离子推力器使用两个空心阴极——主放电阴极和中和器阴极,如图 3-10 所示。离子推力器内部由永久磁铁形成轴向或环尖磁场,放电室内部空心阴极气体电离产生的电子沿磁力线进入放电室,和放电室中的氙原子碰撞产生离子,离子被

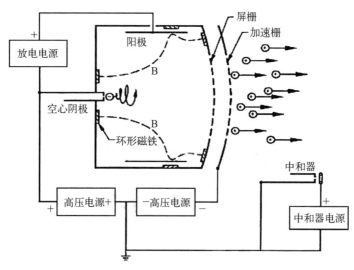

图 3-10　离子推力器工作原理

离子光学系统中的栅极聚焦、加速、喷出,电子则被约束在放电室内。放电室外部空心阴极发射的电子与离子流中和形成电中性的等离子体流喷出产生推力。

　　射频离子推力器或微波离子推力器工作时,空心阴极作中和器使用,安装位置与离子推力器的中和器类似。

　　霍尔推力器工作时只使用一个空心阴极(图 3-11),该阴极既起发射电子的作用,又起中和器的作用,安装两个空心阴极器是为了冗余备份。霍尔推力器主要由陶瓷放电室、内外磁铁和空心阴极组成,环形金属阳极位于陶瓷放电室底部,阴极位于放电室外。霍尔推力器工作时空心阴极产生的电子在电场的作用下进入推

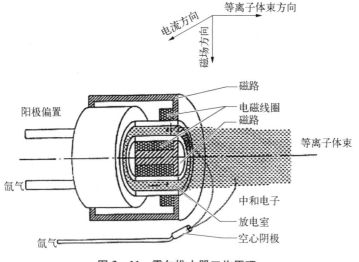

图 3-11　霍尔推力器工作原理

力器放电室,经气体推进剂碰撞电离为离子,离子受电场加速作用向后喷出,产生反作用推力,磁场能增大电子运动路径却不能使离子磁化。与离子推力器的中和器类似,空心阴极发射的另一部分电子中和喷出的离子,保持羽流的电中性。

空心阴极用于推力器工作时,会对电子路径产生影响,进而影响空心阴极的性能。因此,可以在平板阳极的基础上,增加一定磁场环境,模拟真实推力器放电工作情况,如图 3-11 所示。磁场的方向可以与空心阴极轴向相同或垂直等,磁场大小利用外部线圈进行调节。

2）圆筒阳极结构

圆筒阳极结构与平板阳极结构的主要区别是采用圆筒形模拟阳极结构,与空心阴极中心孔同轴的位置有观测孔,如图 3-12 所示。圆筒形阳极更接近推力器阳极形状,圆筒阳极外部可以缠绕冷却水管,降低阳极温度,更适合大电流空心阴极试验。圆筒阳极试验也可以增加轴向或径向磁场环境,模拟推力器磁路系统的影响,如图 3-13 所示。

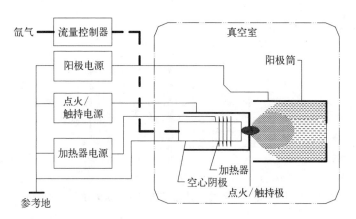

图 3-12　圆筒阳极结构

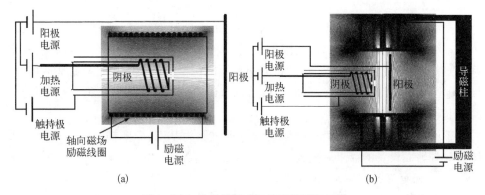

(a)　　　　　　　　　　(b)

图 3-13　带有模拟磁场的圆筒阳极结构

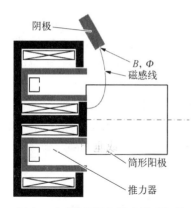

图 3 – 14　模拟霍尔推力器磁场的
三极管试验结构图

3) 仿真型圆筒阳极结构

仿真型圆筒阳极结构是在圆筒阳极基础上的进一步改进。空心阴极试验中,可以根据真实推力器的情况模拟推力器放电室磁场、阳极形状、安装位置、屏栅、真空度等三极管放电方法,提高试验的仿真性。图 3 – 14 为霍尔推力器空心阴极仿真试验的结构图,图中的空心阴极安装位置和角度、磁路系统与真实推力器工作情况完全一致,采用外置圆筒阳极代替推力器内部圆环阳极进行试验,增加空心阴极单独试验的仿真性。图 3 – 15 为离子推力器仿真寿命试验结构图。

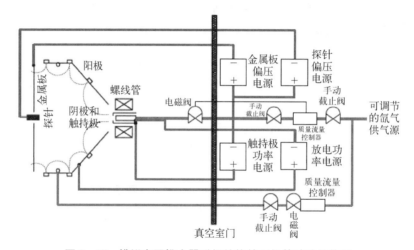

图 3 – 15　模拟离子推力器磁场结构的三极管试验结构图

3.3.3　试验配置

空心阴极点火试验所需的地面设备与电推力器基本相同,一般包括地面电源供给系统、推进剂供给系统、地面测控系统、真空环境模拟系统(含真空舱和抽真空系统)以及相应的点火参数采集设备。两种不同构型的点火试验配置也基本相同,仅在电源模块配置方面存在不同,三极管构型试验较二极管构型试验,增加了磁电源、阳极电源等模块。

下面以常用的平板阳极三极管构型点火试验为基础,简要描述空心阴极点火试验对各地面设备的需求和配置。

1. 地面电源供给系统(图 3 – 16)

空心阴极点火启动和稳态工作所需的供电电源模块:阳极电源、点火电源/触

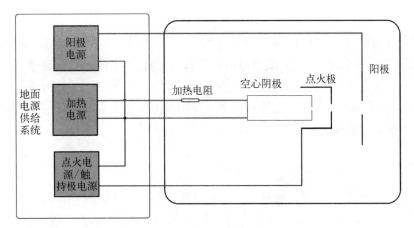

图 3-16　地面电源供给系统示意图

持极电源、加热电源。

阳极电源是一般选择电流源,按照配套的霍尔推力器放电电流需求设定空心阴极的阳极电流值。

点火电源是空心阴极的点火启动电源,为电压源,点火电源的电压要求至少需达到 300～600 V,电流一般不超过 10 A。

触持极电源为空心阴极启动放电后的维持电源,可以是电流源或电压源,电压一般不超过 50 V,电流可根据需求确定,一般不超过 10 A,功率不超过 500 W。由于触持极电源与点火电源分别先后在点火启动阶段、稳态放电阶段使用,因此可与点火电源合并为一台电源。

加热电源为空心阴极组件的加热器供电,将空心阴极加热到工作温度,加热电源可以选电压源,也可以用电流源,其电流一般不超过 10 A,电压不超过 50 V,功率不超过 300 W。

2. 推进剂供给系统

空心阴极同样采用氙气作为推进剂,因此其地面供给系统配置与电推力器点火试验一致。每套空心阴极只需一路推进剂供给,需要根据不同规格的空心阴极工作流量需求,选取不同量程的流量控制器。

3. 地面测控系统

地面测控系统与前述电推力器点火试验配置基本相同。

4. 真空环境模拟系统

空心阴极必须安装在真空舱内进行点火试验,真空舱的尺寸、舱内真空度、抽真空系统的有效抽速等,不同种类、规格的空心阴极的要求不同,需要根据具体开展试验的空心阴极,参照第 2 章论述,选取合适的真空环境模拟系统开展试验。

5. 参数采集设备

在空心阴极点火试验期间,需要采集电流、电压等电参数以判定空心阴极是否成功点火启动和稳定工作,一般使用示波器采集电流、电压值及其振荡情况。除此之外,还需测量空心阴极壳体温度,以判断空心阴极的工作温度,分析空心阴极的点火启动情况和稳定工作性能等。由于空心阴极工作温度较高,一般在 1 000 ℃ 以上,需要采用光学高温计等高温测温仪进行测温。

3.3.4 空心阴极点火试验方法

空心阴极的点火试验也包括点火启动试验和稳态工作试验。下面以平板阳极试验构型为基础,介绍空心阴极的点火试验的试验前准备、试验流程、试验步骤和故障处理。

1. 试验前准备

空心阴极的试验前准备工作与电推力器点火试验基本相同,包括试验文件的编制、试验设备自检与调试、参试产品测试等工作,具体可参照前述章节,这里不再赘述。

2. 试验流程

空心阴极点火启动试验流程如图 3－17 所示,空心阴极稳态工作试验流程如图 3－18 所示。

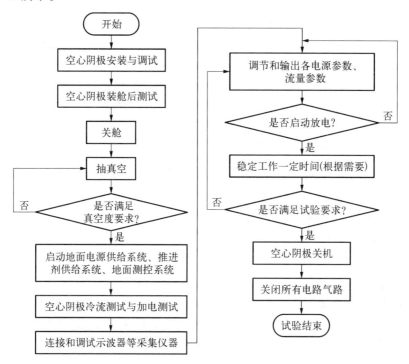

图 3－17　空心阴极点火启动试验流程图

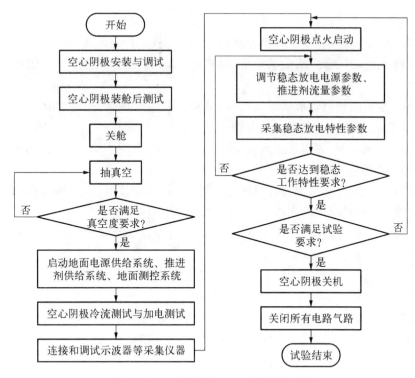

图 3－18　空心阴极稳态工作试验流程图

3. 试验步骤

1）空心阴极点火启动试验步骤

空心阴极点火启动试验步骤如下：

（1）确认地面电源供给系统、推进剂供给系统、地面测控系统、真空环境模拟系统、参数采集设备等状态正常，确认参试产品状态正常。

（2）按照图 3－9、图 3－16 和图 3－3 将空心阴极安装到真空舱内的安装板上，连接好所有的电路和气路，确认所有设备连接正确。

（3）开展空心阴极装舱后测试。

（4）关闭真空舱，开启抽真空系统。

（5）检查确认真空设备的空载真空度是否满足空心阴极点火要求。

（6）连接和调试示波器、测温仪等采集仪器。

（7）启动地面电源供给系统、推进剂供给系统和地面测控系统。

（8）开展空心阴极冷流测试和加电测试。

（9）调节地面流量控制器至空心阴极点火所需的流量值，并输出。

（10）调节各电源模块（阳极电源、点火电源、加热电源等）电流、电压输出值。

（11）测控系统启动监测,示波器启动采集,测温仪开始测温。

（12）启动地面电源输出,监测和判定空心阴极是否点火成功。

（13）若空心阴极点火启动失败,则重复步骤(9)~(12),直至空心阴极成功点火启动。

（14）空心阴极启动成功后,记录流量和各电性能参数,稳定放电工作一段时间(根据需要,一般几分钟至几十分钟)。

（15）记录数据,关闭推进剂流量供给和电源输出,空心阴极关机。

（16）如需重复测试,重复(7)~(15)。

（17）完成所有测试,关闭采集仪器、测温仪等采集仪器,关闭地面电源供给系统、推进剂供给系统、地面测控系统,设备断电。

2）空心阴极稳态工作试验步骤

空心阴极稳态工作试验步骤如下:

（1）确认地面电源供给系统、推进剂供给系统、地面测控系统、真空环境模拟系统、参数采集设备等状态正常,确认参试产品状态正常。

（2）按照图3-9、图3-16和图3-3将空心阴极安装到真空舱内的安装板上,连接好所有的电路和气路,确认所有设备连接正确。

（3）开展空心阴极装舱后测试。

（4）关闭真空舱,开启抽真空系统。

（5）检查确认真空设备的空载真空度是否满足空心阴极点火要求。

（6）连接和调试示波器、测温仪等采集仪器。

（7）启动地面电源供给系统、推进剂供给系统和地面测控系统。

（8）开展空心阴极冷流测试和加电测试。

（9）设定空心阴极点火启动所需流量值,并输出。

（10）设定空心阴极点火启动所需各电源模块(阳极电源、点火电源、加热电源等)电流、电压输出值。

（11）地面测控系统启动监测,示波器启动采集,测温仪开始测温。

（12）启动地面电源输出,空心阴极启动放电。

（13）调节稳态放电的各电源参数、推进剂流量参数,监测和判定空心阴极是否达到稳态工作特性要求。

（14）若不满足稳态工作特性要求,则重复步骤(13),直至空心阴极达到稳态工作特性要求。

（15）记录数据,关闭推进剂流量供给和电源输出,空心阴极关机。

（16）如需重复测试,重复(7)~(15)。

（17）完成所有测试,关闭采集仪器、测温仪等采集仪器,关闭地面电源供给系统、推进剂供给系统、地面测控系统,设备断电。

图 3 - 19 为典型的空心阴极点火试验期间的放电图像。

4. 故障处理

空心阴极点火试验期间,可能发生的故障与电推力器基本相似,分为产品故障和设备故障,可能发生的具体故障模式、处理措施也基本相似,因此空心阴极点火试验期间发生故障后,可参照 3.2 节第四部分推力器可能发生的故障及处理措施进行处理,这里不再赘述。

图 3 - 19　空心阴极典型点火放电图像

3.4　电推进系统点火试验

如前所述,一套完整的电推进系统产品,不仅包括电推力器,还包括推进剂贮存与供给模块(简称贮供模块)、电源供给模块。不同的航天任务,不同种类的电推进装置,其电推进系统的配置会有所不同。

电推进系统点火试验,也可以称为电推进系统联试,是指将完成独立测试的电推力器、贮供模块、电源、控制器等各个单机产品进行集成装配,形成电推进系统,在地面开展电推进系统联合点火试验,验证系统内部各单机间的接口匹配性、系统联合点火工作的匹配性、系统产品功能与性能的正确性,以及系统点火工作流程、系统控制软件设计的正确性。

不同系统配置的电推进系统的点火试验方法基本相似,但是由于电推进系统内部单机产品配置数量不同、冗余备份设计不同以及工作模式的不同,系统的点火试验配置、试验方案、流程会有所不同。电推进系统的方案、产品配置和工作模式不仅与所执行的空间任务有关,也与航天器的构型设计、电功率、重量、尺寸限制有关。

从空间任务角度,有些空间任务要求电推进系统配置多台电推力器,在轨工作时,一些任务要求单台电推力器交替工作,一些任务则要求 2 台或 2 台以上电推力器同时工作,上述电推进系统的工作模式、工作流程就会不同,从而系统地面点火试验的配置、方案、流程也会不同;从航天器限制角度,一般地,大型航天器在电功率、重量、尺寸等方面资源较为充裕,但是对电推进系统工作寿命要求较高,则在电推进系统设计时,需要增加系统内部各单机以及单机内部的冗余备份设计,提升系统长期在轨工作的可靠性,这就需要在电推进系统点火试验过程中对冗余备份进行验证,增加了系统点火试验的复杂性;对于小型航天器,对系统工作寿命要求低,但尺寸、重量限制较大,则在系统设计时,需要尽量减少和简化系统配置,可不考虑或者简化一些单机的冗余备份,因此电推进系统配置简单,工作模式也较单一,系统的工作流程简单,从而地面点火试验方案、流程也较为简单。

典型的霍尔电推进系统配置如图 3-20 所示,包括 1 套电推进系统控制器、2 台功率处理单元、4 台滤波模块、4 台霍尔推力器和 1 套贮供模块,贮供模块由 1 只气瓶、1 套压力调节模块和 4 台流量调节模块组成,每台流量调节模块为 1 台霍尔推力器提供精确流量供给。该系统执行卫星的在轨南北位置保持任务,系统工作时,2 台霍尔推力器交替工作,即同时只有 1 台霍尔推力器工作,其余 2 台霍尔推力器作为备份;1 台功率处理单元为 2 台主份霍尔推力器供电,另外 1 台功率处理单元作为备份。

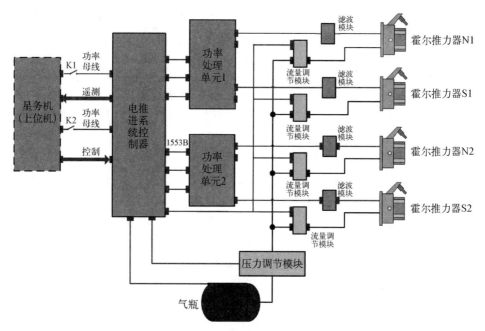

图 3-20　典型的霍尔电推进系统配置图

下面以上述典型霍尔电推进系统为例,介绍电推进系统点火试验的试验配置、试验前准备、点火试验流程和试验步骤。

3.4.1　电推进系统点火试验内容

电推进系统点火试验的主要内容是开展电推进系统各模块集成的联合点火试验,即按照既定的系统点火时序完成系统的点火、稳定工作等试验。由于电推进系统组成较为复杂,集成了多个单机/模块,以及单机/模块之间,与真空舱之间的气路、电路连接,为确保核心试验的顺利进行,在电推进系统点火之前,必须开展各个单机/模块产品、气路、电路以及参试设备的各项检查,确保功能正常,满足系统联试要求,此外,还需要开展系统联合点火试验期间的参数监测,制定故障处理预案等工作。

通常,参加电推进系统试验的各个单机/模块产品,均已完成自身的功能、性能测试,合格后方可交付系统集成;单机与单机之间的两两匹配测试,如系统控制器与功率处理单元、功率处理单元与电推力器等,也均已完成,且匹配测试结果满足要求。因此,在电推进系统级联合点火试验之前,不再重复进行上述单机/模块测试以及单机/模块间匹配测试,仅对基本性能、关键模块或关键功能组件功能开展测试,以确保功能正常。因此,电推进系统点火试验的内容分列如下。

1. 产品装舱前测试

一般地,电推进系统产品必须全部放置在真空环境中开展试验,以模拟产品的真实工作环境。因此,在装入真空舱之前,需要对所有参试产品开展基本检查,以确认基本状态正常。基本检查一般包括如下内容。

(1) 各单机/模块产品:外观检查、机械接口检查、气路接口与电接口检查、通气性检查、电导通性检查、电绝缘性检查等。

(2) 参试电缆:电缆接口、电连接器外观、接点定义检查,各接点间的搭接电阻、电导通性、电绝缘性检查等。

(3) 产品间管路:管路外观检查、接口检查等。

2. 产品装舱后检查

电推进系统产品安装到真空舱内之后,不仅有系统内部各单机/模块之间的气路和电路连接,也涉及与真空舱内外的气路、电路连接,因此需要在安装完成后关闭真空舱之前,对电推进系统开展基本检查,还要对系统产品与真空舱内外的连接气路、电路开展检查;在关闭真空舱之后,还需要开展真空环境的检查。

(1) 机械接口检查:检查系统各单机产品与安装接口连接的正确性、牢固性。

(2) 气路检查:检查贮供模块、电推力器等单机产品之间、单机产品与真空舱内外法兰之间的气路连接的正确性、牢固性、气路导通性。

(3) 电路检查:检查系统内部各个单机产品之间、单机产品与电缆之间以及与真空舱内外穿舱电缆连接的电路连接正确性、牢固性、导通性、绝缘性能,各连接电缆的外观检查等。

(4) 极性检查:检查系统产品的电极性、气路极性,确保气、电极性正确。

(5) 气密性检查:电推进系统完成气路连接,在气路基本检查之后,开展气密性检查,确保整个气路系统无外漏。

(6) 真空环境检查:关闭真空舱后,启动抽真空系统,检查和确认真空舱的空载真空度等条件是否满足开展电推进系统点火试验的要求。

3. 静态加电测试

在电推进系统点火之前,需要对地面电源、系统控制器、贮供模块、功率处理单元、电推力器等所有供电设备、用电产品进行静态加电测试,主要进行各个电源模块的电流、电压加电测试,以检查地面电源、系统各单机产品加电有效性、电路连接正确性,以及对电推力器所需电流、电压、功率输出等的满足性。

4. 系统冷流试验

在电推进系统点火之前,还需要先开展系统冷流试验,通过地面源气瓶或贮供模块产品为参试的所有电推力器的每个支路供给所需的推进剂流量,以检验贮供模块产品工作的有效性、推进剂供给能力;在真空环境下,对贮供模块产品中的流量调节模块进行精确的流量标定,以满足电推力器的使用要求;测试和确认在系统点火试验期间,在最大工作流量下,真空舱真空环境承载能力,确保真空环境的可靠性。

5. 电推进系统点火试验

按照规定的电推进系统点火时序控制流程,进行电推进系统的联合点火试验,试验期间,可根据需要对电推进系统的工作参数进行监测,如压力、阀门状态、电流、电压等,以便于评估电推进系统工作状态。此外,还需对系统试验期间出现的故障进行有效、及时处理,如真空舱真空环境恶化、电推力器熄火、电源故障、气路故障等。

3.4.2　试验配置

由于电推进系统包含推进剂贮供模块、功率处理单元、系统控制器等,具备为霍尔推力器提供氙气推进剂供给、电源转换与供给、时序控制等的能力,因此电推进系统点火试验只需地面提供模拟航天器功率母线、控制母线等的母线电源,为功率处理单元供电,为系统中的传感器、阀门开关等供电,真空环境模拟系统(含真空舱和抽真空系统),地面上位机和相应的地面试验测试所需的点火参数采集设备。

因此,电推进系统点火试验的系统配置如图 3-21 所示。

1. 地面母线电源

地面母线电源一般至少需要两种,一种为功率母线电源,为电推进系统的功率处理单元供电,提供电推力器点火启动和稳定放电所需的功率,一般为电压源。

另一种为控制母线电源,为系统控制器供电,满足系统控制器用电需求,以及系统中阀门、传感器等组件的功率驱动需求,一般为电压源,功率要求较低。

2. 真空环境模拟系统

真空环境模拟系统包括真空舱和抽真空系统,电推进系统产品均放置在真空舱内,进行点火试验,抽真空系统负责真空舱内高真空环境的维持。真空舱的尺寸、舱内真空度、抽真空系统的有效抽速等,不同种类、规格,不同系统配置的电推力器的要求不同,需要根据具体开展试验的电推力器及其数量,参照第 2 章论述,选取合适的真空环境模拟系统开展试验。

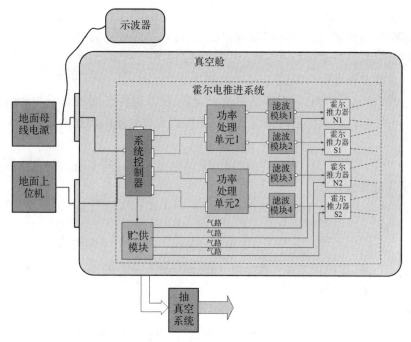

图 3 - 21　电推进系统点火试验系统配置示意图

3. 地面上位机

地面上位机模拟航天器上的上位机,负责与系统控制器进行通信,向系统控制器发送开关机、点火等指令,同时接收系统控制器上传的电流、电压、气压、温度等系统工作参数值。

地面上位机一般可用地面工控机模拟,安装相应的上位机软件,也可使用专门研制的系统综合测试设备模拟上位机。

4. 参数采集设备

由于系统控制器自带系统工作参数采集功能,因此电推进系统点火试验过程中,对参数采集设备的需求较少,只在有需求时,使用示波器采集母线电源的电流、电压值及其振荡情况。

3.4.3　电推进系统点火试验方法

1. 试验前准备

电推进系统点火试验的试验前准备工作与前述电推力器试验前准备工作基本相似,主要包括试验文件的编制、试验设备自检与调试、参试产品测试等工作,由于试验配置差别较大,因此具体准备工作内容有所差别,下面对试验前准备工作进行简单介绍。

1)试验文件编制

由于电推进系统点火试验流程较为复杂,因此对于系统点火试验,编写试验大纲、试验方案、流程等显得更加重要,编写的试验指导性文件同样包括试验任务书、试验大纲、试验方案、试验细则等,规定试验目的、试验要求、试验内容、试验方案、试验流程步骤、注意事项等,以指导试验的顺利进行。

2）试验设备自检与调试

点火试验开展前,必须对参试的地面设备、仪器进行全面的自检与调试,确保试验用到的所有设备、仪器可正常工作。系统点火试验使用的地面设备较少,一般如下。

（1）地面母线电源:母线电源自检,确保电流、电压、功率输出的有效性、满足性;电路连通性检查。

（2）地面上位机:检查地面模拟上位机的工控机等运行正常,上位机控制程序自检正常。

（3）采集仪器:示波器、万用表等仪器自检。

（4）真空环境模拟系统:真空舱、抽真空气路气密性检查;真空舱穿舱电路法兰绝缘性检查;抽真空系统自检等。

3）参试产品测试

对参试的系统产品在真空舱内安装完成后,进行试验前的测试,一般需要开展通气性、气密性、电导通绝缘性、极性等基本检查,具体需要开展的测试见 3.4.1 节的产品装舱后检查,确认产品基本性能正常,满足试验要求。

2. 试验流程

电推进系统点火试验流程如图 3-22 所示。

3. 试验步骤

试验步骤如下:

（1）按照图 3-20 和图 3-21 连接好所有的设备,确认所有设备连接正确,设备状态正常。

（2）按照图 3-20 和图 3-21 安装电推进系统产品,开展装舱后测试,确认所有产品安装正确,状态正常。

（3）关闭真空舱,开启抽真空系统。

（4）确认真空设备的空载真空度满足电推进系统点火要求。

（5）启动地面母线电源、地面上位机和系统程控、采集仪器。

（6）开展电推进系统静态加电测试。

（7）开展电推进系统冷流试验。

（8）进行电推进系统手动点火。按照系统点火时序控制流程,手动依次开启系统主份气路阀门、电路供给(功率处理单元)等,手动启动采集系统工作参数。

（9）判定系统手动点火过程中,各操作后系统工作是否正常,若系统工作异常,则启动紧急关机流程,进行故障排查并解决故障,返回步骤(8)执行;若系统工

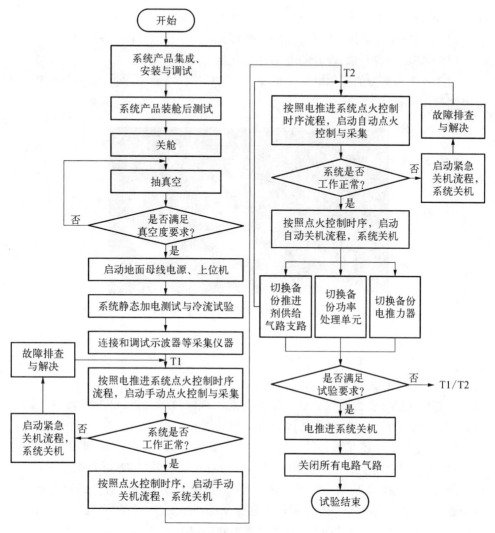

图 3 - 22 电推进系统点火试验流程图

作正常,则启动正常关机程序,手动关机。

(10) 开展电推进系统自动点火。按照系统点火时序控制流程,程控自主执行系统点火程序,包括参数采集、故障判定、系统关机等,均自主运行。

(11) 判定系统自主点火程序运行和系统工作是否正常,若运行异常,必要时启动紧急关机程序,排查与解决问题之后,返回步骤(10)执行;若系统运行正常,则进入第(12)步。

(12) 将系统推进剂供给气路手动切换至备份支路,重复上述步骤(10)~(11)。

(13) 将系统推进剂供给气路切换回主份支路,将功率处理单元切换至备份单机,相应的电推力器切换至备份推力器,重复上述步骤(10)~(12)。

(14) 如需重复测试,重复步骤(4)~(13)。

(15) 完成所有测试,设备断电、关机,气路关闭。

图 3-23 为典型的霍尔电推进系统点火试验期间 2 台霍尔推力器同时点火的放电图像。

图 3-23　霍尔电推进系统点火放电图像

4. 故障处理

电推进系统产品联合点火试验虽然是验证整个电推进系统功能的正确性,但其主体试验对象仍为电推力器,因此在系统点火试验期间可能出现的故障,与 3.2 节第四部分所述电推力器点火试验期间可能出现的故障类似,可参照其中故障及其处理措施。系统其他产品的故障也可参照处理。

此外,电推进系统试验一般为较为大型的试验,试验系统复杂,涉及的产品也较多,因此试验前需全面仔细确认参试设备均具备试验条件,方可开展系统试验。试验期间若出现故障,应第一时间采取应急处理措施,优先确保系统产品的安全。在排查故障、解决问题的过程中,也要优先确保系统产品安全。待故障处理完毕后,应首先对系统产品进行复查复测,确认产品基本状态均正常后,方可继续开展试验。

下面给出几种电推进系统试验期间需要密切关注和采取紧急处理措施的常见故障,其余可能故障不再赘述。

1) 真空舱真空度快速上升

如 3.2.3 节所述,真空舱真空度快速上升的可能原因有两种,一种为真空舱的抽真空系统承载能力饱和或下降,另一种为真空舱外漏,无论何种情况,应第一时间执行电推力器关机程序,同时打开电推力器工作对应的供气阀门,保持推进剂气路通气,维持推力器的推进剂气体环境,直至电推力器冷却至室温,方可继续排查和处理故障,待故障处理之后,确认产品正常,再继续开展试验。

2) 系统工作参数异常

与电推力器、空心阴极等单机产品试验不同,电推进系统组成复杂,是一套功能完整的系统,系统点火试验期间,除地面母线电源,系统所有工作参数,包括电流、电压、气路压力(高压、低压)等,均由系统内部采集和动态监控,其中,电流、电压等电参数异常的处理可参照 3.2.3 节。相较于电推力器试验,电推进系统试验增加了对贮供模块产品中高压部分压力和低压部分压力的监测,其压力直接决定了为参试电推力器提供的推进剂流量的大小,因此当压力监测参数出现异常增大或降低,且在系统故障检测后未恢复正常的情况下,应立即执行电推力器关机程序,并打开电推力器工作对应的供气阀门,保持推进剂气路通气,维持推力器的推进剂气体环境,直至电推力器冷却至室温,方可继续排查和处理故障,待故障处理之后,确认产品正常,再继续开展试验。

3)产品异常断电

系统试验期间,导致产品异常断电的状况包括人为误操作、地面供电设备或母线电源异常断电等,发生上述情况后,应立即断开真空舱外电缆与穿舱法兰之间的连接,按照下述步骤对产品进行故障排查和状态确认:

(1)检查地面母线电源及供电设备是否正常。

(2)测试系统各单机/模块产品电性能,包括贮供模块、功率处理单元、电推力器,确认产品电性能正常。

(3)连接真空舱外与穿舱法兰之间的电缆,进行静态加电测试,确定电推进系统加电是否正常。

(4)测试系统各产品的接地电阻,确认状态正常。

以上各步骤检查均正常,且地面设备确认正常,方可继续开展电推进系统点火试验。否则,继续排查故障,直至故障定位明确,且处理措施有效。

参考文献

[1] 蔡国飙. 真空羽流效应实验系统设计. 北京:国防工业出版社,2016.

[2] Absalyamov V K. Measurement of plasma parameters in the stationary plasma thruster (SPT - 100) plume and its effect on spacecraft components. AIAA 92 - 3156.

[3] Kim V. Plasma parameter distribution determination in SPT - 70 plume. IEPC - 2003 - 0107.

[4] Manzella D H, Sankovic J M. Hall thruster ion beam characterization. AIAA 1995 - 2927.

[5] 张岩,康小录. 钡钨空心阴极等离子体放电模式实验研究. 火箭推进,2013,39(1):29 - 34,45.

[6] 张岩,康小录,乔彩霞. 六硼化镧和钡钨空心阴极的放电特性实验研究. 真空电子技术,2013,(3):12 - 16,20.

[7] Domonkos M T. Evaluation of low-current orificed hollow cathodes. Detroit:University of Michigan, 1999.

性能测量篇

第4章

微小推力测量

4.1 概 述

电推进具有高比冲优势的同时,推力普遍较小,比传统化学推进小很多,属于微小推力范畴。因此,为了获得电推力器的工作性能,需要对电推力器的微小推力进行精确测量,微小推力测量技术也成为电推进性能测试中的关键技术之一。

电推力器按工作原理可以分为电热式、电磁式、静电式三大种类,目前应用较为广泛的霍尔推力器和离子推力器均属于静电式电推力器,其推力范围一般为 5 ~ 5 000 mN,其他微型电推力器的推力范围一般为 1 μN ~ 10 mN。因此,从微牛(μN)量级到牛(N)量级的微小推力测量,是电推力器微小推力测量的主要测量范围。

分析电推力器自身结构、工作环境、推力水平等因素可以看出,电推力器微小推力测量通常具有以下特点[1-4]。

1. 推力小

电推力器推力一般较小,如霍尔推力器、离子推力器、场发射等离子体推力器等,推力范围一般在 μN 量级至 mN 量级。如此小的推力,要求测量系统必须具备高灵敏度、高分辨率等特点,并且需具有较好的抗干扰能力和稳定性。

2. 推重比较小

推重比是指电推力器的推力与其重量之比。电推力器的推力小、重量大,导致其推重比远远小于传统化学推力器。电推力器的推重比一般在 $10^{-7} \sim 10^{-3}$ 范围,如当前应用最多的霍尔推力器和离子推力器,其推重比为 10^{-3} 量级,激光烧蚀微推力器推重比达到 10^{-5} 左右,场发射电推力器推重比甚至达到 10^{-7}。如此之小的推重比,给本就困难的微小推力测量带来了更大的挑战。由于电推力器自身重量会产生附加分力,这部分附加分力将对本来就很小的推力测量带来相对大的干扰和影响,必须予以消除或抑制。

3. 干扰因素多

电推力器产生的微小推力大都介于 μN 到 N 之间,任何微小的振动、气流等都会对测量产生干扰,影响测量精度,因此在电推力器微小推力测量时,需要排除如下干扰因素。

1）电缆、气管干扰

负责给电推力器供电和供气的电缆、气管,在推力器点火试验过程中振动、热、电磁、气动力等环境的联合影响下,不可避免地会给推力测量带来一定的干扰力。为减小该干扰力的大小,通常需对推力测量装置动架-静架之间的电缆、气管进行相应的去干扰处理。

2）振动干扰

电推力器的点火和性能测试需要在高真空环境下进行,为保持高真空度,真空舱通常配有氙泵、低温泵、分子泵-前级机械泵等设备,该类设备的机械运转产生的振动将对微小推力的测量产生影响。在微小推力测量时,需对上述振动干扰予以消除或抑制。

3）热影响

电推力器一般为等离子体放电装置,工作时产生大量的热量,通过热传导、辐射或者羽流撞击等方式传给推力测量设备(包括安装支架、平衡机构、电子设备等),导致推力测量设备的温度改变,尤其是推力器开机、关机过程中(温度变化速率快)。推力测量设备的安装支架和平衡机构受热过程中,因材料热胀冷缩导致力臂伸长缩短、平衡被改变,推力测量数值随之漂移;推力测量设备内部电子器件在受热过程中,也会因温度改变产生"温漂"。在推力测量设备设计时,应采取措施对上述温度改变引起的推力测量数值漂移现象予以消除或抑制。

4）电磁干扰

电推力器为等离子体放电装置,放电电压往往较高。高压等离子体放电时不可避免地向周围释放包括静电场、稳态磁场、交变电磁场等强干扰信号,并影响推力测量设备的稳定和可靠工作。在推力测量设备设计时,应采取措施对上述电磁干扰信号进行防护;在推力测量信号传输时也应采用相应的防电磁干扰处理。

4. 真空环境下的测量

电推力器通常需要在真空环境下工作,推力测量设备应满足在真空环境下正常工作的要求,这涉及推力测量装置所采用的材料、元器件、传感器等,都需要具备在真空下工作的能力。

4.2　微小推力测量的方法

4.2.1　微小推力测量的分类

推力测量就是通过一定的技术,将推力的作用传递到可以反映推力效果的物理体系中,然后对物理体系进行解析,获得推力与对应物理效应的函数关系,再通过标准力值对上述函数关系进行标定,从而实现推力的定量测量。一般来说,推力测量主要有三种途径：第一种是将所要测量的推力直接传递给测力传感器，通过测力传感器识别出推力，这就是化学推进普遍采用的直接传递测量法；第二种是用推力器产生的推力激励摆系统，识别摆运动规律与推力的关系，通过标定实现推力的测量，这就是电推进常采用的激摆测量法（或称摆动力测量法）；第三种是将推力器喷出羽流的动量传递给标靶，再通过标靶在获得动量下的变化反算出推力，通常称为标靶传递测量法。下面对上述三种方法分别进行介绍。

1. 直接传递测量法

直接传递测量法是将推力器直接安装在测力传感器上，或通过动架让推力器产生的推力直接施加在测力传感器上，测量时，通过传感器的输出即可获得推力值。该方法主要用于推重比较大的推力测量场合，如化学推力器、电阻加热推力器、电弧推力器等。测量的关键就是测力传感器，常用的测力传感器包括应变片式力传感器、压电式力传感器等。

图 4-1 为一种用于直接传递推力测量法的应变片式力传感器工作原理示意图。图 4-2 为该应变片式力传感器的原理图，它使用了一种双弹性元件级联式力传感器的原理。将高刚度的弹性元件和低刚度高灵敏度的弹性元件级联在一起，成功解决了动态响应特性与分辨率性能之间的固有矛盾。采用直流电桥的电阻应变片式力传感器设计方案，传感器中安置有两个弹性元件。系统主要部件是高刚度弹性元件 G 和低刚度高灵敏度弹性元件 R，它们在 C 点连接，被测力 F_0 施加于 G，F_R 为 G 和 R 在 C 点的相互作用力，应变片布置在 R 上。设计的基本原则是保证 G 具有高刚度，而 R 具有低刚度且单位形变下的应变较高，通过级联，R 提取 G 上某一点的形变而不对 G 造成大的反作用力，从而获得满意的刚度和灵敏度。对于传感器，就是同时实现了高分辨率和高频响性能。

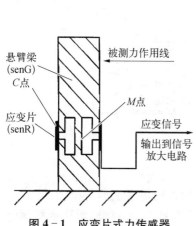

图 4-1　应变片式力传感器
工作原理示意图

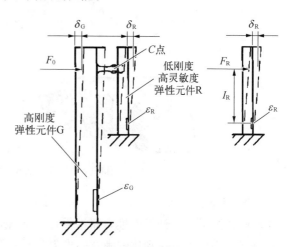

图 4-2　双弹性元件级联应变片式力
传感器原理图

实际应用中(图4-1),G为一矩形截面固支梁,电阻应变片本身兼充当R,提取G侧壁形变,应变片材料的弹性模量比金属小得多,大大减小了R的刚度,提高了灵敏度。该传感器的性能参数如下:量程为0~17 mN,分辨率为0.06 mN,测量不确定度小于±0.18 mN,线性度优于99.95%,测量装置的3 dB带宽达到855 Hz。

压电式力传感器广泛应用于动态力的测试,具有灵敏度高、滞后少、固有频率高、测试范围宽、体积小和稳定性好等特点。图4-3是负荷垫圈式传感器结构,是压电式力传感器的一种,由压电晶体片、导电片、基座和承压环等组成。压电晶体片固定在两个钢环之间,装配后在A处焊接。图4-4是测量推力时负荷垫圈的安装方式,通过螺钉固定在底座上,通过上平板将力传递给传感器。

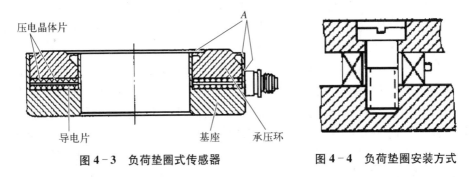

图4-3 负荷垫圈式传感器　　　　图4-4 负荷垫圈安装方式

压电式力传感器结构简单,目前已研制出可以测试x、y、z三个方向作用力的压电式三分力传感器。传感器有三对压电晶体片,中间层通过纵向压电效应测量z方向上的力,上下两层通过横向压电效应测量x和y方向上的力。三个力分别通过各自插头座输出,图4-5是其结构示意图。

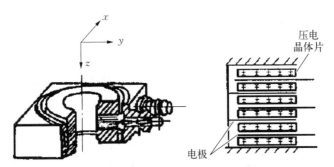

图4-5 压电式三分力传感器

2. 激摆测量法

激摆测量法避开了电推力器推重比过低无法用直接传递法测量推力的问题,其测量微小推力可达到比较满意的推力测量分辨率和精度。激摆测量法的实质就是以推力器的推力激励摆运动,由于作用力的大小与摆的运动遵循一定的规律,通过摆运动规律的解析,就能得到推力的值。激摆测量法具体实现时,可以采用如下两种手段。第一种是电磁力补偿闭环平衡法,即通过电磁反作用力补偿推力的作用,使摆处于随遇平衡状态,则电磁补偿力的大小即推力的大小。这种方法的好处就在于:对于有些摆结构(如下面将要介绍的悬摆和倒摆),当作用力较大时,推力器重力的分量就会增大,对测量的干扰加大。而让摆系统处在随遇平衡状态,可以最大限度地消除重力的影响。另一种是开环位移法,先测量摆的位置变化(线位移或角位移),再通过标准力值的校准来实现推力的测量。摆位置变化的测量常用的传感器有激光位移传感器、电容位移传感器、激光测角传感器等。另外,为了使摆的运动可控,一般摆测量装置都配置有复杂的阻尼机构。

根据摆的结构形式,激摆测量法又分为悬摆式(含单摆、平动摆、双摆等)、倒摆式、扭摆式三种,将在 4.3 节进行具体介绍。

3. 标靶传递测量法

在推力器的喷口下游放置标靶,让推力器羽流动量传递给标靶,通过测量标靶的位置变化信息,来评估和反推推力器的推力。

图 4-6 为一种标靶传递测量法的原理示意图[4]。测量装置主要由标靶、弹性梁、位移传感器、安装架等部分组成。弹性梁和标靶固定在一起,靶的刚度较大,可以视为刚体,弹性梁的刚度很小。推力器喷射的羽流撞击在靶面上之后会对靶产生一个作用力,由于弹性梁的刚度比较小,因此梁会发生较为明显的偏转,与梁下端固定在一起的靶即可有较大的水平位移,通过装在靶后方的位移传感器(图中示出的是电涡流传感器)即可测量出标靶的位移,然后由位移值可以反算出推力器的推力。由于大部分的标靶采用的都是一个单摆结构,则摆的运动解析与摆系统的相同,其原理和解析方法也可参照 4.3 节的具体描述。

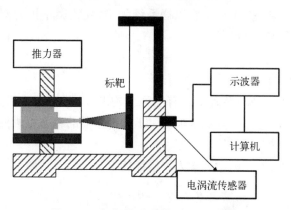

图 4-6 标靶传递测量法原理示意图

另外,还可以让标靶直接作用于测力传感器上,根据作用力与反作用力原理,测力传感器上显示的推力值与推力器的推力等值反向。这种方法结合了直接传递测量法和标靶传递测量法两者的特点,具体的测量和标定也可参照直接传递测量法的相关内容。一些特殊的电推进推力测量也常采用这种方法,如微型电喷推进等。

标靶传递测量法的优点是测量系统简单,便于安装和实施;缺点是受标靶收集羽流有效性和次生效应的影响,误差较大。通常,标靶传递测量法的测量误差主要来源于以下几点: ① 测量是基于假设推力器羽流撞击标靶后,沿推力器轴线方向的速度完全降为零,羽流的轴向动量完全传递给标靶,但实际上无法完全排除羽流粒子撞击标靶后的反向弹射,从而会造成测量值偏大;② 标靶传递测量法还假设推力器羽流全部喷射到标靶上,而实际测量时,由于标靶距离推力器无法太近,标靶的面积不能太大,难以实现羽流轴向动量的全部收集;③ 由于弹性梁的存在,羽流撞击标靶后,标靶不可避免地存在角度偏移,导致动量收集的角度损失。

标靶传递测量法适用于推力器体积和重量庞大、长径比大、推力器供电(包括射频、微波)和供液(包括冷却)管线特别复杂和干扰难以消除的场合。例如,可变比冲磁等离子体推力器(VASIMR),其体积和重量特别庞大,且长径比很大,很难采用电推进常用的激摆测量法来测量推力,而标靶传递测量法是一种较合适的选择;还有就是大功率水冷式磁等离子体动力推力器(MPD),虽然推力器体积和重量不大,但需要大流量的冷却水供给,其带来的应力干扰使得激摆测量装置难以实现,一般也可以采用标靶传递测量法测量推力。

鉴于直接传递测量法被大量用于化学推进和其他领域的推力测量实践中,相关的书籍和资料也比较多,读者欲了解细节可查找相关资料,本书就不再介绍。目前在国际电推进推力测量领域,激摆测量法被普遍采用,标靶传递测量法在一些特殊的场合也发挥着不可替代的作用,并且标靶传递测量法测力的本质也还是一个摆系统。基于上述考虑,本章主要以摆系统为主,介绍微小推力测量装置的原理、分类、组成、校准及误差分析等。

4.2.2 微小推力测量的基本原理

常见的激摆推力测量装置主要有三种结构形式,即扭摆式、悬摆式和倒摆式,如图4-7所示。以上三种方式常被应用于电推力器的稳态推力测量。此外,也用于电推力器的脉冲推力测量。

根据动力学理论,摆的动力学方程描述如下:

$$I\ddot{\theta} + c\dot{\theta} + k\theta = F(t)L \tag{4-1}$$

式中,θ为相对参考位置的角度;I为转动惯量;c为阻尼常数;k为弹性系数;$F(t)$为作用力,作用在距离支点L处对系统产生力矩。I、c、k一般是常数。实际的用于推力测量的摆还包括动态元件,如电子阻尼器等,导致分析变得复杂,所以动力

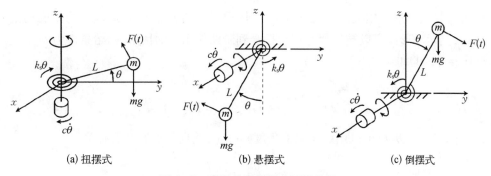

(a) 扭摆式　　　　　　　　(b) 悬摆式　　　　　　　　(c) 倒摆式

图 4 - 7　常见的激摆推力测量结构

学方程的标准形式需要变换为

$$\ddot{\theta} + 2\zeta\omega_n\dot{\theta} + \omega_n^2\theta = F(t)L/I \tag{4-2}$$

式中，ζ 是阻尼系数，由式(4-3)描述:

$$\zeta = \frac{c}{2}\sqrt{\frac{1}{Ik}} \tag{4-3}$$

ω_n 是无阻尼系统的固有频率，由式(4-4)描述:

$$\omega_n = \sqrt{\frac{k}{I}} \tag{4-4}$$

　　三种不同结构形式摆的最主要的不同点在于重力对动力学行为的影响。重力在悬摆式系统中作为恢复力，在倒摆式系统中作为使偏移变大的力，在扭摆系统中没有任何作用，因为运动的平面是与重力矢量垂直的。重力在悬摆式和倒摆式系统中形成的力矩为

$$T_g = mgL_{cm}\sin\theta \approx mgL_{cm}\theta \tag{4-5}$$

式中，m 是质量; g 是重力加速度; L_{cm} 是质心与支点之间的距离。第二种表达形式适用于小的偏移角度。当角度小于等于 5° 时，重力力矩带来的误差近似小于 0.13%。在近似表达式中，重力力矩是与偏移角度成比例的，因此可以与弹性力矩项合并(第一个为悬摆式，第二个为倒摆式)。

$$k = \begin{cases} k_s + mgL_{cm} & (悬摆) \\ k_s - mgL_{cm} & (倒摆) \end{cases} \tag{4-6}$$

　　很明显，在倒摆中，重力力矩不能超过弹性力矩，否则恢复力就是负的，摆会变得不稳定。

　　方程(4-2)可以在任意作用力的输入下求解出摆的响应。三种特殊情况下的

解析解与摆的形式相关。当稳态推力 F_t 作用于距离支点 L_t 处形成的力矩驱动摆运动,其运动形式可以被近似为理想摆受到阶跃作用力的情形,初始条件为 $\theta(0) = \dot{\theta}(0) = 0$,其中

$$F(t) = \begin{cases} 0, & t < 0 \\ F_t, & t \geqslant 0 \end{cases} \tag{4-7}$$

偏移角度 $\theta(t)$ 可以用稳态偏移角度归一化,并且与阻尼系数有关:

$$\theta_{ss} = \frac{F_t L_t}{I\omega_n^2} = \frac{F_t L_t}{k} \tag{4-8}$$

$$\frac{\theta(t)I\omega_n^2}{F_t L_t} = \frac{\theta(t)}{\theta_{ss}} = \begin{cases} 1 - e^{-\zeta\omega_n t}\left[\cos(\omega_d t) + \dfrac{\zeta}{\sqrt{1-\zeta^2}}\sin(\omega_d t)\right], & \zeta < 1(\text{欠阻尼}) \\ 1 - e^{-\omega_n t}(1 - \omega_n t), & \zeta = 1(\text{临界阻尼}) \\ 1 + \dfrac{1}{2\sqrt{\zeta^2-1}}\left(\dfrac{1}{d_1}e^{-d_1\omega_n t} - \dfrac{1}{d_2}e^{-d_2\omega_n t}\right), & \zeta > 1(\text{过阻尼}) \end{cases}$$

$$\tag{4-9}$$

式中,$\omega_d = \omega_n\sqrt{1-\zeta^2}$ 是有阻尼时运动的频率;$d_1 = \zeta - \sqrt{\zeta^2-1}$;$d_2 = \zeta + \sqrt{\zeta^2-1}$。

典型的响应曲线如图4-8所示,从图中可以看出,系统到达稳态偏移角度所需的时间与阻尼系数有关。通常将偏移角度达到标准偏移角度误差在2%以内所需要的时间定义为平衡时间,对于临界阻尼摆大约是一个周期,对于过阻尼和欠阻

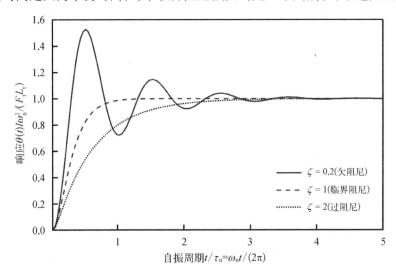

图4-8   达到稳态偏移角度所需的时间与阻尼系数关系

尼摆,则平衡时间与阻尼系数有关。平衡时间是一个摆测量系统受到阶跃推力激励后趋于稳定状态的时间尺度。

摆系统对于一个脉冲推力作用于距离支点 L_t 处所产生的脉冲冲量的响应可以被近似为受脉冲作用力 $F(t) = I_{bit}\delta(t)$ 的情况,其中 $\delta(t)$ 是狄拉克 δ 函数,初始条件为 $\theta(0) = \dot{\theta}(0) = 0$。

$$\frac{\theta(t)I\omega_n}{I_{bit}L_t} = \begin{cases} \dfrac{1}{\sqrt{1-\zeta^2}}e^{-\zeta\omega_n t}\sin(\omega_d t), & \zeta < 1(欠阻尼) \\[2mm] \omega_n t e^{-\omega_n t}, & \zeta = 1(临界阻尼) \\[2mm] \dfrac{1}{2\sqrt{\zeta^2-1}}\left[e^{-d_1\omega_n t} - e^{-d_2\omega_n t}\right], & \zeta > 1(过阻尼) \end{cases} \quad (4-10)$$

典型的响应曲线如图 4-9 所示,从图中可以看出,响应是瞬态的,衰变时间与阻尼系数有关。从图中右上方的曲线可以看出,三个曲线在最初的斜率是相同的,反映出冲量所产生的最初的角速度是与阻尼系数无关的。冲量所产生的最初速度为

$$\Delta\dot{\theta}(0) = I_{bit}L_t/I \quad (4-11)$$

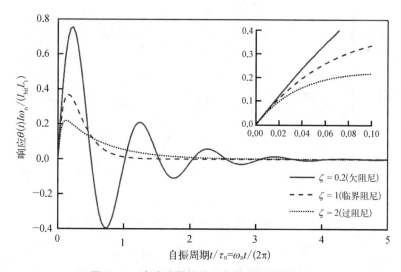

图 4-9　脉冲冲量的响应与阻尼系数的关系

还可以看出响应最大的振幅 θ_m 和幅值的范围(第一个峰值与第一个谷值之间的范围)是与脉冲冲量成比例的。例如,对于无阻尼振动,最大振幅为

$$\theta_m = I_{bit}L_t/(I\omega_n) \quad (4-12)$$

峰值振幅和范围会随着阻尼系数的变大而减少,有限的脉冲长度与反复脉冲所引起的运动也可以通过运动方程来求解。

如果作用于摆的力是随着时间变化的,其响应也会随着时间变化,并且振幅和作用力的频率与摆的固有频率的比值有关。对于一个周期变化的作用力形式如 $F(t) = \bar{F}_t \cos(\omega t)$,那么响应就会是包括一个刚开始频率为 ω_d 的瞬态响应和一个频率为驱动力频率 ω 的稳态响应。当瞬态响应结束后,稳态振动的幅值和一个恒定静止载荷 $\bar{F}_t$ 所产生的偏移角度 $\theta_{st} = \bar{F}_t L_t / k$ 的比值为

$$\frac{\bar{\theta}}{\theta_{st}} = \frac{1}{\left[(1 - \Omega^2)^2 + (2\zeta\Omega)^2 \right]^{1/2}} \tag{4-13}$$

式中,$\Omega = \omega / \omega_n$,这个比值在不同阻尼下随着频率系数变化如图 4-10 所示。对于临界阻尼摆和过阻尼摆,响应的幅值随着作用力频率的增大单调衰减。当驱动力的频率接近于推力架的共振频率时,欠阻尼摆有一个幅值放大的响应。当驱动力频率大于试验台共振频率后,响应幅值会减弱。在动态推力作用下摆系统的灵敏度与频率有关。

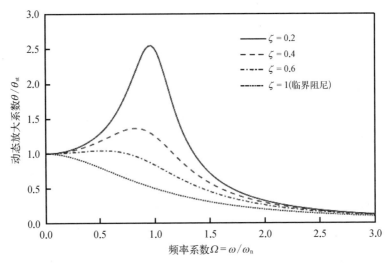

图 4-10   不同阻尼、频率系数对振幅动态放大的影响

4.3   微小推力测量装置的组成和结构

如上所述,激摆测量推力主要有三种摆结构形式,它们的基本原理都是基于摆的动力学方程,但结构形式各异,导致其组成有相通的一面,也有各自的不同特点。下面分别就激摆推力测量装置的共用组件、各自特殊性及其性能进行介绍。

4.3.1　激摆推力测量共用组件

激摆推力测量装置的共用组件主要包括位移传感器、阻尼器和弹性元件等,这些组件也是许多动力学测量系统的基础组件。

1. 位移传感器

位移传感器是保证推力架性能指标的关键组件,通常采用非接触式结构,以防机械接触对推力架的干扰,传感器的测量范围和分辨率一般根据推力架的偏移情况选择。可采用的传感器主要包括线性可变差动变压器(LVDT)式传感器、电容式传感器、光学干涉仪式传感器、反射式光纤传感器、自动准直仪式传感器、激光三角测量系统、光电位移传感器等。其中电推进推力测量领域采用最多的是 LVDT 式传感器和光学干涉仪式传感器。

对于偏移量较大[毫米(mm)量级]的推力架,推荐使用 LVDT 式传感器。LVDT 式传感器主要包括变压器和铁磁芯两部分。变压器由三个分别沿轴缠绕的螺线管组成,通常安装在推力架的固定部分,其中主螺线管在中心,两个次级螺线管对称分置在中心螺线管两边。圆柱形铁磁芯连接在推力架的活动部分,可沿变压器的固定轴自由移动。当中心螺线管通交流电时,在次级螺线管中就会感生电压,电压大小与铁磁芯的位置有关,通过两个次级线圈信号的差值就可以灵敏地测量铁磁芯位置的变化。一定范围内,商用 LVDT 式传感器的响应线性度在满量程的 0.25% ~ 0.5%,适用的位移范围下限可低于 1 mm,上限可达到 500 mm 以上。LVDT 式传感器十分稳定,其温度敏感性一般为满量程的 0.02%(每摄氏度),重复性为满量程的 0.01%。从理论上讲,模拟信号的空间分辨率不受限制,但是实际使用中,电噪声会影响分辨率,通常能达到的分辨率在亚微米量级。LVDT 式传感器(特别是交流 LVDT 式传感器,在变压器的壳体内没有集成电子器件)相对受推力器电噪声的影响较小。

光学干涉仪式传感器已经成功应用于测量微小位移的推力架中,其可提供更高的灵敏度与分辨率,但价格较高。光学干涉仪的工作原理如下：一束相干光束被分光仪分成两束光,两束光沿着不同的路径传播再汇合。如果两束光的光程差是波长的非整数倍,那么两束光就有不同的相位,干涉后会加强或者削弱。当传播路径的长度变化时,汇合后的光束幅值也会周期性变化。利用这一原理就可以测量摆的位移。设想让运动的摆反射光路中的一束光,推力架的固定基座反射另一束光,则汇合后的光束幅值的变化就反映了摆的位移信息,通过光电二极管可测量汇合光信号的振幅,从而获得相对位移的变化。基于迈克尔孙干涉仪的位移传感器,其测量范围达几十微米,噪声分辨率 10 nm。基于法布里-珀罗干涉仪的位移传感器具有更高分辨率,其测量范围可达 150 nm 量级(满量程推力为 1 mN 量级),频率分辨率(相当于空间分辨率)为 14 pm。光学干涉仪式传感器的主要优点在于其测量的相位和频率与位移呈线性关系,并且测量系统中的光电二极管不受推力器电噪声的影响。

2. 阻尼器

通常使用无源涡流阻尼器或有源电磁阻尼器来减缓推力架的振荡,也可以用油阻尼器。涡流阻尼器是简单的非接触机构,其由两块固定的磁铁与两个磁铁中可移动的导电板(通常为铜)组成。磁场会使导电板中产生涡流,涡流与磁场相互作用会产生与速度成比例的洛伦兹力来抵抗运动。有源电磁阻尼器由一个可以沿着螺线管轴移动的铁磁芯组成,作用于铁磁芯上的力与螺线管中的电流成比例。实际应用时,通常采用闭环比例-积分-微分(PID)控制器来改变螺线管中的电流,以改变摆系统的阻尼系数。有源阻尼器调节更灵活,关闭阻尼器可观察推力架的自由运动情况,这可以实现冲量的测量。

3. 弹性元件

推力架的弹性元件包括摆的支架、用于增加或者微调弹性力的弹性组件(如弹簧等)、横跨推力架活动部分和静止部分的导线或管路(可能会产生寄生弹性力)。摆的支架可以由简单的平板挠性构件或更复杂的挠性轴组成,市面上均有相应的标准产品出售。对于悬摆,有时将梁放置在刀缘上作为支点以减少恢复力。有的扭摆式推力架使用细的铍或钨丝来支撑梁的重量,细丝的直径大约在 0.5 mm,细丝的扭转弹性常数提供了恢复力。但是,对于梁系统(包括推力器和配重)重量比较大的情况,还是采用挠性轴系统更合适。

横跨设备和动摆之间的导线、推进剂管路、冷却水管、仪表布线等都会影响系统的有效弹性系数,因此这些组部件都需要特别安排以保证推力架性能的可重复性。尽管通过仔细的绞合和穿插导线可以减少传递给推力架的作用力,但导线弯曲时的内摩擦可能会导致推力测量中不可恢复的多余重量(系统零漂)或者是不可接受的不确定度。与上述情况类似,软质聚合物管路通常随着温度的变化,其黏弹性变化较大,采用固体金属管可以提高测量的线性与可重复性。有研究者发展了一种非常新颖的方法来减少这些组部件产生的弹性力[5-7],即使用液态镓容器来传导电能,在扭摆轴上的气路中使用油封,油罐同时被当作黏滞阻尼器。

4.3.2　倒摆式推力架

倒摆式推力架灵敏度高、小巧简洁。最简单的倒摆是一个垂直臂,其底部与支点相连,顶部安装推力器。在倒摆机构中,推力器重量产生的力矩消减了弹性力矩,相当于减少了有效弹性系数,如式(4-6)所示。通过调整摆的长度与推力器重量的平衡,可以使得重力力矩与弹性力矩接近,从而得到与推力成比例的较大的位移,相当于提高了推力架的灵敏度。对于倒摆式推力架,即使摆的长度小于 20 cm,也可以使位移达到几毫米,这样,便可以在小尺寸的真空舱(如 1 m 以下)里使用这种推力架。

　　但是,使用倒摆式测量装置时会带来一些
问题,即其对因推力架倾斜导致的重力分量十
分敏感。当其 z 轴平行于重力矢量时,推力架
的偏移如式(4-14)第一项所示。但是,如果
推力架有一个 θ_z 角度的偏移,如图4-11所
示,那么偏移角将增加式(4-14)第二项:

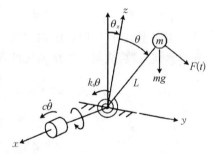

$$\theta_{ss} = \frac{F_t L_t}{k} + \frac{\theta_z}{[\,k_s/(mgL_{cm})\,] - 1} \quad (4-14)$$

图4-11　重力与 z 轴间的夹角为 θ_z

式中,F_t 是推力;L_t 是推力矢量和支点之间的距离;L_{cm} 是质心到摆支点的距离;k
是弹性系数;k_s 是与恢复力有关的弹性系数。

　　当 mgL_{cm} 与 k_s 接近时,倒摆式推力架在给定的 F_t 下将产生极大的偏移。为了
推力架响应的可重复性,θ_z 必须是一个常数。因此,大多数倒摆式推力架能主动控
制倾角,可以通过使用配重来使质心向支点靠近,以减少上述影响。然而,这样也
削弱了重力力矩提高灵敏度的优点,而且增加了测量装置的重量。

　　倒摆式推力架易受来自推力器的热影响,热会改变推力架的弹性系数,导致零
点漂移和增益改变,需要加装隔热罩和主动冷却系统等来消除推力器工作带来的
热影响。最后需要强调的是,所有的倒摆式推力架的灵敏度都与其组件刚度有关,
包括推力器工作所必需的电引线与推进剂管路,因此在推力架机械设计中要确保
这些组件的刚度在工作过程中不变。

　　1. 机械设计

　　倒摆式推力架可以设计为单连杆机构或者平行连杆机构,大多数倒摆式推力
架采用平行连杆机构,保证推力器水平运动始终在其范围内。除了平行于推力矢
量的直线偏移,推力架的任何活动都是联动的。使用过程中,当推力测量和羽流诊
断同时进行时,要避免电推力器的大幅度旋转;此外,推力器的质心可以被固定在
上层可移动平台的任意位置而不显著影响测量精度;最后电推力器与地球磁场之
间的磁耦合不会使摆臂产生较大的力矩。上述设计增加了倒摆式推力架的复杂
度,平行连杆机构相对于单连杆机构增加了4倍的活动件和连接,增大了推力架的
弹性刚度,所以需要通过增大摆高或质量来提高单连杆测量装置的灵敏度。

　　图4-12为一款典型的倒摆式推力架。平行连杆(带有挠曲的侧板将可移动
的上层平台与固定的底层平板连接)分散了垂直的载荷并且使顶部的平面保持在
水平方向。由于许多电推力器的推重比低于1/500,推力架臂在支撑推力器重量的
时候承受较大压力。尽管摆的支点灵活,但是为避免在推力器重量下屈服和承受
安装过程中的操作载荷,其刚度必须足够高。设置了机械制动装置限制测量装置
的偏移,以防推力架过冲损坏。为了保证灵敏度,摆臂必须足够长,以使得安装重

量产生的重力力矩接近于弹性力矩;为了保证稳定性,重力力矩不能超过弹性力矩。实际应用时,可以通过给上层平台增加压载或者是增加辅助弹簧以提高系统有效弹性系数,从而调整推力架的灵敏度。

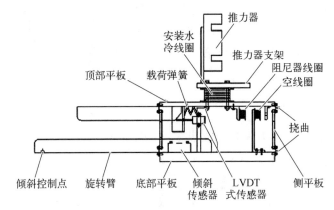

图 4-12 倒摆式推力架示意图

LVDT 式传感器最大可测位移一般为 5 mm,位移信号通过 PID 控制器处理,以驱动电磁螺线管线圈阻碍摆的高频运动。平衡阻尼器的信号需要精心调整以保证没有直流偏压,LVDT 式传感器输出的低频部分就是推力信号。另外,推力架还可以工作在零位移模式下,此时,PID 控制器使用 LVDT 式传感器的低频输出信号作为二级线圈(水冷却)的驱动电流,从而将推力架维持在指定设置点,二级线圈的电流代表了推力的大小。

通常抽真空或推力器点火过程热影响所形成的变形会引起推力架倾斜,为此,在底部平台安装一个高灵敏度的重力位移传感器(倾斜传感器)以监控推力架的倾角变化,利用长旋转臂末端的调节装置(通常是电机驱动螺杆)升降推力架后端自动修正倾角。推力器与推力架通过一个水冷安装柱隔热。除了伸出的水冷安装柱,整个推力架被包裹在可调温的水冷套内。这种类型的推力架可以测量质量超过 100 kg、功率超过 100 kW 的霍尔推力器推力,也可测量质量 0.9 kg、功率 300 W 的霍尔推力器推力。

2. 推力架性能

倒摆式推力架的优点是很容易通过增减压载或是改变副簧来调整灵敏度。设备传递给推力架的振动通常是影响推力架分辨率的主要因素。通过使推力架与设备隔离或者选择固有频率比振动频率低得多的测量装置可削弱振荡。满量程位移通常要比真空舱内预期的振荡噪声大至少两个数量级。假设噪声位移 0.025 mm,那么满量程位移就选择为 2.5 mm,则噪声占比为 1%。

对于小于 5° 的小角度,倒摆式推力架位移与推力呈线性关系。通常非线性引起的测量误差比零点漂移和振荡引起的误差小得多。通过在摆上施加已知载荷就可以对推力架的输出数据进行实时校准。平行连杆倒摆的另一个优点是校准力可以施加于安装推力器平台上的任意处。如果是单连杆结构,那么校准力必须作用在推力和支点之间距离相同的位置,或者能精确确定校准力的大小和相对于推力的位置,以确定其产生的力矩。

推力架响应的长期漂移一般是由热效应或者是寄生弹簧组件的刚度改变导致的,可以通过精确的热设计和选材来控制。推力架的灵敏度、噪声以及响应时间与摆的动力学特性相关。表达灵敏度的方法之一是当满量程推力 F_t 作用下响应的最大线性位移为 x_{FS},推力测量处与支点的距离为 L_t,则

$$\frac{x_{FS}}{F_t} = \frac{L_t^2}{k} \qquad (4-15)$$

可以近似惯性矩 $I \approx L_t^2 M_t$,其中 M_t 是推力器的质量,那么固有频率可以表述为

$$\omega_n = \sqrt{\frac{k}{L_t^2 M_t}} = \sqrt{\frac{(F_t/W)g}{x_{FS}}} \qquad (4-16)$$

式中,$W = M_t g$ 是推力器所受到的重力。一般电推力器的推重比 F_t/W 都是远小于 1 的。对于电弧喷射推力器,推重比一般为 $1/200$,对于霍尔推力器,推重比一般是 $1/300$,对于离子推力器,推重比一般为 $1/600$。对于处于临界阻尼状态的推力架,推力架达到平稳的特征响应时间大约为一个周期:

$$\tau_n = 2\pi/\omega_n = 2\pi \sqrt{\frac{x_{FS}}{(F_t/W)g}} \qquad (4-17)$$

例如,假设一个霍尔推力器推重比为 $1/300$,那么理论上推力架测量该推力器的响应时间大约为 1.7 s。实际的固有周期可能会比这个稍长,因为在推力架顶层平面上还有额外的重量、安装支架、管道和电线等。对于大多数的推力测量,几秒的响应时间通常是合适的,因为推力器在几分钟内达不到热平衡。如果需要,并且振荡噪声的量级足够小,可以通过选择更小的满量程位移来改变响应时间。

倒摆式推力架在很宽的范围都能表现出极好的性能。例如,对于推力为 $5 \sim 20\ \text{mN}$ 的 0.3 kW 霍尔推力器测量不确定度大约只有 $\pm 1.5\%$;对于推力 2.3 N 的 50 kW 霍尔推力器,测量不确定度大约只有 $\pm 2\%$。

4.3.3 悬摆式推力架

悬摆式推力架的原理简单且易于使用,其最简单的形式是一个垂直臂,顶部与支点或者挠曲连接,底部是推力器底座或者安装平台。在重力力矩作用下摆总能

恢复到零位,因此悬摆式推力架固有稳定属性。同时,悬摆式推力架挠曲刚度变化不易引起零点漂移。但是,电推力器的推重比较小,推力架的位移较小,增加了设计和使用的复杂性。

1. 机械设计

悬摆式推力架机械设计主要难点在于既要保证测量推力范围内位移足够大,同时还要保证高的分辨率。悬摆式推力架中弹性系数主要与重力有关,所以主要通过延长摆臂以提高灵敏度,但是这样会增大推力架的整体尺寸,不利于安装使用。另外,也可通过机械连杆机构放大摆臂和配重位移来提高灵敏度,或者使用像激光干涉仪这类高性能位移传感器,既具有较高的分辨率,又能够测量微小位移。此外,需要通过振荡隔离或者补偿措施、主动倾角控制以及精准热力学设计等减少对微推力信号干扰。

图 4-13 给出了一款测量微推力器推力的悬摆式推力测量装置示意图。推力架具有两个铍铜平板,悬挂于铍铜挠曲,两个挠曲通过一块坚硬且热膨胀系数很小的微晶玻璃相连。将微推力器安装在其中一个铍铜平板上,在另一块板上装有相等质量的配重。两块板可认为有相同的动力学特性,对环境的共模振荡具有相同的响应,测量一块板相对于另一块板的位移就是去除了环境扰动的推力响应信号。在推力架和真空设备之间增加了隔振措施以减少真空设备的振动干扰。分别安装在两块平板上的球面镜子形成了法布里-珀罗激光干涉仪的光学谐振腔,能非常灵

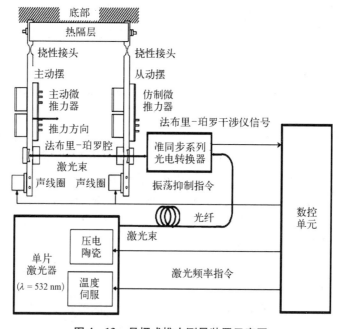

图 4-13   悬摆式推力测量装置示意图

敏地测量两者的相对位移。两个经校准的螺线管(声线圈)通过产生可变电磁力来对摆系统进行在线校准,螺线管产生的力作为力值的基准是独立可测的。

与所有的摆式推力架相似,因为摆平面悬挂处安装倾角的变化和热变形,悬摆式推力架容易产生零漂。通过倾角传感器信号和压电驱动器形成的闭环系统可以将推力架始终保持在水平状态,消除因推力架不水平带来的零漂。另外,增加温控措施和选择合适的材料以减轻温漂,并通过对温度测量数据进行多项式拟合来校正信号中的残差漂移。

2. 推力架性能

按照上述手段设计的悬摆式推力架具有了较高的性能,例如,在推力超过 1 mN 时,推力架都能达到良好的线性响应(用法布里-珀罗干涉仪测量频移)。通常对于一个给定力,推力架位移灵敏度仅为 140 pm/μN,但是基于干涉仪,高的空间分辨率使得推力架可以达到 0.1 μN 的分辨率。测量的精度为 0.65(1+1%) μN 的读数误差(基于超过 10 000 s 周期的随机噪声)。在 0.1 Hz 与 1 Hz 之间测量的噪声谱密度小于 0.1 μN/$\sqrt{\text{Hz}}$,频率低至 1 mHz 时噪声谱密度小于 1 μN/$\sqrt{\text{Hz}}$。推力水平达几牛时,大的悬摆式推力架性能接近于倒摆式推力架。

4.3.4 扭摆式推力架

扭摆式推力架与悬摆式和倒摆式结构不同,其枢轴是平行于重力矢量的,导致其响应与推力器重量无关。扭摆式推力架,也称扭转天平,非常适合那些重量变化大的推力器或者真空舱内推力器重量范围较宽的推力测量。扭摆式推力架灵敏度高,适用于微推力器测量。其比倒摆式推力架更加稳定,并且兼备推力测量灵敏度高与环境噪声灵敏度低双重优点。

测量小推力时,扭摆式推力架梁需设计得很长,由于要保证对称臂结构,所以这种装置就无法在小型真空舱内使用。尽管不对称结构也是可行的(如摆动挡板结构),但是非对称结构可能会存在真空等设备振动引起的摆的耦合振动问题。在以下两种情况下重力会影响测量:① 垂直旋转轴偏离了重力矢量;② 质心不在垂直旋转轴之上。第一种情况下,如果偏离角是正的,系统仍然是稳定的,因为重力力矩和弹簧共同形成了恢复力;如果偏移角是负的,那么重力力矩会抵消一部分弹性力,但偏移负角足够大,则会导致不稳定。可以通过调节质心到旋转轴的距离和偏移角两个设计变量减少重力力矩,其中改变质心到旋转轴的距离更简单。可以在梁上与推力器相反的一边放置配重使整个梁系统的质心接近旋转轴。

扭摆式推力架能测量几百纳牛到几牛的推力,适用于很多种类的电推力器,如场发射电推力器、脉冲等离子推力器、离子推力器与霍尔推力器等。

1. 机械设计

图 4-14 是一种典型的扭摆式推力架示意图,一根很长的梁架在两个挠曲支

撑上,其中扭转弹簧提供恢复力矩,理想情况下力矩平行于重力矢量。可以通过测量梁的角偏移来获得推力值。线位移 $x(t) \approx L_{pm}\theta(t)$, L_{pm} 是推力器距挠曲的具体可测距离。图中 LVDT 式传感器最多可测几毫米的位移。通过 PID 控制器,电磁阻尼器提供动态阻尼。若抽真空时推力架底座移动,则在两个正交臂上的两个电动装置(调平电机)会自动将推力架调平。

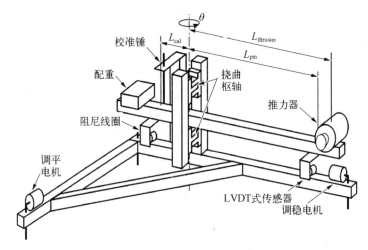

图 4‑14   扭摆式推力架示意图

2. 推力架性能

扭摆式推力架的灵敏度与许多设计因素有关,包括扭转弹性系数、推力架梁的长度和推力器与支点的距离。如同前面所描述的推力架一样,角位移一般都限制在 5°以下,这样测量的位移与推力呈线性关系。典型的扭摆式推力架的分辨率在稳态力作用下优于 $1\,\mu N$,在冲量测量值低于 $1\,\mu N \cdot s$ 时甚至有更高的分辨率(低于 $0.03\,\mu N$)。总之,在稳态推力为 $1 \sim 100\,\mu N$ 范围,扭摆式推力架的测量精度可达 $\pm 0.5\,\mu N$,在冲量范围为 $20 \sim 80\,\mu N \cdot s$ 时,其测量冲量的精度可达 $1\,\mu N \cdot s$,在冲量范围为 $1 \sim 10\,\mu N \cdot s$ 时,其测量精度可达 $0.7\,\mu N \cdot s$。

4.4   微小推力测量装置的主要技术指标

微小推力测量装置的主要技术指标包括灵敏度、一致性与长期稳定性、精度、分辨率、响应时间。

1. 灵敏度

灵敏度是推力测量装置性能指标中最重要的参数之一,因为它在很大程度上决定了装置的精确度与分辨率。稳态推力测量的灵敏度可以定义为在给定作用力下所能达到的偏移尺度。如式(4‑8)所示,灵敏度与力矩臂的长度以及弹性系数

k 有关,因此灵敏度成为推力测量装置一个关键的机械设计特征。

灵敏度与推力架测量偏移的能力有关,通常被表达为位移传感器的输出电压与所施加作用力的比值(单位为 V/N)。有许多方法可以测量与时间有关的角位移 $\theta(t)$。对于小的偏移,可以采用小角度近似,则线位移可以表达为 $x(t) \approx L_{pm}\theta(t)$,其中 L_{pm} 是力作用点与支点的距离。一般来说,测量线位移比测量角位移可以更精确,但是由于需要测量 L_{pm} 又会带来新的误差。因此,灵敏度可以表达为

$$x_{ss}/F_t = L_{pm}L_t/k = L_{pm}L_t/(I\omega_n^2) \qquad (4-18)$$

式中,x_{ss} 是稳态位移。在位移传感器中,其稳态输出电压 $V_{ss} = Gx_{ss}$ 已经明确被标明,其中 G 是传感器的响应系数,单位为 V/m。该响应系数是重要的设计指标,采用灵敏度较高的传感器可以在一定程度上消除测量小偏移带来的问题。

对于脉冲力的测量,灵敏度可以定义为摆的初始速度或者是获得的最大偏移与所给冲量的比值,即

$$\Delta\dot{x}(0)/I_{bit} = L_{pm}L_t/I \qquad (4-19)$$

如前所述,推力架灵敏度随着载荷动态推力的频率变化而变化。为了保证推力架响应平稳,推力架应该设计成欠阻尼状态,其阻尼系数为 0.5~0.6,并且其固有频率要比输入频率高。较高的固有频率可以用较高的刚度或者较低的转动惯量来实现,其中降低转动惯量最有效。因此,为了获得平稳的响应,就会牺牲推力架的灵敏度。

虽然可以按照式(4-18)通过设计参数估计灵敏度的大小,但通过已知力或冲量对推力架的响应进行校准仍然是确定灵敏度最可靠的方法。如果通过在 L_t 处施加已知力或冲量直接校准来获得推力架的灵敏度,则不需要知道推力架的一些几何参数,如 L_t 和 L_{pm} 等。推力架的校准是推力测量非常重要的一个环节,将在 4.5 节专门论述。

2. 一致性与长期稳定性

在推力测量的前后进行灵敏度的校准,必须保证推力测量装置的响应是一致且可重复的,其对测量的精度影响较大。另外,对于长时间持续的推力测量试验,装置的长期稳定性也是十分重要的。影响可重复性的主要因素有两个:① 零点漂移,即明显的零点变化或摆的实际位置的漂移;② 增益漂移,即响应系数 G 或弹性系数 k 的变化。这些影响通常都是由机械或电子元件、弹簧的温度变化或者是摩擦力引起的,在推力架设计过程中要充分考虑这些影响因素。

3. 精度

精度是衡量测量值与真值之间的误差。除了要保证精度,还要保证推力测量

装置足够灵敏,数据可重复,并且不会出现大的随机误差,从而能够提供准确的测量结果。在精密的推力测量实践中,较高的精度可以通过减少系统误差来实现,通常需要通过对已知力或者冲量的校准来进行灵敏度标定。为了保证推力测量装置达到了所需要的精度,标定校准方法需通过严格的设计,使标定过程与实际推力测量过程一致,重现实际推力测量的条件,并且不会因为校准过程而引入其他系统误差。

4. 分辨率

分辨率是指在推力测量过程中,装置可以可靠区分两个不同推力或者冲量值的能力,是装置分辨推力或者冲量变化最小值的量度。分辨率基本上由推力测量装置响应的噪声量级决定,所以想要达到高的分辨率,就需要降低装置的噪声。噪声的来源主要包括传感器的电噪声、机械噪声(如环境传给装置的振动)和时间尺度上的变化(如温度的周期变化导致的装置响应的变化)。分辨率可以理解为通过不停地变化加载到装置上的推力输入,直到响应变得无法分辨。但在测量实践中,难以采用该方法确定分辨率,通常通过测量噪声量级来确定分辨率,如规定分辨率为噪声信号的2倍。

在某些情况下,推力器产生的与频率相关的噪声是一个重要的测量参数,通常必须保证其与推力测量装置的固有频率相差较大,以免发生共振现象。除了达到合适的频率响应,推力测量装置在没有推力输入的情况下,噪声必须远远低于推力器所能产生的推力范围。在没有推力输入的情况下,响应中的噪声可以用振幅相对于频率的比值来表征,或者用功率谱密度来表征,也可以理解成推力测量装置的分辨率与频率有关。图 4-15 给出了一个典型的推力测量装置的噪声谱。

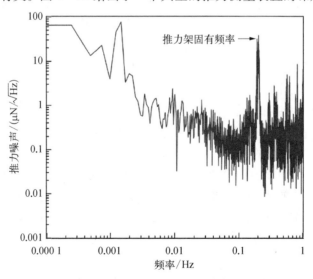

图 4-15   典型的推力架噪声谱

5. 响应时间

推力架的响应时间是推力测量中的重要指标,并且会被很多参数影响。定量描述响应时间包括上升时间(到达 100% 稳态值所需要的时间)、峰值时间(到达响应峰值所需要的时间)、平衡时间(在稳态值附近的变化都在 2% 以内所需要的时间)。图 4-8 和图 4-9 都说明了阻尼系数对这些参数的影响,阻尼系数在 $0.4 \leqslant \zeta \leqslant 0.8$ 时会有不错的响应,此时 $t_{\text{s}} = 4/(\zeta\omega_{\text{n}})$。

4.5 微小推力测量装置的校准

推力测量装置的校准主要有三个目的:① 校准过程可以建立推力或者冲量与偏移或传感器输出之间的关系;② 推力测量装置的精度与重复性是由已知力的反复加载而得到的,这是误差计算中必不可少的部分;③ 通过对测量的响应与理论响应的比较修正,避免测量产生系统性误差[8,9]。

4.5.1 通过加载已知力进行校准

电推力器在性能测试过程中,通常推力器与测试设备之间需要复杂的电路、气路接口,电流、信号和推进剂都是通过这些接口提供的,这些都会影响系统的弹性刚度和静力学平衡。因此,对整个推力测量装置进行一次前后一致的校准是必要的,这样可以同时表征出所有的动力与静力。为了避免环境气流等因素影响,通常校准过程需要在真空环境下开展,并且整个测量装置都已经调试准备完毕。校准包括施加已知力 F_{cal} 于距离支点 L_{cal} 处,然后测量距离支点 L_{pm} 处的位置的变化来确定推力架的灵敏度:

$$S_{\text{cal}} = \frac{\Delta x_{\text{ss}}}{F_{\text{cal}}} = \frac{L_{\text{pm}} L_{\text{cal}}}{I\omega_{\text{n}}^2} \qquad (4-20)$$

为了通过测得的位移 Δx_{ss} 来计算推力器的稳态推力,灵敏度必须按校准力作用点到支点的距离除以推力作用点到支点的距离的比值进行缩放,即

$$F_{\text{t}} = \frac{L_{\text{cal}}/L_{\text{t}}}{S_{\text{cal}}} \Delta x_{\text{ss}} \qquad (4-21)$$

在 $L_{\text{cal}}/L_{\text{t}}$ 比值中的不确定度必须要包含在总的推力不确定度计算中,如果校准力加载与推力作用点在同一位置,那么 $L_{\text{cal}}/L_{\text{t}}$ 的比值就为 1,通过测量得到的 Δx_{ss} 值,在校准力-位移曲线上就可以直接得到推力的大小。推力架的校准可以通过测量力传感器线圈中的电流大小实现。

校准力可以通过很多方式来加载,最典型的方法是通过连到摆上越过滑轮的

柔性纤维绳,在柔性纤维绳上加载或者卸载已知质量的重量块,如图 4 - 16 所示。纤维绳必须与推力的方向完全平齐,而且滑轮的静摩擦力和动摩擦力必须非常微小,这样才可以把所有的力从质量块完全传递到装置的动架上。

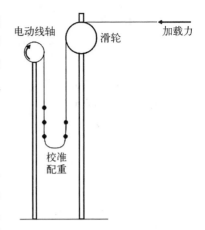

图 4 - 16　通过加载已知力的标定方法

4.5.2　通过加载已知冲量进行校准

激摆推力测量装置也可以用于冲量的测量,但是需要先校准装置对于给定冲量的响应特征。用于冲量测量的摆系统通常要处于欠阻尼状态,因为这样可以使其在脉冲扰动后以固有频率振动。悬摆式和倒摆式系统都可以用于测量冲量,而扭摆式系统测量冲量时的灵敏度更高。如果要建立系统对冲量的自由响应,可以使用动态电磁阻尼器来减少设备的振动,但是在进行冲量测量前它们必须都处于关闭状态。

尽管可以通过测量推力测量装置的相关参数如有效弹性系数、固有频率或者转动惯量等来计算灵敏度,但通过加载一个已知的冲量 $I_{\text{bit, cal}}$ 于与支点 L_{cal} 距离处来实现灵敏度的校准更加简便、直观、可靠。与推力测量的校准方法相似,可以通过摆动力响应的变化来推出灵敏度(如初速度、峰值振幅或是满量程位移):

$$S_{\text{cal}} = \frac{\Delta \dot{x}(0)}{I_{\text{bit, cal}}} = \frac{L_{\text{pm}} L_{\text{cal}}}{I} \qquad (4 - 22)$$

假设在 $t = 0$ 时一个脉冲力作用在摆上,如推力测量时一样,这时候通过上述标定的灵敏度,结合施加校准力和推力位置与推力测量装置支点距离的不同数值 L_{cal} 和 L_t,然后通过测量速度的变化 $\Delta \dot{x}(0)$ 来计算冲量:

$$I_{\text{bit}} = \frac{L_{\text{cal}}/L_t}{S_{\text{cal}}} \Delta \dot{x}(0) \qquad (4 - 23)$$

典型的校准方法可以分为接触式和非接触式两种。接触式校准方法包括采用已知质量块的摆动、使用冲击摆或者冲击锤进行校准。非接触式校准方法包括采用平面电极间的静电力或者是通过膨胀孔的自由分子气体流,静电梳(ESC)和电磁线圈进行校准。在这些方法中,通常推荐压电冲击锤和静电梳,这两者使用最为广泛并且可以提供大范围精确可控的冲量。

静电梳可以提供稳态力和大范围的冲量,通常由一组以很小间隔分隔开的连锁的无接触梳齿构成。对中的一组放置在试验台的可移动部分(通常是接地的),

另一组安装在试验台的固定部分并且要对准可移动的梳子。梳子提供的引力是一个关于施加电压、几何构型以及每一组中有多少对梳齿的函数。不同于使用平行板的静电驱动器,梳子的几何构型与梳齿间的间距和梳子间的啮合距离无关。这对冲量平衡校准具有重要意义:① 不需要知道高精度的啮合距离与试验台的位置;② 尽管在推力测量装置振动中啮合距离会微小改变,但是梳子施加的力也不会因为装置的移动而改变。

通过精确地控制梳子上电荷的数量或者电压及施加电荷的时间,可以产生一个高准确度的冲量。静电梳可以精确地产生下至几十纳牛上至几十毫牛的力,并且只有不到 1% 的误差。

一个已知的已经校准过的冲量会扰动推力测量装置原来的运动方式并且使之以固有频率振动。图 4-17 展示了一个激摆推力测量装置被脉冲扰动后 LVDT 输出电压关于时间的关系图。这个冲量导致推力测量装置以初速度 $\Delta \dot{x}(0)$ 和最大振幅的偏移。这些参数都可以通过拟合一个阻尼正弦曲线(欠阻尼摆)来进行计算。

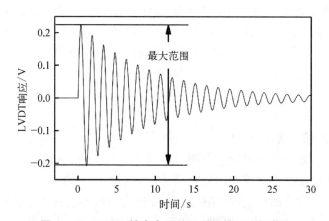

图 4-17　LVDT 输出电压关于时间的阻尼振荡图

4.6　推力测量的误差分析

4.6.1　误差来源

仪器误差可以被分成两类:随机误差和系统误差。随机误差在一定程度及水平上是不可避免的,而且通常对共同作用下的结果影响较小,所以一般遵从一个期望值为零的正态分布。系统误差一般会向一个方向偏移,所以通过对很多样本进行平均,可以提供一个非零的误差平均值。不同的控制方法都会有随机误差与系统误差,随机误差引起的平均值的不确定度,在原则上可以通过多次测量来使之变小。系统误差导致的偏差可以用试验来表征,通过测量产生一个与真值更为接近的校正结果,最终可以将系统误差剔除。

激摆推力测量装置响应中随机误差的来源包括机械响应的自然变化(如各种部件的刚度变化)、电噪声(特别是在电推力器工作时更为严重)、环境传递给推力架的振动和来自执行机构等的振动(如推力架的气路导管、推力器/电缆产生的电磁场)。其他随机变量也有可能被引入数据分析过程,例如,测量推力器的加载与用于校准的负载作用点到支点的距离时,系统误差的来源包括热漂移、推力架静止部件与运动部件之间的摩擦、由高电流或电压产生的静电力或者电磁力、非均匀响应(如高频推力组分的衰减或者放大)、设备影响如气流、由温度变化导致的机构/组件尺寸变化、管道刚度变化导致的漂移等。

校准过程也会对总的不确定度有影响,除响应中已知的随机变化,固定载荷通常对总的不确定度也有重要的贡献。当校准环境与推力器实际工作环境不同时,也会产生随机误差或偏移。例如,校准中的热力学环境、背景气压、气流状态、推进剂管道中的压力、电缆中的电流或电压等都有可能与实际环境不同。这些都是非常重要的参数,必须在校准时保持与实际测量环境一致,或者是通过某种方法对不一致参数进行修正,以确保校准或测量数据可以被校正。其他误差来源与特定的校准方法有关,如质量块与滑轮的使用中可能包括质量块和纤维绳质量的不确定度、滑轮摩擦力和纤维绳关于推力轴的角位置偏移等,都会对特定的方法造成误差。

4.6.2　系统误差的控制

由热力学参数变化导致的推力测量漂移,可以通过沿着推力器与推力测量装置的热传导路径充分冷却或使用低热导率的材料来减少影响。同时,把推力测量装置放在一个主动冷却罩中可以阻隔热源对推力测量装置的热辐射和热对流。合理巧妙的电缆路径设计,也可以避免在移动推力测量装置时电缆的延展和收缩带来的影响。此外,应把推力测量装置基座到动架部分的电缆安装固定,并采用螺旋弹簧式的结构对齐正交于推力的方向,有助于防止推力架中意料之外的变化力。采用动态在线调平装置,可以减少由于热膨胀或者收缩所带来的推力架的倾斜变化。一般采用测量控制电子设备的电流而不是电压,这样可以避免由于热膨胀或者是收缩所导致的电缆电阻的变化,从而避免电缆变化带来的电压降而引起的误差。通过在推力测量装置上的一些位置使用热电偶可以帮助追踪热漂移的影响,因为热漂移一般是不可避免的,所以需要频繁地对装置进行实时校准。

在推力测量装置的设计中,通过使用线性或者是扭转弹簧可以减少系统中摩擦力导致的误差,确保所有运动的部件在整个运动的范围内都不会被电缆和其他静止的物体阻碍,对于减少间歇性或者变化的摩擦和干扰是十分必要的。对于可以动态调节阻尼的系统,可以通过关闭阻尼系统来验证装置的自由摆动情况,排除不需要的摩擦力或阻力。如果在动架和定架之间不存在由于机械干扰而形成的阻力,那么装置振动的幅值会表现出一种非常缓慢的自由衰减;若在一个脉冲推力输入后,推力架响应急速衰减,表明系统中有额外阻力。保持装置电缆、气管及工作区域的清洁和整齐,可以避免意外的多余物阻碍推力架的运动,频繁地在线实时校准也是减少摩擦力变化带来误差的有效方法。

在推力架基座与真空设备间采用振动隔离措施,可以减少由于外部振动带来的测量误差,也可以用一个 PID 驱动控制器来动态抑制振动。通过附加一个限位装置来严格限制摆的运动范围,避免预料之外的振动或者冲击使系统动架的摆动超出范围或损伤组件。

在推力测量装置的设计中,应该尽量避免使用铁磁性材料,以减少电磁力产生的测量误差,同时应增加磁场源与易受磁场影响组件的距离,从而有效地减少测量误差,使用同轴电缆也可以减少干扰,如果相互影响无法避免,那么在数据处理时需修正这部分误差。

尽管已经采取多种措施来减少随机误差与偏差,但是测量值仍然会有一些不确定度,代表着真实值的可能范围。推力与冲量的测量通常都会有一个不确定度的估算,不确定度的分析包括以下几步。

1)确定用于计算推力或冲量的公式

需要精确给出用于数据分析的公式,以确保能够得到各个组件的误差。

2)确定误差来源

校准、数据采集以及数据处理过程中的每一步都需要仔细检查以确定系统误差或者随机误差的潜在来源。

3)纠正或者量化系统误差

要控制系统误差,首先就是要去寻找引起误差的物理原因,并且尝试消除这些原因。另外,即使不能消除某一原因,若能表征该原因引起的偏移,则可以通过对测量结果的修正来控制误差,当然,修正的不确定度也要体现在总的不确定度中。如果由于数据过少偏移无法被量化,那么未修正的测量结果要指明可能存在的误差,并且要基于最大的观测到的偏差计算一个不确定度,最终反映到总的不确定度的计算中。

4.7　典型的微小推力测量装置介绍

4.7.1　倒摆式推力测量装置

1. 密歇根大学倒摆式推力测量装置

图 4-18 是美国密歇根大学等离子体电推进实验室小推力测量装置结构示意图,图 4-19 为装置的实物照片。该装置采用倒摆结构,整个倒摆由 4 个弹性支撑

进行固定,可沿水平方向自由摆动(一定范围内)。该小推力测量装置通过水平方向的弹簧提供恢复力,通过阻尼器抑制倒摆的振动,通过位移传感器测量推力器工作时的倒摆平动位移来反推推力。通过电机提起/放下吊挂在滑轮上的砝码实现推力测量装置的标定。

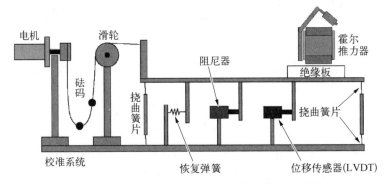

图 4-18 密歇根大学小推力测量装置结构示意图

图 4-19 密歇根大学小推力测量装置实物照片

这款推力测量装置的一个显著特点就是增加了水冷却套,可以保证在推力器点火期间,推力测量装置内部温度保持恒定,减小了推力架因温度变化带来较大的零漂。

2. 普林斯顿大学倒摆式推力测量装置

图 4-20 为美国普林斯顿大学电推进和等离子体动力学实验室的电推进小推力测量装置[10],其也采用倒摆式结构,与密歇根大学不同的是通过激光干涉仪测量倒摆偏转角来反推推力。为了提高装置的分辨率,采用多次反射来延长激光的路径。由于采用了光学测量方法,可有效克服常规位移传感器受到电推进等离子体放电时的电磁干扰问题。

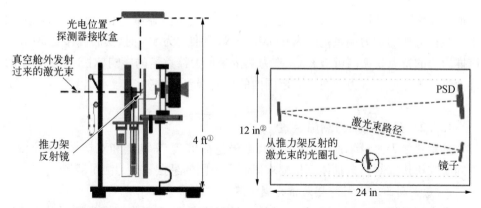

图 4-20　美国普林斯顿大学小推力测量装置结构示意图(PSD 为位置检测传感器)

该推力测量装置的推力测量范围在 0~500 mN,测量精度达到 1% F. S. (F. S. 为标定砝码重量)。

3. 美国国家航空航天局路易斯研究中心倒摆式推力测量装置

美国国家航空航天局路易斯研究中心研制的倒摆式推力测量装置,用以测量磁等离子体动力推力器(MPD)的推力,原理图如图 4-21 所示,推力器水平放置,

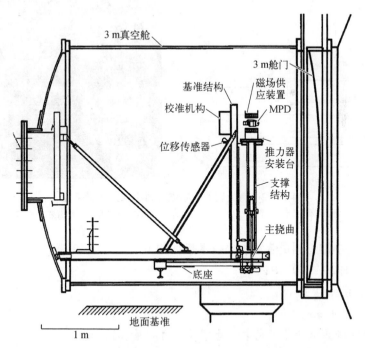

图 4-21　美国国家航空航天局路易斯研究中心倒摆式推力架

① 1 ft = 0.304 8 m。

② 1 in = 2.54 cm。

在推力作用下左右摆动。通过静态标定,LVDT 式传感器测量位移以得出推力大小。该推力架的推力测量范围为 63 mN~5 N,当推力为 5 N 时,摆的偏移是 50 mm。该推力架的特点是振荡可被忽略,推力测量受推力器重量的影响,对于微牛量级的推力测量不合适。推力架在推力范围内的重复误差是 1%。

4.7.2　悬摆式推力测量装置

悬摆式推力测量装置使用较普遍,由于包括单摆、平动摆和双摆等多种形式,不同研究机构针对各自具体测量要求研制了不同的悬摆式推力测量装置。

1. 意大利西坦公司悬摆式推力测量装置

意大利西坦(Sitael)宇航公司设计了针对电推进的宽范围推力测量装置[10],并应用在了 100 W~5 kW 电推力器的推力测量中。该测量系统(TMS-1)是一个单轴多用途系统,基于双钟摆结构原理,通过高精度应变计测量沿着主方向上弯曲产生的位移来测量推力,如图 4-22 所示。

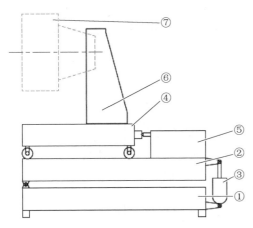

图 4-22　意大利西坦宇航公司小推力测量装置

1. 底座;2. 测量平台;3. 水平测量仪;4. 滑动架;5. 推力测量模具;6. 推力器支架;7. 推力器

TMS-1 小推力测量装置主要技术指标如下:

测量范围 20~500 mN;

推力分辨率 0.1 mN;

测量精度 1 mN。

2. 俄罗斯克尔德什研究中心悬摆式推力测量装置

图 4-23 为俄罗斯克尔德什研究中心的小推力测量装置实物图片,该装置采用平行四边形平动摆结构,平动摆由 4 个弹性支撑吊挂固定,可沿水平方向自由摆动(一定范围内)。装置由单摆、位移传感器、同相干扰传感器、交流放大器、解调

图 4‑23 俄罗斯克尔德什研究中心小推力测量装置

器、主电压和支持电压发生器、正比控制器、微分控制器、积分控制器、力补偿器、力补偿器磁铁、调零装置、标定装置、采集器等部分组成。测量时,通过电磁补偿器提供负反馈力来平衡推力器工作时产生的推力,使得摆处于随遇平衡状态,然后通过电磁补偿信号的采集,并与标准力值的比对达到测量推力的目的。

俄罗斯克尔德什研究中心悬摆式推力测量装置主要技术指标如下:

测量范围 1~1 000 mN;

测量精度 10~50 mN(±3%)和 50~1 000 mN(±2%)。

3. 英国国家物理实验室悬摆推力测量装置

图 4‑24 为英国国家物理实验室小推力测量装置图片[8]。该装置曾成功用于地球重力场和海洋环流探测(GOCE)卫星 1~20 mN 离子推力器的推力测量。装置也采用平行四边形平动摆结构,整个摆固定于一个严格平行的四边形结构上,四边

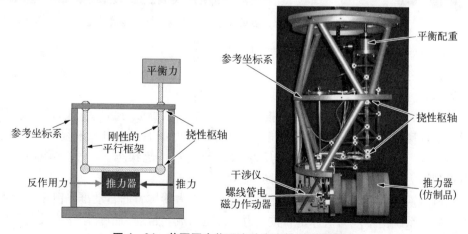

图 4‑24 英国国家物理实验室小推力测量装置

形结构的四个角为柔性关节,整个摆和平行四边形结构可沿水平方向自由摆动(一定范围内)。测量时,通过传感器测量平行摆的摆动位移和摆动速度,以此为反馈通过电磁力矩器向平行倒摆施加反作用力,使得平行摆处于随遇平衡状态。通过采集电磁力矩器的电流信号即可获知电磁力矩器的反作用力,即推力器产生的推力。

英国国家物理实验室小推力测量装置主要技术指标如下:

测量范围 1~20 mN;

测量分辨率 2~3 μN;

测量精度 0.02 mN。

4. 北京航天计量测试技术研究所悬摆式推力测量装置

图 4-25 为北京航天计量测试技术研究所研制的小推力测量装置[11,12]。该装置为单摆式结构,主要由高灵敏度单摆转动机构、平衡机构、测量系统、力值参数标定系统等组成。微小力值测量系统由位移传感器、速度传感器、力矩器及测控单元组成。

图 4-25 北京航天计量测试技术研究所的小推力测量装置

推力器安装在高灵敏度单摆转动机构上,通过专用接口接入,消除电路导线、气路管道对微小推力测量的影响。调整平衡机构,消除推力器自重对微小推力测量的影响。

测量时,推力对转动中心产生推力力矩。此时,微小推力测量系统的位移传感器产生位移信号、速度传感器产生电磁阻尼信号、力矩器产生电磁恢复力矩,恢复力矩和推力力矩大小相等,方向相反,系统达到力矩平衡状态。经过公式推算,可以得到推力和电磁恢复力的唯一对应关系。

电磁恢复力可经过力值参数标定系统实现推力器推力的自动准确测量。力值参数标定系统由常规力值标定和在线力值标定组成。常规力值标定是指关舱前对装置的标定,标定力值为常规标准砝码产生的标准力值。在线力值标定是指关舱抽气达到预定的真空度后对装置的标定,标定力值为专用力值发生器产生的标定力值。在线力值标定可以确保装置在经过抽真空后工作正常。

北京航天计量测试技术研究所的小推力测量装置主要技术指标如下:

测量范围 5~100 mN;

测量分辨率 0.1 mN;

测量精度 ≤±1% F.S.。

5. 上海空间推进研究所悬摆式推力测量装置

图 4-26 为上海空间推进研究所研制的微小推力测量装置[13-15],采用的也是单摆式推力测量原理。该装置在传统电磁天平式单摆推力测量装置的基础上,通过控制系统数字化、电磁屏蔽设计、信号隔离等多种手段,提高抗高电压等离子体放电干扰的能力,以满足高电压、大功率电推进点火测试的需求。

图 4-26　上海空间推进研究所的微小推力测量装置

上海空间推进研究所早期使用的是传统电磁天平式单摆推力测量装置。该装置成功应用于 40 mN 等小功率霍尔推力器的推力测量。随着霍尔推力器工作电压和放电功率的提高,点火试验中发现,采用模拟式闭环控制/采集电路的传统电磁天平小推力测量装置易受高压等离子体放电的干扰,造成测量数据干扰严重、装置电路板易烧毁等故障。分析发现,模拟式电磁天平小推力测量装置的速度传感器和位移传感器暴露在推力器产生的高压等离子体环境中,采集的信号多为毫伏级模拟电压信号,该信号穿过高压等离子体环境以及真空舱法兰,最终传输到舱外的控制器。微弱模拟电压信号在远距离传输过程中,易受等离子体放电的干扰,造成测量数据的漂移,甚至剧烈波动。

针对上述问题,上海空间推进研究所开展了数字式抗高电压干扰微小推力测量装置的开发。该装置在模拟式小推力测量装置的基础上,通过电磁屏蔽/防护设计、数字化控制与信号采集、光电隔离等技术的引入,实现对电推力器放电过程中的高压等离子体强电干扰的隔离和防护。

图 4-27 为上海空间推进研究所微小推力测量装置的结构原理图,装置主要由单摆装置(单摆动架、弹性装置、定架、平衡装置)、传感器系统、反作用力装置、阻尼装置、综合控制与数据采集系统、低阻尼弹性管路/电缆系统、防冲击/过载保护装置、在线标定装置、计算机、其他(电源、穿舱电连接器、屏蔽电缆等)等部分组成。

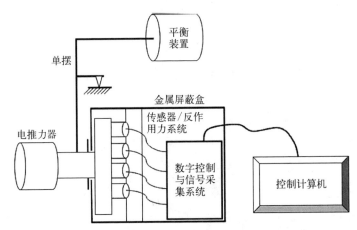

图 4-27　上海空间推进研究所微小推力测量装置的结构原理图

图中,传感器系统、反作用力系统以及数字控制与信号采集系统均置放于一个良好接地的金属屏蔽盒内,以防止高压等离子体放电的干扰。装置工作时,由传感器系统测量摆的转动参数信息,然后由反作用力系统施加平衡力,使得摆始终处于随遇平衡状态。通过监测传感器系统和反作用力系统的工作状态即可获得推力器的推力信息。为了防止高压等离子体放电对推力测量信号的干扰,装置的控制及信号采集均采用数字信号;数字控制与信号采集系统与舱外控制计算机间通过光电隔离器件进行隔离。

上海空间推进研究所已研制出了 10 ~ 500 μN、5 ~ 100 mN、20 ~ 500 mN、100 ~ 2 000 mN 四种量程的抗干扰小推力测量装置,并成功应用于 HET - 5、HET - 20、HET - 40、HET - 80、HET - 80H、HET - 200、HET - 300、HET - 500、HET - 1000 等霍尔推力器,以及微牛冷气推力器、螺旋波等离子体推力器、场发射静电推力器等多型电推力器的性能测试中。

典型的 20 ~ 500 mN 小推力测量装置的技术指标如下:

测量范围 20 ~ 500 mN;

测量分辨率 0.1 mN;

测量数据波动 ≤ ±0.1 mN;

测量精度 ≤ ±1% F.S.;

载荷能力≥15 kg；

抗高压干扰能力≥20 kV DC。

图 4–28 展示了该型推力测量装置的标定曲线。

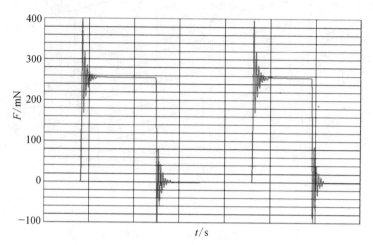

图 4–28　20~500 mN 小推力测量装置标定曲线

4.7.3　扭摆式推力测量装置

1. 北京航空航天大学扭摆式推力测量装置

图 4–29 为北京航空航天大学电推进实验室研制的扭摆式小推力测量装置。装置机械结构由动架、中心轴、静架、配重、位移传感器安装组件、发动机安装平台以及推进剂供给管路组成。

动架位于微推力架的中心，为一槽型梁，用于安装发动机。动架能绕中心轴做无摩擦的转动。动架的右端安装发动机安装平台，用于推力器安装。动架右端侧面安装施加电磁力反馈所需的永磁体，与安装在静架上的电磁加力线圈共同产生电磁力。动架的左端安装有配重。

中心轴为一弹性无摩擦轴，承担动架、待测发动机以及相应配重的重量，并且作为弹性元件，产生弹性恢复力。中心轴通过上下法兰盘与静架连接。静架的作用是支撑整个结构，支撑中心轴，安装位移传感器及固定推进剂供给管路。砝码标定机构也安装于静架。

位移传感器安装组件的作用是把微推力测量装置使用电容式位移传感器安装固定于微推力架静架的前横梁上，并能通过调节螺杆调节位移传感器断面与静架之间的距离。发动机安装平台的作用是安装固定发动机于微推力架，并保证发动机轴线方向（产生推力的方向）与动架转动的方向一致。发动机安装平台需考虑标定及推进剂供给管路的连接。推进剂的供给管路给发动机供给工

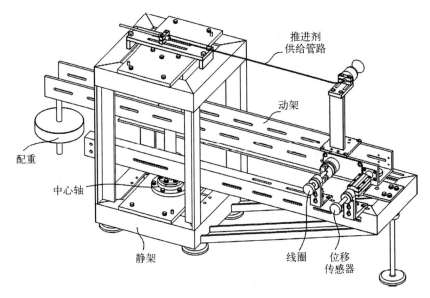

图4-29 北京航空航天大学的小推力测量装置

作所需的推进剂,为一不锈钢长细管,其一端连接到发动机上,另一端固定在静架上。

电路设计集成了前置电路、PID控制电路和功率放大电路。前置电路将位移传感器输出给PID控制器,这里使用电容式位移传感器,其不受被测物材料的影响,可以工作在电磁环境中,温度稳定性好,对安装精度要求低。对于信号的控制和输出采用开环或闭环两种控制方式,当推力小于6 mN时,开环控制,此时偏移角在0.06°内,偏移距离近似平动,测量偏移可计算推力;推力6~200 mN,偏转角度过大,利用闭环控制采用电磁加力器使摆复位。

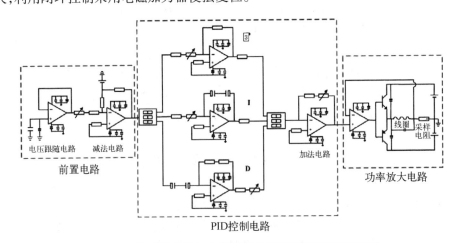

图4-30 北京航空航天大学扭摆式推力测量装置电路设计

北京航空航天大学扭摆式推力测量装置主要技术指标如下：

测量范围 5~100 mN；

测量分辨率 1 mN；

测量精度 ≤±2%。

2. 哈尔滨工业大学扭摆式推力测量装置

图 4-31 为哈尔滨工业大学等离子体推进实验室研制的扭摆式微小推力测量装置。装置主要由固定部分和可动部分组成,固定部分由支架、固定平台、激光器和光斑 PSD 系统组成；可动部分由悬吊用钨丝、扭转平台、反射镜、微波推力器和配重等组成。推力器工作时,推力将对扭转平台产生扭转力矩,使其发生偏转。反射镜随平台一同偏转,使激光光斑在 PSD 位置检测传感器内发生移动,且移动距离与推力成正比。根据推力标定,就可得到推力测量值。

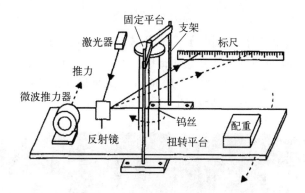

图 4-31　哈尔滨工业大学微小推力测量装置

扭摆式微小推力测量装置的核心部分是扭摆装置、传感器、阻尼系统。扭摆装置采用的是三丝扭摆；传感器采用的是 PSD,使推力信号在真空下直接转换为数字信号,具有较高的分辨率和较强的抗干扰能力。

在线标定模块主要由砝码、电机升降机构以及无阻尼滚轮(将砝码重力转换为水平拉力)组成,其关键机构为电机升降机构和无阻尼滚轮。电机升降机构采用步进电机和磁流体密封装置结合限位控制来实现,该系统具有无油和可在真空下长期工作等特点。无阻

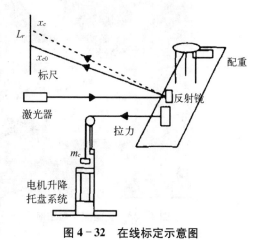

图 4-32　在线标定示意图

m_c 为标定砝码质量,x_c 为加载后坐标值,L_r 为位移量,$L_r = x_c - x_{c0}$,x_{c0} 为原点

尼滚轮则采用独特的顶针设计,利用非常小的接触面来实现低摩擦阻力。

该型推力测量装置主要技术指标如下:

测量范围 5~1 000 mN;

测量分辨率 1 mN;

测量精度 ≤±2%。

3. 美国国家航空航天局路易斯研究中心扭摆式推力测量装置

美国国家航空航天局路易斯研究中心研制的扭摆式微推力测量装置(图 4 - 33)针对单脉冲冲量和连续脉冲点火等离子推力器平均推力进行测量。测量推力时,通过静态标定获得推力与摆偏移的关系;测量冲量时,利用钟摆撞击获得推力架响应随冲量的变化(记录推力架最大偏移和固有频率)。单脉冲冲量 I_{bit} 是系统最大位移 x_{max}、弹性系数 k 和固有频率 ω_n 的函数:

$$I_{bit} = x_{max} k / \omega_n \tag{4-24}$$

测量多脉冲总冲量时,使用电子机械阻尼。利用该推力架测量了 LES - 8/9 等离子体推力器,单脉冲测量总共测量了 34 个脉冲,单脉冲平均周期 0.445 s,单脉冲冲量 266 μN·s。连续脉冲测量点火 30 min,脉冲频率为 132 次/min,平均推力 573 μN。连续脉冲测量时零位漂移约为测量推力的 1%。

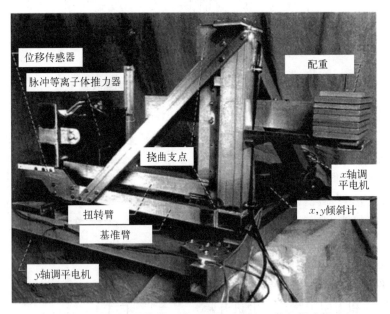

图 4 - 33   美国国家航空航天局路易斯研究中心的扭摆式推力架

4. 东京大学扭摆式推力测量装置

东京大学研制的扭摆式推力测量装置(图 4 - 34)用于测量液体推进剂脉冲等

离子体推力器(PPT)和二极管激光器烧蚀微推力器。推力测量装置由扭力天平、LVDT 式传感器、电磁阻尼器、配重和挠性枢轴构成。推力器安装在扭力天平的一侧,配重安装在另一侧,两者静态平衡,扭转摆由两个挠性枢轴支撑。天平的固有周期为 4~5 s,摆的偏转位移由 LVDT 式传感器测量,电磁阻尼器用于减振,推力测量前关闭。通过冲击摆进行校准,冲击摆撞击在力传感器上获得脉冲力,积分得到冲量。推力架的精度为 2.1 μN·s(针对 PPT)、0.7 μN·s(针对二极管激光器烧蚀微推力器)。

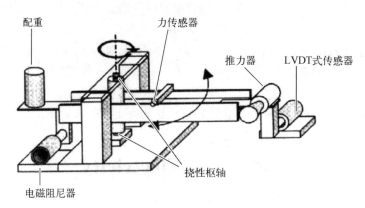

图 4-34　东京大学扭摆式推理测量装置

4.7.4　标靶传递推力测量装置

1. 北京航空航天大学标靶传递推力测量装置

图 4-35 为北京航空航天大学电推进实验室采用标靶传递测量法测量磁等离子体动力推力器(MPDT)推力的原理示意图[16],通过将 MPDT 推力器固定不动,推力器工作时高速喷射的羽流打在标靶上,高速羽流冲击靶平面使摆线偏离竖直方向,产生一定的位移和角度。

测量装置主要由靶、弹性梁、位移传感器、安装架等部分组成。弹性梁和靶固定在一起,靶的刚度较大,可以视为刚体,弹性梁的刚度很小。推力器喷射的羽流撞击在靶面上之

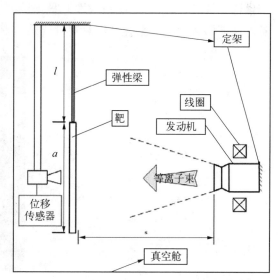

图 4-35　MPDT 标靶传递推力测量装置示意图

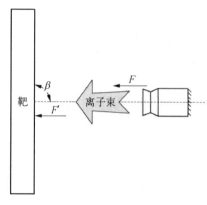

图 4-36 标靶法测量 MPDT
推力示意图

后会对靶产生一个作用力,由于弹性梁的刚度
比较小,所以梁会发生较为明显的弯曲,与梁下
端固定在一起的靶即可有较大的水平位移,通
过装在靶后方的位移传感器即可测量出靶的位
移值。事实上推力架实际测出的力和 MPDT 的
真实推力不完全相等,如图 4-36 所示,羽流对
靶的作用力记为 F',实际推力记为 F,羽流作
用到靶面以后靶面与竖直方向的夹角记为 β, F
和 F' 有如下关系:

$$F' = F\left(\sin\beta + 0.025\,\frac{1}{\sin\beta}\right) \qquad (4-25)$$

由于 MPDT 的推力非常小,β 值可以近似认为等于 90°,所以该公式可以简化为

$$F' = 1.025F \approx F \qquad (4-26)$$

可以近似认为推力架测出的力等于推力器实际的推力。

2. 清华大学标靶传递推力测量装置

清华大学唐飞等基于间接标靶法的微小推力测量方法测量了微推力器的推
力,其中利用了吊摆的形式,如图 4-37 所示。测量时,推力器固定不动,利用推力
来推动标靶偏移。根据标靶的偏移量测出标靶受到的冲击力,再根据冲击力计算
出推力器产生的推力[17]。整个测量系统包括微小推力测量系统、真空系统、推进
剂供给系统、数据采集系统和微推力器,图 4-38 是其使用的标靶实物图。这种测
量方法能够减少测量系统噪声对测量结果的影响,但是精确度较低。

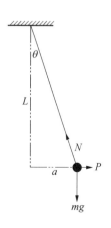

图 4-37 标靶受力平衡图

图 4-38 推力测量使用标靶

参考文献

[1] 刘明候,孙建威,陈义良,等.微推进器推力测试技术.力学与实践,2003,25(3):9–14.

[2] 刘向阳,范宁军,李科杰.微型推进器推力测试的现状及发展趋势.测控技术,2004, 23(5):18–20.

[3] MaFall K A, Spanjers G G, Schilling J H. Pulsed thruster thrust stand measurement evaluations. AIAA 1998–3805.

[4] 徐明明,康小明,杭观荣,等.微推力测量方法的分析.第十届中国电推进技术学术研讨会,上海,2014.

[5] Moeller T, Polzin K. Thrust stand for vertically oriented electric propulsion performance evaluation. Review of Scientific Instruments, 2010, 81(11):115108.

[6] Polzin K, Markusic T, Stanojev B, et al. Thrust stand for electric propulsion performance evaluation. Review of Scientific Instruments, 2006, 77(10):105108.

[7] Kodys A, Murray R, Cassady L, et al. An inverted-pendulum thrust stand for high-power electric thrusters. AIAA 2006–4821.

[8] Hughes E B, Oldfield S. High-accuracy thrust measurement for electric propulsion. IEPC–2003–19.

[9] Willmes G, Burton R. Performance measurements and energy losses in a 100 watt pulsed arcjet. Joint Propulsion Conference and Exhibit, Lake Buena Vista, 1996.

[10] 杨俊泰,史楷,崔铁,等.国内外电推进微推力测量技术现状研究.第九届电推进技术学术研讨会,兰州,2013.

[11] 刘万龙,朱昊伟,孙树江,等.国内微推力测试技术发展现状.火箭推进,2015,41(5):7–11.

[12] 洪延姬,周伟静,王广宇.微推力测量方法及其关键问题分析.航空学报,2013,34(10):2287–2299.

[13] 余水淋,梁爽,黄浩,等.新型抗高压等离子体干扰小推力测量装置研究.第十一届电推进技术学术研讨会论文集,北京,2015.

[14] 康小录,汪兆凌,汪南豪.稳态等离子体推力器低功率工作模式实验研究.推进技术,2001,22(4):326–328.

[15] 余水淋,康小录,杭观荣,等.抗干扰微小推力测量装置研究.第十三届电推进技术学术研讨会,北京,2017.

[16] 王宝军,汤海滨,徐宇杰,等.用于 MPDT 的投靶法微小推力测量装置.第十届中国电推进技术学术研讨会,上海,2014.

[17] 唐飞,叶雄英,周兆英.一种基于间接标靶法的微小推力测量技术.微纳电子技术,2003,(7–8):438–440,444.

第 5 章
气体微流量控制与测量

5.1 概　述

电推进的推进剂流量很小,一般在每秒微克至毫克量级,如此小的流量的控制与测量在电推力器性能测试、产品鉴定、产品验收等实践中十分关键,是电推进系统设计与参数测量的技术关键之一。电推进系统的微流量控制与测量的意义主要表现在如下几个方面。

1）支持不同工况下电推力器的点火试验

利用电推力器测试平台的流量控制器,为推力器提供不同工况下稳定工作所需的推进剂流量,以评估不同流量条件下电推力器的性能。

2）获得电推力器比冲和效率所必需的基础数据

对于霍尔、离子等电推力器,通过测量电推力器的推力、功率和推进剂流量,可计算得到比冲和效率参数,计算公式如下:

$$I_{sp} = \frac{F}{\dot{m}g} \tag{5-1}$$

$$\eta = \frac{1}{2} \frac{F^2}{\dot{m}P} \tag{5-2}$$

式中,I_{sp} 为比冲,s;F 为推力,N;$\dot{m}$ 为推进剂质量流量,kg/s;g 为重力加速度,m/s^2;η 为效率,%;P 为功率,W。

3）满足电推进系统贮供单元流量调节模块的流量测量需求

流量调节模块上接压力调节模块,下连电推力器,其作用是将一定压力的推进剂节流成电推力器所需的流量。通常流量调节模块的流量需要通过微流量测量试验获得。

与常规化学推进的液态推进剂供给系统相比,电推进贮供系统具有高减压比、高精度、微小流量控制与分配、长连续工作时间、高洁净度要求和长寿命等特点。这就要求电推进系统的流量控制与测量精确度更高,工作时间更长。目前大多数实现空间应用的电推进系统都采用氙气等气体作为工作介质,因此本章重点介绍气体的微流量控制与测量。

本章的主要内容包括流量测量方法、气体微流量控制与测量原理、微流量测量与校准、误差分析与不确定度,并给出流量测量与控制相关案例。

5.2　流量测量方法介绍

本节首先简要介绍当前在工业生产自动化过程中针对不同流体流量参数采用的流量测量方法,然后从实验室和飞行产品两个角度重点介绍适用于电推进系统的气体流量控制与测量方法。

5.2.1　常见流量测量方法

通常流量的测量是通过流量计来实现的,流量计是根据力学、热学、声学、电学、光学、原子物理学等原理研制而成的测量管路中流体流量(单位时间内通过的流体体积)的仪表,种类繁多,这里简要介绍几种常见的流量计及其工作原理。

1. 差压式流量计

差压式流量计[1,2]是应用较为广泛的流量测量装置之一,可用于测量大多数液体、气体和蒸汽的流速。差压式流量计是利用流体流动的节流原理来实现流量测量的。当流体在有节流装置的管道中流动时,在节流装置前后的管壁处,流体的静压力产生差异,而这个压差与流体在节流装置前的流量有一一对应的关系,因此只要测出节流装置前后的压差即可表示流量大小。差压式流量计无移动部分,易于使用,但堵塞后会产生压力损失,影响测量精度。

差压式流量计的基本测量可用伯努利方程来表示,伯努利方程是能量守恒定律在流体力学中的一种表达形式,流体在不同的位置和不同的条件下能量形式会相互转换,但是在理想条件下总能量保持守恒,其原理图如图 5-1 所示。其中,A_1、A_2 为流体的截面积、v_i、p_i 为流体在位置 A_i 处的速度和压力,$i = 1, 2$。

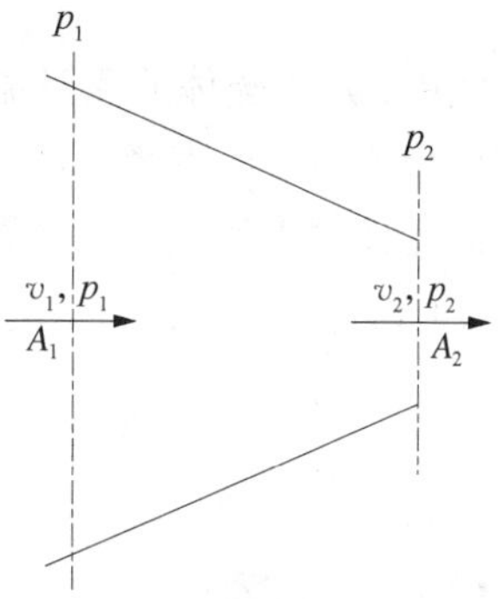

对于不可压缩流体,伯努利方程可用式(5-3)表达:

$$\frac{p}{\rho g} + z + \frac{v^2}{2g} = C \qquad (5-3)$$

图 5-1　差压式流量计结构原理示意图

式中,g 为重力加速度,m/s^2;z 为垂直位置高度,m;p 为流体压力,MPa;ρ 为流体密度,kg/m^3;v 为流体速度,m/s。

由式(5-3)可以看出,在不考虑流体压缩性的条件下,能量可分为三种形式:第一项表示流体的压力势能,第二项表示其重力势能,第三项表示其动能,三者之和为常数,可见流体的总能量在流线上是守恒的。在测量中,流体流经管道的中心高度变化很小,一般是相等的,故重力势能为零,则式(5-3)可简化为

$$\frac{p}{\rho} + \frac{v^2}{2} = C \tag{5-4}$$

从式(5-4)可以得出:对于不可压缩流体在流动时,流速改变时其压力也会发生变化。因此根据式(5-4)可以得出:

$$\frac{p_1}{\rho} + \frac{v_1^2}{2} = \frac{p_2}{\rho} + \frac{v_2^2}{2} \tag{5-5}$$

式中,p_1 和 p_2 分别为节流元件前、后流体作用在节流元件上的静压力;v_1 和 v_2 分别为流束收缩前的截面速度和流束最小截面速度。

由此根据式(5-5)和连续性方程 $A_1 v_1 = A_2 v_2$ 可得

$$\Delta p = p_1 - p_2 = \frac{\rho v_1^2}{2}\left(\frac{A_1^2}{A_2^2} - 1\right) \tag{5-6}$$

式中,A_1 和 A_2 为流道管路在流束收缩前和流束最小处截面面积,m^2。

那么,利用测得的压差数据可得流体的理论质量流量为

$$q_m = A_1 A_2 \sqrt{\frac{2\rho \Delta p}{A_1^2 - A_2^2}} \tag{5-7}$$

式中,q_m 为流体的质量流量,kg/s;$A_1 = \pi D^2/4$,$A_2 = 1\pi d^2/4$,其中 D 为节流元件外接管道横截面直径(m),d 为工作状态下节流元件的等效开孔直径(m),不同的节流元件的等效开孔直径并不相同(对于孔板是孔径,对于文丘里管是喉径)。那么式(5-7)可以写为

$$q_m = \frac{1}{\sqrt{1-\beta^4}} \frac{\pi}{4} d^2 \sqrt{2\rho \Delta p} \tag{5-8}$$

式中,$\beta = d/D$。

根据流量系数定义 C 为实际流量与理论流量的比值,那么可得出节流式差压式流量计普遍适用的实际流量公式为

$$q_m = \frac{C\varepsilon}{\sqrt{1-\beta^4}} \frac{\pi}{4} d^2 \sqrt{2\rho \Delta p} \tag{5-9}$$

式中, ε 为被测介质的碰撞系数, 对于液体 $\varepsilon = 1$, 对于气体、蒸汽等可压缩气体 $\varepsilon < 1$。

2. 涡轮流量计

涡轮流量计[3]是一种速度式流量测量仪表,可精确测量洁净的液体和气体的流量。其基本工作原理如图 5-2 所示。当流体进入管道,经过直管段的调整后进入导流体进行整流和加速,推动叶轮转动,持续的流体形成持续的推力力矩,从而使叶轮得到相应的动能并以一定角速度运动。试验表明,涡轮旋转的转速与流体的体积流量呈现近似的线性关系。再将涡轮的旋转通过磁电转换器转换成相对应的电脉冲信号,此脉冲信号经电子放大电路放大后,即可输送显示仪表进行多参数物理量的指示。与容积流量计相同,涡轮流量计也会产生不可恢复的压力误差,需要移动部件。

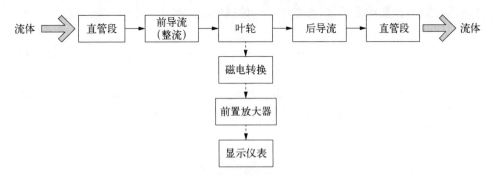

图 5-2　涡轮流量计基本工作原理

根据以上原理可以将流体的流量与电磁信号的脉冲频率关联起来。在一定的流量、黏度范围内,电磁信号的脉冲频率 f(Hz) 与流经涡轮流量计的体积流量 q_v 可用以下公式来表征:

$$f = Kq_v \qquad (5-10)$$

式中,K 为对应流量仪表的系数,1/L 或 $1/m^3$。

在理想状态下以及涡轮流量计的规定检测范围内,仪表系数 K 应为一常数,其数值由试验标定得到。

仪表常数 K 是流量计重要的特性参数,由于流量计通过磁电转换器将角速度 ω 转换成相应的脉冲数,因此可以把 K 看成单位体积流量 q_v 通过流量计时磁电转换器输出的脉冲数(脉冲数/L),故也称为流量系数。流量计作为产品出厂时,生产单位则是测取测量范围内的转换系数平均值作为仪表常数,因此可以认为流体总量 $V(m^3)$ 与脉冲数 N 的关系如下:

$$V = \frac{N}{K} \qquad (5-11)$$

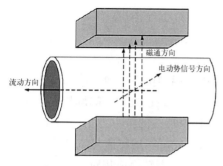

图 5 - 3   电磁流量计原理图

3. 电磁流量计

电磁流量计[4,5]是根据 Faraday 电磁感应定律制成的一种测量导电流体流量的仪表,仅适用于测量等离子体或导电液体的流速,其原理如图 5 - 3 所示。当被测流体具有导电特性时,流体就相当于运动中的导体,所产生的感应电动势与流速成正比,通过两个测量电极检测感应电动势,然后对信号进行放大,再根据管道横截面积计算出流量。

感应电动势的产生满足楞次定律。楞次定律表现为感应电动势与其产生的电流时刻在阻碍回路中磁通 Φ 的变化。假设感应电动势为 $E_i(\text{V})$,则

$$E_i = -\frac{\mathrm{d}\Phi}{\mathrm{d}t} \qquad (5-12)$$

带电流体通过的管道在时刻切割磁力线,一旦流体通过管道就可产生感应电动势,感应电动势所产生的方向和磁场方向满足右手定律,那么产生的感应电动势 E_i 大小可用式(5 - 13)所示:

$$E_i = -\frac{\mathrm{d}\Phi}{\mathrm{d}t} = B\frac{\mathrm{d}A}{\mathrm{d}t} = BD\frac{\mathrm{d}l}{\mathrm{d}t} = BDv \qquad (5-13)$$

式中,B 为磁感应强度,T;D 为管道内径,m;v 为流体运动速度,m/s。

流体的体积流量 q_v 为流体的流速 v 和管道截面积 $\pi D^2/4$ 的乘积,将式(5 - 13)代入可得通过电磁流量计的体积流量为

$$q_v = \frac{\pi D}{4}\frac{E_i}{B} \qquad (5-14)$$

由式(5 - 14)可知,感应电动势与体积流量之间呈现出明显的线性关系,且其线性关系中并不受其他因素的影响。式中,$\pi D/(4B)$ 为一个测量系数,而在此系数中也存在明显的线性关系,其中当管道直径 D 发生改变时,磁感应强度 B 将会呈现出相应的变化,如此才能保证测量系数的稳定。

4. 超声流量计

超声流量计[6-8]是通过检测流体流动对超声束(或超声脉冲)的作用以测量体积流量的仪表,是一种无干扰流量计,适用于几乎所有的液体,精确度高。通常利用传播时间法和多普勒效应法进行流量的测量。

声波在流体中传播,顺流方向声波传播速度会增大,逆流方向则传播速度减

小,相同传播距离就有不同的传播时间,利用传播速度之差与被测流体流速的关系求取流速,称为传播时间法。根据具体测量参数的不同,传播时间法可分为时差法、相位差法和频差法,下面以时差法阐明其测量原理,如图 5-4 所示。

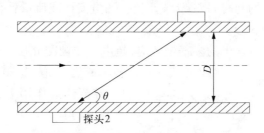

图 5-4　时差法测量原理图

假设管道内径为 D,流体流速为 v,流体体积流量为 q_v,上下游探头与管道的夹角为 θ。静止流体中的声速为 c,假设顺流声速为 c_2,逆流声速为 c_1,则利用矢量相加可得出流速 v 与顺逆流时间差 Δt 的关系。流速与声速的叠加如图 5-5 所示。

流速在垂直于传播方向的分速度为

$$h = v\sin\theta \tag{5-15}$$

顺流传播速度为

$$c_2 = \sqrt{c^2 - h^2} + v\cos\theta \approx c + v\cos\theta \tag{5-16}$$

逆流传播速度为

$$c_1 = \sqrt{c^2 - h^2} - v\cos\theta \approx c - v\cos\theta \tag{5-17}$$

顺逆流的时间差为

$$\Delta t = \frac{D/\sin\theta}{c_2} - \frac{D/\sin\theta}{c_1} = \frac{D}{\sin\theta}\frac{2v\cos\theta}{c^2 - v^2\cos^2\theta} \approx \frac{2Dv\cot\theta}{c^2} \tag{5-18}$$

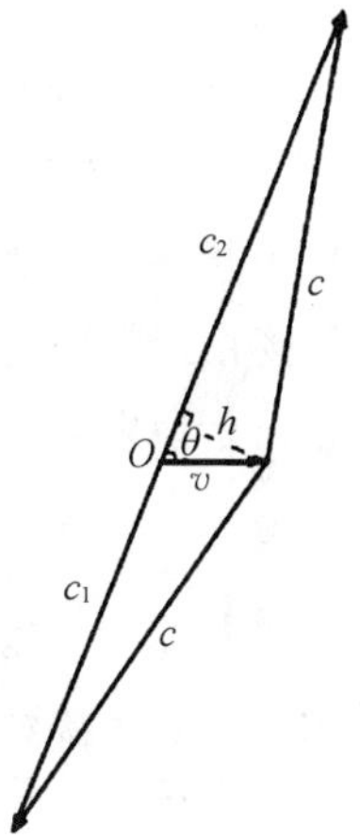

图 5-5　流速与声速叠加

那么流体的流速为

$$v = \frac{c^2\tan\theta}{2D}\Delta t \tag{5-19}$$

流体的体积流量为

$$q_v = \pi\frac{D^2}{4}v = \frac{\pi Dc^2\tan\theta}{8}\Delta t \tag{5-20}$$

由于在一般工业应用中,超声波在被测液体中的传播速度 c 远大于流体的流

速 v，所以 $c^2 \gg h^2$，$c^2 \gg v^2\cos^2\theta$，顺逆流的传播速度和时间差可用式(5-16)~式(5-18)表示。式(5-19)和式(5-20)中均含有夹角 θ，说明测流量时对探头的安装夹角有要求。声速 c 与管道内径 D 都是常数，在安装好后 θ 也是常数。流体流速 v 和体积流量 q_v 均与时间差 Δt 成正比。测量流速或流量就转变为测超声顺流与逆流传播的时间差 Δt。

多普勒法基于声学中的多普勒效应，超声波在被测介质中传播时，如果碰到颗粒或者气泡，超声波信号会产生散射，在流体的作用下，超声波发射信号与散射信号的频率会产生偏差，这个频差与流体流速是成正比的，通过测量这个频差可以得到流体的流速，进而转换为流体流量。由于测量原理的局限性，多普勒法只能用来测量含有固体颗粒或气泡的流体，测量原理如图 5-6 所示。

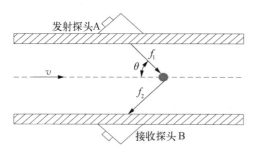

图 5-6   多普勒法超声波流量计原理图

分别将发射探头 A 和接收探头 B 安装在与管道轴线夹角为 θ 的两侧，且都迎着流向，流体平均流速为 v，声波在静止流体中的速度为 c。当发射探头 A 向流体发出频率为 f_1 的连续超声波时，经照射域内液体中悬浮颗粒或气泡散射，接收探头 B 接收到频率为 f_2 的超声波，两者之间的差值 Δf 即多普勒频移。多普勒频移 Δf 正比于散射体流体速度，即

$$\Delta f = f_2 - f_1 = f_1 \frac{c + v\cos\theta}{c - v\cos\theta} - f_1 = f_1 \frac{2v\cos\theta}{c} \qquad (5-21)$$

当测量对象确定后，式(5-21)右边除了流速 v 均为常量，可得流体速度为

$$v = \frac{c}{2\cos\theta} \frac{\Delta f}{f_1} \qquad (5-22)$$

那么，只要知道被测管道的横截面积就可以得到流体的流量。

5. 热式质量流量计

热式质量流量计[9,10]是利用换热原理检测气体流量的仪表，即利用流动气体与热源(安装在管内气体中的加热体或管外加热体)之间热量交换关系来测量流量。目前的热式质量流量计主要是基于测量流体温度分布的热分布式质量流量计和浸入型质量流量计。前者又称为量热式流量计，主要用于测量微小气体流量；后者基于热消散(冷却)效应的 King 定律，可用于较大管径的气体流量测量。热式质量流量计无移动部件，测量精度高，是少数能测量质量流量的技术之一，这里介绍

浸入型流量计的工作原理,热分布式质量流量计的工作原理见 5.3.1 节。

浸入型气体质量流量计的传感器探头被置于气体管道中,并与气体充分接触从而测量气体流量。一般浸入型气体质量流量计传感器为双结构探头,其中一个为测温探头,另一个为测速探头,结构如图 5-7 所示。测温探头用来测量气体温度,测速探头用于检测气体流速。在热线式结构中,探头形状为圆柱形并通过陶瓷芯棒加固增强机械强度,在膜片式结构中则将两个探头以薄膜形式固定在玻璃或陶瓷基片上,并用隔热层将两部分隔开以降低两个探头之间的相互影响。在测量气体流量时,将两个探头构成惠斯通电桥供电,并使测速探头表面温度明显高于气体环境温度。

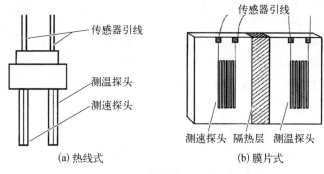

图 5-7　浸入型结构传感器探头示意图

当气体流动时,测速探头表面热量会被气流带走,温度降低,热量耗散,同时流量计的电路会为测速探头提高温度以补偿耗散的热量,根据能量守恒定律,测速探头耗散的能量与流量计电路供给的能量相等,单位时间内测速探头耗散的能量与气体流量 q_m 存在一定的关系,因此通过计算电路消耗的能量可以获得气体的流量。式(5-23)为测速探头单位时间内的热耗散能量表达式:

$$Q = \Delta T \left[\lambda + 2(\pi \lambda c_v \rho v d)^{1/2} \right] \qquad (5-23)$$

式中,Q 为单位时间内测速探头的热耗散量,J;ΔT 为测速探头与环境气体的温差,K;λ 为气体的热导率,W/(m·K);c_v 为气体的比定容热容,J/(kg·K);ρ 为气体密度,kg/m^3;v 为气体的平均速度,m/s;d 为测速探头中加热丝的直径,m。

在特定的环境下,λ、c_v、ρ、d 均为固定值,所以式(5-23)可以简化为

$$Q = \Delta T \left[A + B(q_m)^N \right] \qquad (5-24)$$

式中,A 和 B 为特征常数,包含了气体的热导率、密度等特性;N 一般取值为 0.5;q_m 为气体的质量流量。测速探头热耗散温度降低后,外部惠斯通电桥平衡被破坏,外部电路加大测速探头的电流,使电桥重新达到平衡。在这个过程中测速探头耗散

的能量 Q 与电路供给的功率 P 相等，从而得到式(5-25)的关系式，可以建立气体质量流量 q_m、两探头温差 ΔT 和电路功率 P 之间的关系：

$$P/\Delta T = A + B(q_m)^N \qquad (5-25)$$

当流量计电路功率 P 恒定时，温差 ΔT 与气体质量流量 q_m 一一对应，这种测量方法称为恒功率法，同理，保持温差 ΔT 不变，通过功率 P 测量气体质量流量 q_m 的方法称为恒温差法。这两种测量方法在浸入型结构中都经常被使用，其中恒功率法比恒温差法测量量程范围宽，且能适应更恶劣的测量环境。而恒温差法测量灵敏度相对较高，流量计外部电路简单，易于实现，同时还不受管道等质量热惯性的影响，在实际应用中更为广泛。

6. 科里奥利质量流量计

科里奥利质量流量计[11]简称科氏流量计，是利用流体在振动管中流动时产生的与质量流量成正比的科里奥利力的原理实现测量的。科里奥利质量流量计可用于液体、等离子体、气体或蒸汽的质量流量的测量，精度高，但要对管道壁面进行定期的维护，防止腐蚀。

流体在旋转的管内流动时会对管壁产生一个力的作用，这个力称为科里奥利力，简称科氏力。当一个质点在一个绕轴旋转的管道壁运动时，质点所受的惯性力除了向心力还有一个垂直于向心力方向的科氏力。

在实践中，使管道绕轴转动难以做到，因此在设计时让管道做简谐振动，用振动的方式来代替旋转的方式。在传感器内部装上两根平行的流量管，中部装上驱动线圈，两端装上检测线圈，变送器提供的激振信号加到驱动线圈上时，驱动线圈和磁铁会发生相对运动，从而使流量管开始做往复周期振动。当有流体介质流经传感器的流量管时，受到科氏力效应的影响，两根流量管发生相对扭转，这时安装在振动管两端的检测线圈将接收到相位不同的两组信号，这两个信号的相位差与流经传感器的流体质量流量成正比。经过一定的计算，就可以精确求得流经振动管的质量流量。

不同种类科氏流量计的外形虽相差甚远，但其工作原理大体相同。下面以 U 型管科氏流量计为例对其工作原理做简单介绍。

图 5-8 为科氏流量计工作原理示意图。流量计的测量管是两根平行的 U 型管，它两端固定在流体的出口端和入口端。激振器安装在测量管顶端，工作时对测量管进行正弦激励，使其绕 $O-O'$ 轴做固有频率的周期振动。流体在测量管力的作用下除沿管道流动，还要跟随测量管做垂直振动，根据科氏力的形成原理，流体将受到科氏力的作用。由于流体在测量管入口端和出口端具有相反的流动方向，作用于两侧的科氏力大小相等、方向相反。在科氏力的影响下，U 型管在力矩的作用下绕 $R-R'$ 轴发生扭转而产生变形，其变形程度与通过测量管流体的质量流量

成正比。利用位于测量管两端的检测器检测测量管的振动情况就可以测得 U 型管扭转变形量的大小,进而测得流经测量管的流体质量流量。

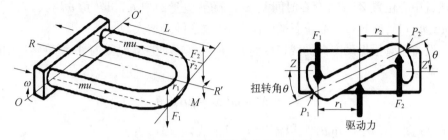

图 5 - 8　科氏流量计工作原理示意图

当测量管内充满流体且流速为零时,U 型管以自身固有频率围绕 $O - O'$ 轴进行简单往复振动。若流体的流速为 v,U 型管振动的转动角速度为 ω,单位长度流体的质量为 m,则其产生的科氏力 F 为

$$F = 2m\omega \times v \tag{5 - 26}$$

流体流经入口到管端部分时,越靠近管端,流体在垂直方向的振动就越大,这意味着流体在垂直方向具有正的加速度 a。通过管端到出口这部分时,垂直方向的速度慢慢变小,具有负的加速度。由于入口侧和出口侧流向相反,因此当 U 型管向上振动时,流体作用于入口侧管端的是向下的力 F_1,作用于出口侧管端的是向上的力 F_2,并且二者大小相等;U 型管向下振动时,F_1、F_2 改变方向。可见 U 型管的两侧总是受到两个大小相等、方向相反的作用力,从而 U 型管管端会绕 $R - R'$ 轴发生扭转运动。则 U 型管所受到的扭矩作用为

$$M = F_1 r_1 + F_2 r_2 = 2Fr = 4m\omega vr \tag{5 - 27}$$

式中,$F_1 = F_2 = F = |\,F\,|$,$r_1 = r_2 = r$,r 为 U 型管跨度半径。

设质量流量为 q_m,U 型管的扭转弹性模量为 K_s,U 型管产生的扭转角为 θ,U 型管直管段的长度为 L,那么由式(5 - 27)可知:

$$M = K_s \theta = 4\omega r L q_m \tag{5 - 28}$$

质量流量则为

$$q_m = \frac{K_s \theta}{4\omega r L} \tag{5 - 29}$$

测量管在扭转振动过程中,θ 角在测量管端到达 $Z - Z'$ 位置时达到最大。若流体流量稳定,则 θ 角的最大值恒定不变。在管端安装两个位置检测器,就可以检测出入口管端和出口管端的越过中心位置时的 θ 角。前面提到,当流体的流速为零

时，即流体不流动时，U 型管只做简单的上下振动，此时管道的扭转角 θ 为零，入口管端和出口管端同时越过中心位置。由于 θ 角的存在，两直管端 P_1、P_2 将不能同时越过中心位置 $Z-Z'$，存在时间差 Δt。随着流量的增大，扭转角 θ 增大，入口管端先于出口管端越过中心位置的时间差 Δt 也会随之增大。

设流量管沿振动方向的线速度为 v_p，$v_p = \omega L$，则在 Δt 时间内，U 型管转过的距离 s 应为

$$s = v_p \Delta t = \omega L \Delta t = 2r\sin\theta \tag{5-30}$$

由于 θ 值很小，$\theta \approx \sin\theta$，所以流量 q_m 可由式(5-31)表示：

$$q_m = \frac{K_s \theta}{4\omega rL} = \frac{K_s}{4\omega rL} \frac{\omega L \Delta t}{2r} = \frac{K_s}{8r^2}\Delta t \tag{5-31}$$

对于确定的流量计，式(5-31)中的 K_s 和 r 由测量管所用管壁材料以及管径等参数决定，所以 q_m 只与 Δt 成正比。因此，只要测得 θ 角最大时两个检测器信号的振动时间差 Δt，就可求得质量流量。

7. 容积式流量计

容积式流量计[12]用于测量液体或气体的体积流量，测量精度较高，广泛应用于不含固体颗粒杂质的石油类流体、冷凝液、食品液、气体以及水的流量测量，特别适用于测量较高黏度的液体介质。它利用机械测量元件将流体连续不断地分割成单个已知的体积部分，根据测量室逐次重复地充满和排放该体积部分流体的次数来测量流体的体积流量，一般采用叶轮、齿轮、活塞或孔板等用于分割流体。其存在的问题是会产生不可恢复的压力误差，并且需要装有移动部件。

下面以椭圆齿轮流量计为例介绍容积式流量计测量原理，如图 5-9 所示。其主要特点在于计量转子是一对相互啮合的椭圆齿轮。被测流体在外部压力作用下流入流量计腔体，推动互相啮合的椭圆齿轮转动。在椭圆齿轮转动过程中会形成计量腔，图 5-9 椭圆齿轮的转动角度为 0 与 $\pi/2$ 时，当椭圆齿轮的齿顶圆与计量

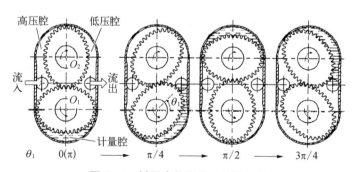

图 5-9   椭圆齿轮流量计计量原理

腔有两处线密封存在时,便会将两线密封之间的被测流体分割为 1 个计量腔。转子转过一周时,上述计量腔会出现 4 次,即转子转过一周就会排出 4 个单位体积的被测流体。

不同的容积式流量计工作原理基本相似,如果内部运动部件每循环运动一次,从流量计输运出的流体体积为 q_v,而运动部件的循环次数为 N,那么在 N 次运动时间内通过流量计流体的体积 V 为

$$V = Nq_v \tag{5-32}$$

以上描述了不同流量计的工作原理和适用范围,在进行电推进系统的流量测量时可以从上述流量计中选用。

5.2.2　电推进实验室推进剂流量测量方法

在几十年的电推进技术发展过程中,电推力器的推进剂也经历了几次改变。早期电推力器采用铯、汞等常温下为液态且易于电离的金属作为推进剂,并经过了飞行验证。但随着技术的发展,目前空间应用最多的霍尔和离子电推力器均采用氙气等作为工作介质,这些推进剂在典型的贮存和流动条件下均为气态。实际上有多种气体适用于电推进系统,如表 5-1 所示,其中氙气是使用最多的气体,氪气目前也已经应用到电推进系统的飞行产品中,如美国 SpaceX 公司的 Starlink 卫星星座便采用了氪气作为推进剂的霍尔电推进系统,除此之外如氢气、氨气、水蒸气等气体也被作为推进剂开展了试验[13]。

表 5-1　适用于电推进系统的气体推进剂种类

稀有气体	其他非金属气体	化合物
氦气(He)	氢气(H_2)	氨气(NH_3)
氖气(Ne)	氮气(N_2)	水蒸气(H_2O)
氩气(Ar)	氧气(O_2)	
氪气(Kr)		
氙气(Xe)		

气体流量系统包括流量控制与测量两部分。在有的系统中这两部分集成在一个装置中,同时实现流量的控制与测量,另外还可以将这两部分分开布置,形成分布式系统。在分布式系统中,控制器可以是一个应用在开环系统中的手动阀,或者是一个闭环反馈控制的自动阀。这种系统的好处在于复杂程度较低,成本也比较低,同时这种系统易进行冗余设计。近些年来随着技术的发展,将控制与测量功能集成在一起的质量流量控制器也已经得到了较大范围的使用。目前适用于电推进推进剂气体的流量测量系统的测量方式基本都是基于热学和力学原理,即热式质

量流量计和差压式质量流量计。两者的测量与控制原理将在 5.3 节中进行详细阐述。

除了使用气体推进剂的电推力器,还有采用其他类型推进剂的电推进装置,如脉冲等离子体推力器(PPT)采用的是固态推进剂,胶体或者离子液体电喷推力器采用的是液态推进剂,磁等离子体动力推力器(MPDT)可采用液态金属作为推进剂。因此,就需要发展针对不同类型推进剂的流量测量和控制方法。对于在贮存条件下为固态的推进剂,流量测量通常通过试验前后贮箱的质量变化来获得平均流量。对于液态金属推进剂,由于其具有导电特性,可以利用电磁流量计来进行流量测量。对于采用胶体或离子液体作为推进剂的微推力器,可以采用测量精度高达每秒皮升的高精度流量计、压电驱动阀或者使用液压阻抗流量控制器来实现流量的控制与测量。

5.2.3   电推进飞行产品推进剂流量测量系统

目前采用氙气作为推进剂执行空间飞行任务的电推进系统大多都是采用基于压力反馈的节流装置来控制推进剂流量。对于离子电推进系统,通常对流量控制器上游压力进行闭环控制从而实现微流量调节,这种方法的好处是可以进行氙气流量的精确控制,弊端在于增加了系统的复杂程度(如每个支路需要配压力传感器)。对于霍尔推进系统,除了上述方法,还可以通过基于推力器放电电流的闭环控制来实现微流量调节,这种方式不需要使用压力传感器来进行主动流量控制,因此更为简单,而其弊端在于不能获得实际的推进剂流量绝对值。

美国国家航空航天局"深空一号"和"黎明号"探测器上离子推力器的氙气供应系统就是采用压力反馈实现微流量调节的。对于这两个航天器,缓冲罐内的压力通过 Bang-Bang 阀进行控制(某些航天器采用机械减压阀来控制压力),罐内压力通过压力传感器来测量,然后反馈到装有温度传感器的流量控制器(flow control device, FCD)中。在航天器上天之前对流量控制器进行校准,通过测量流量控制器不同压力、温度下对应的流量获得流量随压力和温度的变化关系。因此,在飞行过程中通过已知的上游压力和控制器温度就能得到推进剂的质量流量。

基于推进剂的热特性来进行流量测量是电推进系统空间应用中另一种流量测量方法。这种方法采用热流传感器,目前被用在欧洲航天局(ESA)的 GOCE 航天器的离子推进系统中,其中阴极的质量流量控制采用的仍然是压力反馈调节方案,阳极的质量流量控制则采用的主动控制阀调节、热流传感器直接测量流量的方案。此外,JAXA ETS-VI 卫星和 COMETS 航天器也采用热式质量流量控制器方案。

对于没有经过流量传感器校准的电推进系统,如典型的霍尔电推进系统,推进剂的在轨使用量必须要经过估算。目前有三种方法可以确定航天器上剩余的推进剂量：簿记法、压力-体积-温度（PVT）法以及热质量测量法。

1. 簿记法

一段时间内推进剂的消耗量可以用推力器工作时间和推进剂的消耗速率之积来估计。剩余的推进剂就是其初始量与消耗量之差。推进剂的剩余量可用以表示为

$$m_{\text{remaining}} = m_{\text{initial}} - \sum_i \dot{m}_i \times \Delta t_i \tag{5-33}$$

式中，m_{initial} 为初始推进剂质量；$m_{\text{remaining}}$ 为剩余推进剂质量；$\dot{m}_i$ 为航天器第 i 个机动过程中的推进剂流量；Δt_i 为航天器第 i 个机动过程所消耗的时间。

根据电推进系统的地面加注过程，推进剂的初始质量是可知的。机动持续时间可由航天器的遥测数据获得，而推进剂的消耗速率可以由质量流量传感器直接测得，或者由其他流体或电气参数间接测得，还可以根据类似条件下的地面试验进行推断。霍尔推力器通常采用最后一种方式，原因在于受推力器控制方式的影响，在整个寿命期间推进剂质量流量可能会发生变化。

这种记录方式在短时间内可以保持较高的准确性，但随着任务周期内推进剂消耗得越来越多，其准确性会受到影响。簿记法依赖于每次计算的累加，因此计算中任何误差或者不准确都会随着时间的推移而进行累加。

2. PVT 法

根据热力学原理，当压力、体积和温度已知时，就可以确定流体的质量，这种方法通常称为 PVT 法。压力和温度可通过航天器遥测数据获得，推进剂贮箱的体积在地面测试时就是已知的。但是贮箱容积会随着压力和温度的变化而变化，因此需要采用适当的修正系数才能得到准确的结果。

除此之外，推进剂可能存在的相变、离解以及化学反应等变化都会导致贮箱内的压力发生变化并影响计算。特别是氙气推进剂的特性并不能很好地用理想气体定律来描述，因此有必要采用另一种方式对氙气的压力-温度-密度关系进行描述。

与上述簿记法相比，PVT 法最大的优点是可进行点测量，其计算结果与之前的测量结果无关，因此误差不会累加。PVT 法测量结果的精度受航天器传感器精度的限制，但可以通过将几个测量值取平均值进行改进。

3. 热质量测量法

热质量测量法依赖于系统在加热时质量和温度变化之间的反比例关系：

$$m_{\text{tank}+\text{propellant}} = \frac{Q}{C_{\text{p}} \Delta T} \tag{5-34}$$

当一个已知热量 Q 作用于装有一定量推进剂的贮箱上时，系统温度将会升高。

推进剂满箱时热容(推进剂质量乘以推进剂比热容,C_p)将会远大于贮箱热容(贮箱质量乘以贮箱比热容),所以温度的上升速度将会比空箱时慢得多。同样,如果已知功率作用在贮箱上,推进剂满箱时温度的上升速度必然远小于接近空箱时的上升速度。因此,推进剂的质量可以通过加热后温度的变化或变化速率来确定。此外,推进剂质量也可通过观察加热后贮箱的温度的下降值来获得。

这种方法需要考虑推进剂贮箱和航天器之间的热传导和热辐射造成的热损失,通过在地面进行热校准测试和详细的系统热模拟可以降低相关的不确定度。在其他条件相同的情况下,温度变化较大时的估算值精度较高。当推进剂快要耗尽时,推进剂的质量(以及热容量)变得相对较小,那么给定加热功率所引起的温度变化也随之增加,因此热质量测量法在航天器任务快要结束时准确性更高。

5.3   气体微流量控制与测量原理

实验室一般采购商用质量流量控制器来测量和控制进入被试验推力器中的推进剂流量。在电推进试验中,流量控制器通常集成在推进剂供给系统中,用于调节进入推力器的推进剂流量。此外,流量控制器也用于测量推进剂流量从而计算推力器的效率和比冲等性能参数。

目前的商用气体微流量控制器大都采用两种基本的流量控制方法中的一种:热式流量控制和压力式流量控制。热式流量控制方法依赖于电热器到流体之间的热传递,压力式流量控制方法基于可压缩流体原理来测量和调节过程气体的流量。以下分别介绍采用这两种方法进行微流量测量与控制的原理。

5.3.1   热式流量控制与测量方法工作原理

典型的热式流量控制器系统示意图如图 5-11 所示。整个系统可以分为两个主要组件,第一个是图 5-10 下半部分所示的气体流动区域,包括气体入口、湍流过滤器、毛细管旁路/流量传感器、阀门和出口。当气体从入口进入流量控制器时,图中的层流限制器将用来减小流道的横截面积,小部分气体将通过毛细管旁路转移到热流传感器的位置然后返回到主流量区域。

毛细管旁路是一个导热的圆形管,在设计时要确保经过热传感器的流体均为层流,这样在进行计算时将大大简化传热控制方程,消除任何可能导致流量测量误差的湍流瞬变。热传感器由一组缠绕在毛细管壁的加热线圈组成,连接到控制电路上。基于以上结构有两种不同的质量流量测量方法。

第一种通过控制电路向加热器线圈提供恒定的功率,并测量毛细管入口和出口的气体温度。由于气体的运动,沿着管壁的温度分布是偏斜的,使得下游的温度

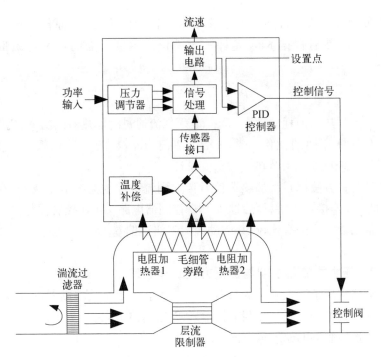

图 5 - 10　典型的热式流量控制器系统示意图

高于上游,如图 5 - 11 所示。

通过热力学第一定律,气体质量流量与可观测到的温差呈线性关系,两者关系可用方程(5 - 35)来表示:

$$q_{\mathrm{m}} = \dfrac{\dot{Q}}{c_{\mathrm{p}}(T)(T_{\mathrm{o}} - T_{\mathrm{i}})} \quad (5 - 35)$$

式中, $c_{\mathrm{p}}(T)$ 是指不同温度下气体的比热容,J/(kg·℃); $\dot{Q}$ 是从毛细管壁到气体的传热速率,J/s; T_{o} 是毛细管加热后出

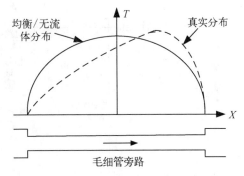

图 5 - 11　热式流量控制器中的温度分布

口处的气体温度,K; T_{i} 是毛细管加热后入口处的气体温度,K; q_{m} 是气体质量流量,kg/s。单位时间内毛细管单位长度的热传递速率与维持观察到的温度变化可以通过式(5 - 36)来计算:

$$\dfrac{\dot{Q}}{L} = \dfrac{\pi d^2}{4}\rho c_{\mathrm{p}} v \dfrac{\mathrm{d}T}{\mathrm{d}x} \quad (5 - 36)$$

式中, $\dot{Q}/L$ 是管道单位长度的热传递速率,J/(m·s); d 是毛细管直径,m; v 是气流的平均速度,m/s; ρ 为气体密度,kg/m³; T 为管壁的温度,K。

第二种测量方法是将整个毛细管维持在恒定的温度,从而使得温度与气体质量流速无关,然后根据 King 定律将维持恒定温度所需的功率与质量流量相关联:

$$P_{\text{heater}} = P_{\text{offset}} + Cq_m^n \qquad (5-37)$$

式中,P_{heater} 是加热器消耗的功率;P_{offset} 是无气流通过时加热器的功率;C 是关于加热器尺寸和气体特性的比例常数;n 是取决于雷诺数的无量纲因子(通常约为0.25),具体原理见 5.2.1 节热式质量流量计。

这两种测量方法都是将加热器信号传递到流量控制器的电子设备,在大多数情况下,加热器连接到电桥,然后馈入 PID 控制器电路。PID 控制器将测得的质量流量与设备的设定值进行比较,并驱动阀门来纠正偏差。

5.3.2 压力式流量控制与测量方法工作原理

低压降法在离子注入领域的日益普及带动了质量流量控制器的商业开发,这种控制器利用直接压力测量和调节技术来避免流体的压力损失。图 5-12 是典型的压力式流量控制器的原理示意图。

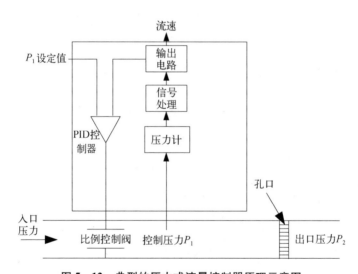

图 5-12 典型的压力式流量控制器原理示意图

对于压力式流量控制器,有三种方法来测量和控制经过设备的质量流量。前两种方法称为层流法和分子流法,主要依赖于内部流量元件测得的压差数据来确定质量流量。这两种方法通过改变控制器出口处阀的位置,从而改变内部压力梯度和质量流量,其原理见 5.2.1 节。

第三种方法称为临界(或声波)流动方法,这种方法通过测量和控制已知孔口面积的节流孔板的上游压力来获得流量。如图 5 - 12 所示,当 P_1 至少是出口压力 P_2 的 2 倍时,流量与 P_1 成正比。通过调整控制阀开度来改变 P_1,以便精确地控制出口流量。通常孔口的流速处于黏性流动范围内,因此可以通过公式(5 - 38) 来获得:

$$\dot{w} = C_o pA \sqrt{\left(\frac{\gamma RT}{M_w}\right)\left(\frac{2}{\gamma + 1}\right)^{\frac{\gamma+1}{\gamma-1}}} \qquad (5-38)$$

式中, C_o 是孔口系数; p 是上游压力,MPa; A 是孔口面积,m^2。此处流量 $\dot{w}$ 以压力-体积为单位,必须换成特定工作气体的质量流量。

在工作期间,气体从质量流量控制器的入口进入并由控制阀调节,用内部的压力计测量流体的静压,在流体到达设备的出口之前,流体通过孔口加速到声速。压力计连接到 PID 控制电路,将测量的压力与所需的设定值进行比较,然后改变阀门的开度,直到测量误差低于规定的精度阈值。

5.4　微流量测量与校准

为了减小不确定性对测量的影响,必须定期校准质量流量计,至少每年一次。一般质量流量计的校准由仪器制造商或者专业的校准实验室来进行,当然要求不高的用户也可以采用一些简单的二次校准方法来进行参考校准检查。

第一种校准方法是称重法,在校准时称量流经质量流量计的气体质量,通常采用高精度的称重天平来完成。这里要特别强调,天平必须经过校准,并且量程能够覆盖质量流量计的所有可能的质量单位输出范围。称重法一般被认为是测量实际质量流量的最准确的方法。

第二种校准方法是采用校准过的流量测试设备(即校准设备或称流量传递标准)来对质量流量计进行比对校准,校准设备可以是流量控制器或者流量校准器。此过程依赖于流量校准设备,所以校准设备应由制造商或专业校准实验室直接提供。这种方法可以使具有多个质量流量计的实验室通过参考流量校准设备进行流量计的校准,这是一种二次校准,因此需要解决可能的校准漂移并减少误差传递。另外,作为传递比对的流量控制器或者流量校准器的精度要高于被校准流量测量设备。

理想情况下,校准应在流量控制器安装完毕之后进行,以避免出现与方位和环境条件相关的不确定性。校准器通常安装在被校准质量流量控制器的上游位置,并设定目标流量值。测试流量从被测流量控制器上获得,两者的偏差如式(5 - 39) 所示:

$$偏差百分比 = \frac{测量流量 - 目标流量}{目标流量} \times 100\% \qquad (5-39)$$

在这种情况下,在任何测试条件下当偏差大于 5% 时就表明流量控制器中可能存在损坏或故障。

在进行校准时,应对系统中使用的每种气体进行校准测试,以消除与气体校正因子相关的不确定性,测试在流量控制器预期的工作压力和环境温度下进行。对于单个或者几个明确质量流量值下的应用,采用固定点校准方式是可行的,但当需要在固定流量点外应用时,流量控制器应该在预期的流量范围内进行覆盖应用范围的校准。理想情况下,校准检查应至少在整个仪器量程范围内的几个特征流量点进行,这样可以验证流量控制器测量结果的线性程度,并确定测试的可重复性。同时还应采取措施以尽量减少因稳定时间和系统污染造成的偏差。与校准设备相比,所有的流量控制器的校准都会根据校准结果得出最小标准偏差。

5.5   误差分析与不确定度

试验中的误差代表测量值与真值之间的差异,不确定度代表测量结果接近真值的程度。所有测量都受一定程度的不确定性的影响,对不同误差源的表征和量化有助于确定测量的总体准确度。

误差通常分为随机误差和系统误差。随机误差是无处不在、不可预知的,而且分散在测量值之中。系统误差包括测量设备的零点漂移或偏移。在流量测量,特别是在长时间测量中,系统误差会影响仪器的零点或者影响将测量值(如输出电压)转化为相关物理量的函数的系数。针对流量测量的系统误差(如随时间漂移的系统误差),一般采用设备定期校准的方法来消除误差,但实际上并不能完全将它消除,因为任何用于校准仪器的硬件都存在固有的误差。同时各种环境条件(如温度)也可能会导致额外的、可重复的漂移或偏移,从而影响整体测量值。因此,基于环境条件的监测对设备进行校准可以纠正或消除部分误差。

1. 校准不确定度

流量测量的校准通常有两种方法来完成: 恒容校准法(恒定体积校准法)和恒压校准法(恒定压力校准法)。

1) 恒容校准法

恒容校准法仅适用于气体,具体方法是将气体输运至已知体积的容器,通过检测容器中的压力来进行校准。这种恒容校准法采用理想气体状态方程来表征:

$$pV = m \frac{R}{M_{\mathrm{w}}} T \qquad\qquad (5-40)$$

式中，p 为容器内气体压力，Pa；V 是容器体积，m^3；m 为容器中气体的质量，kg；M_{w} 为气体的相对摩尔质量，g/mol。但是在实际校准过程中，并非所有气体都是理想气体，因此需要包含压缩因子，假定该过程温度恒定，则进入该容器的质量流量为

$$q_{\mathrm{m}} = \frac{\mathrm{d}m}{\mathrm{d}t} = \frac{M_{\mathrm{w}}}{R} \frac{V}{T} \frac{\mathrm{d}p}{\mathrm{d}t} \qquad\qquad (5-41)$$

已知容器体积的不确定度为 σ_V，温度恒定，且偏差范围为 $\Delta T \approx \sigma_T$，压力对时间导数的偏差为 $\sigma_{\mathrm{d}p/\mathrm{d}t}$，那么质量流量的偏差为

$$\sigma_{q_{\mathrm{m}}} = \left[\left(\frac{M_{\mathrm{w}}}{R} \frac{V}{T} \right)^2 (\sigma_{\mathrm{d}p/\mathrm{d}t})^2 + \left(\frac{M_{\mathrm{w}}}{R} \frac{V}{T^2} \frac{\mathrm{d}p}{\mathrm{d}t} \right)^2 \sigma_T^2 + \left(\frac{M_{\mathrm{w}}}{R} \frac{1}{T} \frac{\mathrm{d}p}{\mathrm{d}t} \right)^2 \sigma_V^2 \right]^{1/2}$$
$$(5-42)$$

方程右边分别给出了压力导数、恒定温度以及测量体积的不确定度。

2）恒压校准法

恒压校准法对液体最为有用，但也可用于气体。通过将流体输运至容器来进行校准，保持压力恒定，同时测量所容纳的流体体积并记录其随时间的变化。对于气体，可以再次使用理想气体状态方程［式（5-40）］。假设容器内大致等温，那么质量流量为

$$q_{\mathrm{m}} = \frac{\mathrm{d}m}{\mathrm{d}t} = \frac{M_{\mathrm{w}}}{R} \frac{p}{T} \frac{\mathrm{d}V}{\mathrm{d}t} \qquad\qquad (5-43)$$

质量流量的误差采用与前面的例子类似的方式估算，可写为

$$\sigma_{q_{\mathrm{m}}} = \left[\left(\frac{M_{\mathrm{w}}}{R} \frac{p}{T} \right)^2 (\sigma_{\mathrm{d}V/\mathrm{d}t})^2 + \left(\frac{M_{\mathrm{w}}}{R} \frac{p}{T^2} \frac{\mathrm{d}V}{\mathrm{d}t} \right)^2 \sigma_T^2 + \left(\frac{M_{\mathrm{w}}}{R} \frac{1}{T} \frac{\mathrm{d}V}{\mathrm{d}t} \right)^2 \sigma_p^2 \right]^{1/2}$$
$$(5-44)$$

式中，压力误差 σ_p 表示恒定压力假设的置信度。

对于液体，可以假设其不可压缩，那么通过连续性方程可以得到质量流量为

$$q_{\mathrm{m}} = \frac{\mathrm{d}m}{\mathrm{d}t} = \rho \frac{\mathrm{d}V}{\mathrm{d}t} \qquad\qquad (5-45)$$

质量流量的误差可写为

$$\sigma_{q_{\mathrm{m}}} = \left[\rho^2 (\sigma_{\mathrm{d}V/\mathrm{d}t})^2 + \frac{\mathrm{d}V}{\mathrm{d}t}^2 \sigma_\rho^2 \right]^{1/2} \tag{5-46}$$

式中，σ_ρ 为不可压缩假设和给定温度下液体密度的不确定性。

3）直接称重法

直接称重测量是一种主要应用于推进剂为固体或者液体的校准方法，推进剂会在推力器内发生熔化并蒸发。这种方法适用于将水或者液态锂作为推进剂的稳态推力器或者脉冲烧蚀的脉冲等离子体推力器。如果仅在测试开始和结束时称量推进剂质量，那么很容易得到平均质量流量和误差。对于脉冲等离子体推力器，测试时间由脉冲数量来替代，那么可以计算出每个脉冲期间的平均质量流量。

在某些情况下，如采用电磁流量传感器进行液态金属推进剂的流量测量，流经传感器的推进剂被输运到位于称重天平上的容器中，通过对流量传感器的实时称重，可以将流量传感器的输出与推进剂质量流量 $\dot{m}$ 关联起来。两者关联的一种方法是：将天平测得的质量转化为推进剂的体积，并根据输运的时间计算出推进剂的体积流量，确定体积流量与流量传感器中感应电压的函数关系，并通过曲线拟合的方式得到校准系数从而将输出电压与质量流量关联起来。另一种关联方法是：积累大量的流量和传感器输出电压之间的对应数据，将这些数据进行线性拟合，得到输出电压与质量流量的对应关系。基于这两种关联方法，可以将流量误差视为曲线拟合系数的误差。

4）校准过程的时间导数

每一种流量校准方法都需要通过可测物理量的时间导数来计算流量。如果测量值在给定的时间间隔内相对于时间呈线性变化，那么可以直接计算时间导数的不确定度。但通常在指定的时间间隔内数据的线性度是未知的，解决这个问题的第一种方法是进行多次测量并检查线性度。在数据线性度不可接受、不引入更大的不确定性来源的情况下，可以通过缩短时间间隔来实现线性度。如果这两种方法均不可行，那么就需要其他更复杂的方法对测量物理量的时间导数进行校准。

如果线性估计不是恰当的表示形式，并且在一定的时间间隔 Δt 内可以获得足够多的数据，那么可以用不同的函数关系来表征与时间相关的变量。但存在的问题是很难将一系列的单点误差与曲线拟合的误差相结合。通过对数据点进行曲线拟合以及基于测量误差确定的数据极值，可以近似估计数据的误差。则误差可以取以下值的较大者：① 拟合曲线上数据点和极值点相关系数的最大差值；② 拟合算法中输出的拟合系数的误差。

2. 其他不确定性

通常商用质量流量控制器的制造商不会对所有的被测气体进行校准，所以需

要气体修正系数(GCF)将被测气体的质量流量与相同测量条件下校准气体的质量
流量关联起来。通常在使用质量流量控制器时,首先需要对气体修正系数进行准
确性检测,美国国家标准与技术研究院(NIST)检测了制造商提供的氩气、氦气、六
氟化硫、六氟乙烷以及氢气修正系数的准确性,结果显示修正系数的精度与气体高
度相关。表 5-2 提供了制造商和 NIST 测量气体和流量控制器的修正系数的平均
差异值。

表 5-2　不同气体修正系数误差

工艺气体	误差/%
氩气(Ar)	1.55
氦气(He)	1.17
六氟化硫(SF_6)	-0.74
六氟乙烷(C_2F_6)	7.70
氢气(H_2)	10.22

表 5-2 中被测气体数据的变化很可能是由温度和比热容之间的关系引起的。
由于不同质量流量控制器传感器元件的内部温度不同,很难确定气体流动的准确
比热容。此外,制造商在手册中列出的用于计算修正系数的参考温度通常是 0 ℃
或者 25 ℃,但大多数传感器的工作温度在 50~100 ℃。比热容温度系数较小的气
体,如氩气和氦气,通过修正系数可以将不确定性最小化。

除此之外,质量流量控制器的设备方向、入口压力、入口气体温度和低质量流
量造成的零点和量程的变化同样会成为测量不确定性的来源。热式质量流量控制
器依赖于气体的传热特性,这使得当这些特性改变时就容易产生误差。例如,改变
装置的方向,使气体流动方向从垂直于重力方向变为平行于重力方向,可使装置的
零点改变量达到满量程的 0.4%,而量程的变化可以忽略不计。类似地,进口压力
的变化导致测量灵敏度的变化一般小于 0.1%,而制造商给出的每兆帕压力变化的
不确定度为 0.75%。

温度对测量的影响可以分为电子元件加热和被测气体加热两种情况。当温度
升高 10 ℃时,两种加热方式在设备零点显示出来的不确定度大约是每摄氏度比校
准温度高 0.12%。在全量程范围内,电子元件的温度每变化 1 ℃将会导致流量测量
结果出现 0.8%的改变量,相应的被测气体温度每变化 1 ℃将会导致流量测量结果出
现 0.08%的改变量。因此,在使用时建议在流量控制器预定的工作温度下进行校准,
或者在测试过程中同步监测环境变化,则可以减少由环境变化引起的误差。

此外,与稳定性和低质量流量相关的不确定度大约是在产品全量程的±1%范
围内。表 5-3 总结了热式质量流量控制器所有不同操作带来的不确定性。

表 5 - 3   热式质量流量控制器工作不确定性总结

因素	影响	测量变化/% F.S.	不确定度/% F.S.
方向	零点	0.02~0.44	—
	量程	—	—
上游压力	灵敏度	0.1	0.75 MPa^{-1}
温度	零点	±0.12	±0.4~0.75 ℃$^{-1}$
	量程	0.08 ℃$^{-1}$	0.75~1 ℃$^{-1}$
稳定性	零点	±0.04~0.4	—
低质量流量	零点	±1	—

3. 曲线拟合的不确定性

流量计校准通常是将流量计的输出电压信号与用于不同流速测量的校准设备上测得的流量相关联,通常这种关系在名义上是线性的。对于将在单个或者几个工作点使用的流量计,进行固定工作点校准是可行的。但是当应用于更宽范围的测量时,采用固定工作点校准将变得不可行,这时需要构建适合校准数据的线性曲线拟合来确定流量:

$$q_m = A + BU \tag{5-47}$$

式中,U 是流量计的输出电压,V。

系数 A 和 B 可以使用最小二乘拟合方法确定,由于拟合数据存在不确定性,同时实际上测量数据很少能落在一条线上,这将导致拟合系数也会存在不确定性。因此,质量流量的总不确定度计算公式表述如下:

$$\sigma_{q_m} = \sqrt{\sigma_A^2 + (v\sigma_B)^2 + (B\sigma_v)^2} \tag{5-48}$$

但是,在计算这些拟合系数不确定度或者使用曲线拟合软件计算时需要特别谨慎。在 v_i 数据的不确定度可忽略的情况下,根据数据对 (v_1, q_{m1}),(v_N, q_{mN}) 计算拟合系数不确定度的标准方法是

$$\sigma_A^2 = \frac{\sigma_{q_m}^2 \sum v_i^2}{N(\sum v_i^2) - (\sum v_i)^2} \tag{5-49}$$

$$\sigma_B^2 = \frac{N\sigma_m^2}{N(\sum v_i^2) - (\sum v_i)^2} \tag{5-50}$$

注意每个方程都依赖于测量次数 N,测量的 $\dot{m}_i$ 值和参数 $\dot{m}$ 的不确定性,在不知道测量值 $\dot{m}_i$ 真实的不确定度时,拟合软件就可能从测量的 $\dot{m}_i$ 值中生成一个线

性拟合,从而获得一个值。这种方法忽略了式(5-40)和式(5-42)中所计算的不确定度,并且会成为真实不确定度的一个较差的描述。因此,通过式(5-40)和式(5-42)计算或者通过商业校准提供的流量的不确定度值应该与式(5-47)和式(5-48)联系起来,从而获得拟合系数的不确定值 σ_A 和 σ_B。 当线性拟合曲线与校准数据相对应时,应该反过来将 σ_A 和 σ_B 用在方程(5-48)中从而得到总的流量的不确定度。当然如果测得电压值的不确定度是可评估的,那么可能需要更严格的方法来进行流量不确定度的计算。

5.6　流量测量与控制案例

无论是在实验室还是在空间飞行器上,精确控制和测量推进剂的质量流量都是电推进系统最基本的要求。大多数电推进实验室采用的质量流量控制器一般都是基于热传感技术或者压力传感技术。热式质量流量控制器通过监测流动气体引起的温度变化来计算流量,这种流量计依赖于气体的传热特性,会导致流量计受与被测气体校正因素相关的不确定性,也会受方向、温度、压力和质量流量变化的影响。压力式质量流量控制器通过测量内部流量元件两端的压差或者孔板上游的压力来计算流量,与热式质量流量控制器相比,不会受到入口压力和气体传热特性不确定性的影响,但却会引入与内部压力测量有关的不确定性因素。因此,需要根据实际需求和工作情况来进行质量流量控制器的选用,

绝大多数的空间飞行电推进系统都是通过控制节流元件上游的压力来控制推进剂流量的。离子电推进系统一般在发射升空之前进行压力和流量对应关系的校准,通过测量飞行过程中的压力从而得到流量。霍尔电推进系统可以基于放电电流反馈来控制流量,因此除了进行地面流量校准,还可采用其他方法计算剩余推进剂的量。

本节主要介绍一般电推进实验室质量流量控制器的一些情况,同时介绍飞行产品贮供系统流量控制与测量的一些案例。

5.6.1　实验室流量控制与测量

电推力器在进行地面试验时需要采用地面气源进行推进剂供给与流量控制。其中质量流量控制器是推进剂供给与微流量控制系统的核心,具有为推力器提供精确流量的作用。下文以电推进技术试验过程中常用的北京七星华创 D07-19B[14] 型质量流量控制器为例进行实验室用微流量控制与测量的应用案例介绍,D07-19B 型质量流量控制器既可以与计算机连接实现自动控制,也可以与 D08 系列流量显示仪配套使用,控制器与显示仪之间用专用电缆连接(图 5-13)。这个型号的质量流量控制器及其配套的流量显示仪将流量控制与流量测量两种功能集成在一起,是一个典型的闭环反馈控制系统。

图 5 - 13　D07 - 19B 型质量流量控制器与配套使用的 D08 系列流量显示仪

D07 - 19B 型质量流量控制器性能指标如表 5 - 4 所示。需要注意的是,质量流量控制器通常采用氮气标定,对于采用氙气推进剂的电推进用质量流量控制器,需要制造商采用氙气进行流量标定。质量流量的单位通常用体积单位来表示,如 sccm(标准 mL/min)、SLM(标准 L/min)。

表 5 - 4　D07 - 19B 型质量流量控制器性能指标

编号	项目	参数
1	流量规格	(0~5,10,20,30,50,100,200,300,500) sccm (0~1,2,3,5,10,20,30) SLM
2	准确度	±1% F. S. (20,30SLM: ±2% F. S.)
3	线性	±0.5% F. S. (20,30SLM: ±2% F. S.)
4	重复精度	±0.2% F. S.
5	响应时间	≤2 s
6	工作压差范围	≤10SLM: 0.1~0.5 MPa(14.5~72.5 psid) >10SLM: 0.1~0.3 MPa(14.5~43.5 psid)
7	耐压	3 MPa(435.1 psig)
8	工作环境温度	5~45 ℃
9	输入输出信号	0~+5 V (输入阻抗大于 100 K,输出电流不大于 3 mA)
10	电源	+15 V,50 mA;-15 V,200 mA
11	质量	0.95 kg

1. 结构和工作原理

D07 - 19B 型质量流量控制器由流量传感器、分流器通道、流量放大电路、调节阀门和 PID 控制电路等部件组成,其结构如图 5 - 14 所示。

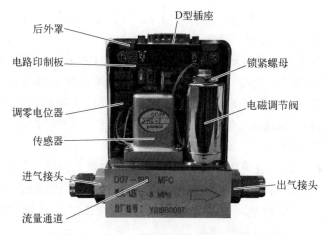

图 5-14 D07-19B 型质量流量控制器结构图

　　此型号质量流量控制器工作原理为采用毛细管传热温差量热法原理测量气体的质量流量(无须温度压力补偿)。将传感器加热电桥测得的流量信号送入放大器放大,放大后的流量检测电压与设定电压进行比较,再将差值信号放大后去控制调节阀门,闭环控制流过通道的流量,使之与设定的流量相等。分流器决定主通道的流量。与之配套的 D08 系列流量显示仪上设置有稳压电源,3 位半数字电压表,设定电位器,外设、内设转换和三位阀控开关等。控制器与流量显示仪连接后的工作原理如图 5-15 所示。控制器输出的流量检测电压与流过通道的质量流量成正

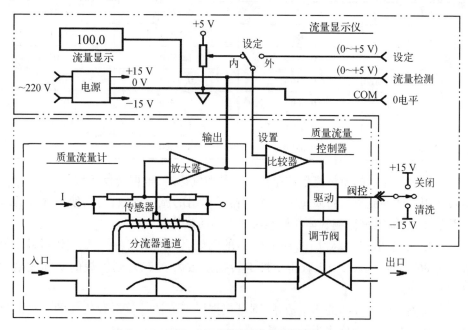

图 5-15 D07-19B 型质量流量控制器工作原理

比,满量程(F.S.)流量检测输出电压为+5 V。质量流量控制器的流量控制范围是(2~100)% F.S.,流量分辨率是0.1% F.S.。

控制操作一般在流量显示仪上进行。当设定开关打到"内"设时,由设定电位器控制流量;当打到"外"设时,由用户提供的0~+5 V电压控制流量。在显示面板上还设置有三位阀门控制开关,当置"关闭"位时,阀门关闭;当置"清洗"位时,阀门开到最大,以便气路清洗,或作为流量计使用;当置于"阀控"时,自动控制流量。

2. 不同气体的换算

质量流量控制器一般采用氮气进行标定,对于电推力器所使用的氙气推进剂,一般会通过制造商进行氙气标定。但是在流量控制器使用时会经常使用氮气、氩气、二氧化碳等气体的流量测量,因此需要通过转换系数进行流量的换算。常用气体的质量流量转换系数如表5-5所示。

表5-5 常用气体的质量流量转换系数

气体	比热容/[kcal/(g·℃)]	密度/(g/L)(0℃)	转换系数
空气(Air)	0.240 0	1.293 0	1.006
氩气(Ar)	0.125 0	1.783 7	1.415
甲烷(CH₄)	0.531 8	0.715 0	0.719
二氧化碳(CO₂)	0.201 7	1.964 0	0.737
氢气(H₂)	3.422 4	0.089 9	1.010
氦气(He)	1.241 8	0.178 6	1.415
氪气(Kr)	0.059 3	3.739 0	1.415
氮气(N₂)	0.248 6	1.250 0	1.000
氖气(Ne)	0.246 4	0.900 0	1.415
氨气(NH₃)	0.500 5	0.760 0	0.719
氧气(O₂)	0.219 6	1.427 0	0.992
氙气(Xe)	0.037 9	5.858 0	1.415

当用氮气标定的质量流量控制器测量其他气体时,根据转换系数进行换算,算出被使用气体的流量。将质量流量控制器显示出的流量读数,与某使用气体的转换系数相乘,即得该被测气体在标准状态下的质量流量。

例如,一个出厂标定为100 sccm(N₂)的质量流量控制器,通甲烷气体时显示的流量为86 sccm,从表5-5查得甲烷的转换系数为0.719,则甲烷的实际流量为61.834 sccm。

若需测量混合气体的质量流量,则可根据以下方法计算混合气体的质量流量转换系数。基本换算公式为

$$C = 0.310\ 6 \frac{N}{\rho c_p} \tag{5-51}$$

式中，ρ 为气体在标况下的密度，kg/m^3；c_p 为气体的比定压热容，J/K；N 为气体分子构成系数（与该气体分子构成的组分有关）。气体分子构成系数见表 5-6。

表 5-6　气体分子构成系数

气体分子构成	举例	N 取值
单原子分子	Ar、He	1.01
双原子分子	CO、N_2	1.00
三原子分子	CO_2、NO_2	0.94
多原子分子	NH_3、C_4H_8	0.88

对于混合气体：

$$N = N_1(\omega_1/\omega_T) + N_2(\omega_2/\omega_T) + \cdots + N_n(\omega_n/\omega_T) \tag{5-52}$$

那么混合气体的转换系数为

$$C = \frac{0.310\ 6[N_1(\omega_1/\omega_T) + N_2(\omega_2/\omega_T) + \cdots + N_n(\omega_n/\omega_T)]}{\rho_1 c_{p1}(\omega_1/\omega_T) + \rho_2 c_{p2}(\omega_2/\omega_T) + \cdots + \rho_n c_{pn}(\omega_n/\omega_T)} \tag{5-53}$$

式中，ω_1，ω_2，$\cdots$，ω_n 为相应气体的流量；ω_T 为混合气体的流量；ρ_1，ρ_2，$\cdots$，ρ_n 为相应气体在标准状态下的密度；c_{p_1}，c_{p_2}，$\cdots$，c_{p_n} 为相应气体的比定压热容；N_1，N_2，$\cdots$，N_n 为相应气体的分子构成系数。

3. 使用注意事项

1）调零和外调零

首次使用质量流量控制器或其工作一段时间后，若发现零点偏移，可以调整。拧下外罩上的螺钉，揭开外罩，然后调整调零电位器。调零电位器位置示意如图 5-16 所示。注意：调零时流量管路不能通气（或将阀门关闭）；必须在开机预热 15 min 以上，待流量计零点稳定以后进行。

一般质量流量控制器还设计有外调零功能，当控制器与流量显示仪配套工作时，也可以通过显示仪面板上的调零电位器调零。但要注意的是，外调零的调节范围比较小，若遇

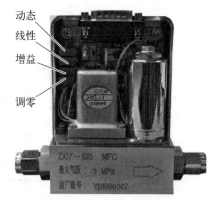

图 5-16　质量流量控制器调零电位器位置图

到较大的零点偏移,还需要调节控制器上的调零电位器,才能解决。

2）工作介质

使用气体必须净化,切忌粉尘、液体和油污,必要时,须在气路中加装过滤器等。如果流量计出口接有液瓶,应在流量计出口加装单向阀,防止液体回流损坏流量计。

对于腐蚀性气体介质,在无水汽、低泄漏、勤清洗、使用得当的工作环境下,流量控制器可以控制一般的腐蚀性气体,但要测量氨气、有机溶剂蒸汽（如丙酮等）或其他强腐蚀性气体,需要更换流量控制器密封材料,并在使用时在控制器进出气口各加一个截止阀,以保证工作安全。

3）安装位置问题

流量控制器的安装位置是热式质量流量控制器不确定性的来源之一,因此在购买前需与制造商说明实际的安装位置以确保厂家根据实际位置进行标定。若实际安装位置与产品出厂时的安装位置不一致,则可能会造成测量零点漂移,此时需要调零后再工作。

4）工作压差

对于质量流量控制器要特别注意工作介质的气压,应注意使控制器进出气口两端的工作压差保持在指标范围之内。特别是在高压下工作时,气压差过大,流量将无法关闭或调小。在使用大流量的质量流量控制器时,要注意适当加粗管道和减小气源内阻,若工作压差小于要求值,有可能流量达不到满量程值。

4. 实施案例

上海空间推进研究所研制的实验室用推进剂供给与微流量控制系统[15]由高压氙气瓶、双级减压器、高低压传感器、净化器、过滤器、流量控制器、手动截止阀及气体输运管路组成,供应系统原理如图 5-17 所示,系统实物如图 5-18 所示。推

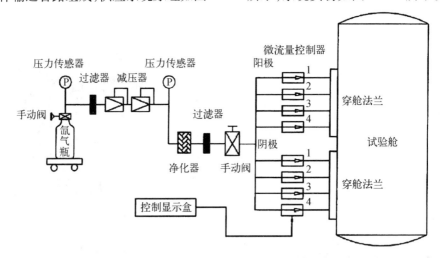

图 5-17　推进剂供给与微流量控制系统示意图

进剂供给系统可同时提供 4 路阳极和 4 路阴极的流量供应,供应系统工作时,气瓶内的高压氙气经过两级减压后进入质量流量控制器(微流量控制器)再供给真空舱内的推力器,通过压力传感器测量流量控制器上游的气体压力,防止因压力过高造成流量控制器的损坏。其中气瓶压力不超过 5.8 MPa,减压器出口压力为 0.05~0.20 MPa,推进剂供给与微流量控制系统内的各个阀门、压力传感器、流量控制器均集成在机柜内,系统可提供 8 路 10~200 sccm 的流量,控制精度 1%。

5.6.2　飞行产品流量控制与测量

电推进系统的飞行产品一般包括推力器模块、贮供单元、功率处理单元、系统控制器等,其中贮供单元用于推进剂的高压存储、压力调节和精确流量控制。飞行产品上的流量控制和测量方案有多种,本节简要

图 5-18　推进剂供给系统

介绍不同的流量控制方法和应用情况,并以中国 SJ-9A 试验卫星和美国 Tacsat-2 卫星上搭载的霍尔电推进系统的贮供单元为例进行详细阐述。

1. 飞行产品流量控制方法介绍

贮供单元精准的压力调节是流量精确控制的第一步,由于气瓶中推进剂压力可达 15~18 MPa,而微流量控制器所能承受的压力一般仅有零点几兆帕,因此需要对气瓶中的高压氙气进行减压,同时为了输出流量稳定,也要维持输出压力精度。

贮供单元的减压方式有机械减压、组合调压和电子减压[16]。机械减压采用机械减压阀来调节压力,由于氙气压力调节的减压比高达 75 以上,一般的机械减压阀不能满足减压要求,所以一般都采用双级减压,目前应用的飞行产品未见采用纯粹机械减压的方式。组合调压是指同时采用机械减压器和电子调压,可以调节出口压力,这样可以优化推力器在轨性能或者实现推力器的多模式调节,这种组合调压的方式技术成熟,空间应用广泛。电子减压主要发展了两种类型,即以通断式电磁阀为核心构成的 Bang-Bang 电子减压器和以比例调节阀为核心构成的电子减压器,这两种类型都摒弃了机械减压阀尺寸、重量大,输出压力精度低的缺点。

典型 Bang-Bang 电子减压器的工作原理如图 5-19 所示。通过压力传感器对缓冲罐的压力进行精细监测,控制器对压力传感器测量值进行采集,并将采集结果与预设值进行比较,根据比较的结果输出阀门驱动指令,控制电磁阀的开关,使

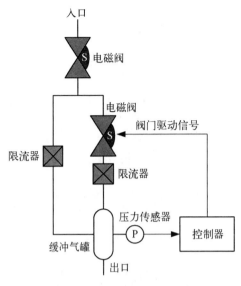

**图 5-19　典型 Bang-Bang 电子
减压器工作原理**

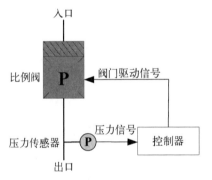

图 5-20　比例电子减压器工作原理图

缓冲罐的压力维持在预定的范围内,根据不同任务需求 Bang-Bang 电子减压器的结构也存在不同形式。

利用比例调节阀构成的电子减压器工作过程与 Bang-Bang 电子减压器相似,且更有优势,因为比例调节阀是一种"无极"调节装置,下游出口压力更为平稳,而且在质量和尺寸上更轻、更小。比例调节阀分为电磁比例阀、磁致伸缩比例阀、压电比例阀等。比例调节电子减压器工作原理如图 5-20 所示。通过压力传感器对阀门下游的压力进行测量,控制器对压力传感器的测量值进行采集,并与预设值比较,根据比较结果输出阀门驱动指令。

将气瓶氙气减压至微流量控制器所需压力之后,需通过微流量控制器进行流量的调节与测量。飞行产品中一般都是基于压力反馈的流量控制方式,贮供单元在地面试验时采用质量流量计对流量进行测量标定,得到流量与压力、温度之间的对应关系,当产品在航天器上工作时通过传感器测得的压力和温度得到对应的流量。

微流量控制器的功能是将入口较高压力(约 0.2 MPa)的气体控制至推力器所需流量,并通过加热或者调节入口压力的方法在一定范围内调节流量大小,以适应推力器所需的不同的微流量需求。按照节流原理的不同,可将节流方式分为固定结构节流和可变结构节流。固定结构节流只能实现流量的节流,需要采用电加热或改变入口压力等方式实现流量的调节,以及开关阀门的配合实现气路的导通和关闭。可变结构节流可在没有其他阀门的条件下,直接实现推进剂的导通、切断和流量调节。

固定结构流量控制器是指用固定结构形成固定流道[17],实现气体节流,输出微流量气体,然后通过对节流器加热的方法进行流量微调。目前实现空间应用的方法有:① 金属多孔材料节流,通过金属多孔材料形成的微小通道实现气体节流;② 孔板节流,通过一个或多个串联的、有微米量级直径小孔的孔板实现气体节流;

③ 毛细管节流,利用毛细管的微小孔径和较长的长度来实现气体节流;④ 微细流道节流,利用化学刻蚀、激光刻蚀、机械加工等形成的微细流道,实现气体节流。

可变结构流量控制器是指利用活动部件,调节气体流道的大小,从而实现气体节流,输出微流量气体,具体有电磁比例流量阀以及利用压电陶瓷等功能材料的比例调节阀,功能材料在磁场或电场的作用下,长度或形状发生微小变化以实现阀芯的微小动作,从而调节气体流道大小实现节流,比例阀的节流方式如图 5-21 所示。

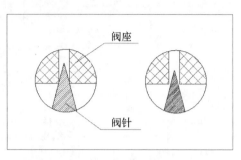

图 5-21　比例调节阀节流原理示意图

不同流量控制器方法特点及其应用情况如表 5-7 所示。

表 5-7　不同流量控制方法特点及其应用情况

节流方式	流量控制方式	优点	结构	应用情况
固定结构节流 多孔材料	入口压力调节、热阀调节	体积小、重量轻		美国"深空一号"探测器、中国 SJ-9A 卫星
节流孔板		加工一致性好、尺寸小		美国 AEHF-1 军用通信卫星
毛细管		可批量生产、产品质量可靠性好、重量轻、便于电流直接加热、热阀调节响应速度快		俄罗斯 MSS-2500-GSO 平台卫星
微细流道		可以和阀门组合成紧凑的模块		中国空间站核心舱

续　表

节流方式	流量控制方式	优点	结构	应用情况
可变结构节流 电磁比例流量阀	入口压力调节、比例阀直接调节	可大范围连续调节、结构和工艺上可继承电磁阀、动作响应速度快		美国 AEHF 通信卫星
压电陶瓷比例流量阀		可大范围连续调节、调节线性好、耐压力波动性能好、阀体阀芯结构可继承电磁阀、动作相应速度快、耐压性能好、功耗小		欧洲 GAIA 卫星、Small GEO 平台

2. SJ-9A 霍尔电推进贮供系统

SJ-9A 试验卫星由中国航天科技集团公司所属中国东方红卫星股份有限公司负责研制,用于长寿命高可靠、卫星高精度高性能、国产核心元器件和卫星编队及星间测量与链路等试验,以此提升中国航天产品国产化能力。卫星于 2012 年 10 月 14 日在太原卫星发射中心发射升空,并首次成功验证了霍尔电推进与离子电推进这两种国际主流的电推进技术。

SJ-9A 卫星的霍尔电推进系统由上海空间推进研究所研制,其贮供系统产品和原理示意图如图 5-22 和图 5-23 所示[18]。

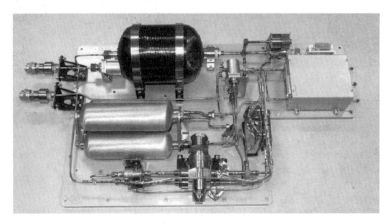

图 5-22　SJ-9A 卫星霍尔电推进系统贮供系统产品

SJ-9A 霍尔电推进系统贮供单元分为两部分:贮供模块和流量调节模块。其中贮供模块的设计参照了俄罗斯广泛使用的电推进贮供方案(Express-A 等卫星),由气瓶、充气阀、压力传感器、自锁阀、机械减压器、缓冲罐、Bang-Bang 减压阀(由 Bang-Bang 控制阀、缓冲罐、压力传感器等组成)等组成,其主要部分进行了冗余设计。

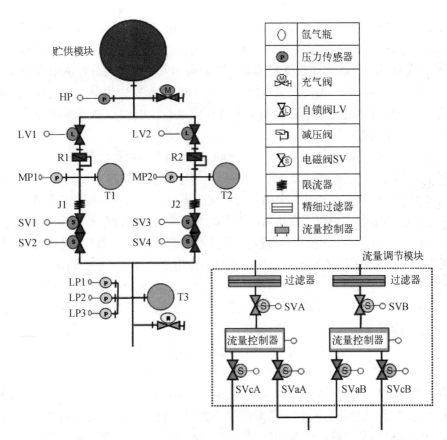

图 5-23　SJ-9A 卫星霍尔电推进系统贮供单元气路原理图

气瓶采用 2 L 容积的柱形复合材料气瓶,用于贮存氙气推进剂;气瓶和 Bang-Bang 阀下游装有加/排阀,用于对贮供模块进行真空抽气和氙气加注;高压自锁阀用于系统停止工作时隔离高压气体,阻止其进入下游;机械减压器用于对推进剂气体进行降压,出口压力约为 0.8 MPa;压力传感器包括 1 个高压传感器(28 MPa)、2 个中压传感器(3 MPa)、3 个低压传感器(1.0 MPa),用于对气瓶和缓冲罐内的推进剂气体压力进行监测,3 个低压传感器的输出同时作为 Bang-Bang 减压阀的反馈信号,参与 Bang-Bang 阀的输出压力闭环反馈控制;机械减压器下游缓冲罐(约 0.5 L)用于稳定出口压力,防止系统长期未工作时因减压器内漏造成减压器出口压力过高。

Bang-Bang 减压阀由 Bang-Bang 控制阀、缓冲罐(T3,约 0.5 L)、压力传感器等组成。工作时通过压力传感器时刻监测缓冲罐(T3)的压力,当 T3 压力低于给定的压力下限时开启 Bang-Bang 控制阀,当 T3 压力超过给定的压力上限时关闭 Bang-Bang 控制阀,如此循环;Bang-Bang 控制阀内有一限流器,用于减小 Bang-Bang 控制阀开启时通过阀门的气体流量,降低 Bang-Bang 阀闭环反馈控制对时间响应的要求;为提高压力监测的可靠性,同时使用了 3 只低压传感器,并采用 3 取 2 的仲裁判读方案。

　　贮供模块内部由两个相互冗余的支路(主备份支路)组成。主备份支路的选择、切换是通过控制单元对主备份支路的工作进行的。在通常情况(默认状态)下,控制单元的状态为对主份支路的2个电磁阀和1个自锁阀进行供电和控制,此时主份支路工作。当主份支路出现故障并失效时,地面发送指令,将控制单元的状态改为对备份支路的2个电磁阀和1个自锁阀进行供电和控制,此时模块切换到备份支路工作状态。

　　流量调节模块由微流量控制器、电磁阀、过滤器等基本部件组成。模块的设计参照了俄罗斯、美国、欧洲广泛使用的一种霍尔电推进流量控制模块的基本配置,即流量控制模块由两个相互冗余的部分或支路组成。流量调节模块内每个支路由1个过滤器、1个微流量控制器及前后3个电磁阀组成。微流量控制器用于对推进剂气体的微小流量进行控制和分配,并提供给下游霍尔推力器(阴极和加速器);电磁阀用于接通/关闭流量调节模块各支路的推进剂气体供给,每支路的微流量控制器前后均有电磁阀,形成了两道密封从而确保流量调节模块的低漏率。每支路入口处均设有1个精细过滤器,用于过滤系统管路中杂质粒子,防止下游微流量控制器堵塞;除了支路入口处的过滤器,每个微流量控制器出口和电磁阀入口处均自带有过滤器(网式),以保证阀门的密封性能和流量控制模块出口的推进剂洁净度。

　　流量控制模块内部由两个相互冗余的流量控制支路(主备份支路)组成。主备份支路的选择、切换同时是通过控制单元对主备份流量控制支路的工作进行的。在通常情况(默认状态)下,控制单元的状态为对主份流量控制支路的3个电磁阀和1个微流量控制器进行供电和控制,此时主份流量控制支路工作。当主份流量控制支路出现故障并失效时,地面发送指令,将控制单元的状态改为对备份流量控制支路的3个电磁阀和1个微流量控制器进行供电和控制,此时流量控制模块切换到备份支路工作状态。

　　在贮供单元的装配前,需要对流量调节模块的流量进行测量,微流量测量系统装置示意图如图5-24所示。测量时将流量调节模块放置在真空舱内,调节质量

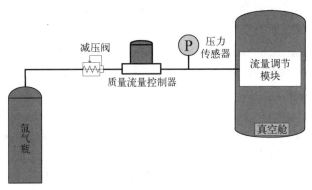

图 5-24　流量调节模块流量测量装置示意图

流量控制器,读取压力传感器的压力值和流量控制器的流量值,此时的流量值即当前压力下经过流量调节模块的流量。通过在轨飞行时低压传感器 P1、P2、P3 测得的压力值即可获得对应的推力器流量。

推力器在轨工作时流量调节模块的入口压力曲线如图 5 - 25 所示[19],压力范围均在 0.185~0.19 MPa,较为稳定,能够满足霍尔推力器使用要求。

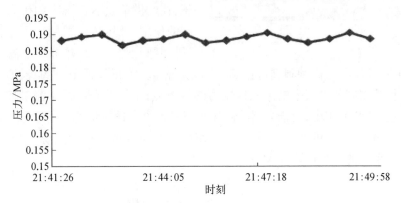

图 5 - 25　在轨飞行时流量调节模块入口压力曲线

SJ - 9A 霍尔电推进贮供系统的主要技术指标如下:

(1) 推进剂为高纯氙气(纯度≥99.995%);

(2) 气瓶压力为 5.27 MPa(17 ℃);

(3) 推进剂携带量为 1.5±0.1 kg;

(4) 工作温度为 5~50 ℃;

(5) 额定输出流量为阳极(1 路)2.39×(1±10%) mg/s,阴极(2 路)0.262×(1±10%) mg/s。

3. 美国 Tacsat - 2 卫星霍尔电推进贮供系统

一般根据各部分功能不同可以将电推进系统的贮供单元划分为三个子模块,即推进剂贮存模块(气瓶模块)、压力调节模块和流量调节模块,推进剂贮存模块用于贮存高压气体,压力调节模块将上游高压气体(不超过 15 MPa)减压至流量调节模块入口处所需的压力(约为 0.2 MPa),流量调节模块用于给推力器提供需要的推进剂流量。

美国 Tacsat - 2 卫星[20-22]是一颗全色光学成像战术小卫星,也是一颗试验研究卫星,由美国国防部空间试验项目指导下的空军实验室研发,主要用于战争中的快速响应。卫星质量 370 kg,有效载荷 13 个,轨道高度 413 km×424 km,倾角 40°,图像分辨率可达 1 m,Tacsat - 2 卫星搭载的 200 W 级霍尔电推进系统被用于执行轨道阻力补偿任务。

美国 Tacsat - 2 卫星的氙气贮供系统由 MOOG 公司承制,产品如图 5 - 26 所

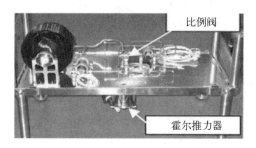

图 5 - 26　Tacsat - 2 氙气贮供系统

示,原理示意图如图 5 - 27 所示。贮箱通过加排阀加注高压氙气,贮箱下游依次为高压传感器、比例流量控制阀、低压传感器、节流孔。高压传感器用于测量贮箱出口压力;比例流量控制阀用于减压,在贮供单元不工作时关闭,起到隔离阀的作用;低压传感器用于测量比例流量控制阀下游压力,并将压力输出到 PI 控制器内,控制器对比例阀进行控制,从而实现压力的反馈调节,控制器通过调节比例流量控制阀的电流来确定入口压力的设置点;下游管路与两个流量控制节流孔板相连,起节流作用,为推力器的阴极和阳极提供合适流量的氙气。这种设计方案较为大胆,整个贮供系统未进行冗余设计,所有重要的元件均只有一个,这种设计方式对系统的可靠性要求极高。

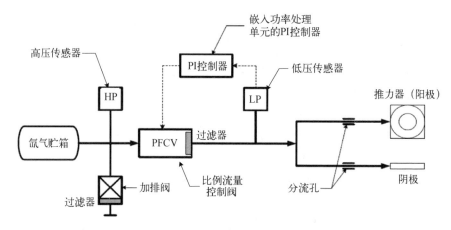

图 5 - 27　氙气供应系统原理图

氙气贮供单元的技术指标如下:

(1) 入口压力范围为 2 200~100 psia[①](15. 17~0. 69 MPa) ;

(2) 出口压力范围为 5. 25 psia(36 kPa) ±1% ;

(3) 流量为阳极 0. 882 mg/s,阴极 0. 071 mg/s;

(4) 流量响应时间<5 s。

MOOG 公司设计的这款氙气贮供单元经历了两个阶段。对于一代的比例流量控制阀平均响应时间在 3 ms 左右,电机单独供电,在提供稳定流量控制的同时闭环反馈出现延迟,在此基础上通过集成 0~100 psia(0~0. 69 MPa) 工业压力传感器

---

① 1 MPa = 145. 04 psia。

和 MOOG 工业 PID 控制器的方法使得流量控制相对稳定,启动转变平滑,但在与推力器联试时会出现电压的波动。针对此问题,MOOG 公司在此基础上做了相应的改进,一方面将低压范围降至 0~15 psia(0~0.1 MPa),以数字结构的方式进行压力反馈,并大大提高了其抗干扰与屏蔽噪声的能力。第二代的比例流量控制阀入口压力在全部范围内都有优越的性能,过渡阶段转变稳定平滑,如图 5-28 所示。在与功率处理单元、推力器及 PI 控制器的联试时,参数变化平滑,等离子体对其的干扰影响可以忽略。在入口压力为 1 000 psia(6.89 MPa)情况下的出口压力随时间的变化如图 5-29 所示,此时阀上电流、压力信号、推力器放电电流变化平稳,符合预期要求,同时功率处理单元、接口、电子控制设备及任务诊断装置性能良好。

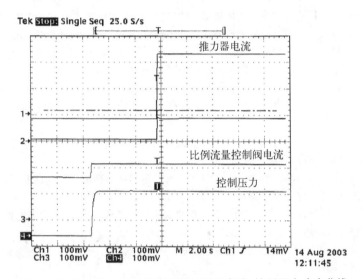

图 5-28　推力器电流与比例流量控制阀电流、控制压力响应曲线

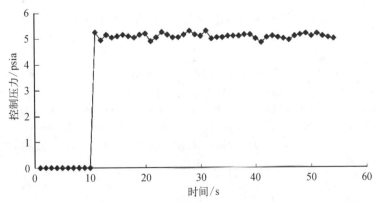

图 5-29　入口压力 1 000 psia 下的氙气贮供单元出口压力响应曲线[23]

参考文献

[1]   连迅. 新型中部通孔动节流流量计及其实验研究. 哈尔滨: 哈尔滨工业大学,2011.
[2]   张强. 浅谈差压式流量计的基本原理与分类. 科技创新导报,2008,29: 179.
[3]   李晓仲,宁书岩,郭彤. 涡轮流量计及显示仪表工作原理的分析. 天津科技,2014,41(3): 47−50.
[4]   李定川. 电磁流量计应用工程研讨. 智慧工厂,2007,2: 67−69.
[5]   胡梦蝶. 高抗干扰性能的电磁流量计研究与设计. 杭州: 浙江工业大学,2018.
[6]   邓凯. 基于时差法超声波流量计的设计与研究. 广东: 华南理工大学,2013.
[7]   董德明,彭新荣. 超声波流量计的原理及应用. 机电产品开发与创新,2009,22(5): 161−163.
[8]   倪原,李得志,雷志勇,等. 多普勒超声波流量的采集与处理研究. 西安工业大学学报,2010,30(5): 487−490.
[9]   周浩杰. 低功耗浸入型热式气体流量计的研制. 杭州: 中国计量大学,2017.
[10]   张世荣. 热式气体质量流量测量及补偿算法研究. 武汉: 华中科技大学,2007.
[11]   王景景. 科氏流量计频率信号的在线提取方法研究. 青岛: 中国石油大学(华东),2013.
[12]   邓民胜. 耐高压双向容积式微小流量计的研究. 杭州: 浙江大学,2015.
[13]   Snyder J S, Baldwin J, Frieman J D, et al. Flow control and measurement in electric propulsion systems. The 33rd International Electric Propulsion Conference, Washington, 2013.
[14]   北京七星华创电子股份有限公司. 质量流量控制器和质量流量计使用手册. 北京: 北京七星华创电子股份有限公司,2015.
[15]   赵震,康小录,杭观荣,等. 80 mN 高性能长寿命霍尔推力器的设计与试验. 第十一届中国电推进学术研讨会,北京,2015.
[16]   武葱茏,刘国西,陈涛,等. 电推进氙气贮供系统研究现状. 第十二届中国电推进学术研讨会,哈尔滨,2016.
[17]   康小录. SJ−9A 卫星霍尔电推进系统研制. 中国宇航学会液体推进专业委员会学术研讨会,溧阳,2012.
[18]   杭观荣,余水淋. 霍尔电推进流量调节模块研制及在轨验证. 火箭推进,2016,42(1): 20−25.
[19]   Hang G R, Yu S L, Zhao Z, et al. Flight test of the 800 W HET−40 Hall effect electric propulsion system on SJ−9A satellite. The 66th International Astronautical Congress, Jerusalem, 2015.
[20]   Szabo J, Pote B, Byrne L, et al. Eight kilowatt Hall thruster system characterization. The 33rd International Electric Propulsion Conference, Washington, 2013.
[21]   Barbarits J K, Bushway III E D. Xenon feed system development. AIAA−2003−4879.
[22]   Barbarits J K, King P T. Xenon feeed system progress. AIAA−2006−4846.
[23]   张乾鹏,康小录. 用 Xe 和 Kr 作为霍尔推力器电推进工质的比较. 推进技术,2011,32(6): 828−834.

第6章
束流特性测量

6.1 概　述

　　电推进与化学推进类似,基于动量守恒定律,通过定向喷射加速后的工质产生与工质喷射速度方向相反的推力。推进系统速度增量与单位时间内喷射出的工质的动量矢量之和等大反向。通常要求推力器结构或者推力器喷出束流为轴对称构型,垂直于轴线的工质动量代数和为零,推力尽可能与推力器中轴线平行。即便如此,实际工作中工质垂直于推力器中轴线的动量仍然存在,此外,工质分子(离子)运动的无规则性、加速过程的非对称性、发动机结构上的非对称性、工质的径向动量很难完全抵消,导致发动机推力矢量并非严格通过中轴线。

　　从电推进设计角度看,束流发散程度是衡量推力器效率的重要参数。束流发散程度代表工质垂直于推力器中轴线动量与平行于推力器中轴线动量的比值的大小;由于用于加速工质的总能量是一定的,而垂直于推力器中轴线的动量无法产生有效推力,对于推力器意味着能量损失,将导致推力器效率下降。因此,利用束流发散程度可以评估推力器效率,进而指导推力器设计改进,提高效率。

　　从电推进应用的角度看,束流发散和推力偏心关系到电推进在空间飞行器中的布局和使用方式。电推进束流中的带电粒子能量较高,打到航天器表面后可能引起溅射或者沉积,长时间的溅射沉积会影响航天器结构或功能,进而造成航天器寿命和性能的衰减。确定推力矢量方向对于电推进在航天器上的应用具有重要意义,若无法确定推力矢量方向,推力器安装后,其推力矢量可能并未通过航天器质心,工作过程中将产生干扰力矩,导致航天器发生偏转,给航天器控制带来额外的负担。由于干扰力矩必须通过控制系统施加作用力进行补偿,因此航天器的推进剂消耗增加,也就相当于降低了推进系统的寿命。因此,在航天器布局时,对推进系统的推力矢量精度提出严格的要求。

　　无论从电推进设计的角度,还是从电推进应用的角度,束流特性(包括束流发散和推力偏心)都是非常重要的,是构成电推进性能体系的基本元素。电推进束流特性的测量通常采用 Faraday 探针技术,通过该探针可精确测量羽流区平均离子电流密度,基于离子电流密度分布,可以分析计算束流发散角及矢量偏心角等。本章主要从束流特性测量角度介绍测量的基本要求、影响测量的因素、束流发散角和推力矢量偏心的测量方法、探针设计和适应性分析等。

6.2 基 本 要 求

6.2.1 坐标系选取

电推力器束流特性的测量常用到两种不同类型的坐标系,即半球坐标系和柱坐标系。

图 6-1 给出了用于 Faraday 探针远场测量的半球坐标系及 $x-z$ 探针扫描平面($\phi=0°$ 和 180°),在半球坐标系中,θ 为推力器轴向角,ϕ 为方位角,R 为测量距离,D_T 为推力器直径(对于霍尔推力器,D_T 为放电通道的外直径;对离子推力器,D_T 为推力器栅极的外径)。探针扫描平面与推力器放电通道出口平面垂直,假设推力器羽流平面关于 z 轴对称分布,由于外置阴极的影响,推力器羽流平面通常关于 z 轴不对称,为保证探针扫描平面为推力器羽流对称平面,通常将阴极安装在 ϕ 为 90°或 270°位置。在 Faraday 探针测量过程中,要求测量距离 R 是固定的,探针扫过半圆(0°到 180°)的范围。在半球坐标系中,角坐标 θ 不能为负值,但在测量中,探针需要扫描 ϕ 为 0°和 180°两处的 θ 轴向角。因此,定义在 ϕ 为 180°时,探针扫描的角坐标为 $-\theta$;在 ϕ 为 0°时,探针扫描的角坐标为 θ。

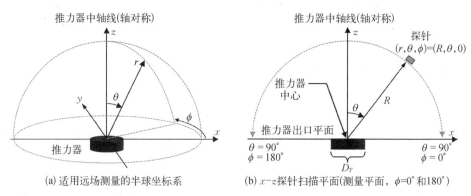

(a) 适用远场测量的半球坐标系   (b) $x-z$ 探针扫描平面(测量平面, $\phi=0°$ 和 180°)

图 6-1 电推力器束流特性测量用半球坐标系

半球坐标系可用于霍尔推力器羽流远场区和离子推力器羽流区测量,但要求测量半径应大于 4 倍推力器外直径(D_T)。由于将电推力器假设为点离子源,当测量半径较小($<4D_T$)时,会产生系统性误差。此外,多项研究工作表明:在霍尔推力器 50°外的束流区域存在较多的离子,半球坐标系可以更精确地测量霍尔推力器束流发散角。

图 6-2 给出了用于 Faraday 探针测量的柱坐标系,在柱坐标系中,r 为径向坐标,z 为轴向坐标,ϕ 为方位角。假设推力器的羽流平面关于 z 轴对称分布,轴向测量距离 Z 为沿推力器中轴线推力器出口平面($z = 0$ 处)到探针位置的距离。假设推力器束流沿 z 轴方向喷出,则探针扫描方向垂直于 z 轴。在 Faraday 探针测量过程中,要求轴向距离 Z 固定,探针在 ϕ 为 0°或者 180°处沿径向扫描。在柱坐标系中,径向坐标 r 不能取负值,类似于半球坐标系中的 $-\theta$,探针需要扫描 $-r$ 到 $+r$ 的径向距离。因此,定义在 ϕ 为 180°时,探针扫描的角坐标为 $-r$;在 ϕ 为 0°时,探针扫描的角坐标为 $+r$。

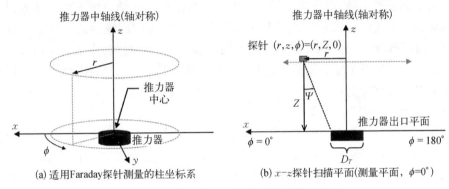

(a) 适用Faraday探针测量的柱坐标系　　(b) x-z探针扫描平面(测量平面,ϕ=0°)

图 6-2　电推力器束流特性测量用柱坐标系

柱坐标系通常用于电推力器羽流近场区测量,测量距离通常小于 4 倍推力器外直径(D_T)。利用柱坐标系,探针无法测量 ϕ 接近 90°的离子,而霍尔推力器束流外围的离子占比较高,因此通常情况下不建议采用柱坐标系测量霍尔推力器近场区羽流等离子体特性。

6.2.2　测量范围及分辨率

1. 远场区

电推进羽流等离子体远场区范围定义为与推力器出口平面的距离大于 4 倍的推力器外直径(D_T)的区域。在半球坐标系中,假设电推力器为点离子源,如果测量距离过小,则点离子源的假设就不成立。

Faraday 探针测量电推进羽流等离子体远场区离子电流密度时,采用半球坐标系,为评估羽流等离子体测量平面内的对称性,探针测量范围必须要覆盖 0°到 180°轴向角。可能影响羽流等离子体对称分布的因素主要有推力器的安装面、探针的安装面、推力器自身的特性(如阴极的外置)等。

当测量远场区电流密度时,角度分辨率应优于 2°,建议采用 1°的分辨率。为达到要求的角度分辨率,探针收集极直径($2R_C$)与测量半径(距离)R 之比应小于角度分辨率,即 $2R_C/R \leqslant \mathrm{d}\theta \leqslant 2°$。例如,角度分辨率为 1°,测量半径为 100 cm,则探针收集极直径应小于 1.7 cm。

2. 近场区

羽流等离子体近场区测量应该选择在推力器羽流的耦合区(或者过渡区)以内,对于霍尔推力器,耦合区域通常在 $0.5D_T \sim 1.0D_T$ 范围,距离小于 $0.2D_T$ 区域可能处在工质的电离和加速区,电磁场较强,且受背景气压影响较大;此外,探针距离电推力器出口过近,会影响推力器的空间电势分布,影响推力器稳定工作,不建议在小于 $0.2D_T$ 区域内进行测量。因此,对于霍尔推力器,羽流等离子体近场区为 $0.2D_T \sim 0.5D_T$。

对于离子推力器,羽流等离子体近场区通常指离子光学系统下游几毫米以内的区域,例如,美国国家航空航天局的 NEXT 离子推力器羽流等离子体近场区在 $0.1D_T$ 内;在离子推力器中,耦合区是近场区和远场区分界线,离子推力器羽流等离子体近场区位置主要是由离子光学系统尺寸决定的,例如,HiPEP 离子推力器的离子光学系统尺寸为 40 cm×90 cm,耦合区在离子光学系统下游 13 cm 处,约占离子光学系统直径的 36%(或 $0.36D_T$)。

用 Faraday 探针测量电推进羽流等离子体近场区离子电流密度时,采用柱坐标系,为减少测量误差,要求探针径向测量边界的离子电流密度应小于最大电流密度的 0.2%。同样,为评估羽流等离子体测量平面内的对称性,探针测量的范围必须覆盖 $\pm r$ 的径向范围, $\pm r$ 两侧测量结果的差异应小于 0.2%。

当测量近场区电流密度时,径向分辨率要优于 $0.01D_T$,分辨率还受探针收集极直径的限制。如果测量对象为小功率电推力器(电流密度偏小)或者采集的信号较弱,那么可以放宽对分辨率的要求,满足 $2R_C \leqslant dr \leqslant 0.01D_T$ 或 $dr \leqslant 1$ mm 二者之一即可。

6.2.3 安装与使用要求

Faraday 探针在安装、使用过程中,不恰当的操作会引入不必要的误差,需要多加注意。

1. 安装基本要求

探针安装过程中应注意如下问题:

(1)探针收集极平面应与推力器出口平面平行,角度在 1°以内。

(2)探针测量距离的安装误差应控制在 1 mm 或 0.5%以内,例如,测量距离为 1 m,则测量距离误差应小于 5 mm。

(3)探针在多次安装使用后势必会发生磨损,探针的磨损不应该影响测量分辨率。

(4)为避免在安装过程中造成探针损坏,建议在正式安装前可用替代设备进行试装。

(5)采集电路导线采用同轴线或者带屏蔽层的双绞线,暴露在离子溅射区域内的设备需要进行防护,通常采用低溅射率的材料,如石墨、聚酰亚胺等。

(6)在整个测量过程中,探针应始终与舱壁或其他舱内设备保持适当的距离,切勿靠得太近,安装距离可参考电子与中性粒子弹性碰撞的平均自由程,或者参考德拜长度。

2. 使用基本要求

探针在使用过程中应注意如下问题:

(1) 必须保证探针的收集极、屏蔽环与地彼此间是绝缘的,绝缘电阻应大于100 MΩ。

(2) 电推力器必须达到稳定工作状态后才能开始测量,推力器处于稳定状态的标志是励磁电流、放电电压、流量、阴极对地电势甚至推力等参数的平均值和瞬时值都应达到稳定状态。

(3) 探针的收集极和屏蔽环施加相同的偏压,偏压值必须保证探针在不同的测量位置都可以收集到离子饱和电流。

图 6-3 给出了在不同的角度下 Faraday 探针收集的归一化离子电流随探针偏压的变化情况,测量对象为 200 W 的霍尔推力器,测量距离为 50 cm。在不同测量角度下,探针收集离子饱和电流需要的偏压不同。探针偏压的选择原则是:当探针偏压值改变 1 V 时,收集的离子电流变化不超过 1%,通常选取满足条件的最小负偏压。根据图 6-3 的离子电流和偏压的关系,探针的偏压可选为 -20 V。

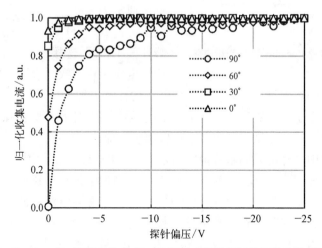

图 6-3　Faraday 探针收集的归一化离子电流随探针偏压的变化情况[1]

在羽流等离子体的近场区,靠近离子加速的区域,空间电势会比较高,探针的偏压可能会到达 -100 V 量级。通常情况下,探针的偏压主要由推力器工作参数、测量距离等因素决定,如果不是开展偏压方面的特殊试验研究,测量过程中应保持探针的偏压值固定不变。

(4) 电推进羽流等离子体定向运动可能引起探针表面溅射或沉积等,这会影响和改变采样电路的漏电流等电路参数、探针收集极的表面发射特性和二次电子发射特性等,进而产生测量误差。因此,在每次测量开始前和结束后,建议对探针进行外观检查和电性能复测。

一旦发现探针表面被污染,应停止测量,并清除污染物,可采用的方法主要有:

(1) 用高能离子轰击探针表面。

(2) 用40%的酒精擦拭探针表面。

(3) 用打磨的方法清除表面污染,但打磨可能会改变探针尺寸,建议在打磨后重新测量探针尺寸和收集面积。

6.3 测量电路

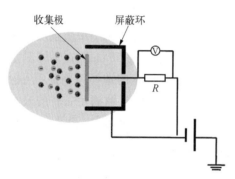

图6-4 典型的 Faraday 探针测量电路

图6-4给出了典型的 Faraday 探针测量电路,主要包括探针本体、偏压电源、采样电阻或数据采集系统等。

偏压电源为收集极和屏蔽环提供直流负偏压,用于排斥电子,以便收集极收集到离子饱和电流;在羽流远场区,探针偏压通常为 $-30 \sim -15$ V,在近场区,探针偏压可达到 -100 V。为保证收集极与屏蔽环偏压相同,连接收集极和屏蔽环的导线长度应保持一致。

测量数据的获取可以采取如下两种方法的任意一种:

(1) 通过数字多用表测量采样电阻阻值,根据欧姆定律计算出探针电流。

(2) 直接通过数据采集系统获取探针离子电流。

测量电路中采样电阻的阻值范围通常为 $10 \sim 100$ Ω。如果采样电阻选用不当,会产生低通滤波、分压效应和噪声等,势必会对测量结果产生影响。此外,在远场区的电流密度在 $10 \sim 100$ μA/cm^2 范围时,必须要考虑漏电流对测量结果的影响,通常比较可行的做法就是在采集电路中接入高阻抗电阻。例如,当探针收集极和屏蔽环的偏压为 -20 V 时,若采集电路接入 1 MΩ 阻抗的电阻,则产生的漏电流约为 20 μA;若采集电路接入 1 GΩ 阻抗的电阻,则产生的漏电流降为 20 nA。可见,高阻抗电阻对于改善漏电流对测量结果的影响具有显著的效果。

6.4 影响因素分析

6.4.1 地面设备背景气体效应

地面设备效应是影响羽流等离子体特性的重要因素,特别是背景气体、真空设备反射粒子、真空设备结构和真空抽气系统造成的气压梯度等是束流特性测量时必须要面临的问题。相比空间环境,地面设备效应是无法避免的,只能通过一定的措施减小测量偏差。

在诸多影响因素中,背景气压对霍尔推力器和离子推力器的影响最为明显。背景气压的影响在第 2 章有专门论述,主要体现在两个方面:一个是羽流离子束与背景气体的电荷交换碰撞(CEX),影响束流特性;另一个是背景气体与工质的电离与加速,改变了推力器的性能,进而也就影响了束流特性。

背景气压的作用可以通过中性粒子的密度分布来定性说明。图 6 − 5 给出了 BPT − 4000(XR − 5)霍尔推力器中不同来源的中性粒子密度轴向分布情况。在 0.02 m以外的羽流区域,背景中性气体密度高于推力器阳极和阴极未电离的工质密度,离子推力器轴向的中性粒子分布也遵循相似的规律。

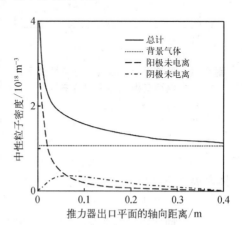

图 6 − 5 　 BPT − 4000(XR − 5)霍尔推力器轴向中性气体密度分布[1]

粒子的碰撞过程常用碰撞平均自由程(MFP)来描述,碰撞平均自由程是指离子与中性粒子发生碰撞前所运动的距离,可表示为

$$\lambda_{MFP} = (n_n \sigma)^{-1} \qquad (6-1)$$

式中,n_n 为中性粒子密度;σ 为碰撞截面。

试验测量的氙气电荷交换碰撞截面为 $5 \times 10^{-19} \sim 9 \times 10^{-19}$ m^2,弹性散射、电离、激发碰撞截面通常为 10^{-20} m^2,电荷交换碰撞截面明显要大于其他类型的碰撞截面。电荷交换碰撞是指高速的离子与低速的中性粒子发生碰撞,产生高速中性粒子和低速离子的现象;由于电荷交换碰撞产生更多的低能离子,增加了羽流束流外围的离子数,导致束流发散角增大。假设电推力器的工作电压为 300 V,离子和中性粒子间相对速度为 17 000 m/s,碰撞截面为 6×10^{-19} m^2,背景气压为 1.7×10^{-3} Pa,背景气体数密度为 4.2×10^{17} m^{-3},可估算离子与背景气体的电荷交换碰撞的平均自由程为 3.97 m,这一结果与试验测量的电推力器羽流远场区的碰撞平均自由程一致。图 6 − 6 给出了电推力器羽流近场区氙气离子与中性粒子电荷交换碰撞的平均自由程,相比远场区,近场区的自由程更短,电荷交换碰撞更为剧烈。

电推进羽流区电荷交换碰撞主要分为两类:一类是离子与背景气体间的电荷交换碰撞,这在推力器实际应用的空间环境是不存在的,但在地面试验环境中,这类碰撞会随着地面试验真空度的不够高而变得愈加严重,因此需要考虑这类碰撞对测量结果的影响程度,通常可以通过对结果的修正来还原真实情况;另一类是离

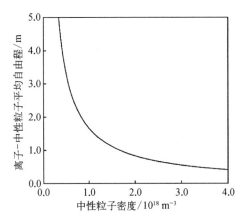

图 6-6 羽流近场区氙离子与中性粒子的电荷交换碰撞平均自由程
($\sigma = 6 \times 10^{-19} \text{ m}^2$)[2]

子与推力器中未电离的工质气体间的电荷交换碰撞,这一碰撞不但存在于地面试验,也存在于推力器实际应用的空间环境中。由于这类碰撞在地面试验和实际应用环境是一样的,则其所造成的影响不需要对测量结果进行修正。在地面试验时,为了尽量减小背景气压对测量结果的影响,要求真空舱内的背景气压越低越好,无限接近空间环境气压。此外,为了准确判断离子与背景气体间的电荷交换碰撞的影响程度,真空舱内真空规的位置也很重要,建议尽量靠近推力器的安装位置附近。

对于霍尔推力器,背景气体的一部分会成为推力器工质,相当于增大了阳极流量,这部分背景气体往往会在放电室出口附近被电离、加速,喷出形成推力,背景气体电离加速的位置更靠近电场峰值的下游,产生的离子速度通常偏小。

在离子推力器中,背景气体会导致推力器加速栅的电流增大,尤其在较高的背景气压下这种现象更为明显。在空间环境,加速栅电流主要来源于由束流离子和未电离工质的电荷交换碰撞产生的低能离子;随着背景气压增大,中性粒子密度升高,电荷交换碰撞加剧,产生了更多的低能离子,导致加速栅电流增大,加速栅电流增大意味着离子对栅极的轰击加剧,造成严重的栅极削蚀。通常情况下,工质的电离率可达90%左右,加速栅电流为羽流束流的0.25%~0.5%。

图 6-7 给出了美国国家航空航天局格林研究中心(GRC)和喷气推进实验室(JPL)测试的30 cm离子推力器栅极电流的结果,推力器束流电流为3.2 A,加速栅电流与束流电流比随背景气压的增大而增大,借助二者间的关系可以用于指导确定最大背景气压。

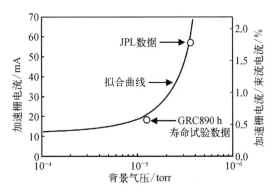

图 6-7 30 cm 离子推力器的加速栅电流及占比[3]

6.4.2 Bohm 电流的影响及鞘层扩张

根据 Bohm 判据和薄鞘层理论($R_p > 10\lambda_D$),探针收集的离子电流密度(Bohm 电流密度)j_{Bohm} 可表示为

$$j_{\mathrm{Bohm}} = \mathrm{e}^{-\frac{1}{2}} en \sqrt{\frac{eT_e}{m_i}} \qquad (6-2)$$

式中, n 和 T_e 分别为预鞘层边缘的等离子体密度和电子温度。随着背景气压的增大,离子电流密度增大,导致探针收集的 Bohm 电流也增大。图 6-8 给出了离子 Bohm 电流密度随等离子体密度的变化,随着等离子体密度从 10^{13} m^{-3} 增大到 10^{16} m^{-3}, Bohm 电流密度显著增大,由 10^{-5} mA/cm^2 增大到 0.1 mA/cm^2, Bohm 电流密度受电子温度(0.5~3 eV)影响较小。通常情况下,要求 Bohm 电流密度占离子电流密度的 1%以下,而在高密度等离子体中, Bohm 电流密度较大,则需要修正 Bohm 电流密度的影响。

图 6-8 也给出了探针尺寸与德拜长度比 R_p/λ_D 随等离子体密度的变化,在等离子密度低于 10^{16} m^{-3} 情况下,电子温度为 3 eV,探针尺寸与德拜长度比小于 50, Bohm 电流密度较小,其影响是可忽略。然而,当 R_p/λ_D 小于 50 时,薄鞘层假设不成立,收集极表面鞘层扩张,呈扁椭球形,离子有效收集面积增大,对探针离子电流密度造成影响。鞘层扩张的影响程度往往与探针尺寸有关,探针尺寸越小,鞘层扩张影响越明显。

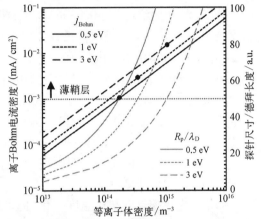

图 6-8　离子 Bohm 电流密度和 R_p/λ_D 随等离子体密度的变化情况($R_p = 20$ mm)[2]

6.4.3　热离子电流影响

探针在测量过程中,收集离子电流的同时,离子会将部分的能量传递给探针。以中等功率的电推力器(<5 kW)为例,霍尔推力器羽流等离子体近场区的电流密度不超过 250 mA/cm^2,离子推力器羽流等离子体近场区电流密度不超过 10 mA/cm^2。假设探针收集到的离子的能量为 400 eV,则离子产生的最大能量密度分别为 100 W/cm^2 和 4 W/cm^2;探针散热的方式主要有辐射散热或主动传导散热,在只有辐射散热的极端情况下,利用 Stefan-Boltzmann 关系式 $\varepsilon\sigma_{SB}T_S^4$ [ε 为发射率, σ_{SB} 为 Stefan-Boltzmann 常量,值为 $5.670\,4\times10^{-8}$ W/(m^2·K^4), T_S 为表面温度]可以估算辐射散热量。假设探针表面温度为 1 000 K,辐射散热量为 0.6~1.8 W/cm^2(表面粗糙度不同,发射系数不同,表面越光滑,发射系数越小,表面越粗糙,发射系数越大,通常在 0.1~0.31 范围内);探针辐射散热量比离子传递给探针的热量少很多,因此在探针设计时必须增加主动传导散热。

探针过热会发射热离子电流,进而会影响离子电流的测量,热离子电流密度可利用 Richardson-Dushman 公式进行计算,计算公式为

$$j_t = A_G T_S^2 e^{\frac{-\phi}{k_S T_S}} \tag{6-3}$$

式中,ϕ 为材料的功函数;A_G 为 Richardson 理论常数,与材料和表面特性相关。

Richardson-Dushman 公式适用于无电场或弱电场环境,在强电场区域,热离子电流效应(Schottky 效应)明显,需要对公式进行修正。在霍尔推力器羽流等离子体远场区电场强度约为 100 V/m,Richardson-Dushman 公式是适用的。通常来说,探针的发射电流不超过探针收集电流的 1%,例如,在电推力器羽流等离子体远场区的外围,离子电流密度为 0.01 mA/cm²,探针收集极温度约为 1 500 K,发射电流密度约为 10^{-4} mA/cm²[钨收集极,$A_G = 60$ A/(cm²·K²),$\phi = 4.52$ eV],发射电流密度约为探针收集电流密度的 1%。

Richardson-Dushman 公式对材料的功函数较为敏感,若探针表面受到污染,则会引入较大的测量误差。但是,探针表面特性往往比较难控制,常用的方法是通过热电偶测量收集极温度进而分析热离子电流发射情况;此外,也可以通过限制探针移动速度限制收集极温度,达到控制探针表面特性的目的,例如,通过限制探针速度控制探针收集极温度不超过 700 K,则探针发射的热离子电流密度小于 10^{-4} mA/cm²,探针表面功函数可低于 2 eV。

如果不考虑探针收集极温度变化,仍可通过反向重复测量减弱甚至可以消除因探针升温引起的测量误差,判断的标准是正反两次测量的差异不超过 2%,否则必须考虑探针温度对测量结果的影响。

6.5　离子电流密度

探针收集的离子电流密度 j 可表示为

$$j = \sum_k \Gamma_k Z_k e = \frac{I_{FP}}{A_C + \kappa_G} \kappa_{SEE} \tag{6-4}$$

式中,Γ_k 为 k 价离子的总通量;Z_k 为 k 价离子的带电荷数;A_C 为探针收集极面积,$A_C = \pi R_C^2$;I_{FP} 为探针测量的离子电流;κ_G 为考虑到收集极侧面对收集面积影响的修正系数;κ_{SEE} 为考虑到收集极表面的二次电子发射对离子电流影响的修正系数。

修正系数 κ_G 和 κ_{SEE} 可表示为

$$\kappa_G = \pi(R_{GR}^2 - R_C^2)\left(\frac{2\pi R_C h_c}{2\pi R_C h_c + 2\pi R_{CG} h_c}\right) \tag{6-5}$$

$$\kappa_{\mathrm{SEE}} = \cfrac{1}{1 + \sum_{k} \cfrac{\Omega_{k} \gamma_{k}}{Z_{k}}} \qquad (6-6)$$

式中,γ_{k} 为二次电子发射系数;Ω_{k} 为离子电流占比;R_{C}、R_{CG}、h_{C}、h_{CG} 分别为收集极和屏蔽环的尺寸,详见图 6-9。

在探针收集离子的过程中,不可避免地会有部分离子进入收集极与屏蔽环间的空隙,有的被收集极侧面或屏蔽环侧面收集,修正系数 κ_{G} 即考虑了被收集极侧面收集的离子对收集面积的修正。图 6-9 给出了探针的有效收集面积是 $A_{\mathrm{C}} + \kappa_{\mathrm{G}}$,修正系数 κ_{G} 与收集极和屏蔽环的侧面面积比有关。研究发现,修正系数 κ_{G} 同样适用于间隙内填充绝缘材料的情况,如陶瓷材料。

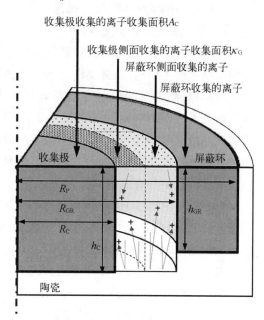

图 6-9　探针收集离子的有效收集面积示意图[2]

探针收集极通常采用二次电子发射系数小的材料制成,如钼、钨等,由于电推进束流离子具有较高的能量,尤其是多价离子,离子轰击导致二次电子发射会增大探针收集的离子电流,修正系数 κ_{SEE} 就是考虑二次电子发射效应对测量结果影响的修正。表 6-1 给出了能量在 100~1 000 eV 范围内氙离子轰击探针收集极(钼和钨)的二次电子发射系数。对于霍尔推力器,修正系数 κ_{SEE} 大于 0.95,当 Xe^{+} 比例降到 60% 时,修正系数 κ_{SEE} 降到 0.9,换句话说,二次电子发射效应引起的测量误差达到 5%~10%。此外,由于多价离子在离子电流中的占比较小,对探针测量结果的影响并不明显,但仍建议在修正中考虑多价离子的影响。

表 6-1　氙离子轰击探针收集极的二次电子发射系数

轰击离子的种类 Xe^{k+}	钼的二次电子发射系数 γ_{k}	钨的二次电子发射系数 γ_{k}
Xe^{+}	0.022	0.016
Xe^{2+}	0.20	0.20
Xe^{3+}	0.70 *	0.71

* 二次电子发射系数基于钨的系数预估获得。

6.6　束　流　发　散　角

6.6.1　电推力器羽流远场区

1. 外延法消除背景气体影响

在电推力器羽流远场区,背景气体与离子间发生电荷交换碰撞,碰撞会对探针的测量结果产生影响,有必要将背压效应影响降到最小,常用的排除背压效应影响的方法是拟合获得离子电流密度与背压的线性关系,通过拟合直线外延来预测背景气压为零(或空间环境)下的离子电流密度。外延法获得真空环境下的离子电流密度已经通过 SPT - 100 霍尔推力器地面试验数据与快讯卫星(express satellite)飞行数据的对比获得了验证[4-6],此外,外延法在多款霍尔推力器羽流远场区离子电流密度测量中都有应用[7-11]。

图 6 - 10 给出了 H6 霍尔推力器羽流远场区不同位置的离子电流密度随背景气压的变化,拟合直线的斜率可正可负,也可为零,斜率为正表明离子电流随气压的增大而增大,如测量角 θ 为 0°、30°、40°和 90°;斜率为负表明离子电流随气压的增大而减小,如测量角 θ 为 3°和 15°;在正负斜率间还有"零斜率"的特殊情况存

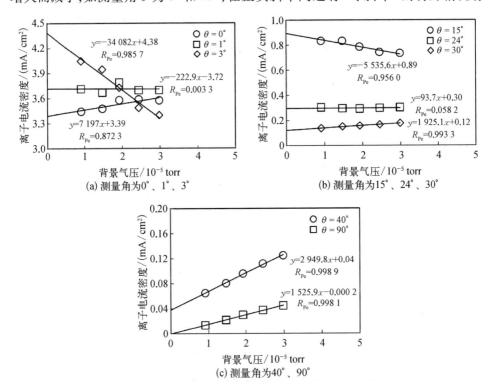

图 6 - 10　H6 霍尔推力器羽流远场区不同位置的离子电流密度随背景气压的变化情况[2]

在,如测量角 θ 为 1° 和 24°,拟合直线的斜率接近零。除了直线的斜率,图 6-10 给出了拟合直线的皮尔逊积矩相关系数 R_{Pe},用于度量两个变量间的线性相关程度,介于 0 和 1之间,数据越精确落在拟合直线上,系数越靠近 1,反之系数越靠近 0。

图 6-11 给出了 H6 霍尔推力器羽流远场区不同位置的离子电流密度分布,空间环境下的离子电流密度分布是基于图 6-10 数据利用拟合直线外延法获得的;在束流的外围,空间环境下的离子电流密度与不同背景气压下的电流密度相差可达一个量级以上。

图 6-12(a) 给出了 200 W 霍尔推力器在 $8D_T$ 和 $20D_T$ 处的离子电流密度分布,测量的离子电流密度以 $8D_T$ 和 $3.1×10^{-6}$ torr 条件下

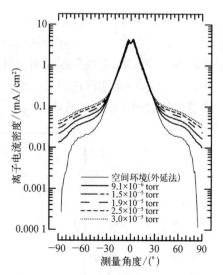

图 6-11　H6 霍尔推力器羽流远场区不同位置的离子电流密度分布[2]

的值为因子进行了归一化处理;图 6-12(b) 给出了 200 W 霍尔推力器在不同位置处的拟合直线斜率和 R_{Pe},在 ±10° 测量角内,拟合直线的斜率为正值表明背景气体中性粒子进入推力器放电通道,随工质气体经电离加速喷出形成羽流;在 ±10° ~ ±40° 测量角内,拟合直线的斜率为负值表明背景气体中性粒子与束流离子发生电荷交换碰撞产生低速离子,低速离子在径向电场作用下向束流边缘运动,导致离子电流减小,同时导致 ±40° 以外的测量角内的离子电流增大。

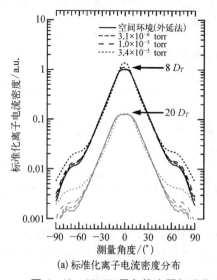

(a) 标准化离子电流密度分布

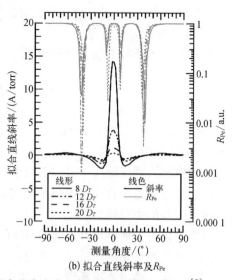

(b) 拟合直线斜率及 R_{Pe}

图 6-12　200 W 霍尔推力器标准化离子电流密度分布和拟合直线斜率及 R_{Pe}[2]

对于离子推力器,远场区束流外围的离子电流分布同样复杂,如图 6-13 所示,此外,也存在 Faraday 探针测量的离子电流总比通过离子光学系统测量的离子电流要大的现象,主要是因为测量过程中未考虑因收集面积改变和二次电子发射产生的影响,因此建议在测量过程中,考虑修正系数 κ_G、κ_{SEE} 以及采用外延法消除背景气体对测量结果的影响。

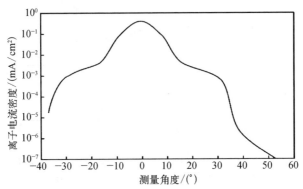

图 6-13　T5 离子推力器离子电流密度分布[12]

Faraday 探针测量电推进羽流特性时,探针测量距离至少有 4 组;为获得空间环境下的测量结果,要求在每组测量距离处测量至少 4 组背景气压,利用线性外推的方法获得空间环境下的结果。其中,4 组背景气压中必须包括推力器工作的最低气压。不同的背景气压可以通过工质气体的额外注入或者改变真空系统的抽速等方法来实现,具体气压由推力器工况、真空设备能力等决定。对于霍尔推力器,背景气压的变化会影响推力器工作状态及稳定性,主要体现在放电振荡、放电电压/电流、流量等方面,通常情况最大背景气压不超过 5.0×10^{-5} Torr(氙气)。

2. 远场区束流发散角

在霍尔和离子等电推力器羽流等离子体远场区,离子束电流 I_{Beam} 可表示为

$$I_{Beam} = 2\pi R^2 \int_0^{\pi/2} j(\theta)\, \frac{\kappa_D}{\kappa_A} \sin\theta \mathrm{d}\theta \tag{6-7}$$

式中,κ_D 和 κ_A 分别为距离修正系数和角度修正系数,与测量半径和测量角度相关;R 为测量半径。

假设电推力器束流离子来源于两个点源,如图 6-14 所示,霍尔推力器的两个点源位于放电通道中直径在出口平面的位置,离子推力器的两个点源位于推力器中轴线与外径的中点位置。

考虑到离子入射到探针表面的角度问题而引入的角度修正系数 κ_A,离子的入射角与探针的测量角度以及两点源的角度有关,并且随着测量距离、测量角度的不同而发生变化。角度修正系数 κ_A 可表示为

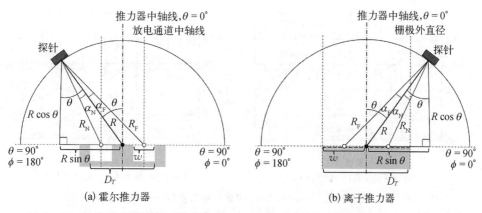

图6-14　霍尔推力器和离子推力器在两点源模型中探针测量距离与角度关系示意图

$$\kappa_{A} = \cos\frac{\alpha_{N} + \alpha_{F}}{2} \tag{6-8}$$

式中,系数 α_{N} 和 α_{F} 分别为离子相对近点源和远点源的入射角,随着探针通过推力器中轴线二者的意义发生互换,系数 α_{N} 和 α_{F} 可表示为

$$\alpha_{N,F}(\theta, R, D_T) = \pm\left(\theta - \arctan\frac{\sin\theta \mp \dfrac{D_T - \omega}{2R}}{\cos\theta}\right) \tag{6-9}$$

式中, ω 为等离子体的宽度,对于霍尔推力器, ω 是放电通道的宽度;对于离子推力器, $\omega = D_T/2$ 。

考虑到近点源和远点源到探针的测量距离问题引入距离修正系数 κ_{D} ,距离修正系数 κ_{D} 可表示为

$$\kappa_{D} = \left[\frac{1}{2}\left(\frac{R_{N}}{R} + \frac{R_{F}}{R}\right)\right]^{2} \tag{6-10}$$

式中,系数 R_{N} 和 R_{F} 分别为探针到近点源和远点源的测量距离,二者的关系与系数 α_{N} 和 α_{F} 相似,随着探针通过推力器中轴线,二者的意义也会发生互换,系数 R_{N} 和 R_{F} 可表示为

$$\frac{R_{N,F}(\theta, R, D_T)}{R} = \sqrt{\cos^{2}\theta + \left(\sin\theta \mp \frac{D_T - \omega}{2R}\right)^{2}} \tag{6-11}$$

图6-15给出了离子推力器和霍尔推力器在不同测量距离下修正系数比 κ_{D}/κ_{A} 随测量角度的变化, κ_{D}/κ_{A} 始终为大于1的值,经修正后的离子电流密度会增加,尤其在推力器中轴线附近,修正系数比最大。图6-16给出了离子推力器和霍尔推力器在推力器中轴线处修正系数比 κ_{D}/κ_{A} 随测量距离的变化,电流密度修正

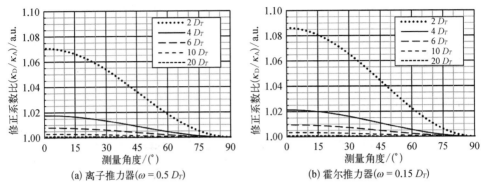

图 6 - 15　离子推力器($\omega=0.5D_T$)和霍尔推力器($\omega=0.15D_T$)在不同的
测量距离下修正系数比 κ_D/κ_A 随测量角度的变化情况[2]

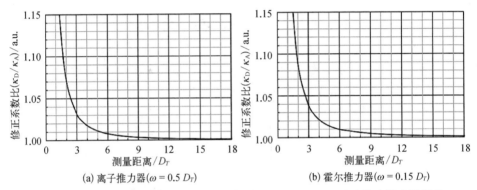

图 6 - 16　离子推力器($\omega=0.5D_T$)和霍尔推力器($\omega=0.15D_T$)在推力器中轴线处
修正系数比 κ_D/κ_A 随测量距离的变化情况[2]

系数比 κ_D/κ_A 随测量距离增大而急剧减小,达到远场区后变化减小,在 $4D_T$ 处 κ_D/κ_A 小于 1.02。此外,随着等离子体宽度 ω 变小,修正系数比 κ_D/κ_A 会小幅度增加。

电推力器羽流等离子体离子电流的轴向分量 I_{Axial} 可表示为

$$I_{\text{Axial}} = 2\pi R^2 \int_0^{\pi/2} j(\theta)\frac{\kappa_D}{\kappa_A}\cos\alpha_A \sin\theta \mathrm{d}\theta \qquad (6-12)$$

式中,α_A 为引入计算束流发散角,定义为

$$\alpha_A(\theta, R, D_T) = \begin{cases} \theta - \alpha_N = \arctan\dfrac{\sin\theta \mp \dfrac{D_T-\omega}{2R}}{\cos\theta}, & \arcsin\dfrac{D_T-\omega}{2R} \leqslant \theta \leqslant 90° \\[4mm] 0, & 0° \leqslant \theta \leqslant \arcsin\dfrac{D_T-\omega}{2R} \end{cases}$$

$$(6-13)$$

式中,角度 θ 可表示为

$$\theta = \arcsin \frac{D_T - \omega}{2R} \qquad (6-14)$$

束流发散角定义为[13]

$$\lambda = \arccos(\langle \cos\theta \rangle_j) = \arccos \frac{I_{Axial}}{I_{Beam}} \qquad (6-15)$$

式中, I_{Beam} 为电推力器束流等离子体离子总电流。图 6-17 给出了基于两点源模型的束流发散半角示意图。

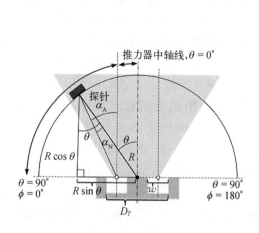

图 6-17　基于两点源模型的束流
发散半角示意图

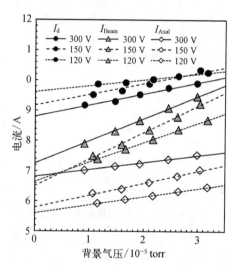

图 6-18　H6 霍尔推力器在 $6D_T$
处的羽流特性[2]

由于地面设备背景气体的影响,羽流等离子体离子电流增大 10% ~ 20%,进而影响电推力器的束流发散角。图 6-18 给出了 H6 霍尔推力器在 $6D_T$ 处的放电电流 I_d、束流离子电流 I_{Beam}、束流离子轴向电流 I_{Axial} 随背景气压的变化,随着背景气压的增大, I_d、I_{Beam}、I_{Axial} 均增大,主要是因为背景气体进入放电通道内,随着推力器工质电离加速喷出,导致电流增大;但束流离子电流 I_{Beam} 增加幅度较大,可能是在束流外围的 Bohm 电流增大,导致探针收集的离子电流增大。

6.6.2　霍尔推力器羽流近场区

霍尔推力器羽流近场区普遍认为在 $0.2D_T$ ~ $0.5D_T$ 区域, $0.5D_T$ ~ $1.0D_T$ 区域为束流耦合区,电推力器的放电电压越小,耦合区越靠近推力器; $0.2D_T$ 以内的区域,可能是推力器的加速区或无限靠近加速区,探针置于此区域会影响推力器工作。

霍尔推力器羽流呈"火炬"状[14]，即在推力器中心轴线处离子电流密度最大，靠近两侧电流密度减小，近场区的离子电流可表示为

$$I_{\text{Beam}} = 2\pi \int_0^\infty j(r)r\mathrm{d}r \qquad (6-16)$$

式中，$j(r)$ 为电流的轴向分量，即 $I_{\text{Beam}} = I_{\text{Axial}}$。

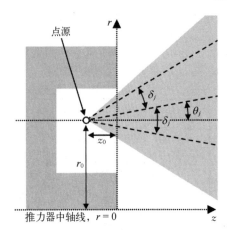

图6-19　霍尔推力器放电通道内
自由膨胀束流示意图

离子电流的径向积分极限从 0 到无穷，受采集信号强度的影响和真空设备尺寸的限制，实际积分极限是达不到无穷的，取最大离子电流的 0.2% 的位置为积分极限，对于典型的霍尔推力器，在 $0.2D_T \sim 0.5D_T$ 的近场区，极限为 $1.5D_T$ 位置。

在近场测量中，探针靠推力器出口过近，双点源位置不能进行简单的假设。假设点源位于放电通道二维平面内，以自由膨胀形式向通道外扩散，如图6-19所示，通过迭代寻根方法描述点源在二维平面内的位置[15]。图6-19中 θ_j 和 δ_j 分别为测量方位角和发散角，r_0 和 z_0 分别为点源的径向和轴向坐标。

迭代寻根法在两步计算中循环迭代：

（1）将点源初值 (r_0, z_0) 代入式(6-16)和式(6-17)计算测量方位角和发散角，测量方位角可表示为

$$\tan\theta_j = \frac{2\pi\int_0^\infty j(r,z)\tan\theta r\mathrm{d}r}{2\pi\int_0^\infty j(r,z)r\mathrm{d}r}, \quad \tan\theta = \frac{r-r_0}{z-z_0} \qquad (6-17)$$

发散角可表示为

$$\cos\delta_j = \frac{2\pi\int_0^\infty j(r,z)\cos(\theta-\theta_j)r\mathrm{d}r}{2\pi\int_0^\infty j(r,z)r\mathrm{d}r}, \quad \cos(\theta-\theta_j) = \cos\left(\arctan\frac{r-r_0}{z-z_0} - \theta_j\right)$$

$$(6-18)$$

（2）根据式(6-17)和式(6-18)计算获得下一个点源坐标 $(r_{0,k+1}, z_{0,k+1})$，即

$$r_{0,\,k+1} = r_{0,\,k} - \beta_1 \mathrm{sign}\left(\frac{r_{0,\,k+1} - r_{0,\,k}}{E_{\theta,\,k-1} - E_{\theta,\,k}} \right) E_{\theta,\,k} \qquad (6-19)$$

$$z_{0,\,k+1} = z_{0,\,k} - \beta_2 \mathrm{sign}\left(\frac{z_{p,\,k+1} - z_{p,\,k}}{E_{\delta,\,k-1} - E_{\delta,\,k}} \right) E_{\delta,\,k} \qquad (6-20)$$

式中,k 为迭代次数;β 为调节常数,用于控制收敛速度;sign 为符号常数,值为 -1 或 $+1$,由参数的符号决定;$E_{\theta,\,j}$ 和 $E_{\delta,\,j}$ 均为误差量度,可表示为

$$E_{\theta,\,j} = \left[\frac{1}{N} \sum (\theta_j - \bar{\theta}_j)^4 \right]^{1/4} \qquad (6-21)$$

$$E_{\delta,\,j} = \left[\frac{1}{N} \sum (\delta_j - \bar{\delta}_j)^4 \right]^{1/4} \qquad (6-22)$$

图 6-20 给出了利用迭代寻根法计算的 NASA-300M 霍尔推力器束流离子电流、测量方位角及发散角的变化情况。基于测量方位角及发散角可以获得电推力器整个羽流的束发散角 δ, 即

$$\delta = \frac{|\theta_j + \delta_j| + |\theta_j - \delta_j|}{2} \qquad (6-23)$$

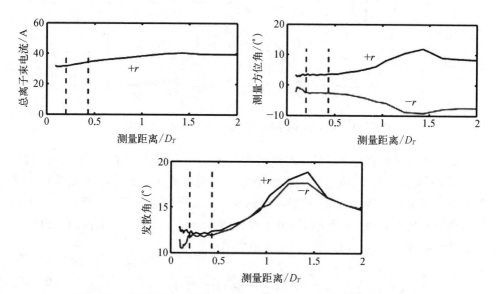

图 6-20　迭代寻根法计算的 NASA-300M 霍尔推力器的离子束电流、测量方位角以及发散角随测量距离的变化[16]

理想情况下,束流发散角 δ 与远场区束流发散角 λ 相等,实际测量结果表明二者存在较大的区别[16]。

6.6.3　离子推力器羽流近场区

Faraday 探针可用于离子推力器羽流等离子体近场区特性测量,近场区离子电流可用式(6-15)进行计算。理论上,离子推力器的近场区离子电流与离子光学系统测量的电流相等,但实际测量数值前者要比后者大 10%[17-19],可能的原因是没有对探针测量结果进行必要的修正,如有效收集面积的修正 κ_{C} 等。此外,受中和器与推力器耦合效应的影响,离子推力器在羽流等离子体近场区的电流密度分布往往是非对称的,尤其在推力器中轴线附近[20]。图 6-21 给出了 NSTAR 离子推力器在 $0.16D_T \sim 1.7D_T(5 \sim 50 \text{ cm})$ 近场区域内的离子电流密度的径向分布,推力器的放电功率为 2.3 kW,束流离子电流为 1.76 A。离子电流密度的峰值在推力器中轴线偏左的位置,且束流分布关于峰值并不对称,在 NEXT 离子推力器中也存在相似的规律[19,21]。离子推力器束流的离子电流密度分布的非对称性导致中轴线左右两侧的离子电流密度相差 20%[18]。

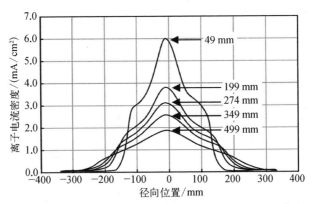

图 6-21　NSTAR 离子推力器离子电流密度径向分布[22]

离子推力器羽流近场测量与霍尔推力器羽流近场测量同样存在积分极限的问题,不同于霍尔推力器,离子推力器的束流离子总电流可以通过离子光学系统测量。对于离子推力器,Faraday 探针测量的离子电流密度通常用于计算推力器束流发散角和输出推力,此外,利用 Faraday 探针测量结果可计算达到束流总电流一定占比所在的径向位置,计算 95% 的束流电离的位置表达式为

$$0.95 I_{\mathrm{Beam}} = 2\pi \int_0^{r_{95}} j(r)\, r \mathrm{d}r \qquad (6-24)$$

式中,r_{95} 为离子电流达到束流总电流的 95% 的径向位置;束流总电流 I_{Beam} 由离子

光学系统测量获得,也可通过探针测量电流密度的积分获得,但存在积分极限的问题。

图 6 - 22 给出了 NSTAR 离子推力器束流近场区离子电流占比在 20%~99% 范围内所处的位置分布,束流总电流通过离子光学系统测量获得。在离子推力器羽流近场区,相同占比的离子电流呈现线性关系,拟合直线的斜率 S_f 的反正切值可用来表示离子推力器羽流近场的束流发散半角 β, 表达式为

$$\beta = \arctan\left(\frac{1}{S_f}\right) \qquad (6-25)$$

图 6 - 23 给出了 NASTAR 离子推力器束流发散半角与计算束流总电流的百分比的关系,通常采用 90% 或 95% 的束流电流计算推力器束流发散角和推力,"黎明号"深空探测器配置的离子推力器工作数据表明:基于 90% 的束流电流计算的推力与空间环境计算的推力值较为接近[23]。

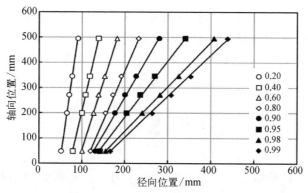

图 6 - 22　NSTAR 离子推力器束流总电流不同占比所在位置分布[22]

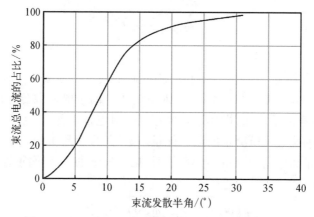

图 6 - 23　NASTAR 离子推力器束流发散半角与计算
束流总电流的百分比的关系[22]

6.7　推力矢量偏心

电推力器推力矢量偏心会对航天器产生干扰力矩,在航天器结构布局阶段是必须要考虑的问题。引起电推力器(如霍尔推力器)矢量偏心的因素有气体分配器气体分布的均匀性、气体分配器装配的精确度、磁场构型的均匀性、阴极安装的对称性等,理论上,推力矢量偏心与工作模式和工作时间无关,但阳极的污染会对气体分布均匀性产生影响、放电室非均匀性的削蚀也会造成影响。

6.7.1　基本理论

电推力器推力与单位时间内喷出的推进剂的动量变化产生的力是作用力与反作用力的关系,推力矢量 T 可表示为

$$T = -p(\phi, \theta) = -\dot{m}v \tag{6-26}$$

式中, $\dot{m}$ 为推进剂质量流量; v 为推进剂速度矢量; $p(\phi, \theta)$ 为离子动量矢量,大小与离子能量有关,方向由方位角 ϕ 和轴向角 θ 决定。

基于离子动量矢量 $p(\phi, \theta)$,单位时间内的动量面密度(推力面密度) $\dfrac{p(\phi, \theta)}{A_R t}$ 可表示为

$$\frac{p(\phi, \theta)}{A_R t} = \sum_{Z=1}^{i} \int \frac{J(p)}{eZ} p \, \mathrm{d}p \tag{6-27}$$

式中, Z 为离子电荷数; e 为元电荷电量; $J(p)$ 为电流面密度。电推力器推力矢量可表示为

$$T = -\sum_{Z=1}^{i} \iint \frac{J(p)}{eZ} p \, \mathrm{d}p \, \mathrm{d}S \tag{6-28}$$

通过上述积分可确定推力矢量偏心。

在试验测量中,推力器推力偏心的测量通常被简化为离子电流分布的测量。这一简化出于两方面考虑:首先,离子能量分布与离子电荷数分布的测量装置通常较复杂,测量精度要求高,操作难度大;其次,对电推进而言,可以认为离子的能量分布集中于加速电压所决定的某一能量附近,并且束流中的离子主要是一价离子。当离子能量和电荷数分布均为定值时,推力矢量的计算可简化为电流密度的积分,可表示为

$$\frac{p(\phi, \theta)}{A_R t} = \frac{J(\phi, \theta)}{e} p_0(\phi, \theta) \tag{6-29}$$

$$T = \boldsymbol{p}_0(\phi, \theta) \iint \frac{J(\phi, \theta)}{e} \mathrm{d}S \qquad (6-30)$$

式中,离子动量 $\boldsymbol{p}_0(\phi, \theta)$ 包括动量大小与动量方向。对于动量大小,可以通过探针测量离子能量,获得较为准确的结果;也可以采用简化方法,认为以 eV 为单位的离子能量与某一电压值相对应(对于霍尔推力器,对应阳极电压;对于离子推力器,对应屏栅电压)。

6.7.2　测量方法及应用

电推力器推力矢量偏心的测量主要有两种方法:一种是直接测量法,采用推力测量装置直接测量推力矢量的方法,确定偏心角;另一种是间接测量法,建立在羽流离子电流偏心基础上,假设离子电流方向即推力矢量方向,通过测量最大离子电流空间位置确定矢量偏心角。

俄罗斯和日本的研究人员[24,25]采用直接测量的方法,研究重点和难点在于推力的测量装置,电推力器的推力通常在 mN 量级,其推力器径向的推力量级会更小,对测量技术提出更高的要求。例如,电推力器输出推力 100 mN,矢量偏心角度 0.5°,径向推力约为 0.87 mN。Gnizdor 等[24]利用推力测量装置测量了 SPT - 70、SPT - 100、SPT - 140 等霍尔推力器的推力矢量,对 SPT - 70 和 SPT - 100 推力器采用不同推力测量装置分别测量轴向及径向的推力,对 SPT - 140 霍尔推力器等采用推力测量装置直接测量推力矢量方向,推力器安装在旋转电机平台上,通过测量不同角度推力分析获得推力矢量,如图 6 - 24 所示。Nagao 等[25]利用二维双摆推力测量装置测量 0.5 kW 霍尔推力器的推力矢量,轴向推力测量精度为 0.25 mN(2.1%),径向推力测量精度可达到 0.09 mN(1.4%),如图 6 - 25 所示。

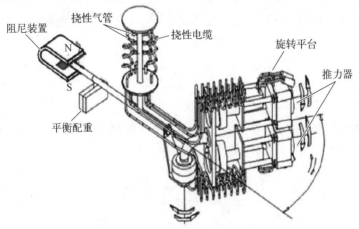

阻尼装置　挠性气管　挠性电缆　旋转平台　推力器　平衡配重

图 6 - 24　直接法推力矢量测量装置结构示意图[24]

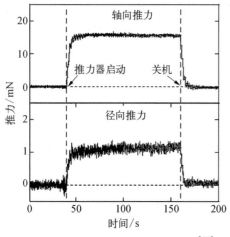

图 6-25 轴向和径向推力测量信号[25]

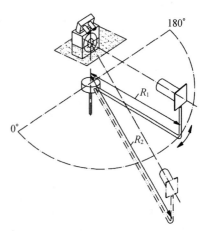

图 6-26 间接法推力矢量测量原理示意图[28]

相比于直接测量方法,间接测量方法更为简单而实用。通常采用 Faraday 探针或离子能量分析仪(RPA)测量羽流离子电流的空间分布,确定最大离子电流位置[26-28]。假设电推力器为离子点源,点源与最大离子电流位置的连线即推力矢量的方向。唐福俊[26]等采用米字形 Faraday 探针阵列测量 20 cm 离子推力器束流离子电流分布,通过分析计算获得推力矢量偏角。赵震等[28]提出采用 Faraday 探针配合移动机构获得束流离子电流分布,进而确定推力矢量偏角,且给出了偏心距的计算方法,如图 6-26 所示。

6.8 束 流 利 用 率

Faraday 探针测量数据可用于分析电推力器能量损失、工质利用率等[8,29]。推力器电流利用率(效率)η_{Current} 定义为离子束流与放电电流 I_d 的比值,可表征为

$$\eta_{\text{Current}} = \frac{I_{\text{Beam}}}{I_d} \qquad (6-31)$$

推力器质量利用率(效率)η_{Mass} 定义为束流的离子质量流量与推力器工质质量流量 $\dot{m}_T$(阳极和阴极之和)的比值,可表示为

$$\eta_{\text{Mass}} = \frac{I_{\text{Beam}}}{\dot{m}_T Q} \frac{M_i}{e} \qquad (6-32)$$

式中,Q 为平均离子电荷,与多价离子相关,通常不会超过 5%[30],可表示为

$$Q = \left(\sum_{k=1}^{N} \frac{\Omega_k}{Z_k} \right)^{-1} \qquad (6-33)$$

束流利用率 η_{Beam} 表征羽流发散导致的束流损失,可表示为

$$\eta_{\mathrm{Beam}} = \cos^2 \lambda = \sqrt{F_t} \qquad (6-34)$$

式中,λ 为远场束流发散半角,也可换成近场束流发散半角 δ 和 β 用于测量近场的相关参数;F_t 为推力损失系数,常用于计算推力,计算公式为[29]

$$T = \alpha F_t I_{\mathrm{Beam}} \sqrt{\frac{2M_i V_{\mathrm{Beam}}}{e}} \qquad (6-35)$$

式中,V_{Beam} 为平均离子加速电压;系数 α 表征多价离子导致的推力减小。通常来说,通过测量羽流特性计算推力器推力比直接测量推力会产生更大的误差,但对于离子推力器,平均离子加速电压 V_{Beam} 和束流电流 I_{Beam} 作为已知条件,式(6-29)常用于离子推力器计算推力。图 6-27 给出了 H6 霍尔推力器的电流利用率、束流利用率、质量利用率随背景气压的变化,随着背景气压由 1×10^{-5} Torr 增大到 3×10^{-5} Torr,η_{Current} 增长了 0.1,η_{Mass} 增长了 $0.16 \sim 0.21$,η_{Beam} 降低了 $0.09 \sim 0.16$,并且线性拟合的皮尔逊积矩相关系数 R_{Pe} 均大于 0.99。

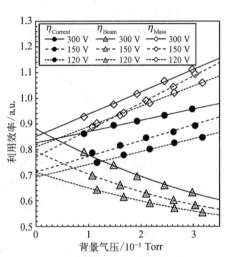

图 6-27　H6 霍尔推力器的电流利用率、束流利用率、质量利用率随背景气压的变化情况[2]

6.9　误差及不确定性

误差是指测量值与真实值间的偏差,主要分为随机误差和系统误差。随机误差具有随机性和不可预测性,主要与设备的精度、信号噪声等相关,通过重复测量可以减小,但不能消除。系统误差则可以被预测,通常是常数或者与真实值成正比,系统误差与不完善的校准、有缺陷的测量、测量环境的影响(如地面设备效应)等有关,如果系统误差比较显著,那么可以通过修正来尽量减小,理想情况下,经过修正后系统误差可以消除。系数 κ_G、κ_{SEE}、κ_D、κ_A 等都是针对系统误差给出的修正,其是由测量不确定性导致的。

Faraday 探针测量电推进羽流离子电流密度的随机误差要比系统误差小很多，探针在测量推力器束流外围电流密度时随机误差较大，但束流外围的电流密度比推力器中心处电流密度要小几个量级，相比而言随机误差是可以忽略的。系统误差与推力器类型、工作参数、地面试验设备以及测量条件等有关，而通过修正系数、改进分析方法等可以减小误差。通常情况下，探针在远场的测量误差可以控制在±5%，在近场的测量误差控制在±10%；此外，通过 Langmuir 探针测量数据作为辅助，预估 Bohm 电流、鞘层等还可以进一步减小误差。

6.10   Faraday 探针设计

6.10.1   基本设计

Faraday 探针设计的基本原则：在收集极表面形成均匀鞘层，消除或减弱地面设备效应产生的低能离子对测量值的干扰。Faraday 探针常配置准直筒、偏置磁场等过滤低能离子，在过滤掉设备效应产生的低能离子的同时，也过滤掉了来自阳极、阴极等未电离的工质产生的低能离子，引入了新的测量误差。此外，还可以采用 Faraday 探针结合恰当的分析方法获得较为精确的测量结果。

Faraday 探针主要由收集极、屏蔽环、绝缘体等组成。

探针收集极和屏蔽环选用相同的材料，要求材料具有低的溅射产额、低的二次电子发射、高功函数等，这类材料主要有钨、钼、石墨等，其中，钨是最常用的收集极材料；探针中的绝缘体起电绝缘和结构支撑的作用，常用的材料为 BN、Al_2O_3 陶瓷等。

探针收集极直径由测量的离子电流密度决定，在羽流远场区为 $\mu A/cm^2$ 量级，在羽流近场区为 mA/cm^2 量级，而在脉冲磁等离子体推力器羽流远场区可达到 A/cm^2 量级，根据测量系统电流的检测能力（如采样电阻的阻值及电压表的量程决定可测量的最大电流）确定收集极的尺寸。此外，探针收集极的直径应小于测量要求的分辨率。探针屏蔽环的外径要满足薄鞘层理论（$R_p/\lambda_D > 50$），要求屏蔽环外径 $D > 100\lambda_D (D = 2R_p)$。

为保证收集极表面鞘层的均匀性，收集极与屏蔽环间的距离通常为 $5\lambda_D \sim 10\lambda_D$，且必须考虑收集面积的修正系数 κ_A。

6.10.2   探针类型

Faraday 探针主要类型有裸型、准直型和磁过滤型等三种。

1. 裸型 Faraday 探针

裸型 Faraday 探针结构如图 6-28 所示，主要由收集极、屏蔽环及绝缘体等组成,屏蔽环与收集极之间的间距为 $5\lambda_D \sim 10\lambda_D$。测量时,屏蔽环与收集极电位相等而彼此绝缘,由于两电极间距较小,收集极附近的鞘层基本与探针收集面平行,从而避免收集极边缘鞘层弯曲,探针等效电流收集面积与收集极面积近似相等。裸型 Faraday 探针是最常用的类型,在裸型探针的基础设计嵌套式 Faraday 探针,可有效减弱鞘层扩张对测量结果的影响[7]。

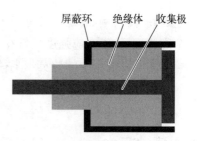

图 6-28　裸型 Faraday 探针结构示意图

2. 准直型 Faraday 探针

图 6-29 是带准直筒的 Faraday 探针的结构图,它由屏蔽环、收集极、准直筒以及绝缘体等组成,准直筒可有效减小低能离子的干扰。离子电流通过信号采集系统或采样电阻等获得,收集面积为准直孔的面积。准直型 Faraday 探针可以减小背景气体电荷交换碰撞产生的低能离子的影响,但也排除了未电离的阳极和阴极工质电荷交换碰撞产生的低能离子(这些低能离子是真实存在的),从而引入了新的误差[31,32]。

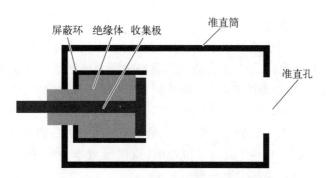

图 6-29　准直型 Faraday 探针结构示意图

3. 磁过滤型 Faraday 探针

磁过滤型 Faraday 探针的设计目的也是减小低能离子的影响,结构如图 6-30 所示,在收集极前增加磁场,低能离子在磁场作用下改变运动轨迹,无法到达收集极。磁场由螺旋管(励磁线圈)、磁极及永磁体等组成,永磁体产生平行磁场,螺旋管与两端磁极形成"C"状磁路,螺旋管通入电流产生磁场,探针内总磁场强度为永磁铁产生磁场与螺线管产生磁场之和,螺线管通入的电流可调,其产

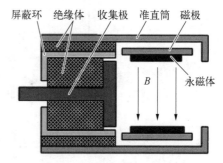

图 6-30　磁过滤型 Faraday 探针结构示意图

生磁场可调,例如,螺旋管可通入±5 A 电流,正电流增加永磁体磁场,负电流减小永磁体磁场,磁感应强度通常在 500~750 G[33]。

离子在磁场中的拉莫尔半径 r_L 可表示为

$$r_L = \frac{mv}{qB} \tag{6-36}$$

式中,m 为离子的质量;q 为离子的带电量。在磁场 B 作用下,偏转离子的能量 $E(\mathrm{eV})$ 为

$$E(\mathrm{eV}) = \frac{qB^2}{2m}\left(\frac{D}{4} + \frac{L^2}{D}\right)^2 \tag{6-37}$$

式中,L 为磁场区域的长度;D 为 Faraday 探针收集极直径。通常情况下,被偏转的离子的能量约为 20 eV。

6.11　其他电推进束流特性的测量

6.11.1　胶体推进

Faraday 探针被用于测量单个发射体或发射体阵列胶体推进的离子电流。美国国家航空航天局针对 LISA 引力波探测器动力需求研制了一款 9 个发射体阵列的胶体推进器,通过新型的 Faraday 探针测量推力器远场区的离子电流密度[34]。基于柱坐标系,通过 64 个探针组成的阵列,测量距离在推力器出口下游 34 cm 处的离子电流分布和束流发散角。图 6-31 给出了胶体推进在羽流远场区的束流发散半角,当束流涵盖 99.9% 的离子电流时,束流发散半角小于 50°;当束流涵盖 95.5% 的离子电流时,束流发散半角小于 30°。

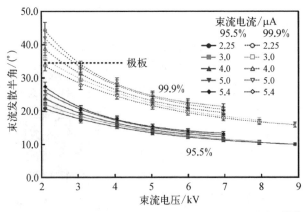

图 6-31　胶体推进在羽流远场区测量的束流发散半角[35]

霍尔推力器和离子推力器背景气体电荷交换碰撞、Bohm 电流、鞘层扩张等相关的分析,同样适用于采用阴极中和离子束流或者使用带电液滴作为工质的常规胶体推进羽流电流密度测量。然而,对于采用正负双发射体、正负离子双极等工作模式的胶体推进,或者使用离子液体或可凝性工质的胶体推进则需视具体情况单独分析。

6.11.2 电弧推进

电弧推进在阴极和阳极间产生电弧放电,等离子体密度在阴极附近最大可达 10^4 A/cm^2,到阳极附近减小到 10 A/cm^2 左右,喷口附近为弱电离等离子体。Faraday 探针在电弧推进羽流近场区和远场区都有应用[36]。电弧推进羽流的电离率通常小于 10^{-3},电子温度小于 1 eV,在近场区密度小于 10^{13} cm^{-3},在远场区密度小于 10^9 cm^{-3};电弧推进羽流远场区的德拜长度较小,相比薄鞘层理论,轨道运动限制理论更为恰当。

Faraday 探针相关的基本理论及分析可以作为电弧推进测量分析的基础,背景气压、测量距离等对离子电流密度测量结果的影响,可以通过羽流等离子体特性进行评估,如德拜长度在近场区为 3×10^{-4} cm,在远场区约为 10^{-2} cm,探针收集极和屏蔽环间距小于 0.03 mm,在探针加工装配中是无法实现的;此外,电弧推进中性粒子温度 3 000~5 000 K,喷出离子速度为数百到上千千米每秒,鉴于电弧等离子体的特性,热离子电流等对探针测量结果的影响是必须要考虑的。

6.11.3 电磁推进

Faraday 探针用于测量电磁推进羽流离子电流密度是非常困难的,主要是因为等离子体羽流复杂环境、宽范围的等离子体特性参数以及复杂的微观特性等,常见的电磁推进有磁等离子体动力推进(MPD)和脉冲等离子体推进(PPT)。电磁推进的功率从瓦级到兆瓦级,总熔可到 5×10^8 J/kg,脉冲离子电流密度峰值可到 10^6 mA/cm^2,在远场区也可到 10^3 mA/cm^2,探针在测量过程中会达到较高的温度。目前,相关的研究工作较少,研究多集中于采用 Langmuir 探针和霍尔探针测量离子电流密度。

Myers 等[37]用平面 Langmuir 探针测量林肯实验卫星(LES)配置的 PPT 的羽流特性,测量位置在出口平面下游的 24 cm($9.4D_T$)处,探针偏压为-40 V,图 6-32 给出了 PPT 羽流远场区的离子电流密度,测量的最大电流密度为 2 000 mA/cm^2,比相同测量距离($8D_T \sim 10D_T$)下的霍尔和离子推力器羽流电流密度高出 2~3 个量级,进一步证明了电磁推进高离子通量密度的特点。

Myers[38]用霍尔探针测量了 60 kW、1 500 A 磁等离子体动力推进羽流近场区感应电流,测量位置在出口平面下游 2.7 cm(阳极外半径约为 2.54 cm)处,在阳极

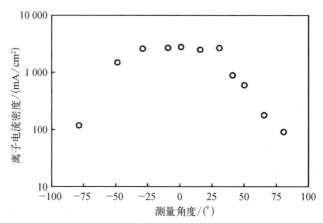

图 6 - 32   平面 Langmuir 探针测量的 PPT 羽流远场区的离子电流密度[37]

表面附近感应电流达到最大值。此外,地面设备效应对 MPD 羽流特性产生较大影响[39,40],但目前没有较为系统的分析研究。

参考文献

[1]   Brown D L, Gallimore A D. Evaluation of facility effects on ion migration in a Hall thruster plume. Journal of Propulsion and Power, 2011, 27(3): 573 - 585.

[2]   Brown D L, Walker M L R, Szabo J, et al. Recommended practice for use of faraday probes in electric propulsion testing. Journal of Propulsion and Power, 2017, 33(3): 582 - 613.

[3]   Brophy J R, Pless L C, Garner C E. Ion engine endurance testing at high background pressures. AIAA Paper 1992 - 3205.

[4]   Boyd I D, Dressler R A. Far-field modeling of the plasma plume of a Hall thruster. Journal of Applied Physics, 2002, 92(4): 1764 - 1774.

[5]   Mikellides I G, Jongeward G A, Katz I, et al. Plume modeling of stationary plasma thrusters and interactions with the express — A spacecraft. Journal of Spacecraft and Rockets, 2002, 39(6): 894 - 903.

[6]   Manzella D, Jankovsky R, Elliot F, et al. Hall Thruster plume measurements on-board the russian express satellites. AIAA Paper 2001 - 044.

[7]   Mikellides I G, Katz I, Kuharski R A, et al. Elastic scattering of ions in electrostatic thruster plumes. Journal of Propulsion and Power, 2005, 21(1): 111 - 118.

[8]   Brown D L. Investigation of low discharge voltage Hall thruster characteristics and evaluation of loss mechanisms. Detroit: University of Michigan, 2009.

[9]   de Grys K H, Tilley D L, Aadland R S. BPT Hall thruster plume characteristics. AIAA Paper 1999 - 2283.

[10]   Reid B M. The influence of neutral flow ratein the operation of Hall thrusters. Detroit: University of Michigan, 2009.

[11]   Azziz Y. Experimental and theoretical characterization of a Hall thruster plume. Cambridge: Massachusetts Institution of Technology, 2007.

[12] Mundy D H. Factors affecting the beam divergence of a T5 ion engine. AIAA Paper 1997 - 095.

[13] Brown D L, Larson C W, Beal B E, et al. Methodology and historical perspective of a Hall thruster efficiency architecture. Journal of Propulsion and Power, 2009, 25(6): 1163 - 1177.

[14] Sekerak M J. Plasma oscillations and operational modes in Hall effect thrusters. Detroit: University of Michigan, 2014.

[15] Huang W, Shastry R, Herman D A, et al. A new method for analyzing near-field faraday probe data in Hall thrusters. AIAA Paper 2013 - 4118.

[16] Huang W, Shastry R, Herman D A, et al. Ion current density study of the NASA - 300M and NASA457Mv2 Hall thrusters. AIAA Paper 2012 - 3870.

[17] Foster J E, Soulas G C, Patterson M J. Plumeand discharge plasma measurements of an NSTAR - type ion thruster. AIAA Paper 2000 - 3812.

[18] Myers R M, Pencil E J, Rawlin V K, et al. NSTAR Ion thruster plume Impacts Assessments. ATAA Paper 1995 - 2825.

[19] Soulas G C, Haag T W, Patterson M J. Performance evaluation of 40 cm ion optics for the NEXT ion engine. AIAA Paper 2002 - 3834.

[20] Polk J E, Kakuda R Y, Anderson J R, et al. Validation of the NSTAR ion propulsion system on deep space one mission: Overview and initial results. AIAA Paper 1999 - 2274.

[21] Pollard J E, Diamant K D, Crofton M W, et al. Spatially-resolved beam current and charge-state distributions for the NEXT ion engine. AIAA Paper 2010 - 6779.

[22] Soulas G C, Foster J E, Patterson M J. Performance of titanium optics on a NASA 30 cm ion thruster. AIAA Paper 2000 - 3814.

[23] Brophy J R, Garner C E, Mikes S. Dawn ion propulsion system: Initial checkout after launch. Journal of Propulsion and Power, 2009, 25(6): 1189 - 1202.

[24] Gnizdor R, Pridannikov A K S, Savchenko K. Investigation of the thrust vector angle stability of the stationary plasma thrusters. AIAA Paper 2017 - 041.

[25] Nagao N, Yokota S, Komurasaki K, et al. Development of a two-axis dual pendulum thrust stand for thrust vector measurement of Hall thrusters. AIAA Paper 2007 - 9887.

[26] 唐福俊. 离子推力器推力矢量偏角测试. 真空与低温,2009,15(2): 81 - 85.

[27] van Reijen B, Weis S, Lazurenko A, et al. High precision thrust vector determination through full hemispherical RPA measurements assisted by angular mapping of ion energy charge state distribution. AIAA Paper 2013 - 284.

[28] 赵震,康小录,杭观荣. 航天器用电推力器推力矢量偏心的确定方法: 中国, ZL201710062745.4. 2020.

[29] Goebel D, Katz I. Fundamentals of Electric Propulsion: Ionand Hall Thrusters. Wiley: Hoboken, 2008.

[30] Reid B M, Shastry R, Gallimore A D, et al. Angularly-resolved ExB probe spectra in the plume of a 6-kW Hall thruster. AIAA Paper 2008 - 5287.

[31] 张乾鹏,康小录,施晨毅,等. 霍尔推力器束流分布特性实验研究. 上海航天,2012,29(4): 49 - 53.

[32] 张乾鹏,康小录. 用 Xe 和 Kr 作为霍尔电推进工质的比较. 推进技术,2011,32(6): 828 -

834.

[33]　Rovey J L, Walker M L R, Gallimore A D, et al. Magnetically filtered faraday probe for measuring the ion current density profile of a Hall thruster. Review of Scientific Instruments, 2006, 77(1): 013503.

[34]　Ziemer J K. Performance of electrospray thrusters. IEPC－2009－242.

[35]　Demmons N, Hruby V, Spence D, et al. STT-DRS Mission colloid Thruster Development AIAA Paper 2008－4823.

[36]　Gallimore A D, Kim S, Foster J E, et al. Near- and far-field plume studies of a one-kilowatt arcjet. Journal of Propulsion and Power, 1996, 12(4): 105－111.

[37]　Myers R M, Arrington L A, Pencil E J, et al. Pulsed plasma thruster contamination. AIAA Paper 1996－2729.

[38]　Myers R M. Plume characteristics of MPD thrusters: A preliminary investigation. AIAA Paper 1989－2832.

[39]　Kodys A, Choueiri E Y. A critical review of the state-of-the-art in the performance of applied-field magnetoplasmadynamic thrusters. AIAA Paper 2005－4247.

[40]　Sovie R J, Connolly D J. Effects of backgrounds pressure on magnetoplasmadynamic thruster operation. Journal of Spacecraft and Rockets, 1970, 7(3): 255－258.

第7章
电磁辐射特性测量

7.1 概　　述

电磁兼容(EMC)试验是航天设备(系统)都要开展的一项基本试验,通过电磁兼容试验获得系统自身产生的电磁干扰特性,用于评估系统内部及系统与其他系统之间的电磁兼容性,即系统本身产生的电磁能量应控制在一定的范围内,使其能与有关或无关的系统兼容工作。不同的航天系统在所有的工作模式和整个飞行阶段都要求相互兼容,既不能影响航天器其他系统正常工作,其他系统也不能干扰本系统的正常工作,电磁兼容试验研究的是干扰与抗干扰的问题。

电推进系统是利用电能加热或电离推进剂(或推进剂燃气产物),并使其加速喷射产生推力的机电装置。由于电推进装置可能采用电加热元件、电极、电磁场、电源变换器等,工作时产生或诱发的航天器周围电磁环境与化学推进系统明显不同。对航天器周围环境影响的差别主要体现在两个方面:① 电推进工作时将产生化学推进所没有的等离子体环境和电磁场环境;② 电推进因其推力小,点火工作时间相对化学推进要长得多,这就使得一些环境影响因为长时间的积累效应而变得比较严重。因此,在大规模使用电推进前,需要通过地面电磁兼容试验、分析模型计算和在轨飞行试验等技术途径,深入研究电推力器产生的等离子体特殊环境与航天器其他子系统及其部件之间的相容性,确认在航天器寿命期间电推进产生的环境作用效应处于容许范围内,或者通过采取必要的防护措施让其处于容许范围。

电推进系统主要由电推力器、电推进控制器、功率处理单元、推进剂供给及压力调节模块四个部分组成。电推进控制器和功率处理单元属于电子设备,电磁兼容试验项目和试验方法可直接参照国军标 GJB 151B—2013《军用设备和分系统电磁发射和敏感度要求与测量》完成。推进剂供给及压力调节模块的主要组成部分是机械产品,一般单机不进行电磁兼容试验。推进剂供给及压力调节模块中的电磁阀、压力传感器等组件属机电产品,由组件完成要求的电磁兼容试验,试验项目和试验方法直接参照国军标 GJB 151B—2013 完成。电推力器工作需要特殊的真空环境,其电磁兼容试验方法和试验项目无法直接参照国军标 GJB 151B—2013 完成。电推力器常规的电磁兼容试验内容包括:推力器稳态辐射发射(RE102)测试、推力器瞬态辐射发射(频域和时域)测试和推力器电源线尖峰信号传导发射(CE107)测试。其中 CE107 测试配置与测试方法与一般的军用设备或分系统产品相同,可直接参考 GJB 151B—2013。而 RE102 测试和推力器瞬态辐射发射(频域和时域)测试需要结合国军标中 RE102 测试方法,利用地面专用试验系统进行电推进的电磁辐射特性测量。因此,本章内容主要阐述的是电推力器电磁辐射特性的测量。

一般的航天器系统可以在标准电磁兼容实验室里(一般是屏蔽暗室)与整星开展电磁兼容试验,系统或设备在屏蔽暗室里正常通电工作时,通过专用的测试天线等设备测试接收被测设备产生的电磁辐射特性。而电推力器工作时需要真空环境,标准的电磁兼容实验室和常规的屏蔽暗室无法满足这一要求。常规电推进实验室的真空舱一般采用金属材料制作而成,电推力器在真空舱内工作时产生的电磁辐射无法穿透真空舱金属壁到达真空舱外部,被专用测试天线接收。因此,电推力器的电磁辐射特性测试需要真空环境和屏蔽暗室的结合体,包含一个能维持真空环境又能透射电磁波功能的特殊真空舱,同时还需要电磁屏蔽暗室的吸波功能消除背景噪声。根据本书第 2 章内容,真空舱尺寸与电推力器放电室直径、功率、羽流等参数有直接关系,例如,SPT‑100 推力器试验用真空舱估算直径为 1.5 m,长度为 2.5 m。考虑到这种特殊真空舱建造和标准屏蔽暗室的造价成本,建造一个大的屏蔽暗室把整个真空舱包围其中,或建造一个大的真空舱将屏蔽暗室包围在内部,这两种方案在工程上都是不可取的。另外,电推进地面试验系统由真空系统、供电控制系统、推进剂供给系统以及其他测试诊断系统组成,电推进地面试验设备的电磁干扰对整个电磁兼容试验环境的影响会很大,并难以剔除。因此,为了同时满足真空透波的工作环境和电磁兼容测试良好的屏蔽性能要求,需要建造专用设备来满足电推进电磁辐射特性测试的要求。

电推进电磁兼容试验的流程与一般航天器设备也有很大的不同,电推进系统从试验准备、前期预处理、点火启动到稳态工作各个阶段的工作性能有所差异,这对电磁辐射特性的数据获取也带来一定的困难。

国内外在研究电推进与航天器相容性过程中提出了一种评估方法,即通过在专用设备上测量获得的电推进电磁辐射特性数据,根据测试结果建立模型分析,搭建模拟设备,然后将模拟设备和整星放在一起就可以在标准电磁兼容实验室开展电磁兼容试验,这样采用试验方法和模型分析方法的有机结合,试验结果为分析模型提供基础、修正和验证数据,分析模型用于具体电推进航天器的设计和分析。这种评估方法将能更为准确地评估电推进与航天器的相容性。

因此,电推进电磁辐射特性测量是电推进电磁兼容测试的基础,本章介绍的内容包括电推进电磁辐射产生机理、测量方法、典型系统配置、试验方法以及应用举例。

7.2 电推进电磁辐射产生机理

电推进工作产生的电磁波主要来源于电推力器和功率处理单元两个部分,其中电推力器的电磁干扰可以通过线路传导影响功率处理单元,还能通过空间辐射改变周围电磁环境。

电推力器中工质主要是等离子体态,放电室通道内存在复杂的电磁场。工作过程中放电通道内存在工质气体的原子、离子、电子等粒子及电场与磁场相互作用,还涉及中性气体的激发与电离,粒子间的碰撞、加速、电子回旋和飘移运动,电磁耦合以及放电不稳定等复杂的物理过程。电推力器工作时,高速喷射的等离子体羽流(霍尔和离子推力器羽流速度分别为 16 000 m/s 和 30 000 m/s 左右)中的高能等离子体不可避免地通过各种方式和途径向空间辐射电磁波,这就产生了大量的电磁噪声,会对卫星有效载荷、通信系统等造成影响。影响的主要方式是: ① 通信信号穿过等离子体与之相互作用;② 等离子体辐射和振荡特性干扰电磁环境。

7.2.1 等离子体对入射电磁波的影响

等离子体是气体电离形成的第四态物质,它由数密度几乎相等的正离子和自由电子以及中性分子组成,在宏观上,等离子体呈现电中性。等离子体对电磁波的传播有很大的影响[1],在一定条件下,等离子体能够反射电磁波;在另一种条件下,它又能够吸收电磁波。

作为波的传播介质,等离子体属色散介质,它对电磁波的折射率 n 与电磁波的角频率 ω 以及等离子体的 Langmuir 频率 ω_p 有关,即

$$n = \sqrt{1 - \frac{\omega_p^2}{\omega^2}} \qquad (7-1)$$

式中, $\omega_p = \sqrt{\dfrac{e^2 n_e}{m_e \varepsilon_0}}$ 为等离子体的 Langmuir 频率,它是表征等离子体性质的重要参数之一,其量值主要由等离子体的电子密度 n_e 决定; m_e 为等离子体质量。

由式(7-1)可知,当 $\omega \leqslant \omega_p$ 时,等离子体的折射率 n 为零或虚数,意味着该频段的电磁波将在等离子体边界截止,即等离子体对电磁波全反射。由于在一般情况下,等离子体外部电子浓度较小,很少存在锐边界条件(即等离子体的边沿电子浓度高到使得 $\omega < \omega_p$)。往往是由外向内等离子体密度不断增加,当电磁波传播

过程中,达到 $\omega = \omega_p$ 时,等离子体的折射率 n 为零,电磁波将在此发生全反射。因此,从这个意义上,等离子体频率又称为等离子体截止频率。

当 $\omega > \omega_p$ 时,电磁波将在等离子体中传播。电磁波在等离子体中传播过程中,电磁场的电场将对等离子体中的电子做功,使得电子获得动能。一方面,获得动能的电子通过与中性原子、分子、离子或其他电子的碰撞,将这些能量转换为粒子无规则运动的能量;另一方面,从电磁波电场中获得能量的电子可能被加速,加速后的电子通过辐射而失去它从电磁波得到的能量。分析表明,第一方面的原因是主要的[2]。对于弱电离等离子体(ω_p 较小),由于中性分子的浓度较高,再加上中性分子的碰撞截面较大,电子同中性分子的碰撞是等离子体对电磁波吸收的主要因素。

按刚性小球碰撞模型计算,电子与中性分子的碰撞频度 ν 为

$$\nu = \frac{4}{3} n_e \pi d^2 V_e \tag{7-2}$$

式中,d 为分子的直径;V_e 为电子的平均速度。

故电磁波通过等离子体距离为 S 时,电磁波的能量衰减的分贝数为

$$L = \frac{K n_e \nu}{\omega^2 + \nu^2} S \tag{7-3}$$

式中,K 为系数。由式(7-3)可知,当 ω 接近 ν 值时,L 最大,即电磁波会被等离子体强烈吸收。

7.2.2 等离子体辐射电磁波

等离子体有辐射特性,频率范围涵盖微波、红外光、可见光、紫外光,高温可能辐射 X 光。其辐射主要由退激发辐射、复合辐射和韧致辐射构成。高温等离子体还有回旋辐射。从光谱的角度,等离子体辐射涉及线状光谱和连续光谱,线状光谱由受激原子退激发产生,电子和原子的跃迁是在量子化能级间进行的;连续光谱是由粒子加速运动引起的,辐射强度与电子温度有关。而以氙为工质的电推力器的主要辐射如下[3]。

1. 线状辐射

氙原子态和电离态不同能级之间的电子跃迁形成了频率不同的细线状辐射。由于氙原子的原子数高,结构复杂,能级由电子态和重核之间的旋转动量和角动量的不同组合决定。

2. 连续谱辐射

带电电荷加速或减速时会释放电磁波,包括韧致辐射、电子复合辐射和电子回旋辐射。

1）韧致辐射

电子因为周边带电粒子（如离子）的电场而加速或减速时，会发射电磁波，其中韧致辐射尤指带电粒子与原子或原子核库仑碰撞产生的辐射。电子温度较高时韧致辐射居多，图 7-1 表示电子韧致辐射过程：

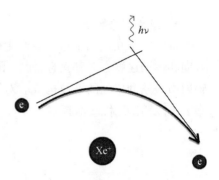

$$Xe + e^* \longrightarrow Xe^+ + e + h\nu \quad (7-4)$$

图 7-1　电子韧致辐射过程

对于热电子，韧致辐射单位体积、单位频率的功率发射可以表示为

$$J(\nu) = \left(\frac{e^2}{4\pi\varepsilon_0}\right)^3 \frac{32\pi^2}{3\sqrt{3}\, m^2 c^3} \left(\frac{2m}{\pi kT}\right) e^{-\frac{h\nu}{kT}} n_e n_i Z^2 \bar{g} \quad (7-5)$$

式中，ν 是频率；ε_0 是真空介电常数；m 是质量；c 是光速；k 是玻尔兹曼常量；T 是温度；h 是普朗克常量；e 是单位电荷；n_e 是电子数密度；n_i 是离子数密度；Z 是离子电荷数；$\bar{g}$ 是韧致辐射冈特因子。由此可以计算旋光性薄等离子体的辐射损失能，Beiting 等经过计算，估计 200 W 的霍尔推力器 $n_e \cong n_i \approx 10^{18}\ \mathrm{m}^{-3}$，电子温度 30 eV，由于韧致辐射造成的功率损失约为 10 mW/m³，对于近羽流区域 $n_e \cong n_i \approx 10^{16}\ \mathrm{m}^{-3}$，电子温度 3 eV，韧致辐射功率约为 3 μW/m³。

2）电子复合辐射

加速或减速电子在附近带电粒子场中被捕获，产生辐射。当电子温度较低时，电子运动速度小，更容易被离子俘获。电子复合辐射过程如图 7-2 所示：

$$Xe^+ + e^* \longrightarrow Xe^* + h\nu \quad (7-6)$$

对于热电子，电子复合辐射单位体积、单位频率的功率发射可以表示为

$$J(\nu) = \left(\frac{e^2}{4\pi\varepsilon_0}\right)^3 \frac{32\pi^2}{3\sqrt{3}\, m^2 c^3} \left(\frac{2m}{\pi kT}\right) e^{-\frac{h\nu}{kT}} n_e n_i Z^2 \left(\frac{Z^2 R_y}{T}\, \frac{2}{n^3} e^{Z^2 R_y/(n^2 T)}\, G_n\right) \quad (7-7)$$

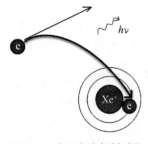

图 7-2　电子复合辐射过程

式中，ν 是频率；ε_0 是真空介电常数；m 是质量；c 是光速；k 是玻尔兹曼常量；T 是温度；h 是普朗克常量；e 是单位电荷；n_e 是电子数密度；n_i 是离子数密度；Z 是离子电荷数；$\bar{g}$ 是韧致辐射冈特因子；R_y 是里德伯能量；n 是原子能量水平指数；G_n 是电子复合冈特因子。n^{-3} 表明对于可产生低频辐射的外层能级，复合辐射可被忽略，即在波长较长的光谱中复合辐射可以忽略，如红外线。

3）电子回旋辐射

带电粒子在磁场中运动会产生电磁辐射。洛伦兹力作用在粒子上,与磁力线方向和运动速度方向都垂直,使粒子绕磁力线回旋,加速带电粒子并产生辐射。此辐射由一系列单独的谐波构成。对于非相对论等离子体,当频率大于等于基本频率 ν_{c} 时发射辐射,基本频率为

$$\nu_{c} = \frac{eB}{m} \approx 28B \tag{7-8}$$

在红外或者可见光频率范围内的电子回旋辐射需要特别高的磁场强度,太空望远镜系统中观测不到回旋辐射,但是会对上天的电子产品或者未来的声频望远镜产生声频干扰。

7.2.3 等离子体振荡机理

等离子体具有振荡特性,当由于局部扰动出现正负电荷分离时,伴随的电场力和带电粒子惯性使其来回振荡,进而引发带电粒子的群体性振荡。等离子体振荡包含电子振荡和离子振荡。

电子振荡频率可以作为判断入射电磁波行为的参量。电子的简谐振动方程为

$$\frac{\partial^2 \xi}{\partial t^2} + \frac{e^2 n_0}{\varepsilon_0 m} \xi = 0 \tag{7-9}$$

式中,ξ 是电子振荡位移;n_0 是电子和正离子浓度。由式(7-9)可知,电子位移扰动是驻稳的,本身不会在运动方向上传播,但是空间电荷分离产生的电场会随等离子体频率做周期性变化,改变带电粒子运动速度,并辐射电磁波。

离子的波矢 K_x 可以表示为

$$K_x = \left\{ \frac{e^2 n_0}{\varepsilon_0 k T_e} \frac{1}{\left[(\omega_{pi}/\omega)^2 - 1 \right]} \right\}^{1/2} \tag{7-10}$$

式中,$\omega_{pi}^2 = \dfrac{e^2 n_0}{\varepsilon_0 M_i}$,$\omega_{pi}$ 是离子振荡圆频率。当 $\omega < \omega_{pi}$ 时,离子振荡会沿运动方向传播,离子的最大频率为 ω_{pe};当 $\omega > \omega_{max} = \omega_{pi}$ 时,离子振荡不会传播;频率稍小于 ω_{pi},波矢 K_x 很大,振荡传播波长很小;当 $\omega \ll \omega_{pi}$ 时,波矢 K_x 很小,振荡传播波长很大,称为静电声波。

等离子体振荡的频率可以表示为

$$f_i = \frac{f_{pi}}{\sqrt{1 + f_{pi}^2 \dfrac{M_i \lambda^2}{kT_e}}} \tag{7-11}$$

式中

$$f_{pi} = \sqrt{\frac{n_0 e^2}{4\pi^2 \varepsilon_0 M_i}} \tag{7-12}$$

λ 是波长,当波长很短时,等离子体振荡类似于电子振荡;当波长较长时,等离子体振荡与声波类似,具有相同的相速度和群速度。由此可见,等离子体振荡过渡到波的传播时有

$$\frac{n_0 e^2}{4\pi^2 \varepsilon_0 M_i} \approx n_0 e^2 \frac{M_i \lambda^2}{kT_e} \tag{7-13}$$

此时 $\lambda \approx \sqrt{\dfrac{4\pi^2 \varepsilon_0 kT_e}{e^2 n_0}} = 2\lambda_D$, λ_D 是德拜长度,即波长与德拜长度同数量级。

　　电推力器内等离子体的振荡一方面引起上游阳极电流的振荡,对整个电推进系统产生电磁干扰,乃至通过母线干扰整个航天器;另一方面产生各种频率的信号干扰通信;还会对电推进本身的正常性能有不利影响。通常根据频率的高低可以将等离子体振荡分为低频(1~100 kHz)、高频(几百千赫兹到几十兆赫兹)和超高频(GHz 级)。

　　根据 Choueiri 的研究[4],霍尔推力器的振荡主要包括如图 7-3 所示的振荡形

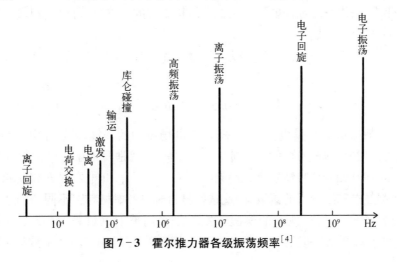

图 7-3　霍尔推力器各级振荡频率[4]

式。霍尔推力器内放电振荡的主要是低频振荡,一般振荡幅值较大,对推力器稳定性和性能影响大,低频振荡主要是离子回旋、电荷交换、电离、激发、输运、库仑碰撞等过程形成的等离子体振荡。综合 Yamamoto 等[5]、Boeuf 等[6]、Darnon 等[7]的研究,低频等离子振荡宏观上可看成工质供给的速度小于工质电离加速的速度,造成放电电流周期性波动的结果,称为呼吸效应。高频振荡和超高频振荡的物理机制目前没有较为深刻的阐述,Morozov[8]等将高频振荡分为离子化振荡和飞行振荡两种,其中离子化振荡与低放电电压下伏安特性的离子化区域有关,飞行振荡发生在伏安特性的电流饱和区域[9];超高频振荡与电子回旋振荡和电子振荡有关,电推进在深空探测等领域的应用,必然会对太空通信所用的超高频段产生干扰。

7.3 电磁辐射特性测量方法

RE102 测试是在电推力器达到稳定工况时进行的测试,其目的是获取电推力器稳定工作情况下的电场辐射发射幅度。而电推力器瞬态发射(频域和时域)测试是为了捕获电推力器在状态切换过程中的电磁辐射发射频谱和时域特性。这两种测试项目都是测试电推力器电磁辐射发射特性,通常的测试频率范围在10 kHz ~ 18 GHz。但根据不同航天器平台所关心的频段影响,测试频率范围也可以拓展到 31 GHz 以上。

为了在电推进系统工作过程中开展电磁辐射特性试验,接收设备必须能够接收到真空舱内电推力器产生的辐射信号,使用对电磁波透明的真空舱(电磁波信号衰减尽可能低)是一种可行的方法,这就是常说的透波舱法。早期电推进研究机构采用玻璃真空舱作为透波舱,但这只能用于非常小的推力器,并且不能长时间工作。近年来,采用纤维加固的聚合物混合结构制成的透波舱,可以实现较大推力器的电磁辐射特性测试。

根据资料,电磁波穿过介质的功率耗散是介电常数和损耗角正切值的函数,相关方程为

$$W = 0.5fE^2\varepsilon(\tan\delta) \qquad (7-14)$$

式中,W 是耗散功率;f 是电磁波频率;E 是电场波动的强度;ε 是介电常数;$\tan\delta$ 是损耗角正切值。基于这一原因,非常重要的一点就是要采用介电常数和损耗角正切值尽可能低的材料,特别是在高频频段。一般而言,介电常数 ε 和损耗角正切值 $\tan\delta$ 都是电磁波频率的函数,因此选择材料时要考虑材料在不同的频率范围的电磁波透射特性。相对便宜的解决方案就是采用玻璃钢材料,但要注意聚酯树脂与 E 型玻璃纤维形成的玻璃钢材料对测量频率超过 10 GHz(X 波段)是无用

的,而石英玻璃纤维与氰基聚酯树脂形成的玻璃钢材料在 Ku 波段之外依然还是有效的。

真空舱内所有用于支撑推力器及其设备的组部件都必须采用环氧树脂/S 玻璃或有机玻璃(胶质玻璃)或者其他电磁波透明材料。另外,除被测推力器,所有在真空舱内的组部件都要按照不能产生电磁干涉的原则进行设计。通常推力器的供电和工质供给的连接法兰采用有机玻璃材料。用于连接法兰的钢螺栓需要由绝缘塑料材料取代,但要确保真空度满足试验要求,以最大限度地排除对电磁辐射特性测量的干扰。

显然,很难避免所有位置不用导电材料(如真空泵和阀门等),因此在推力器安装之前,要根据需要对真空舱等设备在关注频段的电磁波吸收和发射特性进行标定。特别是对于采用一个小型透波舱与大型传统真空舱连接组合的试验系统,必须测量两舱连接口处的金属舱壁电磁反射特性,以便在试验数据后处理中进行扣除。同时,透波真空舱需要放置在电磁屏蔽暗室之中,通过常规的无反射结构将透波舱、被测设备和接收传输仪器设备等全部包围在屏蔽暗室内(这可以参考相关的 EMI/EMC 标准,EMI 指电磁干扰)。

目前电推进电磁辐射特性测量技术发展得还不是十分成熟,国际上还没有形成通用的标准规范,需要在今后的实践中不断研究发展和完善。因此,本章根据国内外技术发展现状,主要介绍电推进科研实践中已经采用的三种电磁辐射测试方案: ① 透波副舱测试方案;② 真空舱覆盖吸波材料测试方案;③ 直接真空舱测试方案。

7.3.1　透波副舱测试方案

透波副舱测试方案是通过将电推力器置于具有透射电磁波的真空副舱中,这样既保证了电推力器工作所需要的真空条件,又使得其辐射的电磁波信号能够被舱外检测设备检测到。典型的测试方案如美国 Aerospace 公司采用的透波副舱试验装置,如图 7-4 所示。该装置是在一套直径 2.4 m、长 9.8 m 的真空舱中增加一个直径 1.25 m、长 1.5 m 的透波副舱,该副舱位于电磁半屏蔽暗室测试间,并在主舱的推力器羽流作用的舱段增加防电磁波反射的措施[10]。

该测试装置由四个组成部分: ① 用于推力器安装的透波舱,这个玻璃纤维副舱与不锈钢真空舱相互匹配;② 电磁半屏蔽暗室,包围着透波副舱,目的是屏蔽外部背景噪声;③ 铝锥,在主舱推力器羽流作用区设置铝锥阵列,单个铝锥高 0.6 m;④ 记录推力器辐射发射情况的标准接收器。

目前这一方案在电推进系统研究中应用较多,如欧洲的 SMART-1 月球探测器的 PPS 1350-G 霍尔电推进系统、美国空军 TechSat21 的 BHT-200 电推进系统、国内的 HET-80 和 LIPS-300 电推进系统等。

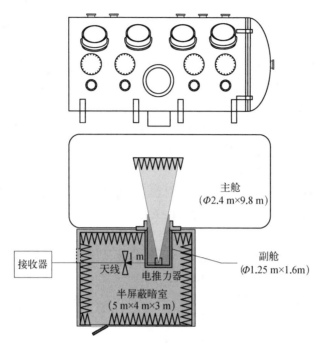

图7-4　美国Aerospace公司电磁兼容测试设备[10]

7.3.2　真空舱覆盖吸波材料测试方案

真空舱覆盖吸波材料方案搭建示意图如图7-5所示,首先在真空室舱壁覆盖吸波材料(不影响真空度),然后将电推力器置于真空舱中,让电推力器正常点火工作,这样推力器的辐射发射就可以在真空条件下使用专用设备进行测量。

真空舱覆盖吸波材料方案既可以满足电推力器工作的真空条件,又实现了在消声屏蔽室内测量电推力器电磁辐射发射的任务需求。但是在技术方面存在两个

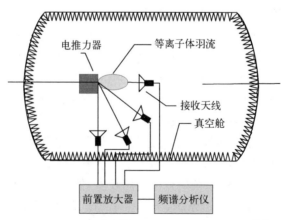

图7-5　真空舱覆盖吸波材料方案搭建示意图[11]

困难:① 宽频带吸波材料(10 kHz~40 GHz)难以获得;② 吸波材料出气严重,难以达到电推力器工作时需要的真空度[11]。另外,电推力器工作时产生的等离子体羽流污染、电荷交换离子,这些离子及微粒附着在测试天线和测试接收设备表面可能会影响其性能和测试精度。目前这种测试方案在国内外电推进研究领域应用较少,随着材料技术的进步,以及真空抽气能力的发展,这种方案的实用性会逐渐得到加强。

7.3.3 直接真空舱测试方案

直接真空舱测试方案就是将推力器安装在金属真空舱内,按照 MIL－STD－461C 标准将各种测试天线放置在真空舱内进行测试。电磁兼容试验设备包括一个大型的天线台,推力器的辐射发射在真空条件下用专用设备测量。推力器安装在真空舱中部的轴线上,在距推力器喷口中心 1 m 处的后半球面安放一个大型的天线阵测试平台。为了防止等离子体对天线的污染,需要制作一个大型防护罩包绕在天线周围。这种测试方案配置相对简单,也易于实现,但效果需要特别分析和评估,以确保测试结果的有效性。

20 世纪 90 年代美国国家航空航天局路易斯研究中心采用直接真空舱测试方案对俄罗斯 SPT－100 推力器的电磁兼容性能进行了测试。试验在直径 4.6 m、长 18.3 m 无吸波层的金属真空舱内直接进行,推力器工作区有效长度 8.1 m,如图 7－6 所示[12]。美国国家航空航天局路易斯研究中心按照美军标 MIL－STD－

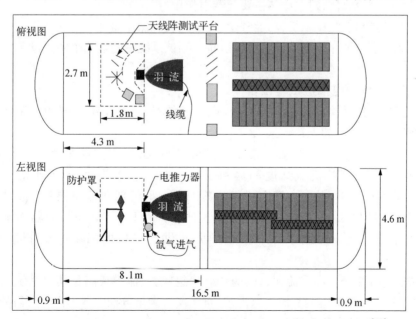

图 7－6　美国国家航空航天局路易斯研究中心直接真空舱测试方案[12]

461C 对 SPT－100 进行了多项电磁兼容测试,包括 CE01、CE03、RE01 和 RE02,其中辐射发射测试范围 14 kHz~18 GHz。

以上介绍的三种测试方案中,透波副舱测试方案是目前国内外普遍采用的方案。下面将主要基于透波副舱的测试方案,介绍测试系统配置和试验方法。

7.4　典型系统配置

电推进电磁辐射特性测试平台搭建及测试系统配置往往具有以下特性:

（1）测试对象不仅要考虑推力器,还应当考虑电推进系统。

（2）推力器能够稳定和正常工作是确保测试顺利开展的必要条件。

（3）测试依据和标准是测试结果准确性和有效性的重要保障。

（4）测试设备模块化、集成化程度高,且要具备功能、性能齐全等特点。

电推进电磁辐射特性测试设备主要由地面电推进试验设备、透波副舱、电磁半屏蔽暗室、铝锥吸收体和电磁辐射测试系统四部分组成。此外,结合电推进产品特性,电磁辐射特性测试设备各组成部分要求如下:

（1）地面电推进试验设备,能够满足电推进产品稳定和正常工作时对电源输出、推进剂供给和真空度环境要求。

（2）透波副舱,由绝缘材料制造,且有较高的电磁波透射率。

（3）电磁半屏蔽暗室,能够对外界电磁干扰环境进行有效屏蔽。

（4）铝锥吸收体,对电磁波主要起散射作用。

（5）电磁辐射测试系统,功能齐全、性能优良和操作简易。

下文分别详细介绍电推进电磁辐射特性测试系统中的这几个主要设备。

7.4.1　地面电推进试验设备

地面电推进试验设备由真空系统、电源系统、推进剂供给系统和控制系统构成,设备各系统特性如下:

（1）真空系统。由真空主舱和真空机组组成,真空主舱采用不锈钢材质制造而成,有较高的机械强度和热稳定性,例如,上海空间推进研究所真空主舱尺寸为 $\Phi 4.0 \text{ m} \times 9 \text{ m}$;真空机组由螺杆泵、罗茨泵和低温泵组成,对氙气抽速可达 14 900 L/s,真空室工作压力小于等于 5×10^{-3} Pa(电推力器额定工作流量条件下),流量控制单元下游至推力器供气接口的漏率应小于等于 1×10^{-5} Pa·m^3/s。

（2）电源系统。由交流和直流两个模块组成,交流模块满足其他系统和测试仪器的 380 V/220 V 三相交流供电需求;直流模块满足电推力器工作时所需的直流供电需求,功率输出能力按不同推力器供电要求配置。

（3）推进剂供给系统。一般氙气推进剂流率输入调节范围为 0~100 sccm，精度为 3% F.S.。

（4）控制系统。采用本地和远程控制两种方式，可自动采集测试数据和真空度信号，并通过可编程逻辑控制器（PLC）进行电源系统、真空容器、真空机组和推进剂系统的操作。

7.4.2　透波副舱

透波副舱既要满足透波率要求，又要达到和主舱组装后的系统极限真空度要求，而且必须具有良好的外压稳定性和耐热性。透波副舱的功能和性能要求主要体现在如下几个方面：

（1）提供与金属主真空室连接的接口。

（2）在工作条件下的结构强度应满足 3 倍安全系数要求。

（3）与真空主舱连接后的系统极限真空度优于 5×10^{-4} Pa。

（4）在大于等于 120 ℃ 工作环境温度下，保证结构的稳定性和密封性。

（5）频率为 1 GHz 以下的透波率不小于 80%，1~3.5 GHz 的透波率不小于 75%，3.5~5 GHz 的透波率不小于 70%。

透波副舱使用介电性能优良的 S 玻璃纤维（主要成分为 SiO_2、Al_2O_3 和 MgO）增强基复合材料玻璃纤维材质制造，采用蜂窝夹层板结构，具有机械强度高、高温下疲劳极限高、高电磁波透射率和保压性优于 10^{-5} Pa 等优点。透波副舱制造和加工时需考虑材料真空出气问题，既能确保电推力器在其内部稳定工作，同时对试验环境也不造成影响。透波副舱实物如图 7-7 所示，通常为圆柱形结构。一端面为球形封头，另一开口端面通过活套法兰与主真空舱连接。透波副舱舱体最大外形尺寸为 $\varPhi$854 mm×1 713 mm。

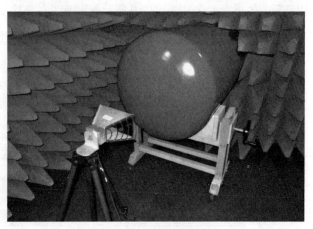

图 7-7　透波副舱实物

7.4.3　电磁半屏蔽暗室

电磁半屏蔽暗室由屏蔽主体、屏蔽门、吸波材料、透波舱口、暗室轨道、移动平台、暗室附属配套系统组成。屏蔽暗室采用镀锌钢板,可以将内外两侧的电磁波进行隔离,为测试提供一个相对干净的电磁辐射空间;屏蔽暗室具有良好的全反射地面,四壁及顶板装有吸波材料,在工作频段内可以对电磁波进行吸收,使室内基本保持无反射,模拟开阔场的测试条件。电磁半屏蔽暗室如图 7-8 所示,该屏蔽暗室是一座满足 GJB 151B—2013 一米法电磁兼容测试暗室。

图 7-8　电磁半屏蔽暗室

7.4.4　铝锥吸收体

在真空主舱的中部设置一铝锥吸收体(称为"屏风"),铝锥吸收体上挂有铝制角锥,铝锥体上涂有石墨,石墨层厚度 $60\sim80\ \mu m$,铝锥吸收体的尺寸可根据不同真空舱的尺寸进行匹配设计。在真空环境中,电磁波没有传输损耗,在几千赫兹到几十兆赫兹的频率范围内,在真空主舱中设置铝锥吸收体对电推力器发出的电磁波信号主要起散射作用。真空主舱内铝锥吸收体布置示意图如图 7-9 所示,铝锥吸收体实物如图 7-10 所示。

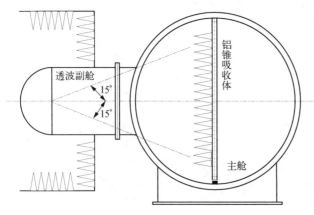

图 7-9　真空主舱内铝锥吸收体布置

图 7-10　铝锥吸收体实物

7.4.5　电磁辐射测试系统

电推力器电磁辐射测试系统主要由不同频段的天线、前置放大器、测量接收机、频谱分析仪、示波器、线路阻抗稳定网络(LISN)、测试电缆组件等设备组成。其中接收天线根据试验任务和需求,按照试验要求和测量标准进行配置,如表 7-1 所示。

表 7-1　参试设备列表

序号	名称	备注
1	有源杆天线	10 kHz~30 MHz
2	双锥天线	30~300 MHz
3	对数周期天线	80 MHz~1 GHz
4	双脊喇叭天线 1	1~18 GHz
5	双脊喇叭天线 2	18~40 GHz
6	无源环天线	30 Hz~50 kHz
7	测量接收机	10 kHz~40 GHz
8	前置放大器	30 MHz~40 GHz
9	频谱分析仪	10 kHz~40 GHz
10	示波器	扫描频率 500 MHz
11	LISN	去耦

7.5　试验方法

7.5.1　试验布局

上海空间推进研究所 HET-80 电推力器采用透波副舱测试方案,电磁半屏蔽暗室连接在透波副舱外,所有测试在电磁半屏蔽暗室中进行。其中,电推力器置于透波副舱内,接收天线布置于透波副舱外的电磁半屏蔽暗室内。

电推力器安装在透波副舱的中轴线上,电推力器后部靠近一侧舱壁,保证羽流有一定的喷射空间。设计加工专用的转接法兰,用来连接气路和电路到舱内。电推力器的供气通过地面流量控制器进入真空舱内管路,供电即可以用地面电源,也可以用功率处理单元直接供电,功率处理单元可以放置在真空舱内与推力器同时进行辐射发射测试。由于电推力器产生的羽流是带电粒子束流,为了防止羽流溅射到主舱舱壁上和防止测试时信号反射作用,需在真空主舱中放置一排铝锥。

天线位于以推力器出口平面中心为圆心、半径为 1 m 与推力器轴线在同一水平面上的 180° 圆弧上。具体测量位置分别位于与推力器出口平面夹角为 90°、180°（或 0°）处。电推力器电磁辐射发射特性测试方案示意图如图 7‐11 所示。

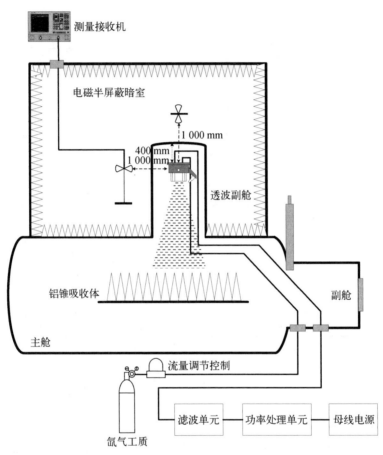

图 7‐11　电推力器电磁辐射发射特性测试方案示意图

7.5.2　试验流程

RE102 是测量 10 kHz~18 GHz 频段来自电推力器及电源线和互连线的电场泄漏，测试要求在半电波暗室中进行，以排除外界电磁环境的影响。在整个测量频段，需由四副天线覆盖，不同频段需更换测量天线，分别为无源环天线（30 Hz~50 kHz）、有源杆天线（10 kHz~30 MHz）、双锥天线（30~300 MHz）、对数周期天线（80 MHz~1 GHz）和双脊喇叭天线 1（1~18 GHz）、双脊喇叭天线 2（18~40 GHz）（对 30 MHz 及以下频率，天线取垂直极化方向测试；对 30 MHz 以上的频率，天线应取水平极化和垂直极化两个方向分别测试)。

正式测试前,应对环境电磁场进行测量,先切断电推力器电源,对所关心的频段进行扫描,检查环境电平是否在极限值以下,一般要求环境电平低于极限值 6 dB,若有超出,则予以记录,以便在正式测试时剔除。

测试时,由测量软件控制接收机选择符合测量标准要求的测量频段、检波方式、带宽等参数,在测量频段内从低到高测量每一频点可能有的干扰信号场强大小,被测场强 $E(\mathrm{dB\mu V/m})$ 可由接收机接收的端口电压 $U(\mathrm{dB\mu V})$ 加上天线系数 $\mathrm{AF}(\mathrm{dB/m})$ 得到。

电推力器辐射发射特性测试包括稳态辐射发射和瞬态辐射发射特性测试。瞬态辐射发射特性测试分为频域和时域两种瞬态辐射发射特性测试。下面分别介绍这两种测试流程。

1. 电推力器稳态辐射发射测试

电推力器稳态辐射发射测试要求在半屏蔽暗室内进行测量,这样可以排除外界环境的干扰,确定被测件的电场辐射发射频谱。因此,首先进行实验室场地的电磁环境测量,然后进行电推力器额定工况下电场辐射发射测量。通过背景和实际工作时两种工况的比较来确定电推力器的电场辐射发射。

在重点接收带,需多次重复进行测试明确在带内的接收频谱,当在接收带内发现有异常的频谱时,重新确认背景环境中的发射频谱。该测试系统用来接收电推力器工作时产生的电磁辐射信号,判断推力器工作时对应用平台敏感器件的电磁干扰程度。电推力器稳态辐射发射测试和接收系统示意图如图 7－12 所示。

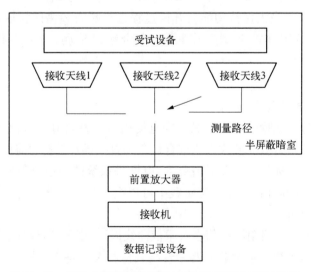

图 7－12 电推力器稳态辐射发射测试和接收系统示意图

2. 电推力器瞬态辐射(频域和时域)发射测试

电推力器瞬态发射需对阴极加热、推力器放电瞬间产生的不同频谱发射进行测试。由于测试场地是在屏蔽暗室的环境下进行的,因此首先需要对测试场地的电磁环境背景进行测量,通过背景和实际工作时的比较来对被测对象的辐射特性进行定性的分析。每个动作需重复多次,以捕捉瞬态频域信号。

频域测量方法是采用天线接收,频谱仪作为接收机,频谱仪采取最大保持的状态进行数据的采集,扫描时间一般为 100 ms。时域测量采用有源杆天线接收,示波器作为接收机,通过电平触发的方式进行瞬态波形抓取。在推力器没有任何动作的情况下,在有源杆天线接收到的主要干扰为 50 Hz 市电,因此示波器供电需经过隔离变压器。瞬态电场辐射发射测量框图如图 7 - 13 所示。

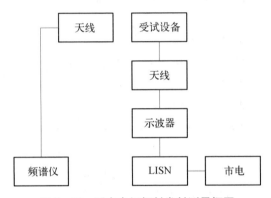

图 7 - 13　瞬态电场辐射发射测量框图

推力器由关闭到正常工作有阴极加热、点火电源开、阳极电源加压等瞬态动作。利用频谱仪的最大保持功能对开机过程进行瞬态频谱的抓取。频域测试主要针对星载设备工作的典型工作频段,在全频段检测,应无不符合性和超标频点。

7.5.3　数据处理与分析

获取电推进系统稳定工作情况下的电场辐射发射幅值,是判断和评估航天器上的灵敏接收机是否会受接收天线耦合设备和直接耦合干扰的前提。

图 7 - 14 是国标规定的极限值要求,电推进系统的稳态辐射发射特性测试选择一般空间系统的限值,具体工程实践中可根据不同航天器平台提供的稳态辐射测试限值进行分析。

若电推力器辐射发射测量值在极限值曲线以下,则测试合格,表明电推进系统产生的电磁辐射干扰不会对航天器平台内其他相关设备产生影响,同时也可推算得到远场辐射能量。

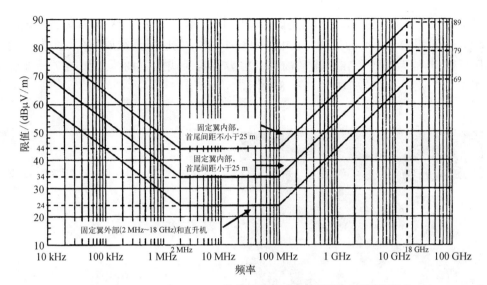

图 7-14　GJB 151B—2013 电推力器稳态辐射发射测试限值要求

瞬态辐射发射特性测试是为了获取电推力器开关通断瞬变过程的辐射发射幅值。其极限值可参考国军标 GJB 151B—2013 的限值。

若辐射发射幅值满足限值要求,则开关引起的瞬变辐射发射一般不会对其他设备造成危害;若不满足极限值要求,则开关工作过程中会对系统内的敏感设备造成干扰,引起系统或部分设备的性能降级。

测试完成后应提供 Microsoft Word 软件 DOC 格式或 Adobe Acrobat 软件 PDF 格式的电子文档。其他要求包括:

(1)绘制幅值与频率的关系曲线。

(2)在曲线上显示适用的限值曲线。

(3)列出所需的超过限值的频率、幅值、超标量、极化方向及其工作状态。

7.6　试 验 案 例

7.6.1　SPT-100 霍尔推力器电磁辐射特性试验

20 世纪 90 年代美国弹道导弹防御组织(BMDO)、美国国家航空航天局路易斯研究中心和喷气推进实验室通过当时的国际空间技术公司(ISTI)购买了俄罗斯火炬机械制造设计局的 SPT-100 推力器,美国国家航空航天局路易斯研究中心对推力器的性能进行了综合评估,其中包括推力测试、振动、磁场耦合特性、推力器羽流与航天器的相互作用、电磁干扰、光学诊断、5 000 h 寿命试验和 6 000 次热循环试验。

SPT-100 电推进电磁兼容试验是在美国国家航空航天局格林研究中心 VF-6

真空舱内进行的(舱体长 70 ft,直径 25 ft,如图 7－15 所示),天线都安装在距离 SPT－100 推力器 1 m 的位置。其中 1~18 GHz 的双脊喇叭天线放置在推力器羽流区后部,其他天线放置在羽流区前部。推力器与天线放置的位置如图 7－16 和图 7－17 所示,测试波形如图 7－18 和图 7－19 所示。

图 7－15　美国国家航空航天局格林研究中心 VF－6 环境模拟设备

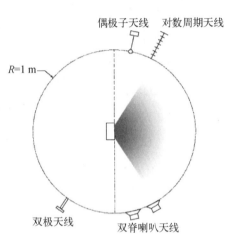

图 7－16　测试中天线放置的位置[13]

图 7－17　测试过程中真空舱内部天线布置图[13]

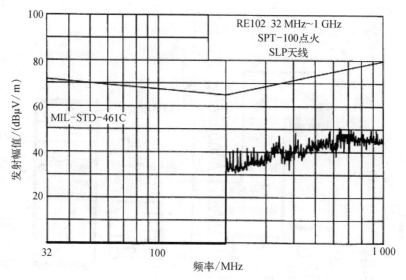

图 7 - 18　1 GHz 以下的测试波形[13]

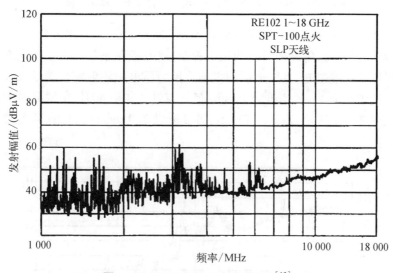

图 7 - 19　1 GHz 以上的测试波形[13]

7.6.2　RIT - 10 离子推力器电磁辐射特性试验

ARTEMIS 卫星配套的 RIT - 10 离子推力器辐射发射试验是在位于慕尼黑的 DASA/MBB 实验室中进行的。电磁兼容试验设备分为电磁干扰室和控制室。电磁干扰室尺寸为 16 m×11.5 m×6.6 m,该结构是采取了对外屏蔽以及内壁装有吸波材料的电波暗室。推力器安装在置于电波暗室中的圆柱形玻璃真空室中,真空室垂直安装在一台涡轮分子泵上,如图 7 - 20 所示。圆柱形玻璃真空室长 1 m,内径 0.4 m,对电场和磁场没有屏蔽作用。

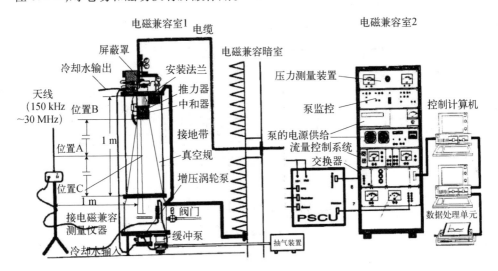

图 7 - 20   RIT - 10 离子推力器电磁兼容设备布局示意图[14]

控制室结构尺寸为 5.1 m×4.6 m×3.0 m,供电电源、真空测量系统、控制单元和测量数据处理系统等地面设备均位于控制室中,控制室与电磁干扰室之间的连接电缆采取了屏蔽措施,且屏蔽层均接地。推力器电磁辐射发射测量天线距离推力器引束流中心为 1 m。当推力 10 mN、氙气流量 2.9 sccm 时,位置 B 宽带测试辐射特性如图 7 - 21 所示,当推力 15 mN、氙气流量 3.9 sccm 时,位置 B 宽带测试辐射特性如图 7 - 22 所示。

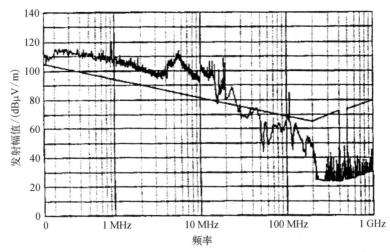

图 7 - 21   推力 10 mN、氙气流量 2.9 sccm 位置 B 宽带测试辐射特性[14]

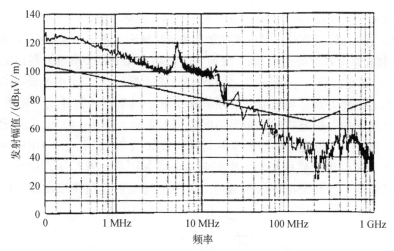

图 7－22　推力 15 mN、氙气流量 3.9 sccm 位置 B 宽带测试辐射特性[14]

7.6.3　HET－40 和 LIPS－200 电磁辐射特性试验

国内于 2008 年开展 SJ－9A 卫星平台的 HET－40 霍尔电推进系统和 LIPS－200 离子电推进系统电磁兼容测试工作。测试内容基于 GJB 151A—1997 的推力器电场辐射发射测试和功率处理单元的传导发射测试，频段分别为 10 kHz~5 GHz 和 10 kHz~10 MHz。HET－40 和 LIPS－200 电推进系统电磁兼容测试在兰州空间技术物理研究所 TS－6 设备上进行，区别于常规的电磁兼容测试条件，此次测试是在无屏蔽暗室的环境下进行的，如图 7－23 所示。

图 7－23　SJ－9A 电磁兼容测试用的 TS－6 真空设备[15]

　　电磁兼容测试设备主要由三部分构成：① 透波副舱用于容纳 HET-40 和 LIPS-200 推力器，具有较高的电磁波透射率；② 地面电推进试验设备，由电源、推进剂、控制和真空系统等构成，能够保证 HET-40 和 LIPS-200 推力器稳定和正常工作；③ 电磁兼容测试系统，由天线、LISN、电磁干扰接收机等相关设备构成，用于测量和记录推力器电场辐射发射幅值和功率处理单元的传导发射幅值。无电波暗室环境下的电磁兼容测试布局如图 7-24 所示。HET-40 推力器额定工况下 90°和 180°两个位置电场辐射发射测试曲线如图 7-25 所示。HET-40 模拟负载接收天线在 0°位置电场辐射发射测试曲线如图 7-26 所示。LIPS-200 分别使用真实推力器和模拟负载在额定工况下电场辐射发射测试曲线如图 7-27 所示。

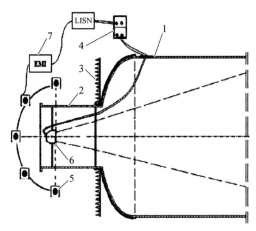

图 7-24　无电波暗室环境下的电磁兼容测试布局[15]

1. 真空容器；2. 绝缘介质真空容器；3. 吸波材料；4. 功率处理单元；5. 接收天线；6. 推力器；7. 接收机

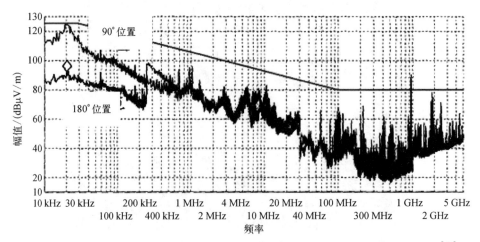

图 7-25　HET-40 推力器额定工况下 90°和 180°两个位置电场辐射发射测试曲线[16]

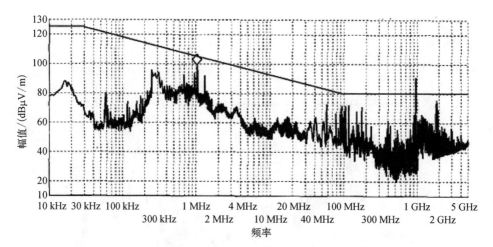

图 7 - 26　HET - 40 模拟负载接收天线在 0°位置电场辐射发射测试曲线

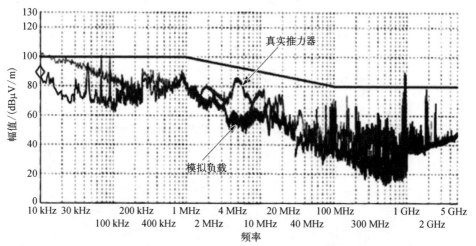

图 7 - 27　LIPS - 200 分别使用真实推力器和模拟负载在额定工况下电场辐射发射测试曲线[17]

7.6.4　HET - 80 和 LIPS - 300 电磁辐射特性试验

2014 年 HET - 80 霍尔推力器和 LIPS - 300 离子推力器的电磁辐射特性测量采用的是透波副舱测试方案,具体系统配置和试验方法在 7.4 节和 7.5 节已详细介绍。推力器安装在玻璃纤维复合材料透波副舱内,副舱与真空主舱相连。测试各个频段电磁辐射的接收天线布置在透波副舱外,推力器和天线完全处于电磁屏蔽暗室内部。

按图 7 - 11 进行天线布置,按 7.5.2 节试验流程进行两款推力器的稳态辐射特性测试和瞬态辐射特性测试。鉴于测试数据量较大,这里只给出 10 kHz ~ 300 MHz+x 方向垂直极化的电磁辐射扫描频谱图。HET - 80 稳态电磁辐射特性如图 7 - 28 和图 7 - 29 所示,瞬态电场发射特性如图 7 - 30 和图 7 - 31 所示;LIPS -

300 稳态电磁辐射特性如图 7 - 32 和图 7 - 33 所示,瞬态电场发射特性如图 7 - 34 和图 7 - 35 所示。

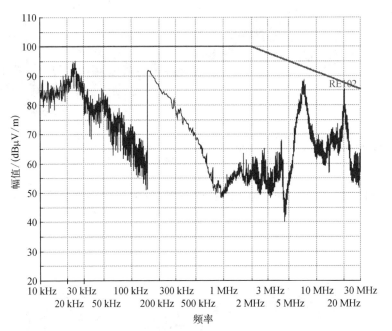

图 7 - 28　HET - 80 10 kHz~30 MHz 稳态辐射特性测试结果[18]

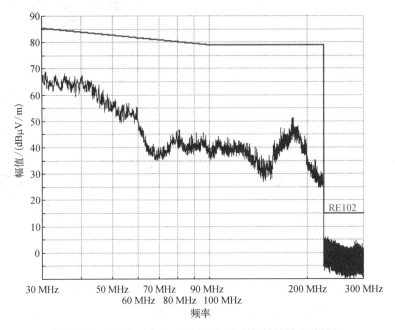

图 7 - 29　HET - 80 30~300 MHz 稳态辐射特性测试结果

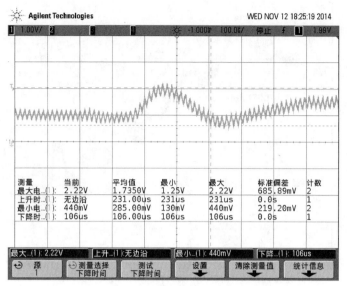

图 7-30　HET-80 瞬态辐射特性测试结果 1[19]

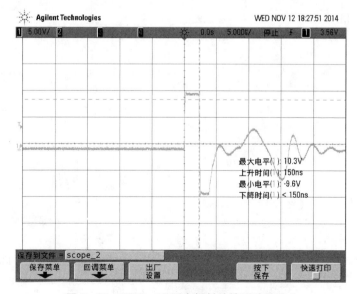

图 7-31　HET-80 瞬态辐射特性测试结果 2

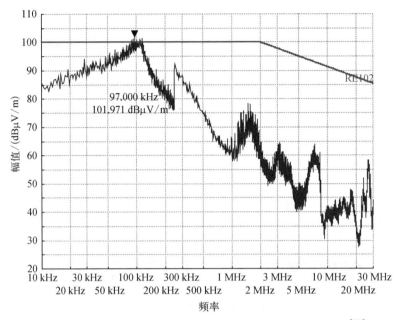

图 7 - 32 LIPS - 300 10 kHz~30 MHz 稳态辐射特性测试结果[20]

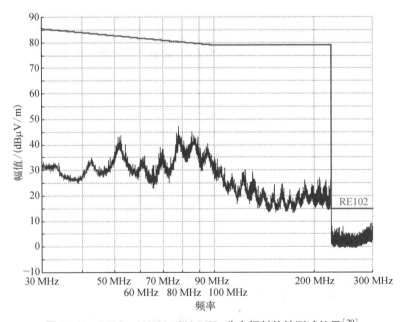

图 7 - 33 LIPS - 300 30~300 MHz 稳态辐射特性测试结果[20]

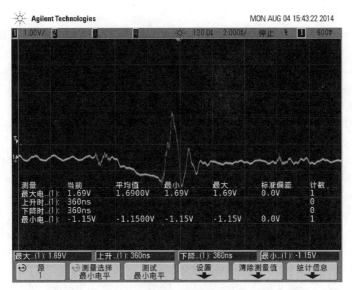

图 7-34　LIPS-300 瞬态辐射特性测试结果 1 [20]

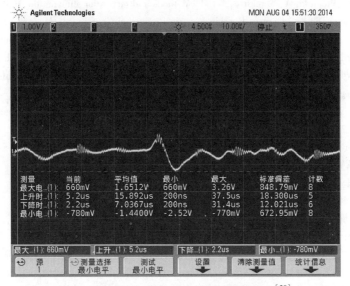

图 7-35　LIPS-300 瞬态辐射特性结果 2 [20]

参考文献

[1]　Ohler S, Gilchrist B, Gallimore A. Microwave plume measurements of an SPT - 100 using xenon and a laboratory model SPT using Krypton. AIAA Paper 1995 - 2931.

[2]　康小录. 等离子体隐身技术及其航天应用. 航天高技术青年学术研讨会, 秦皇岛, 2000.

[3]　Celik M, Martinez-Sanchez M. Plume Eﬁects on radiation detection by spacecraft. IEPC -

2005 - 193.

[4] Choueiri E Y. Characterization of high-efficiency, high-Specific impulse xenon Hall thrusters. NASA/CR - 2004 - 213099.

[5] Yamamoto N, Yokota S, Watanabe K, et al. Suppression of discharge current oscillation in a Hall thruster. Transcations of the Japan Society for Aeronautical and Space Sciences, 2005, 48 (161): 169 - 174.

[6] Boeuf J P, Garrigues L. Low frequency oscillations in a statinary plasma thruster. Journal of Applied Physics, 1998, 84(7): 3541 - 3554.

[7] Darnon F, Garrigues L, Boeuf J P, et al. Spontaneous oscillationa in a Hall thrusters. The 42nd AIAA/ASME/SAE/ASEE Joint Propulsion Conference & Exhibit, Sacramento, 2006.

[8] Morozov A I, Esipchu R V, Kapulkin A M. Effect of the magnetic field on a closed-electron-drift accelerator [J]. Soviet physics-Technical physics, 1972: 482.

[9] Beiting E J, Garret M L, Pollard J E. Spectral and temporal characteristics of electromagnetic emissions from the BPT - 4000 Hall thruster. The 42nd AIAA/ASME/SAE/ASEE Joint Propulsion Conference, Sacramento, 2006.

[10] Beiting E J, Pollard J E, Khayms V, et al. Electromagnetic emissions to 60 GHz from a BPT - 4000 EDM Hall thruster. International Electric Propulsion Conference, Toulouse, 2003.

[11] Kim V, Plokhikh A, Sorokin A, et al. Methods and means for studying the Hall thrusters self-radiation. The 2nd German-Russian Electric Propulsion Conference, Moscow, 1993.

[12] Plokhikh A P, Vazhenin N A, Soganova G V. Methods for investigating the influence of self-induced electromagnetic emission of electric propulsions upon the sensitivity characteristics of onboard radio systems of spacecrafts. Research Institute of Applied Mechanics and Electrodynamics. IEPC - 01 - 257.

[13] Hreha W, Singh R, Sun L L, et al. SPT interference assessment in communication satellites. AIAA 2004 - 3216.

[14] Muller H, Kukies R, Bassner H. EMC test on the RITA ion propulsion assembly for the ARTEMIS Satellite. AIAA 1992 - 3208.

[15] 杨福全,顾左,张华,等. 20 cm 离子推力器电磁辐射试验研究. 航天器环境工程,2010,27 (5): 655 - 658.

[16] 于博,张敏,余水淋,等. 霍尔推力器羽流对 S 波段电磁波的衰减研究. 中国空间科学技术,2019,39(5): 19 - 27.

[17] 杨福全,顾左,张华,等. 20 cm 离子推力器羽流对微波通信影响的实验研究. 航天器环境工程,2012,29(1): 79 - 82.

[18] 张敏,邱刚,乔彩霞,等. 霍尔推力器电磁辐射测量方案研究. 火箭推进,2015,41(2): 108 - 113.

[19] 张敏,邱刚,康小录. 霍尔推力器羽流对航天器通讯影响研究. 第十一届电推进会议,北京,2015.

[20] 李博,李莉,张玉廷. 星载离子推力器电磁辐射发射特性研究. 安全与电磁兼容,2017, (2): 29 - 32.

寿命试验篇

第8章
电推力器寿命试验

8.1 概　述

电推力器可以执行航天器多种在轨推进任务,其中位置保持需要电推力器定时开、关反复循环工作,直到累计次数、工作时间达到任务要求;而对于轨道转移的主推进任务,就需要电推力器连续长时间工作,因此电推力器寿命包括工作次数和工作时间,工作时间也可用总冲来表征。

卫星平台向大型化和全电化方向发展,对电推力器提出了更长寿命和更高总冲的要求。电推力器能否在空间完成上述任务,就需要在地面模拟环境对工作寿命指标进行 1∶1 全周期考核,工程上,出于任务可重复性的不同要求,工作寿命指标可以规定为实际性任务要求寿命的 1.2~2.0 倍,以保证其长时间工作性能满足任务需求。考虑到电推力器寿命试验时间长,试验成本昂贵,国际上也采用数学模型来预估电推力器寿命,在已有的地面寿命试验数据基础上建立寿命预估模型的半经验方法是较为成熟的方法。因此,对于任何一款新研电推力器,在地面开展全周期 1∶1 工作寿命考核试验是基础试验,也是后续同类推力器寿命预估的依据。工作寿命试验考核对象包括电推力器和空心阴极。一般地,为降低电推力器寿命试验的技术风险,应先完成空心阴极寿命试验验证,再进行电推力器单机的寿命试验验证。

目前,离子推力器和霍尔推力器是空间应用最多的电推力器,也是地面工作寿命试验最多的电推力器。离子推力器主要包括电子轰击式离子推力器(Kaufman型)、射频离子推力器和电子回旋共振离子推力器等。美国对电子轰击式离子推力器研究得最多,研制成功多款推力器,并对其开展了工作寿命考核验证,应用于波音 601 和 702 平台的 XIPS－13 和 XIPS－25 离子推力器分别进行了 21 058 h 和 13 370 h 的工作寿命考核[1];2004 年美国喷气推进实验室对 NSTAR 离子推力器完成了累计 30 352 h 的寿命扩展试验,消耗推进剂 235 kg[2];2005 年美国喷气推进实验室对采用石墨栅极的 NEXIS 高功率离子推力器进行了 2 000 h 试验[3];2017 年美国国家航空航天局格林研究中心完成了 NEXT 共 51 184 h 寿命试验,消耗推进剂 918 kg[4]。其他国家也开展了离子推力器的寿命考核,例如,俄罗斯克尔德什研究中心研制的 IT-500 推力器进行了 285 h 寿命试验,通过寿命预估方法证明其寿命满足大于 20 000 h 的要求[5]。英国 QinetiQ 公司的 10 cm T5 离子推力器执行欧洲航天局的 GOCE 任务累计工作了 36 000 h[6],我国兰州空间技术物理研究所开展了 LIPS-200 离子电推进系统地面 1∶1 长寿命考核试验,累计工作时间达到 12 000 h、6 000 次开关机[7]。德国阿斯特里姆(Astrium)公司的 10 cm 射频离子推力器 RIT-10 在地面最终验证寿命超过 20 000 h,其最新型号 RIT-22 于 2007 年完成 5 000 h 试验[8]。日本完成了电子回旋共振离子推力器共 18 000 h 的寿命试验[9]。表 8-1 给出了国内外主要离子推力器的寿命试验情况。

表 8-1　国内外主要离子推力器寿命试验情况

推力器	平台	功率/kW	寿命试验时长/h	累计点火次数	寿命试验时间
RIT-10	ARTEMIS 卫星	<459 W	20 000	>5 000	2002 年 10 月
XIPS-13	波音 601HP	0.5(Q1)	16 146	3 275	早于 2006 年
		0.5(Q2)	21 058	3 369	
XIPS-25	波音 702	4	2 680	324	2005 年 12 月结束
		2	13 370	13 810	
NSTAR (XIPS-30)	深空一号	1.5、2.3(飞行 FT1)	16 265	—	2001 年
		0.52~2.33(备份 FT2)	30 352	—	2003 年
T5	Artemis 卫星	0.04~0.2	36 000	—	2012 年 12 月
NEXT	—	0.5~6.9	51 184	40 000	2014 年 2 月结束
NEXIS	—	20.4	2 000	—	
IES-12	ETS-8	DM	12 878	3 184	2005 年 10 月
		EM #1	16 041	2 274	
LIPS-200	XX-3B	1.3	12 000	6 000	2017 年
LIPS-300	—	3	1 500	79	2017 年
		5	384		
IT-500	—	17、26.5、33.5	285	295	—

　　霍尔推力器分为磁层推力器和阳极层推力器。这两种形式的推力器于 20 世纪 60 年代由苏联最早开发,但由于阳极层推力器工作时防护环受离子削蚀严重,寿命在地面上未得到充分验证(D-80 推力器在 2.8 kW 下只开展过 1 200 h 寿命试验)[10],限制了其应用(只有 D-55 推力器开展过空间飞行验证试验)[11];而磁层推力器(又称稳态等离子体推力器)经过苏联(俄罗斯)的不断发展,先后发展多种型号样机,成为最成熟、空间应用最多的电推力器形式。20 世纪 90 年代初西方

从苏联引进了霍尔电推进技术并发展出了自己的霍尔推力器,如欧洲航天局 PPS-1350、PPS-5000 推力器,美国的 BPT-4000(XR-5)推力器。俄罗斯和西方对霍尔推力器开展了寿命考核,如俄罗斯火炬机械制造设计局(FAKEL)、俄罗斯克尔德什研究中心、美国喷气推进实验室(JPL)、美国 Aerojet 公司、欧洲 Safran 公司等分别完成了 SPT-100[12]、SPT-140[13]、KM-60[14]、BPT-4000(XR-5)[15]、PPS-1350[16]、PPS-5000[17]等寿命试验。上海空间推进研究所开展了 40 mN、80 mN 霍尔推力器长寿命性能试验,寿命分别突破 2 500 h[18]、8 000 h[19]。表 8-2 给出了国内外霍尔推力器的寿命试验情况。

表 8-2　国内外主要霍尔推进寿命试验概况

推力器	机构	功率/kW	时长/h	次数	时间
PPS-1350	Snecma、FAKEL	1.35(MI)	5 155	5 786	2000 年
		1.35(MQ)	1 550	1 400	2000 年 8 月结束
PPS-1350G	Snecma、FAKEL	1.5	10 530	7 309	2006 年
PPS-1350E	Safran	2.5	6 700	—	2019 年
BPT-4000	洛克希德·马丁航天公司和 Aerojet-General 公司	4.5	10 400	7 316	2010 年
SPT-100	FAKEL	1.35(#05)	7 424	—	早于 1998 年
	FAKEL 和 JPL	1.35(#03)	7 515	6 971	
SPT-140	SSL、FAKEL	3 或 4.5	9 300	>5 400	2019 年
	Maxar	0.9	250	10 371	
		1	250		
		4.5	480		
PPSX000	Safran	5	2 600		2017 年
PPS-5000	Safran	5	>9 000 (计划 16 415)	1 838 (计划 9 415)	2019 年
KM-60	俄罗斯克尔德什研究中心	—	4 120	8 357	2013 年
HET-40	上海空间推进研究所	0.66	2 500		2014 年
HET-80	上海空间推进研究所	1.35	9 240	9 000	2017 年

　　磁等离子体动力推力器由于阴极削蚀问题一直未解决,成为影响其寿命的主要因素,此外,其使用碱金属推进剂对航天器的污染、沉积,大功率下热影响以及冷却方式限制了其空间应用。在 20 世纪 70 年代中期,俄罗斯火炬机械制造设计局曾开展过 500 kW 自感应磁等离子体动力推力器(锂工质)6 000 h 的寿命试验[20]。

　　电推力器寿命试验需要在真空环境下进行,真空舱的真空度、尺寸对推力器寿命试验具有一定影响,应采用无油洁净真空抽气系统,如低温泵、分子泵等。具体试验真空度和真空舱尺寸则应综合考虑电推力器功率、羽流返流、离子溅射沉积等因素来综合确定(可参见第2章)。

另外,电推力器寿命试验周期长、成本昂贵,这就要求真空试验系统必须具有长期稳定可靠运行、自主运行和故障应急处理能力,在试验系统出现故障的情况下,需要对被测电推力器实施安全保护。

电推力器寿命试验一般采用地面电源、地面供气设备,这些试验设备在试验前必须经过合格标检,以确保这些设备运行安全,参数精度符合试验要求。当设备超过有效期后应禁止继续使用,并应及时更换。必要时,也可以用功率处理单元和飞行用贮供系统对电推力器寿命试验进行供电供气,这样也就同时考核了功率处理单元和贮供系统的寿命。

8.2 影响电推力器寿命的因素

电推进类型繁多,不同类型的电推进的寿命影响因素是有区别的,这与其工作原理有关联,下面分别对不同类型电推进寿命影响因素进行介绍。

1. 电热式推进

电热式推进包括电阻加热式推进、电弧加热式推进和微波等离子体电推进等。

电阻加热式推进通过电能加热推进剂,然后由喷管膨胀加速形成推力。其推进剂可使用多种气体(如氢气、氮气、氦气等)或液体(如肼、氨、水等),受材料限制,电阻加热式推力器工作温度不高(低于2 700 K)。电阻加热式推力器的寿命通常由喷管喉部寿命决定。提高推力室压力可以提高性能,但易加速喷管喉部的腐蚀,因此需要优化压力来实现高性能和长寿命的折中。典型的2 kW电热肼增强推力器的总冲为311 000 N·s,对应的寿命为300~400 h[21]。

电弧加热式推进通过直流放电形成高温电弧加热气体推进剂,形成高温等离子体经喷管喷出产生推力。电弧加热式推力器的寿命受电极局部腐蚀和蒸发影响。腐蚀率除了与推进剂和电极材料选取有关,还受压力梯度的影响。通常,在推力器启动和过渡阶段,压力梯度要比稳定工作时大,因此对电极的腐蚀更大。典型的电弧加热式推力器总冲为1 450 000 N·s,寿命可达2 600 h[22]。

微波等离子体电推进与电热式推进、电弧加热式推进相比,结构材料处于较低温度,无烧蚀,喷管处温度稍高,不锈钢便可承受。但它对微波技术依赖性较强,需要高效、长寿命、能频繁启动的微波发生器和耐高温、损耗小的微波接头[21]。

2. 静电式推进

静电式推进可分为霍尔型推进、离子型推进、场发射推进和胶体式推进。霍尔型推进和离子型推进在8.2.1节和8.2.2节详细介绍,此处不再介绍。

　　场发射推进通过强电场使推进剂小液滴带电,带电小液滴在电场作用下加速产生推力。发射针腐蚀是影响场发射式推力器寿命和降低推进剂利用率的主要因素。发射电流对发射针腐蚀起主要作用,一般发射电流越小,发射针腐蚀越少,寿命越长。目前适应任务需求的场发射电推进至少工作几千小时,1.5 μN 铟工质场发射推力器已完成 4 000 h 寿命试验。场发射电推进还需配备长寿命中和器(中和器寿命可达几万小时),以中和喷射出来的金属离子,防止航天器带电。

　　胶体式推进通过在发射极和抽取极之间施加高压静电场,在电场力、表面张力和其他静压作用下,发射极上形成稳定泰勒锥,射流破碎形成带电液滴,再用静电场加速液滴形成推力。其中,离子液体推进是一种特殊形式的胶体电推进,它采用室温可熔盐溶液,通过施加正、反向电场,形成正、负离子或离子团,并加速产生推力。电化学反应是限制推力器寿命的关键因素。电化学反应是指在液体和接触面形成双电层,双电层形成附加电势与在喷头和接触面所施加的电势相反,当附加电势超过液体中某成分的得失电子的电位时,就会发生氧化还原反应,使电极绝缘失效。可采用惰性电极(如铂)或变换电极避免推力器骤然失效,以保障推力器完成预定工作任务。美国 Busek 公司研制的胶体推力器连续工作 2 200 h,10 次开启/关闭,寿命为 3 个月[23]。

　　3. 电磁式推进

　　电磁式推进主要分为脉冲等离子体推进和磁等离子体动力推进。

　　脉冲等离子体推力器采用自感应磁场的等离子体加速器,主要包括同轴电极型、平行平板电极型两种。目前应用较多的是平行平板电极型。平行平板电极型是在平板间采用充电电容供电,采用点火塞激发放电,等离子体在两平板间维持和加速,通过等离子体电流使电容放电,按放电节奏,流量也呈脉冲输出,形成放电电流环感应出强磁场,以洛伦兹力沿板方向加速等离子体形成推力。高品质、长寿命储能电容器和可靠的点火系统会对脉冲等离子体推力器的寿命产生重要影响。目前,脉冲等离子体推力器总冲可达 10^4 N·s 量级,工作次数至 10^7 次量级[21]。

　　磁等离子体动力推力器采用电弧放电使推进剂电离,由洛伦兹力加速离子产生推力,它有两种主要工作机制:洛伦兹力和电流诱导自感应磁场。该推力器电极部件易烧蚀,而且阴极材料易蒸发,从而影响推力器的寿命。

　　目前,离子推力器和霍尔推力器是地面寿命试验次数最多、试验产品种类最多、试验最充分的电推力器,本章主要介绍这两种推力器的寿命试验方法,其他类型的电推力器的寿命试验可以参考这两种推力器的试验方法。

8.2.1　影响霍尔推力器寿命的因素

　　按照前面的电推进分类,霍尔推力器可分为稳态等离子体推力器(或称磁层推力器)和阳极层推力器。这里着重介绍的稳态等离子体推力器即霍尔推力器。

霍尔推力器由霍尔加速器和空心阴极组成(图 8 - 1)。而霍尔加速器由陶瓷放电室、阳极气体分配器、磁路系统等组成,其中放电室是等离子体产生和加速的工作腔,由氮化硼陶瓷材料制成。工作时,阴极发射电子,一部分电子进入放电室,并被磁场俘获,沿磁力线回旋运动,形成"虚拟"凸透镜加速电场,磁力线曲率决定离子喷射方向,大部分离子会沿轴向喷出放电室,但有部分离子往往将直接喷射到陶瓷放电室,使其在离子轰击下产生削蚀剥落。阴极发射另一部分电子进入推力器羽流,中和羽流中的离子,从而形成中性气体喷出。这样,随着工作时间的增加,陶瓷放电室受离子溅射削蚀使其形状发生改变,出口变薄,从性能上,出现推力下降、效率降低、比冲下降、束流发散角增大、等离子体振荡加剧等现象。当最大削蚀厚度大于绝缘放电室壁厚度,溅射到磁极时,通常认为寿命终止。推力器寿命试验一般以推力器性能指标衰减 10% 为寿命终止点[24]。

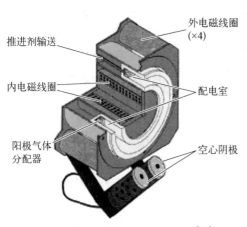

图 8 - 1 霍尔推力器结构示意图[21]

在阴极满足寿命要求的前提下,霍尔推力器寿命的主要制约因素是放电室壁面的削蚀,在霍尔推力器寿命末期,放电室出口壁面被削蚀至暴露磁路部件,推力器工作失稳、性能骤降。放电室壁面的削蚀是等离子体长期溅射放电室壁面的结果,高能等离子体流撞击在陶瓷壁面上,将能量传递给陶瓷壁面上的 B、N 原子,当 B、N 原子的能量超过表面束缚能从壁面飞出,会造成溅射。溅射是等离子体与壁面相互作用的结果。

放电室材料的表面束缚能特性决定了入射离子能否被溅射,不同材料拥有不同的二次电子发射系数,抗溅射能力不同,放电室的材料和形状影响着壁面削蚀。从离子对壁面削蚀的角度,削蚀速率是垂直入射到壁面的离子流 $j_{i\perp}$ 与溅射系数 Y 的函数[25]:

$$\varepsilon = j_{i\perp} Y \qquad (8-1)$$

而 $j_{i\perp}$ 是离子电荷 q_i、离子数密度 n_i 和离子入射到壁面速度的垂直分量 $u_{i\perp}$ 的函数;Y 是离子入射能量 K_i 和入射角度 θ 的函数,即削蚀速率与垂直入射到壁面上离子的总能量有关。

霍尔推力器放电室溅射削蚀过程取决于离子轰击条件,根据分析,本质上和放电室中离子密度、能量和速度分布、离子对壁的溅射能量、溅射角度等有密切关系。而

磁场、壁面鞘层、放电电压和流量等外在条件的
改变影响了上述因素,最终影响了放电室壁面削
蚀。图 8-2 给出了离子溅射放电室壁的过程。

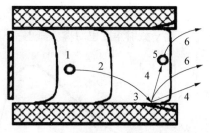

图 8-2　离子溅射放电室壁过程[26]

1. 离子形成;2. 离子在电场加速下撞向
室壁;3. 离子对室壁材料形成溅射;4. 被溅
射的室壁中性粒子从室壁上溅回;5. 被溅射
的中性粒子发生电离;6. 电离后室壁离子被
加速喷出

1. 放电室壁面材料

通常,只有当入射离子能量超过阈值能量才
能打破陶瓷壁材料原子的束缚溅射出壁材
料[27]。对于霍尔推力器,溅射到壁上的最大离
子能量不超过 $0.5\,eU_d$,如放电电压为 U_d–300 V,
即 150 eV 左右。图 8-3 给出了几种材料的与
离子能量 ε_i 有关的溅射系数 S_ε 随入射离子能
量 ε_i 的变化[28],溅射系数 S_ε 在离子能量从
90 eV 到 400 eV 范围内近似满足线性关系:

$$S_\varepsilon = k_\varepsilon \varepsilon_i \tag{8-2}$$

式中, k_ε 为给定材料常数。当能量 ε_i 小于 80 eV 时, S_ε 满足下列关系:

$$S_\varepsilon = A\varepsilon_i^n \tag{8-3}$$

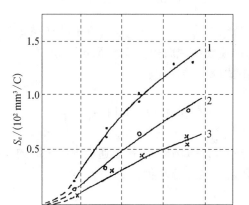

图 8-3　溅射系数 S_ε 随离子能量 ε_i 变化的情况[28]

(1 代表 B–Si–Fe 合金,2 代表 BN,3 代表 Al_2O_3)

2. 入射离子能量分布

入射离子的能量分布也会对溅射产生影响,如果溅射到室壁的离子能量分布
为 $g(\varepsilon)$[29],则离子能量对溅射的贡献为 $g(\varepsilon)S_\varepsilon$。这里涉及入射到壁面上离子的
数密度、速度和能量,它们是影响壁面削蚀速率的主要因素,磁场、放电电压和流量
等外在条件主要改变入射离子能量分布。

3. 离子溅射角度

离子溅射角度也对离子溅射室壁有很大影响,图8-4反映了与离子溅射角度相关

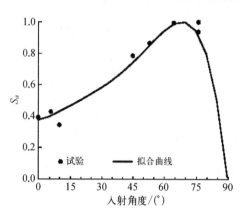

图8-4 溅射系数 $\bar{S}_a$(归一化)随离子溅射角度 α 变化的情况[29]

的溅射系数 $\bar{S}_\alpha$(归一化)随离子入射角度的变化[26]。可以看出,当溅射角度在 $\alpha = 60° \sim 70°$ 时,与离子溅射角度相关的溅射系数 S_α 达到最大。此外,离子入射角度也是不断变化的,放电室壁总溅射系数 $S_w(\varepsilon_i, \alpha)$ 为离子能量对溅射的贡献 $g(\varepsilon)S_\varepsilon$ 和离子入射角度对溅射的贡献 $f(\alpha)\bar{S}_\alpha$ 的乘积,即 $S_w(\varepsilon_i, \alpha) = f(\alpha)\bar{S}_\alpha \cdot g(\varepsilon)S_\varepsilon$,它反映室壁的溅射程度,由它可计算室壁初始溅射速度 C,进而可得到室壁的溅射深度。

初始溅射削蚀速度 C 由式(8-4)决定[30]:

$$C = \left.\frac{dy}{dt}\right|_{t=0} = \left[\frac{M_w}{\rho}S_w\right]\frac{G}{MS_c}\frac{b}{L}\frac{1}{\exp(b/(2L)) - 1}(T/(eU))^{1/2} \quad (8-4)$$

式中,M_w 为壁材料的分子(原子)量;ρ 为壁材料密度;b 为放电室通道宽度;L 为放电室特征长度;S_c 为加速腔横截面积;L 为特征长度。

溅射深度 $y(t)$ 由式(8-5)决定:

$$y(t) = L \cdot In\left(1 + \frac{C}{L}t\right) \quad (8-5)$$

一般可以通过合理设计磁场构型,控制通道内离子流的发散,进而降低放电室壁的削蚀速度以提高霍尔推力器寿命。

8.2.2 影响离子推力器寿命的因素

按照8.1节的电推进分类,离子推力器分为电子轰击式推力器和射频电离式推力器。这里着重介绍电子轰击式推力器(简称离子推力器)的寿命影响因素。

离子推力器一般由电离室、电离主阴极、中和阴极、离子光学系统、磁路等组成(图8-5)。离子推力器工作时,电子从空心阴极发射,在电离室被圆筒形阳极吸引,同时受轴向磁场作用沿螺旋线运动,在此过程中与中性气体推进剂原子多次碰撞,使推进剂电离。电子受径向电场作用从放电室中移出,而轴向电场将离子加速喷出。其中离子光学系统由双栅或三栅组成,双栅由屏栅、加速栅组成,而三栅由屏栅、加速栅和减速栅组成。一般在屏栅加高电压(1 000 V 或更高)用于加速离

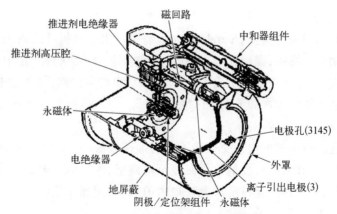

图 8-5　离子推力器结构示意图[22]

子,加速栅上加负电位,用于阻止中和器阴极发射的电子逆向进入加速区,而三栅结构的减速栅接地,电荷交换离子和加速栅上复合后能量大大降低,且离子形成区域从厘米量级降低到毫米量级,极大降低了栅极的洞-槽腐蚀。

影响离子推力器寿命的主要部件是离子光学系统的栅极、主阴极和中和器阴极。离子直接轰击加速栅孔导致栅极结构发生变化,使栅极孔扩大,产生电子逆向流动。屏栅相对于二次离子呈负电位,也会受到轰击,造成结构连接部分发生断裂。低电位栅极被离子溅射后会产生微粒碎屑,当微粒未脱落仍附着在栅极上时,会改变栅极孔上的电位,引起离子束偏向发射。由于栅极间距离很近,如果微粒进入栅极间会使栅极发生短路。

制造栅极的材料可采用钼、钛等金属材料,目前,国际上也有采用石墨、碳-碳复合材料制造栅极的。

离子推力器寿命最主要的失效模式如下[31]。

1. 加速栅极"洞-槽"腐蚀

在电离室下游,已电离的离子与中性氙原子之间碰撞而发生电荷交换,生成的低能二次离子,它会受带负电位的加速栅极所吸引,并轰击加速栅极,在栅极下游表面形成"洞-槽"腐蚀,由图 8-6 可见,在两两相邻的栅极孔之间形成"槽"腐蚀结构,而在三个相邻的栅极孔间等距离的中心处形成"洞"腐蚀结构。离子推力器失效判据是当槽腐蚀深度不断加深,蚀穿导致栅极结构发生断裂时,离子推力器失效。由于离子推力器中心栅极区域的离子束流密度最高,在边缘栅极区域的离子密度较小,因此中心处的栅极更易形成"洞-槽"腐蚀。这种腐蚀往往和离子电流密度、中性原子密度和加速电压等一系列因素有关。

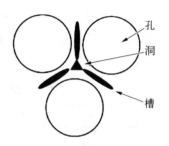

图 8-6　加速栅"洞-槽"腐蚀[31]

2. 电子返流

电子返流和栅极孔腐蚀(barrel erosion)有关。由于栅极孔的内表面受电荷交换离子的作用产生腐蚀,栅极孔增大,孔中心电势下降,无法再阻止中和器阴极发射电子逆向流动,致使高能电子流入电离室,破坏电离室的部件(如主电离阴极)。

栅极腐蚀主要发生在如下两个区域。

1) 栅极孔

在栅极孔区域形成的电荷交换离子会对加速栅极小孔内表面造成影响,使孔径增加,将引起中和器阴极发射电子回流至电离室,为了阻止电子回流,必须加大加速栅负偏压,当负偏压超过电源允许最大值后,加速栅无法阻止电子回流,离子推力器就会发生故障。

2) 栅极下游表面

每个栅极孔发射的离子束呈细长条状,所有栅极孔发射的离子束交汇融合,电荷交换产生的低能二次离子速度较低,会被引入离子束间的狭缝中,即许多离子束融合形成的一个连续离子密度分布之前的区域,并在较大负电势吸引下返回加速栅极,轰击加速栅极下游表面材料,从而产生腐蚀,并在下游栅极表面形成"洞－槽"型腐蚀,如果这种腐蚀不断累积,贯穿整个栅极,会造成加速栅极结构失效。

一般地,可以通过提高工质利用率,减少未电离的中性原子,降低放电损失,降低电离室离子能量,控制电荷交换二次离子的产生,来减弱其对栅极的轰击。

8.3　寿命试验方法

8.3.1　工作寿命试验

电推力器根据其在空间任务工作寿命指标要求,在地面上完成工作寿命试验,也就是按照产品实际工作参数要求进行1∶1工况的全周期寿命试验,在试验中每隔一段时间对推力、运行参数(流量、电流、电压、功率、放电振荡、等离子体参数、束流发散角等)、型面等参数进行测量。根据电推力器真实在轨工作模式来确定全程各工况的试验时间。

例如,美国BPT-4000霍尔推力器根据在轨工作需求,开展10 400 h/7 316次地面工作寿命试验[25],表8-3给出了BPT-4000霍尔推力器的各工况试验时间和开关次数。

表 8-3　BPT-4000 霍尔推力器各工况试验时间和开关次数

工况	试验时间/h	开关次数/次
3 kW/400 V	1 799	3 325
4.5 kW/300 V	2 499	250

续　表

工况	试验时间/h	开关次数/次
4.5 kW/400 V	4 200	413
其他工况	1 902	3 328

NEXT 离子推力器共进行了 51 184 h 寿命试验[4]，表 8 - 4 给出了 NEXT 离子推力器各工况下的工作时间。

表 8 - 4　NEXT 离子推力器各工况试验时间和总流量

工况	试验时间/kh	总流量/(kg/kh)
1 800 V/3.52 A	1.3	20.6
1 179 V/3.52 A	6.5	20.6
679 V/1.20 A	3.4	7.3
275 V/1.00 A	3.2	6.6
1 800 V/1.20 A	3.1	7.3
1 800 V/3.51 A	21.9	20.6

1. 工作寿命试验流程

地面工作寿命试验的基本流程如图 8 - 7 所示，一般寿命试验根据空间任务需求或者依据研究项目对推力器寿命能力探索的需求开展。首先需要确定的是试验计划，即累计工作时长、点火次数、单次工作时长、冷却时间以及工作工况等；其次确定点火过程中需要测量和计算的参数，通常包括推力、比冲、效率、流量、放电电流、腐蚀量化的参数以及其他特需的参数，将寿命试验和测量规划好，以最大限度地节约资源。试验过程中搭建的基本测量装置如图 8 - 8 所示，其间若推力器性能

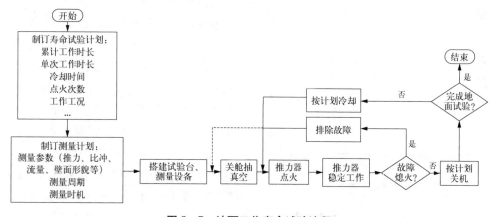

图 8 - 7　地面工作寿命试验流程

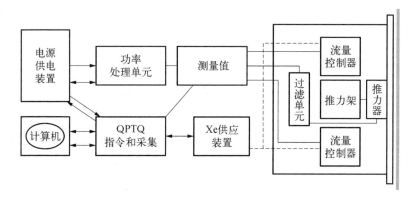

图 8 - 8　地面工作寿命试验基本装置
（采用功率处理单元、流量控制器和推进剂供给系统）

或腐蚀达到寿命末期下限指标则停止试验,否则一直进行至规划的点火时长试验结束。地面寿命试验一般采用地面电源、地面推进剂贮供系统和地面控制系统,但也可根据试验任务需要,采用飞行用功率处理单元、飞行推进剂贮供系统和飞行控制系统。

2. 光谱测量法

等离子体溅射是制约目前电推力器寿命的主要因素,如离子推力器的栅极腐蚀和霍尔推力器放电室壁面的腐蚀,所以电推力器的寿命与腐蚀紧密相关。通常电推力器的全程寿命试验在真空舱内进行,为了能够在不开舱的情况下同时了解寿命试验的进程,采用光谱测量的方法实时监测舱内电推力器的腐蚀状况。

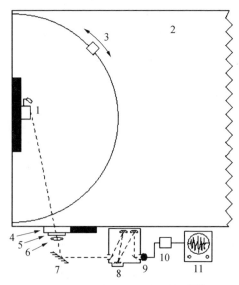

图 8 - 9　光谱测量系统示意图[32]

光谱测量法原理主要如下: 电推力器羽流的发射光谱中绝大多数谱线是单价氙离子和中性氙原子发出的,其他还有一些二价氙离子、残余气体和溅射粒子。谱线强度取决于产生该谱线粒子的数目及测量通道的透明度等,由于溅射出的粒子(如霍尔推力器的 B 原子或 B 离子等)会发射一定波长的谱线,谱线强度与溅射出的粒子数成正比,则通过光谱测量就可以实时监控推力器腐蚀的相对速率。

光谱测量系统的布置如图 8 - 9 所示,推力器放置在真空舱的位置 1 上,真空舱在位置 5 配有石英玻璃窗以便让发射光谱透过真空舱,4 是防止石英窗被等离子体溅射的装置。推力器羽流的光信号通过位置 6 的长焦距透镜和位置 7 的铝制光学镜聚焦在分光光度计 8 的入口狭缝上,位置 9 的光电倍增管将光信号转换为电信号并通过放大器 10 放大显示在示波器 11 上。位置 3 是羽流参数测量探针,如 RPA 和 Langmuir 探针等,可以分析相对于推力器出口一定半径范围内任意角度的羽流密度和能量谱。

8.3.2 快速寿命试验

电推力器工作寿命试验无论是人力、物力还是时间成本都非常高,有必要发展快速寿命试验方法。快速寿命试验主要有三种:基于纯理论的寿命评估、理论与试验相结合的寿命评估、加速寿命评估。

1. 基于纯理论的寿命评估

1) 霍尔推力器理论寿命评估

霍尔推力器理论寿命评估主要包括理论公式计算法、数值仿真评估法和半经验评估法三种,下面分别介绍。

(1) 理论公式计算法。理论公式计算法就是通过高能粒子的运动以及其与放电室陶瓷相互作用(即溅射过程)理论来计算放电室壁面陶瓷的削蚀程度,从而评估推力器的工作寿命。

美国和俄罗斯的一些学者建立了相关的理论计算公式,其中最具代表性的就是 Baranov 和 Petrosov 等建立的基于体积溅射率的计算公式:

$$\xi = \frac{\mathrm{d}r}{\mathrm{d}t} = V(z)\left[n(z, r)v(z)\right] \tag{8-6}$$

式中, V 是体积溅射率; n 是离子密度; v 是离子速度; r 是径向距离。此理论公式对实际工作时的状态进行了简化,体积溅射率 V 是轴向距离的函数,离子密度是轴向距离和径向距离的函数,离子速度是轴向距离的函数。

由于上述理论公式的获得建立在一系列的假设之上,忽略了磁场、电势、鞘层等因素,而这些因素对寿命影响的作用是不可忽略的。因此,理论公式计算方法仅仅只能作为霍尔推力器寿命评估的设计参考,要达到满意的评估效果尚需要进一步对理论公式进行修正和完善,同时还需要大量的试验验证。

(2) 数值仿真评估法。数值模拟评估法主要由两部分组成:一部分用来模拟推力器通道的等离子体流动,确定轰击壁面的离子参数分布(离子流密度、离子能量、离子入射角度等),这是确定壁面宏观演化过程最重要的参数;另一部分模拟壁面受离子流轰击的削蚀过程,确定壁削蚀速率,从而预测推力器工作寿命。数值仿真评估法具有灵活性强的优点,适用于不同尺寸、不同工况、使用不同属性材料的推力器的寿命预测;但是,如果模型建立得不够准确或假设不合理,将会导致寿命预测数值模拟结果出现较大偏差。

主要的数值模拟评估法是直接蒙特卡罗/网格粒子(DSMC/PIC)混合方法,其代表性软件为 HPHall[33]。霍尔推力器羽流属于超声速稀薄等离子体,其实际流动过程极其复杂。单一的 PIC(不考虑粒子间的动量和电荷交换碰撞)或 DSMC 法(不考虑电磁场作用)都不能有效模拟其流动问题。DSMC 主要用于计算粒子的运动及碰撞,PIC 则主要用于模拟等离子体自洽电场及其对带电粒子的加速作用,两者涉及的粒子加速、排序、运动等能在一个时间步内同时完成,这使得 DSMC/PIC 混合法更易于实现。

在网格划分处理上,由于霍尔推力器是轴对称结构,对该方法采用二维计算,壁面形状伴随等离子体削蚀而变化,因此采用切削网格方法,随着时间的推移,每隔一段时间对壁面网格进行一次更新。

数值仿真评估法利用前人对氮化硼陶瓷溅射率的研究,形成了溅射率模型,同时计算时考虑了鞘层模型,使数值模拟更加准确。

(3)半经验评估法。半经验评估法是一种结合数值仿真和霍尔推力器有限时间(如 500 h)寿命试验数据进行的半经验寿命评估方法。通过测量有限时间内不同时刻推力器壁面削蚀形貌数据,再利用这些形貌数据反推壁面的入射离子流参数,然后用获得的参数建立壁面溅射削蚀模型,进而预测未来的壁面形貌演化过程[34]。

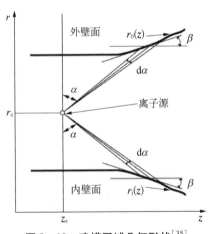

图 8-10　建模区域几何形状[35]

如图 8-10 所示,离子流随角度和能量的分布可由函数 $J(\alpha, E)$ 描述,其中 $J(\alpha, E)$ $\mathrm{d}\alpha\mathrm{d}E$ 为离子数,它表示一个点源在角度为 $[\alpha, \alpha + \mathrm{d}\alpha]$ 的单位时间内发射的能量范围为 $[E, E + \mathrm{d}E]$ 的离子数。假如离子入射绝缘层表面处的绝缘层表面与 z 轴所成角度为 β,则离子入射绝缘层表面的角度(离子运动方向与表面法向量 n 之间的夹角)等于 $\alpha + \beta$。

离子流会从推力器表面撞击出原子,这个过程用体积溅射率 $S(\alpha + \beta, E)$ 来描述,它是指每个入射离子溅射出的物质体积。体积溅射率依赖于离子入射角度和能量。在角度 $\mathrm{d}\beta$ 内,单位时间从一个表面元中溅射出的体积为

$$\frac{\mathrm{d}V}{\mathrm{d}t} = \left[\int_0^{E_\mathrm{m}} \mathrm{d}E \cdot J(\alpha, E) \cdot S(\alpha + \beta, E) \right] \cdot \mathrm{d}\alpha \tag{8-7}$$

式中,E_m 为离子的最大能量。这个体积与绝缘层表面偏移速度 $\frac{\partial r}{\partial t} \cdot \mathrm{d}z$ 成正比。

这样就有

$$\frac{\partial r(z,\ t)}{\partial t} \cdot dz = \left[\int_0^{E_m} dE \cdot J(\alpha,\ E) \cdot S(\alpha + \beta,\ E) \right] \cdot d\alpha \qquad (8-8)$$

这个公式可以为内、外壁面绝缘材料共用,于是:

$$\frac{\partial r(z,\ t)}{\partial t} \cdot dz = \pm \left[\int_0^{E_m} dE \cdot J(\alpha,\ E) \cdot S(\alpha + \beta,\ E) \right] \cdot d\alpha \qquad (8-9)$$

轴坐标 z 和角度 β 的关系可由以下表达式确定:

$$\alpha = \arctan\left[\pm \frac{z - z_s}{r - r_s} \right] \qquad (8-10)$$

此处下标 s 指正常离子源所处位置,对此表达式微分且考虑到半径 r 是 z 的函数,可以得到:

$$\frac{d\alpha}{dz} = \frac{1}{1 + \left(\dfrac{z - z_s}{r - r_s}\right)^2} \cdot \frac{d}{dz}\left[\pm \frac{z - z_s}{r - r_s} \right] = \pm \frac{(r - r_s) - (z - z_s)\dfrac{\partial r}{\partial z}}{(r - r_s)^2 - (z - z_s)^2}$$

$$(8-11)$$

将这个表达式代入式(8-9),可以得出需要计算的微分方程,它描述了绝缘层表面轮廓随时间的变化:

$$\frac{\partial r(z,\ t)}{\partial z} = \left[\int_0^{E_m} dE \cdot J(\alpha,\ E) \cdot S(\alpha + \beta,\ E) \right] \cdot \frac{[r(z,\ t) - r_s] - (z - z_s)\dfrac{\partial r(z,\ t)}{\partial z}}{[r(z,\ t) - r_s]^2 - (z - z_s)^2}$$

$$(8-12)$$

此时

$$\alpha = \arctan\left(\pm \frac{z - z_s}{r(z,\ t) - r_s} \right),\quad \beta = \arctan\left(\pm \frac{\partial r(z,\ t)}{\partial z} \right) \qquad (8-13)$$

根据已知的试验数据,溅射率通常是两个变量(离子入射角度和能量)的函数,可以由两个函数表示:

$$S(\alpha,\ E) = S_\alpha(\alpha) \cdot S_E(E) \qquad (8-14)$$

把取决于离子入射角度和能量的绝缘层材料溅射率,即式(8-14)代入式(8-12),可以得到最终方程:

$$\frac{\partial r(z,\ t)}{\partial z} = S_\alpha(\alpha + \varphi) \cdot S_E(E) \cdot \frac{\left[\, r(z,\ t) - r_s\,\right] - (z - z_s)\dfrac{\partial r(z,\ t)}{\partial z}}{\left[\, r(z,\ t) - r_s\,\right]^2 - (z - z_s)^2}$$

$$(8-15)$$

此时

$$F(\alpha) = \int_0^{E_m} S_E(E)J(\alpha,\ E)\,\mathrm{d}E \qquad (8-16)$$

从表达式(8-16)中可以看到,函数 $F(\alpha)$ 实际上包含了所有信息,既有关于所用绝缘层材料的属性,也有离子流的参数。如果绝缘层溅射率对离子入射角度的依赖关系 $S_\alpha(\alpha)$ 已知,函数 $F(\alpha)$ 也已建立,则可以计算出绝缘层表面随时间的变化关系。如果可以从试验中得知任意时间的绝缘层轮廓数据,则在一定条件下可计算出函数 $F(\alpha)$。这使得预测更长时间的溅射成为可能。

2)离子推力器理论寿命评估

离子推力器理论寿命评估主要有离子光学模型评估法和洞-槽腐蚀模型评估法两种。

(1)离子光学模型评估法。对于离子推力器,离子的运行轨迹对栅极的寿命产生直接影响。所以,在对离子推力器寿命预估时,就需要通过离子光学模型预测栅极加速下离子的运行轨迹。具体做法就是通过计算电荷密度并求解泊松方程,得到离子二维或三维轨迹。

美国喷气推进实验室开发的模拟程序 CEX-2D[36] 可以用于计算二维或三维离子轨迹以及离子和中性原子电荷交换碰撞过程。该程序运用网格粒子方法模拟氙原子、氙离子和二价离子,用直接蒙特卡罗方法处理粒子碰撞。通过建立柱坐标系,采用矩形网格,求解泊松方程,可以对单个屏栅、加速栅的小孔进行模拟。

在加速栅的上游,假设电子服从麦克斯韦分布,则电子密度由式(8-17)确定:

$$n_e(V) = n_e(0)\exp\!\left(\frac{\varphi - \varphi_0}{T_e}\right) \qquad (8-17)$$

同样,在加速栅下游,电子也服从麦克斯韦分布,则下游电子密度为

$$n_e'(V) = n_e(\infty)\exp\!\left(\frac{\varphi - \varphi_\infty}{T_e}\right) \qquad (8-18)$$

电势分布采用优化的预处理最小二乘梯度稀疏矩阵求解法来计算。上游等离子体密度 n 由 0 起开始迭代计算，每次迭代 i，电离室中离子密度占等离子体的比例 α 代入计算，则

$$n^0 = 0 \tag{8-19}$$

$$n^{i+1} = (1 - \alpha)n^i + \alpha n \tag{8-20}$$

模型中上游电子密度计算值渐近最终密度值，即

$$n - n^i = n(1 - \alpha)^i \tag{8-21}$$

如果 α 足够小，则电子密度可由单步计算得到，即

$$n^i = [1 - (1 - \alpha)^i]n \tag{8-22}$$

通过跟踪典型离子运动轨迹，并考虑电荷交换碰撞对离子能量的影响，可以得到离子密度。离子以玻姆速度从上游边界进入计算区域，电荷密度沿静态电场中轨迹线，这不同于等离子体物理仿真中通常采用的网格粒子方法。

（2）洞-槽腐蚀模型评估法。美国喷气推进实验室为普罗米修斯计划（Project Prometheus）开发了模拟程序 CEX – 3D[36]，该程序利用数值模拟网格粒子方法和多重蒙特卡罗（MMC）方法，计算区域从电离室内几毫米的区域开始一直延伸到最后一个栅极下游的几厘米的位置。它可以计算电荷交换离子的三维轨迹，计算源于电离室，经离子光学系统进入推力器下游的离子流，计算束流引出过程 CEX 的产生速率，并判断其是否对栅极表面产生溅射，得到溅射率。该程序可用于离子推力器的寿命预估。

俄罗斯克尔德什研究中心为兆瓦级核动力飞船研制的 IT – 500 离子推力器就采用这种方法进行寿命评估，验证了 IT – 500 离子推力器满足 20 000 h 的寿命要求[35]。

2. 理论和试验相结合的寿命评估

理论和试验相结合的寿命评估主要是针对霍尔推力器，离子推力器和其他电推力器的寿命评估方法尚未见相关报道。通常，这种寿命快速评估方法主要包括如下两种。

一种是先进行有限时间（如 500 h）短期寿命试验，获得理论模型经验参数，再利用理论模型预估推力器完整寿命。这也就是前面介绍的霍尔推力器理论寿命评估的半经验方法，这里不再介绍。

另一种是将有限时间短期寿命试验和模型预测交叉进行，反复迭代完善模型，直至推力器寿命的末期。这种方法缩短了实际寿命试验的时间，又提高了仿真计算的可靠性。霍尔推力器理论模型结合试验快速评估[14]的主要步骤如下：

（1）推力器工作一段时间，测量放电室陶瓷的型面、削蚀量、削蚀速度等参数，并测量推力器的性能。

（2）利用试验所测的参数完善数学模型，预估放电室陶瓷接下去的削蚀型面。

（3）用机加工方法加工成相应的型面。

（4）测量加工型面的推力器性能。

（5）返回第一步继续试验，获得型面，以测得的参数作为输入条件再预估下一段时间的削蚀型面，加工型面，最终测得推力器性能达不到预期要求时，即得到推力器寿命。

3. 加速寿命评估

加速寿命评估是在相对较短的时间内通过加速使用环境（或产品工况）以确定产品可靠性的过程，也用于揭示产品主要的失效机理[37]。对于电推力器寿命终结的主要原因是等离子体轰击推力器部件使其失效的情况，轰击在推力器关键部件上单位时间内的等离子体离子能量密度是影响寿命的关键因素。在寿命试验过程中通过改变外在条件增加单位时间内轰击推力器关键部位的离子能量密度能够人为加快寿命终结的进程，乘上一定的加速因子就可预估额定工况下推力器的寿命。加速因子是指产品自然（额定）环境下的寿命与加速环境下的寿命之比。

对于电推力器的加速寿命试验，主要的加速方法有如下几种：

（1）通过提高加速电压（对于霍尔推力器是放电电压，对于离子推力是屏栅电压）为额定值的一定倍数（如 1.5 倍、3.0 倍等）的方法，来加快电推力器关键部件的腐蚀。在其他条件不变的情况下，加速电压的升高将提高离子动能，那么在离子加速喷出放电室或栅极的过程中，离子以更快的速度撞击在放电室壁面或栅格上，提高了它们的腐蚀速率，加速了推力器寿命终止的进程。从理论上讲，如果没有其他次生效应和因素起作用，采用这种方法可以缩短寿命评估的周期。但如何获得可靠的加速因子是这种方法有效实施的关键。

（2）通过加大推力器的运行功率为额定功率一定的倍数，来加快推力器寿命衰减的进程。通常功率的提升可以通过增加流量来实现，流量的升高增加了单位时间内轰击放电室壁面或栅格离子的密度，从而增加了单位时间内离子轰击的能量密度，最终达到寿命加速的目的。这种加速方法可能还存在随着功率加大带来的热效应对寿命的影响，特别是当功率增加倍数过高时，热的影响会上升到主要因素，从而给加速因子的确定带来难度。

（3）对于离子推力器，提高背景气压是加快腐蚀的一种有效方法。背景气压的提高将增加电荷交换离子，加快对栅极的腐蚀速率。但也存在与上面同样的问题，即如何准确确定加速因子。

总之，电推力器加速寿命试验方法是较为粗略的寿命预估方法，主要原因还在于加速因子难以精准确定。目前，国际上针对不同电推力器的加速寿命评估方法尚在发展过程中，需要从理论和试验两个方面同时开展大量研究工作，才能达到实际应用的状态。

8.4　电推力器寿命试验案例

8.4.1　工作寿命试验

1. HET-40 霍尔推力器寿命试验

HET-40 霍尔推力器(图 8-11)在上海空间推进研究所的 VF-4 真空舱(图 8-12)上开展了累计 2 500 h 的工作寿命试验。VF-4 电推进真空试验系统是国内首个配备低温泵的大型电推进试验设备。该试验设备尺寸 $\Phi2.5\,m\times6\,m$,由主舱和副舱组成,主舱配备了 5 台瑞士 HSR 公司 $\Phi1\,m$ 低温泵机组(氙气抽速 21 000 L/s),粗抽系统采用 2 台滑阀泵+罗茨泵机组;整个设备空载真空度 5.4×10^{-4} Pa,工作真空度 2.8×10^{-3} Pa(流量 2.5 mg/s)。

图 8-11　HET-40 推力器长寿命试验样机外形及舱内安装布局[18]

图 8-12　VF-4 长寿命真空试验系统[18]

　　HET‑40 推力器在开展寿命试验前,首先需开展推力器性能标定试验,主要包含两个测试内容: ① 设计参数性能试验;② 拉偏参数性能试验。累计点火时间约为 5 h。HET‑40 霍尔推力器的内外磁线圈串联在推力器放电回路中,由阳极电源进行统一供电。

　　推力器累计工作时长达 2 500 h,长寿命试验期间,霍尔推力器启动次数 105 次,单次最长持续工作时间为 168 h。在推力器长寿命试验过程中,推力器的各项参数始终处于正常水平,未出现因推力器故障而导致的非正常关机现象。HET‑40 霍尔推力器长寿命试验过程各项参数及羽流演化结果如图 8‑13~图 8‑15 所示。

(a) 寿命初期   (b) 1 000 h   (c) 2 400 h

图 8‑13　HET‑40 推力器长寿命试验羽流外形对比图[18]

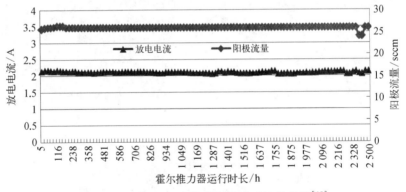

图 8‑14　HET‑40 推力器放电电流演化特性[18]

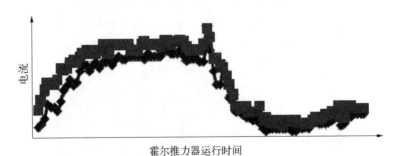

图 8‑15　HET‑40 推力器放电振荡特性演化(电流振荡峰峰值)[18]

2. HET－80 霍尔推力器寿命试验

HET－80 霍尔推力器(图 8－16)分别在上海空间推进研究所和北京航空航天大学进行寿命试验。在上海空间推进研究所 VF－6 真空舱开展了全程寿命试验,累计工作时间达到 9 240 h;在北京航空航天大学空间等离子体与电推进实验室的 DT－2.5 真空舱开展了 1:1 工作寿命试验,累计工作寿命为 8 241 h。

在上海空间推进研究所进行寿命试验的 VF－6 真空舱(图 8－17),它由直径 4 m、长 8 m 的真空主舱和直径 1.2 m、长 1.6 m 的副舱组成。

图 8－16　HET－80 霍尔推力器[19]

抽气机组由气氦低温泵真空抽气机组、预抽泵机组、水冷却系统组成。气氦低温泵真空抽气机组配备 8 台 1.25 m 低温泵(单台对氙气有效抽速 34 300 L/s),主舱预抽机组采用 3 台滑阀泵+罗茨泵机机组,并在预抽管路配备 6 台分子泵,副舱预抽机组配备一台机械泵和分子泵。试验台空载极限真空度优于 $2×10^{-5}$ Pa,工作真空度(氙气流量约为 330 sccm)优于 $3×10^{-3}$ Pa。

图 8－17　上海空间推进研究所 VF－6 真空舱

图 8－18 为在上海空间推进研究所开展寿命试验过程中的 80 mN 霍尔推力器在 4 065 h 和 9 240 h 拍摄的照片。

在北京航空航天大学进行寿命试验的 DT－2.5 真空舱(图 8－19)配备两台低温泵、两台抽氙低温泵,对氙气总抽速达到 14 200 L/s,真空舱尺寸 $\Phi 2.5$ m×5.5 m,系统极限真空度 $2×10^{-5}$ Pa,额定工况真空度 $3.5×10^{-3}$ Pa。配备推进剂供给系统、反馈力法微小推力测量系统、电推力器束流诊断系统[包括 Faraday 探针、平面型 Langmuir 单探针、迟滞电势分析仪(RPA)及二维位移机构、外电路和数据采集仪]、

(a) 4 065 h   (b) 9 240 h

图 8 - 18　寿命试验过程中的推力器照片

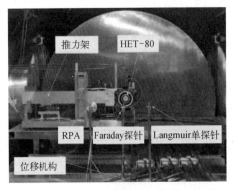

图 8 - 19　HET - 80 霍尔推力器安装在 DT - 2.5 真空舱内[19]

三维形貌测量系统等。

　　HET - 80 霍尔推力器寿命试验由长程试车和性能测试组成。性能测试安排在每瓶氙气耗尽关机前,两次性能测试间隔不超过 300 h。性能测试包括关机前的束流诊断、推力测试、振荡特性测试、放电室陶瓷壁面测绘等。试验期间,每 4 h 安排一次巡检,检查试验设备工作状况。

　　HET - 80 霍尔推力器寿命试验结果如图 8 - 20~图 8 - 23 所示。

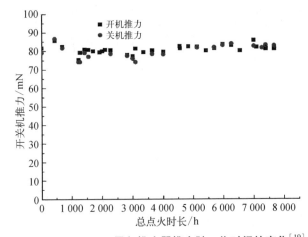

图 8 - 20　HET - 80 霍尔推力器推力随工作时间的变化[19]

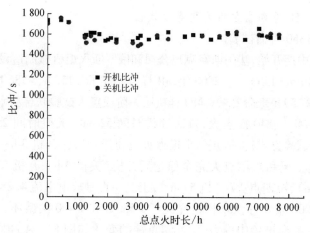

图 8-21 HET-80 霍尔推力器比冲随工作时间的变化[19]

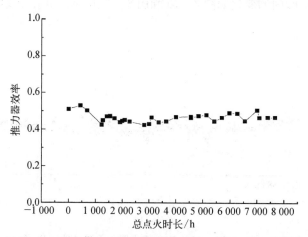

图 8-22 HET-80 霍尔推力器效率随工作时间的变化[19]

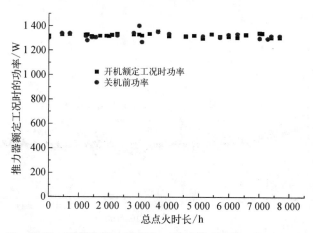

图 8-23 HET-80 霍尔推力器额定工况时的功率随工作时间的变化[19]

3. PPS-1350 系列霍尔推力器寿命试验

1) PPS-1350 寿命试验

从 1996 年中期开始,法国斯奈克玛公司和俄罗斯火炬机械制造设计局联合研制了霍尔推力器 PPS-1350[38]。2000 年,MI 样机完成了 5 155 h、5 786 次点火,超出了当时所要求的 2 250 h 寿命要求。MQ 样机第一阶段点火试验联合功率处理单元和滤波单元进行了 740 h、840 次点火,每次开机时间 52 min、关机时间 25 min。其间每175 h 进行不同试验方式,包括冗余阴极点火、长时间点火(开机 3 h—关机 25 min—开机 3 h)、额定工况和短期点火完全稳定后开机(关机 3 h—开机 52.5 min—关机3 h—开机 5 min)、短期点火(开机 5 min),工况一直是放电电流 4.28 A 和放电电压350 V。直至 2000 年 8 月,MQ 样机完成了 1 550 h 和 1 400 次循环。

MQ 样机在寿命试验中推力、比冲随总冲的变化如图 8-24 和图 8-25 所示,流量和总效率随时间的变化如图 8-26 和图 8-27 所示。其在前 1 000 h 性能变化

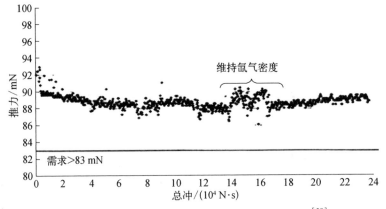

图 8-24　PPS-1350 MQ 推力器推力随总冲变化[38]

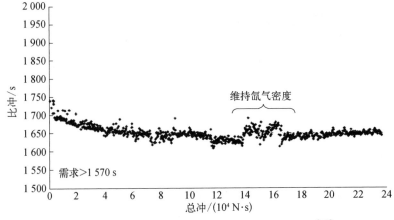

图 8-25　PPS-1350 MQ 推力器比冲随总冲变化[38]

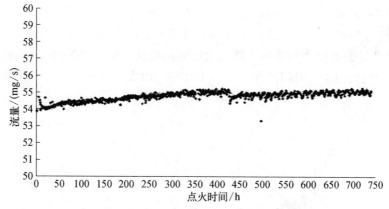

图 8-26　PPS-1350 MQ 推力器流量随点火时间变化[38]

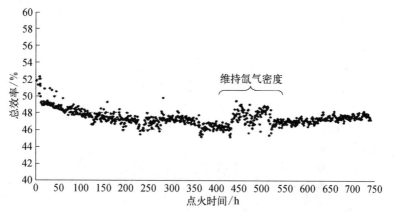

图 8-27　PPS-1350 MQ 推力器总效率随点火时间变化[38]

如下：初期因为陶瓷溅射性能有所下降,后期有所上升但是无法达到初始水平;最低的推力比额定推力 83 mN 高 5 mN、最低比冲比额定比冲 1 570 s 高 50 s,效率稳定在 48%;陶瓷的腐蚀引起了离子密度的下降,需要通过增加阳极流率来补偿使电流能够维持稳定;发散角由 39°升到 44°。

为了解决磁极腐蚀限制推力器寿命的问题,2019 年研发了长寿命样机 PPS-1350-LE,进行了 1 020 h 寿命试验,估计其在 350 V、2.5 kW 条件下寿命约 2.5 kh[39]。

2）PPS-1350G 和 PPS-1350E 寿命试验

1.5 kW 的 PPS-1350G 额定工况 350 V、4.28 A,平均推力 90 mN、平均比冲大于 1 650 s、总冲 3.36×10⁶ N·s,在 2006 年通过了南北位保工况条件下的 10 530 h 试验[40]。

为了满足全电推 Comsat 卫星的要求,斯奈克玛公司于 2013 年对 PPS-1350E 高功率工况进行了验证。PPS-1350E 将用于轨道转移,平均性能为推力 142 mN、比冲1818 s、总效率51%。以放电电压350 V、放电电流7 A、功率2.5 kW进行寿命试验,每个循环点火23 h、关机1 h,共114个循环;实际总共2 615 h,共计116个循环。图8-28是其推力和总比冲随点火时间的变化,在0~480 h时间段内性能下降,后长时间内随点火时间渐升[41]。至2019年,PPS-1350E累计点火6 700 h[42]。

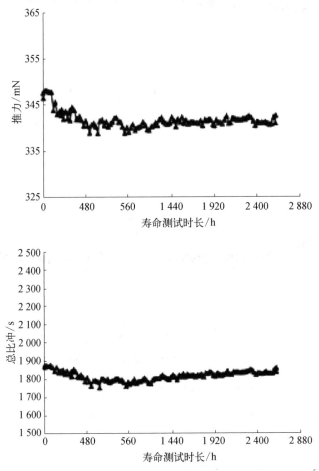

图8-28 PPS-1350E推力器的推力和总比冲随点火时间变化[42]

4. PPS-5000霍尔推力器寿命试验

PPS-5000霍尔推力器是法国Safran公司自2000年开始研究的针对全电商业卫星的推力器,2002年为了实现PPS-5000推力器的高性能和试验磁场构型,研制了PPSX000推力器,并进行了总时长为1 000 h的寿命试验,其中每100 h为一个循环,100 h内前5次点火推力器工作1 h、关机2 h,后95次点火推力器工作1 h、关机20 min[43]。2006~2014年PPSX000推力器在法国航天局和欧洲航天局支持下在8 kW和5 kW功率下继续寿命试验,至今总共累计2 600 h点火。2013年在 Neosat 项目的支持下开展了 PPS - 5000 霍尔推力器的研究,2015 年 4 月完成了主要设计,2017 年 7 月完成详细设计,预计 2020 年底完成鉴定[17]。2019 在 5 kW 的工况下完成了超过 9 000 h 的点火,共点火 1 838 次,点火后放电室削蚀严重(图 8 - 29)。寿命试验过程中每 500 h 在表 8 - 5 的工况下测量推力器性能,14 台 PPS - 5000 霍尔推力器在以下 10 种工况的平均推力和平均比冲也在表中列出[42]。

(a) 1 700 h

(b) 8 703 h

图 8 - 29　5 kW 下 PPS - 5000 霍尔推力器 1 700 h 和 8 703 h 点火后放电室壁面[42]

表 8 - 5　PPS - 5000 霍尔推力器寿命试验性能测量工况[42]

参数	OP1	OP2	OP3	OP4	OP5	OP6	OP7	OP8	OP9	OP10
功率/kW	2.5	3	4	4.5	5	2.5	3	4.5	2.5	3
电压/V	300	300	300	300	300	375	375	375	400	400
14 台平均推力/mN	160	193	238	286	315	143	167	242	141	163
14 台平均比冲/s	1 634	1 678	1 694	1 753	1 771	1 785	1 805	1 862	1 853	1 859

5. BPT - 4000 霍尔推力器寿命试验

BPT - 4000 霍尔电推进系统是美国洛克希德·马丁航天公司和发动机喷气公司联合开发的。2005 年霍尔推力器完成了超过 6 700 次启动、超过 5 800 h 点火、达到超过 4.9×10^6 N·s 总冲,消耗超过 250 kg 氙气。连续点火时间 5 min 到 200 h 不等,功率范围 3~4.5 kW,放电电压 300~400 V。2006 年于 1.25 kW 低功率下稳定点火 400 h,截至 6 748 h 是第一阶段点火,点火工况和时长分配见表 8 - 6,壁面削蚀状况和低功率点火状况如图 8 - 30 所示[15]。

表 8 - 6　BPT - 4000 推力器第一阶段寿命试验情况

功率/kW	电压/V	时长/h	次数
4.5	300	2 499	250
4.5	400	1 302	3 002
3	200	4	7
3	300	167	116
3	400	1 799	3 325
2	400	105	20
1.75	350	102	11
1.5	300	517	36
1.25	250	102	10
1	200	103	13
总计(含其他未统计工况)		6 748	6 903

(a) 点火 5 800 h 后放电室壁面　　　　　　　(b) 1 kW 点火

图 8 - 30　BPT - 4000 推力器点火 5 800 h 后放电室壁面和 1 kW 点火[15]

　　然后在 400 V、4.5 kW 工况下进行了 3 700 h 第二次寿命试验。2010 年 BPT - 4000 霍尔推力器总共进行了 10 400 h 寿命试验、7 316 次点火,消耗推进剂 452 kg,总冲 8.7×10^6 N·s。图 8 - 31~图 8 - 34 是 BPT - 4000 霍尔推力器在不同工况下推力和比冲随时间变化测量值。

　　BPT - 4000 霍尔推力器在 5 600~10 400 h 放电室壁面几乎没有削蚀,由此"磁屏蔽"的概念被提出。图 8 - 35 是 BPT - 4000 霍尔推力器点火 10 400 h 后的放电室壁面。

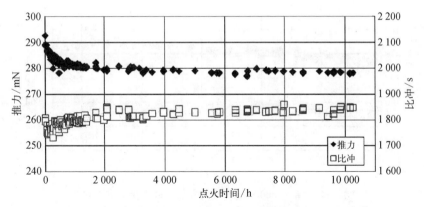

图 8-31　4.5 kW、300 V 工况推力和比冲随点火时间变化[15]

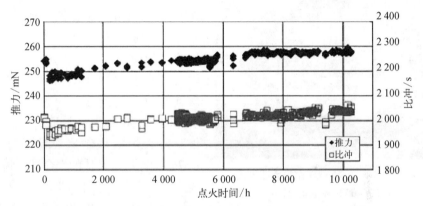

图 8-32　4.5 kW、400 V 工况推力和比冲随点火时间变化[15]

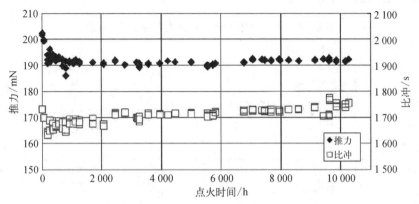

图 8-33　3 kW、300 V 工况推力和比冲随点火时间变化[15]

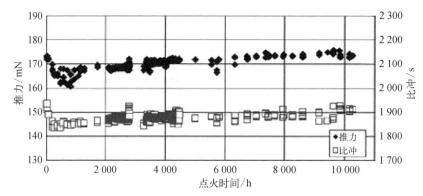

图 8-34   3 kW、400 V 工况推力和比冲随点火时间变化[15]

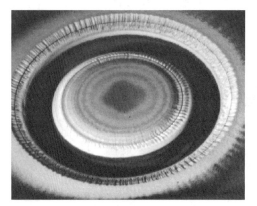

图 8-35   BPT-4000 霍尔推力器点火
10 400 h 放电室壁面[15]

6. SPT-100 霍尔推力器寿命试验

1998 年,俄罗斯 1.35 kW 的 SPT-100 V05 霍尔推力器在俄罗斯火炬机械制造设计局进行了累计 7 424 h 的点火试验。SPT-100 V03 霍尔推力器在美国喷气推进实验室累计 6 141 h 和 6 944 次点火,为了达到总冲 $2×10^6$ N·s 的要求,SPT-100 V03 霍尔推力器继续在俄罗斯火炬机械制造设计局进行了 1 374 h 的点火,具体的寿命试验情况如表 8-7 所示。其间 SPT-100 霍尔推力器的平均推力 83.9 mN、平均比冲 1 570 s、平均效率 48%,推力随点火时间变化幅度不大,尤其是俄罗斯火炬机械制造设计局后续试验中推力更加平稳[12]。

表 8-7   SPT-100 V03 霍尔推力器寿命试验特性

参数	俄罗斯火炬机械制造设计局验收测试	美国喷气推进实验室寿命试验	LeRC羽流测试	俄罗斯火炬机械制造设计局寿命试验	总计
寿命 K1/h	1.2	5 002.5	408.3	1 374	6 786
寿命 K2/h	1.2	727.8	0	0	729
寿命总计/h	2.4	5 730.3	408.3	1 374	7 515
次数 K1	2	6 035	15	27	6 079
次数 K2	2	890	0	0	892
次数总计	4	6 925	15	27	6 971

续　表

参数	俄罗斯火炬机械制造设计局验收测试	美国喷气推进实验室寿命试验	LeRC羽流测试	俄罗斯火炬机械制造设计局寿命试验	总计
平均电压/V	300	298	298	300	N/A
平均电流/A	4.5	4.48	4.51	4.5	N/A
平均流量/(mg/s)	5.3	5.37	5.63	5.45	5.4
平均推力/mN	85.3	81.4	85.7	83.9	82.1
平均比冲/s	1 641	1 545	1 552	1 570	1 550
总冲 K1/(N·s)	368.5	1.47×10^6	1.26×10^5	4.15×10^5	2.01×10^6
总冲 K2/(N·s)	368.5	2.13×10^5	0	0	2.14×10^5
总冲/(N·s)	737	1.68×10^6	1.26×10^5	4.15×10^5	2.22×10^6

7. SPT‐140 霍尔推力器寿命试验

基于 SPT‐100 霍尔推力器的研究成果,美国劳拉公司和俄罗斯火炬机械制造设计局研制了多模式高功率 SPT‐140 霍尔推力器,并针对其鉴定样机 M1 进行了寿命验证试验,计划试验总冲达到 8.7×10^6 N·s。点火的主要阶段安排如表 8‐8 所示,寿命试验主要在 3 kW 和 4.5 kW 两种工况之间切换。截至 2014 年底,已经完成了 6 026 h、3 383 次点火,至 2015 年已经完成了 9 300 h 点火,绝大部分在 4.5 kW 下,发现前 2 000 h 性能下降 8%,之后变化不大(图 8‐36)。

表 8‐8　SPT‐140 霍尔推力器寿命试验点火安排[43]

功率/kW	点火时间/min	关机时间/min	次数	累计次数	累计点火时间/h	累计总冲/(N·s)
4.5	240	60	234	234	936	8.5×10^5
3	240	30	27	261	1 044	9.2×10^5
4.5	1 440	60	8	269	1 236	1.09×10^6
4.5	240	60	234	503	2 172	1.94×10^6
3	240	30	27	530	2 280	2.01×10^6
4.5	5 760	60	1	531	2 376	2.09×10^6
4.5	120	—	77	608	2 530	2.23×10^6
4.5	90	20	2 900	3 508	6 880	6.20×10^6
4.5	120	60	250	3 758	7 380	6.65×10^6
3	30	20	1 125	4 883	7 943	6.98×10^6
4.5	120	—	77	4 960	8 097	7.12×10^6

续 表

功率/kW	点火时间/min	关机时间/min	次数	累计次数	累计点火时间/h	累计总冲/(N·s)
4.5	240	60	270	5 230	9 177	8.11×10^6
3	240	30	27	5 257	9 285	8.17×10^6

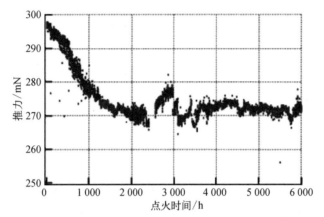

图 8-36　SPT-140 霍尔推力器 4.5 kW 工况下寿命试验推力变化情况[44]

8. LIPS-200 离子推力器寿命试验

兰州空间技术物理研究所对 LIPS-200 离子推力器(图 8-37)开展了 12 000 h、6 000 次开关的寿命试验[7]。离子推力器寿命试验是在兰州空间技术物理研究所的 TS-7 真空试验设备(图 8-38)上进行的,它由主舱、副舱、抽气系统、离子束靶系统、移动机构、电源系统、束流发散角测量系统、氙气供应系统、在线削蚀测量系统等组成。真空舱尺寸 $\Phi3.8$ m×10 m,配置 6 台低温泵,主舱真空度优于 5×10^{-4} Pa。

图 8-37　LIPS-200 离子推力器

图 8-38　TS-7 真空试验设备

离子推力器寿命试验过程包括试验准备、离子推力器预处理、性能诊断测试、开关循环试验、参试设备例行检查等。

LIPS－200 离子推力器寿命试验结果如图 8－39~图 8－45 所示。

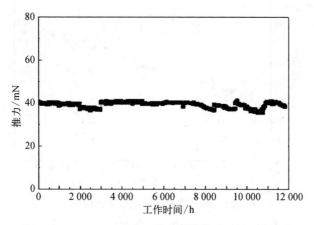

图 8－39　LIPS－200 离子推力器的推力随时间的变化

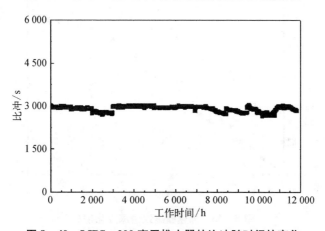

图 8－40　LIPS－200 离子推力器的比冲随时间的变化

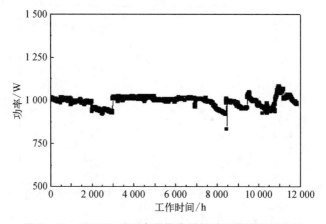

图 8－41　8LIPS－200 离子推力器的功率随时间的变化

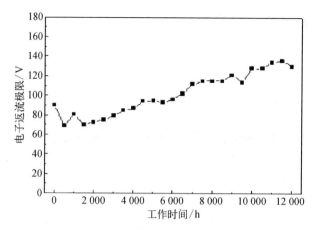

图 8-42 电子返流极限变化情况

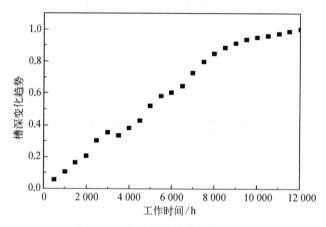

图 8-43 加速栅腐蚀槽深变化情况

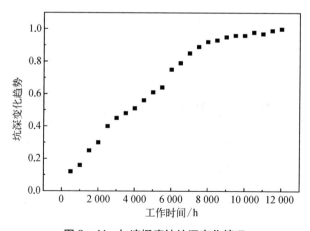

图 8-44 加速栅腐蚀坑深变化情况

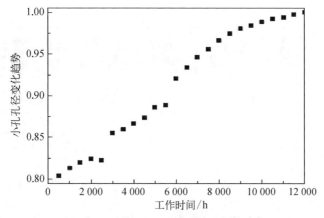

图 8-45　加速栅腐蚀孔径变化情况[7]

9. NSTAR 离子推力器寿命试验

美国"深空一号"探测器于 1998 年发射,其上的电推进系统采用了 30 cm NSTAR 离子推力器,2001 年 12 月,推力器 FT1 消耗 73.4 kg 推进剂,累计工作 16 265 h 完成任务。在"深空一号"发射之前,美国喷气推进实验室利用备份 FT2 NSTAR 推力器在地面同步启动了地面长寿命试验验证。地面长寿命试验一直持续到 2003 年,共完成了 30 352 h 的寿命试验,消耗 253.1 kg 推进剂[2]。

表 8-9 是 FT2 推力器寿命试验的不同工况,功率范围 0.52~2.33 kW,其主要在以下四个工况点火:2.3 kW(TH15)总共 13 951 h,1.5 kW(TH8)总共 5 509 h,0.5 kW(TH0)总共 5 663 h,1.1 kW(TH5)总共 4 646 h。

表 8-9　FT2 推力器推力工况调节表

NSTAR 调节工况	额定功率/kW	束供电电压/V	束电流/A	加速栅电压/V	中和器触持极电流/A	主流量/sccm	放电阴极流量/sccm	中和阴极流量/sccm
TH0	0.52	650	0.51	-150	2.0	5.98	2.47	2.4
TH1	0.66	850	0.53	-150	2.0	5.82	2.47	2.4
TH2	0.75	1 100	0.52	-150	2.0	5.77	2.47	2.4
TH3	0.91	1 100	0.61	-150	2.0	6.85	2.47	2.4
TH4	1.02	1 100	0.71	-150	2.0	8.30	2.47	2.4
TH5	1.12	1 100	0.81	-150	2.0	9.82	2.47	2.4
TH6	1.24	1 100	0.91	-150	2.0	11.33	2.47	2.4
TH7	1.34	1 100	1.00	-150	2.0	12.9	2.47	2.4
TH8	1.46	1 100	1.10	-180	1.5	14.41	2.47	2.4

续　表

NSTAR 调节工况	额定功率/kW	束供电电压/V	束电流/A	加速栅电压/V	中和器触持极电流/A	主流量/sccm	放电阴极流量/sccm	中和阴极流量/sccm
TH9	1.58	1 100	1.20	−180	1.5	15.98	2.47	2.4
TH10	1.72	1 100	1.30	−180	1.5	17.22	2.56	2.49
TH11	1.85	1 100	1.40	−180	1.5	18.51	2.72	2.65
TH12	1.96	1 100	1.49	−180	1.5	19.86	2.89	2.81
TH13	2.08	1 100	1.58	−180	1.5	20.95	3.06	2.98
TH14	2.20	1 100	1.67	−180	1.5	22.19	3.35	3.26
TH15	2.33	1 100	1.76	−180	1.5	23.43	3.70	3.6

寿命试验过程中推力器工作良好,如图 8-46 所示,在不同功率水平下推力没有出现大幅度的下降。图 8-47 是其寿命试验前后的栅极变化,可见栅极腐蚀严重,影响了推力器后期在大功率水平下的工作。阴极经过了 30 352 h 的寿命试验之后触持极腐蚀比较严重(图 8-48),完全将加热器和孔板暴露出来,但是对点火没有影响,放电性能没有变化;中和器触持极没有明显腐蚀。

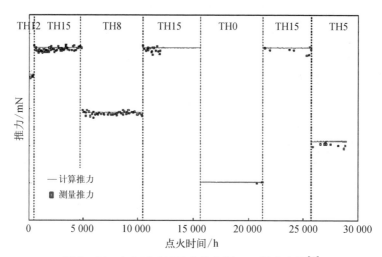

图 8-46　寿命试验过程中推力器 FT2 推力变化[2]

10. XIPS-13 离子推力器和 XIPS-25 离子推力器寿命试验

2005 年 XIPS-13 离子推力器 Q1 进行寿命试验,在累计工作 16 146 h 后出现功能性故障,主要是由加速网栅中心线与栅网栅孔对不准导致的严重的离子溅射腐蚀效应引起的。Q2 进行了 21 058 h 寿命试验、3 369 次点火。

1999 年,波音公司发射了首颗 702 通信卫星平台,使用 4 台 25 cm XIPS-25 离子

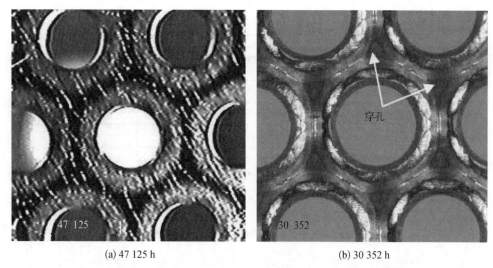

(a) 47 125 h (b) 30 352 h

图 8 - 47 47 125 h 和 30 352 h 之后推力器 FT2 栅极对比[2]

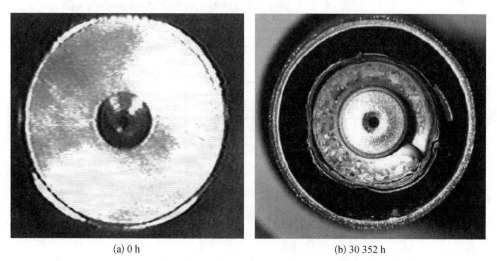

(a) 0 h (b) 30 352 h

图 8 - 48 30 352 h 寿命试验前后阴极外观对比图[2]

推力器。截至 2008 年已有 60 台 XIPS - 25 推力器在 15 颗地球同步轨道通信卫星上使用,未出现故障。该推力器有两种工作模式:4.5 kW 高功率模式,比冲 3 500 s,可用于轨道抬升;2.3 kW 低功率模式,比冲 3 400 s,可用于位置保持、姿态控制。XIPS - 25 离子推力器寿命试验始于 2000 年 4 月,在高功率模式下循环点火 2 680 h,每个循环包括 23 h 点火和 1 h 关机时间;在低功率模式下(图 8 - 49 和图 8 - 50)循环点火 13 370 h,共 13 810 次循环,每次循环包括 50 min 点火和 30 min 关机,总冲达到 5.4×10^6 N·s。针对 XIPS - 25 推力器阴极还在高功率下进行了总时长 5 666 h 的试验、2.75 kW 下 5 414 h 试验[9]。

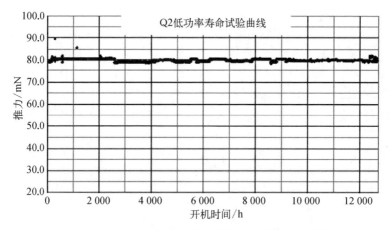

图 8-49　XIPS-25 离子推力器寿命试验中推力变化

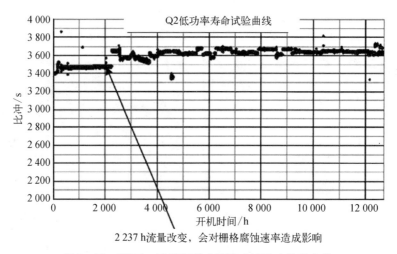

2 237 h流量改变,会对栅格腐蚀速率造成影响

图 8-50　XIPS-25 离子推力器寿命试验中比冲变化

11. NEXT 离子推力器寿命试验

美国国家航空航天局的新一代氙离子推力器(NEXT)计划用于正在研发的下一代太阳能离子推进系统,该系统在美国国家航空航天局目前最先进的太阳能离子电推进系统(NSTAR)的基础上进行了重大改进,为美国国家航空航天局未来的航天任务提供了增强的动力。NEXT 离子推力器于 2005 年 6 月启动了长时间寿命测试(LDT),NEXT 推力器功率范围 0.5~6.9 kW,最大比冲 4 100 s,最大推力超过230 mN;2010 年 12 月 NEXT EM3 推力器长寿命试验已经超过 30 352 h,消耗了495 kg 以上的氙推进剂,超过 $1.82×10^7$ N·s 的总冲,克服和改进了 NSTAR 推力器的很多失效点;2013 年寿命试验达到 42 100 h,消耗 736 kg 推进剂,总冲达到$2.81×10^7$ N·s,推力器的性能稳定,几乎没有衰减,全部寿命试验于 2014 年 2 月完成,推力器累计工作时间 51 184 h,消耗 918 kg 氙推进剂,总冲 $3.55×10^7$ N·s。表

8 - 10 给出了 NEXT 推力器整个寿命试验的过程,图 8 - 51 是其 50 000 h 点火前后栅极对比,图 8 - 52 是 NEXT 与 NSTAR 阴极削蚀情况对比[3]。

表 8 - 10　NEXT 寿命试验工况调节表

序号	调节工况	输入功率/kW	工作参数	时长/kh	阶段结束日期
1	TL40	6.9	3.52 A/1 800 V	13	2007 年 11 月 17 日
2	TL37	4.7	3.52 A/1 179 V	6.5	2008 年 12 月 23 日
3	TL05	1.1	1.2 A/679 V	3.4	2009 年 6 月 24 日
4	TL01	0.5	1 A/275 V	3.2	2009 年 12 月 15 日
5	TL12	2.4	1.2 A/1 800 V	3.1	2010 年 5 月 5 日
6	TL40	6.9	3.52 A/1 800 V	21.9	2014 年 2 月 28 日

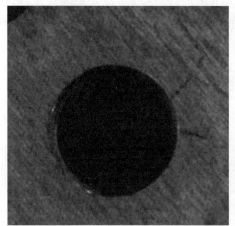 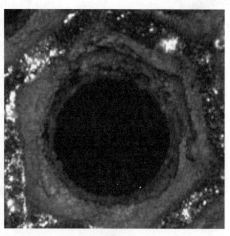

(a) 试验前　　　　　　　　　　　　　　(b) 试验后

图 8 - 51　NEXT 50 000 h 寿命试验前后栅极对比

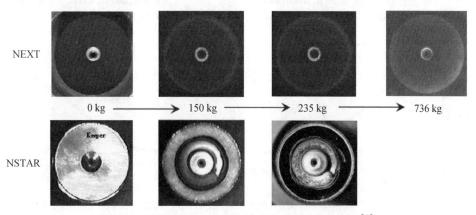

图 8 - 52　NEXT 和 NSTAR 寿命试验阴极演变对比[3]

8.4.2 快速寿命试验

1. KM-45 霍尔推力器快速寿命评估

俄罗斯克尔德什研究中心对 KM-45 霍尔推力器(图 8-53)开展了 1 020 h 寿命试验,在试验过程中测量了 10 组不同时刻壁面削蚀形貌,分别记录了 0 h、20 h、50 h、100 h、160 h、220 h、322 h、430 h、600 h、1 020 h 等时刻的内、外壁面形貌数据(图 8-54 和图 8-55)。

图 8-53 俄罗斯 KM-45 霍尔推力器

与此同时,利用以半经验寿命预估方法为基础的寿命预估软件,得到了 1 020 h 后的寿命预估型面,并和实际试验得到型面进行对比。图 8-56 和图 8-57 给出了寿命预估和实测得到 1 020 h 的内、外壁型面符合程度对比,由图可见,两者符合得很好,因此可以利用该软件开

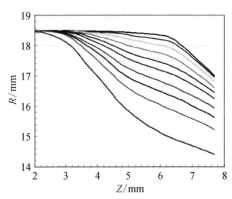

图 8-54 KM-45 霍尔推力器试验实测得到的 10 组内壁型面(曲线从上到下分别代表 0 h、20 h、50 h、100 h、160 h、220 h、322 h、430 h、600 h、1 020 h)

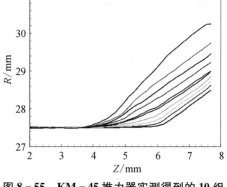

图 8-55 KM-45 推力器实测得到的 10 组外壁型面(曲线从上到下分别代表 1 020 h、600 h、430 h、322 h、220 h、160 h、100 h、50 h、20 h、0 h)

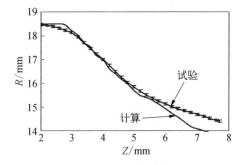

图 8-56 寿命预估和实测得到 1 020 h 的内壁型面对比

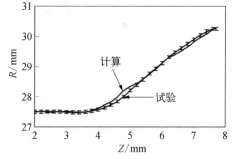

图 8-57 寿命预估和实测得到 1 020 h 的外壁型面对比

展进一步的寿命预估工作。

2. KM-60霍尔推力器快速寿命评估

俄罗斯克尔德什研究中心曾用KM-60霍尔推力器(图8-58)验证过加速试验的效果[14]。具体方法是：准备两台KM-60霍尔推力器，分别标记为1号和2号。1号推力器先不工作，对2号推力器进行500 h寿命试验，在其工作0 h、43 h和99 h后，测量得到三组放电室陶瓷内、外壁型面的数据，然后将测得的数据输入数学模型，预估推力器工作至130 h和500 h后的型面。将1号推力器放电室陶瓷用机械加工方法，车削到数学模型预估的130 h型面，对被车削至130 h预估陶瓷型面的1号推力器进行点火试验，测量此时推力器性能；接着继续加工到500 h预估型面，再点火测量被加工到500 h预估型面的推力器性能。

图8-58　俄罗斯KM-60
霍尔推力器[14]

图8-59和图8-60给出了2号推力器在0 h、43 h、99 h后试验后测得的型面。图8-61和图8-62给出了寿命预估(机加工)和实际试验得到的内、外壁型面对比。可见，约130 h、500 h后，1号推力器和2号推力器的放电室型面基本吻合。

在130 h和502 h后，分别测量1号推力器和2号推力器的性能，它们之间的性能基本符合：

(1) 130 h后，1号推力器和2号推力器的比冲完全吻合，同为1 820 s。

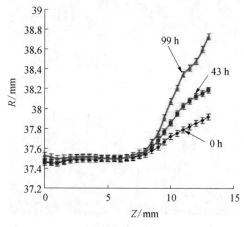

图8-59　2号推力器0 h、43 h和99 h寿命
试验后的外壁削蚀型面[14]

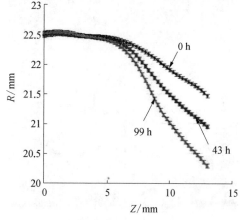

图8-60　2号推力器0 h、43 h和99 h寿命
试验后的内壁削蚀型面[14]

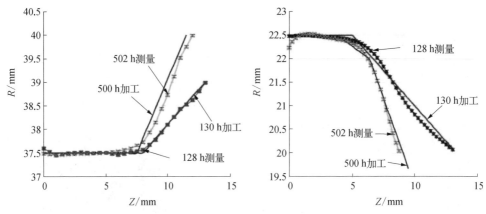

图 8 - 61　寿命预估(机加工)和实际试验
得到的外壁型面对比[14]

图 8 - 62　寿命预估(机加工)和实际试验
得到的内壁型面对比[14]

（2）500 h 后，1 号推力器比冲为 1 740 s，2 号推力器的比冲为 1 720 s，相差 1.15%。

这样，500 h 寿命用缩减 5 倍的 100 h 加速试验代替。这样，霍尔推力器加速寿命试验加速因子为 5 倍。

3. BHT - 5000 霍尔推力器快速寿命评估

BHT - 5000 霍尔推力器(图 8 - 63)是美国 Busek 公司研发的 5 kW 量级霍尔推力器，由 Maxar 公司支持和主导，其工作功率范围在 3~6 kW，预计寿命超过 20 000 h，5 kW、300 V 条件下推力大于 310 mN，比冲超过 2 000 s，效率高于 61%。2019 年其进行了快速寿命评估，具体的试验流程表示见表 8 - 11，共分为四个阶

(a) BHT-5000霍尔推力器

(b) 放电点火图

图 8 - 63　BHT - 5000 霍尔推力器和放电点火图[45]

段。第一阶段：进行 375 h 点火，利用点火得到的数据迭代输入放电室壁面削蚀模型，并继续运算得到 400 h 后的放电室壁面的理论形貌。在推力器点火 375 h 的放电室壁面基础上，通过机械加工车削至 775 h (375 h+400 h) 后的放电室壁面形貌测量。每个阶段点火和仿真的时间表示在表 8 - 11 中。最终实际点火 2 454 h，预测 BHT - 5000 寿命 18 000 h 以上。BHT - 5000 将拓展性能至 6 kW 工况下，下一步 4 台 BHT - 5000 将应用在"深空之门 PPE"（推进和动力单元）上，与 2 台 HeRMeS 一起共建 50 kW 的电推进平台。

表 8 - 11　BHT - 5000 快速寿命评估流程

	第一阶段	第二阶段	第三阶段	第四阶段	总计/h
工况	5 kW/300 V	5 kW/300 V	3 kW/400 V	3 kW/400 V	
点火/h	375	647	1 261	171	2 454
仿真/h	400	1 000	2 800	4 800	9 000
累计/h	775	1 647	4 061	4 971	11 454

4. IT - 500 离子推力器加速寿命试验

俄罗斯克尔德什研究中心对 IT - 500 离子推力器（图 8 - 64）开展了 285 h、295 次寿命试验[13]，其中 375 mN 工况开展了 260 h；560 mN 工况开展了 25 h，750 mN 工况开展了 0.5 h。由于真空舱低温泵受热影响真空度恶化，推力器不能继续长时间额定工况工作，试验在真空度 5×10^{-3} Pa 下进行，比实际在空间运行的真空环境压力要高，因此俄罗斯克尔德什研究中心在 285 h 寿命试验的基础上，采用自己开发的"IOS - 3D"软件开展寿命预估，该软件能够对离子和中性原子的运动、电荷交换过程以及栅极腐蚀进行三维仿真。

图 8 - 65 给出了仿真得到的加速栅经过 285 h 试验后的腐蚀率和腐蚀型面。图 8 - 66 给出了加速栅在经过 285 h 试验后实际测得的"洞-槽"腐蚀型面。由仿真得到的"洞-槽"腐蚀的最大腐蚀率为 0.3 μm/h，那么计算得到 285 h 后的腐蚀深度为 86 μm，这与实际测得的腐蚀深度相符合，通过仿真计算精确地反映了加速栅的实际腐蚀情况。由于真空背压高，加速栅和束电流比值高，因此加速栅腐蚀率也较高。通过仿真进一步验证了加速栅满足 20 000 h 设计寿命。

图 8 - 64　俄罗斯 IT - 500 离子推力器

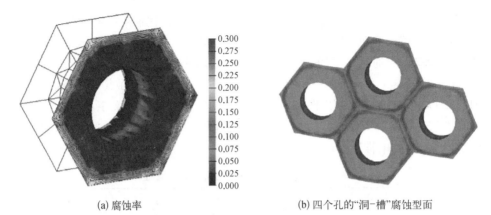

(a) 腐蚀率　　　　　　　　　　　(b) 四个孔的"洞-槽"腐蚀型面

图 8-65　仿真得到的加速栅腐蚀经过 285 h 试验后的型面

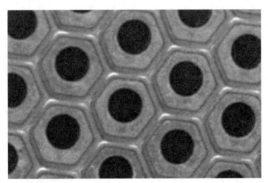

图 8-66　加速栅经过 285 h 试验后实际测得的"洞-槽"型面[5]

5. 离子源 ISQ 40 RF 加速寿命试验

为了获得寿命中后期腐蚀的数据使寿命模型更加精确,德国莱布尼茨表面改性研究所于 2003 年发表了关于离子源 ISQ 40 RF(图 8-67)的加速寿命试验结果[46],通过将流量加大至 1.2 sccm(流量利用率下降至 55%)来加速栅极的腐蚀进程,共进行了 2 800 h 的寿命试验,每 200~500 h 进行测量,预计在 8 000 h 之后进入寿命末期,加速因子为 2.5。离子源上选取加速栅中心位置一行 13 个孔(标记为 Loch1~Loch13)(图 8-68),测量其孔径随时间的变化,结果表明上游中心孔的腐蚀更加严重,下游边缘孔的腐蚀更为严重(图 8-69 和图 8-70)。虽然是离子源的加速寿命试验,但对于离子推力器的加速寿命试验有一定的参考借鉴作用。

图 8-67　4 cm 射频离子源 ISQ 40 RF[46]

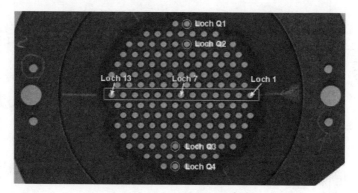

图 8 - 68   离子源孔排列[46]

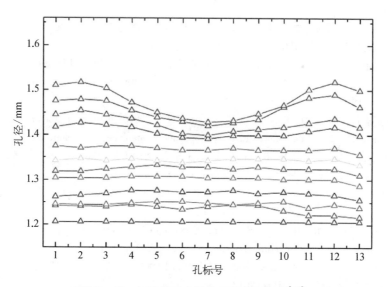

图 8 - 69   加速栅极上游孔径随时间变化[46]

（曲线从上到下分别代表点火时间 2 831 h、2 333 h、1 874 h、1 606 h、1 212 h、
1 101 h、850 h、733 h、468 h、338 h、104 h、0 h）

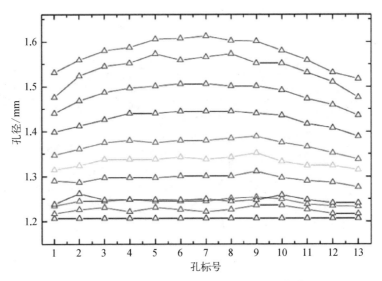

图 8 - 70　加速栅极下游孔径随时间变化[46]

（曲线从上到下分别代表点火时间 2 831 h、2 333 h、1 874 h、1 606 h、1 212 h、
1 101 h、850 h、733 h、468 h、338 h、104 h、0 h）

参考文献

[1]　张天平,田华兵,陈娟娟. LIPS - 200 离子推力器寿命地面试验方案研究. 航天器工程,
2012,21(4)：115 - 120.

[2]　Sengupta A, Brophy J, Goodfellow K, et al. Status of the extended life test of the DS1 flight
spare ion engine after 30 352 hours of operation. The 40th Joint Propulsion Conference, Fort
Landerdale, 2004.

[3]　Snyder J, Goebel D, Polk J, et al. Results of a 2000 - hour wear test of the NEXIS ion
engine. The 29th International Electric Propulsion Conference, Princeton, 2005.

[4]　Yim J, Soulas G, Shastry R, et al. Update of the NEXT ion thruster service life assessment
with post-test correlation to the long-duration test. IEPC - 2017 - 061.

[5]　Koroteev A, Lovtsov A, Muravlev V, et al. Development of ion thruster IT - 500. European
Physical Journal D, 2017, 71(5)：120.

[6]　Luna J, Lewis R, Hutchins M, et al. QinetiQ high power electric propulsion system and
architectural options for future applications. IEPC - 2017 - 169.

[7]　孟伟,徐金灵,张天平. LIPS - 200 离子推力器 12 000 h 长寿命试验成果总结. 中国第十三
届电推进学术研讨会,北京,2017.

[8]　Leiter H, Kukies R, Killinger R, et al. RIT - 22 ion propulsion system：5 000 h endurance
test results and life prediction. The 43rd AIAA/ASME/SAE/ASEE Joint Propulsion Conference,
Cincinnati, 2007.

[9]　Ozaki T, Inanaga Y, Kasai Y, et al. Results of 16 000 hours endurance test on 20 mN class
xenon ion thruster for ETS - Ⅷ. The 25th International Symposium on Space Technology and

Science, Tokyo, 2006.

[10] Solodukhin A, Semenkin A, Zakharenkov L, et al. Multi-mode thruster with anode layer development status. IEPC-2007-102.

[11] Semenkin A, Kochergin A, Garkusha V, et al. RHEET/EPDM flight anode layer thruster development. IEPC-1997-106.

[12] Garner C, Polk J, Brophy J, et al. Cyclic endurance test of a SPT-100 stationary plasma thruster. AIAA-94-2856.

[13] Delgado J J, Corey R L, Murashko V M, et al. Qualification of the SPT-140 for use on Western Spacecraft. AIAA 2014-3606.

[14] Kostin A, Lovtsov A, Vasin A, et al. Development and qualification of Hall thruster KM-60 and flow control unit. The 33rd International Electric Propulsion Conference, Washington, 2013.

[15] Grys K, Mathers A, Welander B, et al. Demonstration of 10 400 hours of operation on a 4.5 kW qualification model Hall thruster. The 46th AIAA/ASME/SAE/ASEE Joint Propulsion Conference, Reno, 2010.

[16] Marchandise F, Cornu N, Darnon F, et al. PPS1350-G qualification status 10 500 h. The 30th International Electric Propulsion Conference, Firenze, 2007.

[17] Duchemin O, Rabin J, Balika L, et al. Development status of the PPS5000 Hall thruster unit. The 35th International Electric Propulsion Conference, Atlanta, 2017.

[18] 梁伟,赵震,康小录,等. HET-40霍尔推力器长寿命试验研究.中国第十届电推进学术研讨会,上海,2014.

[19] 张广川,刘鹏,曹帅. HET-80霍尔推力器寿命试验前4 000 h试验结果.中国第十三届电推进学术研讨会,北京,2017.

[20] Gorshkov O, Shutiv V, Kozubsky K, et al. Developmnt of high power magnetoplasmadynamic thruster in the USSR. The 30th International Electric Propulsion Conference, Firenze, 2007.

[21] 毛根旺,等. 航天器推进系统及其应用.西安:西北工业大学出版社.

[22] 萨顿,等. 火箭发动机基础.洪鑫,等,译.北京:科学出版社,2003.

[23] 寇丽丽. 胶体推力器性能研究与微型化设计.太原:中北大学,2009.

[24] 赵震,康小录,乔彩霞. 霍尔推力器放电室溅射趋势估算与实验评估.中国第三届电推进学术研讨会,南京,2007.

[25] Goebel D M, Conversano R W, Hofer R R. Magnetically shielded miniature Hall thruster: Design improvement and performance analysis. IEPC 2015-100.

[26] Khartov S, Nadiradze A, Shkarban I, et al. SPT's high lifetime-some problems of solution. IEPC-2005-62.

[27] Sommier E, Michelre K, Mark A. Wall erosion in 2D Hall thruster simulations. The 29th International Electric Propulsion Conference, Princeton, 2005.

[28] Abgaryan V, Kawfman H, Kim V. Calculation analysis of the erosion of the discharge chamber walls and their contaminateon during prolonged SPT operation. AIAA 1994-2859.

[29] Manzella D, Yim J, Boyd I. Predicting Hall thruster operation lifetime. AIAA 2004-3953.

[30] Baranov V, Nazarenko Y, Petrosov V. The wear of channel walls in Hall thrusters. The 27th International Electric Propulsion Conference, Pasadena, 2001.

［31］ Noord J. Life assessment of the NEXT ion thruster. The 43rd AIAA/ASME/SAE/ASEE Joint Propulsion Conference, Cincinnati, 2007.

［32］ Dyshlyuk E N, Gorshkov O A. Spectroscopic investigation of a Hall thruster ceramic acceleration channel erosion rate. AIAA 2006 - 4660.

［33］ Fife J. Hybrid-PIC modeling and electrostatic probe survey of Hall thrusters. Cambridge: Massachusetts Institute of Technology, 1998.

［34］ Lovtsov A, Shagayda A, Gorshkov O, et al. Semi-empirical method of Hall thrusters lifetime prediction. AIAA 2006 - 4697.

［35］ Lovtsov A, Shagayda A, Muravlev V, et al. Ion thrusters development for a transport and power generation module project. IEPC - 2015 - 291.

［36］ Anderson J, Katz I, Goebel D, et al. Numerical simulation of two-grid ion optics using a 3D code. The 40th Joint propulsion Conference and Exhibit, Fort Lanelerdale 2004.

［37］ 李永春,史建军. 环境试验与加速环境试验技术. 科技资讯,2009,(25): 145.

［38］ Dumazert P, Lagardere-Verdier S, Cramayel M. PPS1350 plasma thruster subsystem life test. The 3rd International Conference on Spacecraft Propulsion, Cannes, 2000.

［39］ Laurent B, Rossi A, Öberg M, et al. High throughput 1. 5 kW Hall thruster for satcoms. IEPC - 2019 - 274.

［40］ Dumazert P, Marchandise F, Cornu N, et al. PPS ®- 1350 - G qualification status. AIAA 2004 - 3604.

［41］ Zurbach S, Duchemin O B, Vial V, et al. Qualification of the PPS - 1350 Hall thruster at 2. 5 kW. AIAA 2013 - 4113.

［42］ Duchemin O, Rabin J, Balika L, et al. Qualification status of the PPS ® 5000 Hall thruster unit. IEPC - 2019 - 906.

［43］ Duchemin O, Dumazert P, Carichon S. Performance and lifetime predictions by testing and modeling for the PPS5000 Hall thruster. AIAA 2003 - 4555.

［44］ Snyder J S, Goebel D M, Chaplin V, et al. Electric propulsion for the psyche mission. IEPC - 2019 - 244.

［45］ Mullins C, Hruby V, Pote B, et al. Development of a 5 kW class Hall thruster. IEPC - 2019 - 492.

［46］ Tartz M, Hartmann E, Neumann H, et al. Extraction grid erosion in long-time ion thruster operation comparison with simulation. AIAA 2003 - 4559.

第 9 章
空心阴极寿命试验

9.1 概　　述

空心阴极作为电推进系统的关键组件,其寿命和可靠性直接影响推力器及系统的寿命和可靠性,一般要求空心阴极寿命是推力器寿命的 1.0~1.5 倍。近年来,虽然空心阴极相关理论研究取得较大的进展,但是地面测试依然是空心阴极性能研究、可靠性评估和寿命预测的直接手段。

空心阴极最真实的寿命考核是装配到电推力器或电推进系统上,与推力器或推进系统同步完成 1∶1 工作寿命试验。但是,推力器或推进系统的寿命试验对试验真空设备尺寸和抽速的要求很高,推进剂耗量大,试验成本高。空心阴极作为电推进系统独立组件,试验所需的推进剂一般占推力器总推进剂用量的 1/10 左右,对试验设备的真空舱体尺寸和抽速要求低,单独开展性能或寿命试验,能大大节约试验成本,同时降低推力器或全系统试验的风险。另外,加热器作为空心阴极的关键部件,是影响空心阴极点火可靠性的主要因素之一,可以单独进行热循环试验,有的产品也用加热器热循环试验代替空心阴极的点火试验。加热器热循环试验过程无须气体工质,可以在真空玻璃管或小型真空舱内进行,对试验设备的要求简单。鉴于此,国内外电推进业界在进行推力器寿命试验前,首先完成空心阴极的累计工作时间和点火次数试验,再开展推力器 1∶1 寿命试验考核,以降低试验风险。也有的研究单位完成空心阴极累计工作时间和点火次数试验后,推力器只做全寿命时间要求的 5%~10% 短期试验,通过仿真模型快速预估推力器寿命,以空心阴极的点火次数或者加热器热循环次数作为推力器点火次数及可靠性指标,节省试验周期和费用。

因此,空心阴极工程产品性能成熟后,一般单独进行累计工作时间和点火试验,作为推力器和系统寿命试验的基础。例如,美国等离子体接触器空心阴极的地面寿命试验超过 28 000 h,点火次数超过 32 000 次,多个加热器的循环次数达到 6 000 次[1-3]。英国为 T5 离子推力器研制的钡钨空心阴极寿命试验 15 000 h,点火次数超过 5 400 次[4]。美国国家航空航天局研制的改进型离子推力器的钡钨空心阴极,地面寿命试验达 42 100 h[5,6]。美国国家航空航天局阴极寿命试验中心有的产品寿命超过 130 000 h(约 15 年),多种钡钨阴极的寿命都超过了美国未来深空探测核电推进任务 10 年寿命的要求[7]。兰州空间技术物理研究所研制的六硼化镧空心阴极寿命超过 13 000 h、点火次数达到 9 000 次、加热器热循环达到 12 000 次[8,9]。上海空间推进研究所研制的钡钨空心阴极寿命 28 000 h、点火次数 15 000 次[10]。国内外主要开展的空心阴极寿命试验情况统计见表 9-1。

表 9-1 国内外空心阴极寿命试验情况

序号	年份	产品	研制国家或单位	应用背景	发射体种类	放电电流	寿命试验情况	备注
1	1994	等离子接触器空心阴极	美国	国际空间站等离子体接触器	钡钨	10~12 A	6 000 次	加热器热循环,9 个子样
2	1997	等离子接触器空心阴极	美国国家航空航天局路易斯研究中心	国际空间站等离子体接触器	钡钨	10~12 A	32 000 次	点火循环
3	1997	等离子接触器空心阴极	美国国家航空航天局路易斯研究中心	国际空间站等离子体接触器	钡钨	12 A	28 000 h	寿命试验
4	2001	主阴极和中和器	美国国家航空航天局	DS-1 离子推力器	钡钨	—	16 000 h	推力器空间飞行
5	2003	主阴极和中和器	美国国家航空航天局	DS-1 备份离子推力器	钡钨	—	30 352 h	推力器寿命试验
6	2008	主放电阴极	美国 L-3 通信电子公司	XIPS 25-cm	钡钨	10.3~21 A	11 080 h	推力器寿命
7	2003	T5 阴极	英国 QinetiQ 公司	T5 离子推力器	钡钨	3.6 A	15 000 h,5 400 次	寿命
8	2012	主阴极和中和器	美国国家航空航天局	NEXT 离子	钡钨	—	50 000 h	推力器寿命试验
9	2014	LHC-5 空心阴极	中国兰州空间技术物理研究所	LIPS-200 离子推力	六硼化镧	5 A	13 000 h,9 000 次	—
10	2014	加热器	中国兰州空间技术物理研究所	LIPS-200 离子推力	六硼化镧	5 A	12 000 次	加热器循环试验
11	2008	12.5 mm 空心阴极加热器	美国 GRC 公司	NEXT40	钡钨	—	13 000 次	铠装加热器热循环
12	1993	主阴极和中和器	日本	ETS-VI 离子	—	—	4 500 次	热加热热循环
13	1993	主阴极和中和器	日本	ETS-VI 离子	—	—	8 000 h,4 400 次	点火和寿命
14	2003	T5 阴极	英国 QinetiQ 公司	T5 离子推力器	—	—	15 000 h	寿命试验

续 表

序号	年份	产品	研制国家或单位	应用背景	发射体种类	放电电流	寿命试验情况	备注
15	2007	T6 阴极	英国 QinetiQ 公司	T6 离子推力器	—	—	4 000 h	加速寿命试验,相当于 32 000 h
16	2010	石墨主阴极	日本宇宙航空研究开发机构	35 cm 离子推力器	—	15 A	45 000 h	阴极寿命试验
18	2010	空心阴极	美国喷气飞机公司	BPT4000 推力器	—	15 A	10 400 h	推力器寿命试验
19	2006	空心阴极	欧洲斯奈克玛公司	PPS1350 - G	—	1~10 A (4.3 A 额定)	10 500 h, 7 300 次	推力器寿命试验
20	2013	空心阴极	中国上海空间推进研究所	80 mN 霍尔	—	2~5 A	28 000 h, 15 000 次	寿命试验

电推力器或空心阴极按照任务要求完成了 1∶1 工作寿命试验后,如果推力器或空心阴极的状态良好,同时在经费充裕和其他条件允许的情况下,往往还要开展更长时间的扩展寿命试验直到产品失效。扩展寿命试验的目的是探索推力器或空心阴极的寿命能力,积累更多的测试数据,为其他更高指标的任务做准备。例如,美国空间站等离子体接触器空心阴极任务指标是 18 000 h、6 000 次点火,地面试验实际达到 28 000 h、32 000 次点火。美国"深空 1 号"离子推力器空间飞行时间为 16 000 h,飞行备份产品的地面寿命试验达到 30 000 h[11]。美国 NEXT 离子推力器为后续深空探测任务进行的扩展寿命试验[6],从 2005 年开始,到 2017 年共进行 51 184 h 寿命试验,消耗氙气 918 kg。

本章主要介绍影响空心阴极寿命的因素、寿命试验方法、空心阴极可靠性分析方法,并给出国内外空心阴极寿命试验的一些案例。

9.2 影响空心阴极寿命的因素

9.2.1 失效分析

空心阴极的典型结构见图 9 - 1,主要由发射体、阴极顶、阴极管、加热器和触持极等组成。整体结构以阴极管作为主体支撑,阴极管上游连接支撑法兰和进气管、下游连接阴极顶。触持极和加热器通过陶瓷绝缘部件与其他部件绝缘。

空心阴极的工作过程:加热器首先通电,使发射体达到工作温度发射热电子,电子电离阴极管内部气体推进剂,同时触持极上施加正电压形成局部强电场,使内部推进剂大量电离形成弧光放电,电子受触持极和推力器阳极的吸引向外喷出进入推力器放电室和羽流区,离子则回流撞击发射体内表面,通过动能交换使得发射

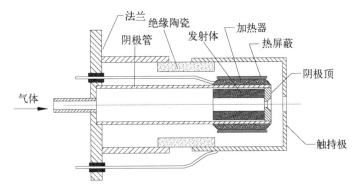

图 9 - 1   空心阴极典型结构

体处于工作温度,加热电源和触持极电源关闭,实现空心阴极的自加热放电。

影响空心阴极寿命的主要因素包括发射体材料活性物质的消耗情况、阴极顶等离子溅射腐蚀情况以及加热器的热循环次数。

发射体是空心阴极的核心功能材料,内部含有一定的活性物质,在工作温度下发射足够的热电子,热电子再电离内部推进剂,形成自持放电的电子源。目前用于电推力器空心阴极的发射体材料主要为钡钨和六硼化镧两种,工作温度分别为 1 050 ℃ 和 1 500 ℃ 左右。钡钨发射体的基体材料为高温烧结的多孔钨,内部浸渍了一定组分的钡钙铝酸盐混合物,在高温下经过化学反应在表面形成自由钡,从而降低材料表面逸出功,容易发射热电子。六硼化镧发射体材料是由六硼化镧粉末经过冷压、热压制成多晶六硼化镧棒,再经过熔炼工艺转成单晶制成的。由于六硼化镧特殊的立方晶体结构,活性物质镧原子与周围的硼原子之间没有价键关系,属纯金属发射体,在高温下容易被激发成热电子,所以电子发射能力好[12]。随着空心阴极寿命增加,发射体内部的活性物质逐渐被消耗和蒸发,当活性物质大量消耗时空心阴极的电子发射能力逐渐下降,电子发射能力下降到额定值的 90% 以下时,通常就认为该阴极寿命终结。

阴极顶焊接在阴极管末端,中心开有小孔,对阴极管内的气体推进剂起节流增压作用,同时保护发射体减少外部高能等离子体溅射的侵蚀,如图 9 - 2 所示。阴极顶的小孔是等离子体密度最高的区域,也是空心阴极温度最高的区域,小孔内壁、阴极顶两侧同时受等离子体轰击溅射,随着空心阴极工作时间增加,阴极顶形貌逐渐变化,小孔内径逐渐增大,使得阴极顶小孔的截流作用变差,影响空心阴极放电性能参数和稳定性,甚至导致阴极无法正常工作。当然,也可以通过增加推进剂流量来维持稳定放电。

触持极通常和阴极的外壳连在一体,通过绝缘陶瓷与内部结构电气隔离,前端开有中心孔与阴极顶孔同轴,触持极中心孔孔径一般是阴极顶孔孔径的 2~10 倍,对气体推进剂也有一定的节流作用,在局部形成较高的气压。封闭式触持极对阴极顶、加热器等内部结构有热屏蔽作用,可以减少热损耗。空心阴极预热时,触持

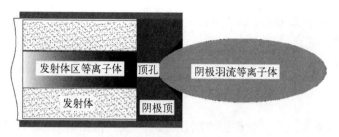

图 9-2　空心阴极的阴极顶小孔区域

极上施加高电压,形成局部强电场,有利于弧光放电触发和稳定,同时节省推进剂消耗;空心阴极安装在推力器上工作时,顶部处于推力器的放电羽流区,触持极对内部结构具有保护作用。空心阴极产生的电子由触持极中心孔发射,局部等离子体流密度和表面温度都较高,同时顶面受外部羽流区高能等离子体流的溅射侵蚀严重。随着空心阴极寿命增加,中心孔直径逐渐变大,同时触持极顶表面严重腐蚀,如果厚度不够可能被击穿,将阴极内部结构暴露出来,影响空心阴极性能和寿命。触持极一般选择钼、钽、钛、钨、石墨等耐等离子体溅射材料。

空心阴极加热器通常采用高温电阻率高的金属丝加工成螺旋状,缠绕在阴极管外部,包裹整个发射体区域,加热丝之间及加热丝与阴极管壁之间通过耐高温陶瓷材料绝缘。一方面空心阴极预热时,加热器通过传导作用间接加热发射体达到工作温度时,要求加热丝温度要高于发射体工作温度 300 ℃左右;另一方面空心阴极放电工作时,加热器长期处于高温状态。因此,随着空心阴极工作时间的加长,加热丝材料不断蒸发,温度越高蒸发速度越快,若加热丝材料局部有缺陷则容易断路;高温条件下,蒸发的金属材料沉积在绝缘材料表面,同时还逐步渗透到绝缘材料内部,引起绝缘性能下降甚至造成短路。由于尺寸和重量的限制,加热器是推力器的单点失效部件,一旦出现短路或断路故障,会直接导致空心阴极无法启动而寿命终结。

9.2.2　失效判据

空心阴极出现以下故障中的任何一项,均认为空心阴极功能失效,寿命终结:

(1)空心阴极的发射体活性物质大量消耗,发射电流指标衰减到额定值的 90%,无法达到额定工况的累计工作时间指标。

(2)空心阴极的阴极顶形貌发生较大变化,小孔截流作用变差,当推进剂流量增加值超过设定工作范围,或者根本无法维持空心阴极稳定放电时,无法达到额定工况的累计工作时间指标。

(3)空心阴极的触持极绝缘失效造成触持极短路,无法加载点火启动所需的点火电压,造成无法达到额定工况的点火次数指标。

(4)空心阴极的加热器绝缘失效造成加热器短路,或者因机械性断裂、连接部位开裂等造成加热器断路,无法加载点火启动所需的预热功率,造成无法达到额定工况的点火次数指标。

9.3　寿命试验的方法

空心阴极寿命试验一般根据空间任务需求或者依据研究项目对推力器(含空心阴极)寿命能力的需求开展。空心阴极的寿命试验方式分为电推力器(含空心阴极)的寿命试验和空心阴极独立寿命试验。

电推力器(含空心阴极)的寿命试验在第 8 章有详细介绍,本章主要针对空心阴极独立寿命试验,分为两种方式: 工作寿命试验和快速寿命试验。

9.3.1　工作寿命试验

空心阴极工作寿命试验顾名思义,就是模拟电推力器空间实际工作过程,按照额定放电电流、额定流量等参数进行 1∶1 工作的寿命试验。

空心阴极寿命指标分累计工作时间和点火次数,试验可以同时开展两项指标的考核,也可以分别对两个指标进行验证考核,最好同时进行小批量多子样的考核试验,快速积累寿命试验数据,用于可靠性计算评估。有些任务要求空心阴极独立寿命是推力器寿命指标的 1.0~1.5 倍甚至更高,以满足航天产品可靠性和冗余设计的要求。也有些任务为了节约经费用加热器热循环试验代替点火次数试验。

空心阴极寿命试验首先需要确定的是试验计划,即累计工作时间、点火次数、每次工作时间、冷却时间;其次确定点火过程中需要测量和计算的参数,通常包括加热电流、加热电压、点火电压、点火时间、放电电流、流量、温度等参数,将寿命试验和测量规划好,最大限度地节约资源。

1. 累计工作时间试验流程

空心阴极累计工作时间的常规试验设备与空心阴极点火试验设备一致,需要满足试验要求的真空环境模拟设备、特定的工装支架、地面电源供给系统、推进剂供给系统、地面测控系统等,也可根据试验任务需要,采用飞行用功率处理单元(PPU)、飞行推进剂贮供系统和飞行控制系统。寿命试验的周期较长,要求测控系统具有自动控制、数据存储、故障保护或报警等功能。常规试验设备在第 2 章和第 3 章已有详细介绍,本节不再重复。空心阴极寿命试验中一些特殊的检测分析设备见 9.4 节,试验流程如图 9-3 所示。

每次试验过程中,空心阴极预热点火、放电稳定后保持额定参数工作,达到单次工作时间后停止(一般数小时及以上),冷却数十分钟后重新开始点火试验;如需开舱检查,空心阴极需要完全冷却(数小时)后才能进行。每个产品所有单次工作时间之和为累计工作时间。开舱检查主要进行空心阴极产品状态检查,如采用

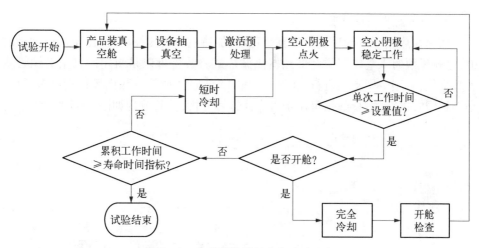

图9-3 空心阴极的长寿命试验流程

特殊设备对外观形貌以及阴极顶小孔的变化进行定期检测等。

试验设备维护、氙气气瓶更换等工作尽量安排在开舱检查阶段完成,尽量减少试验期间不必要的停机和空心阴极暴露大气的次数。

2. 点火次数试验流程

空心阴极点火次数试验方法和设备要求与前面相同,试验流程如图9-4所示。

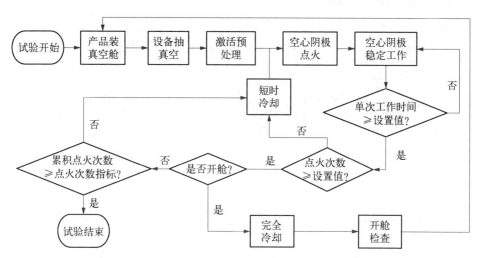

图9-4 空心阴极的点火次数试验流程

空心阴极每一次点火放电,达到稳定工作时间,必须停止放电进行冷却,再进入下一个点火循环,冷却时间一般30 min到数小时不等。每个产品所有点火次数之和为总点火次数。

试验过程中根据需要开舱进行检查、设备维护、更换气瓶等,具体要求同前面。

3. 加热器热循环试验

加热器热循环试验过程只需真空环境、加热电源及测控系统,由于阴极无须放电,也就无须通入气体工质。加热器热循环试验装置可以是封闭的真空玻璃管或者真空舱,采用专用支架进行(图9-5和图9-6)。加热器热循环试验可多子样、小批量同时进行,批量数据可用于可靠性计算分析,试验流程如图9-7所示。

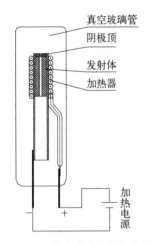

图9-5　真空玻璃管的加热器
热循环试验示意图

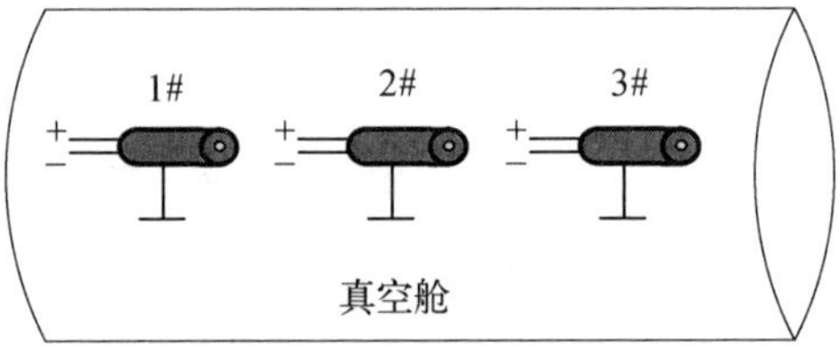

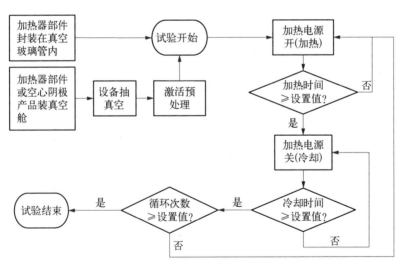

图9-6　多子样加热器热循环试验

图9-7　空心阴极加热器热循环试验流程

首先将加热器部件置于真空玻璃管或真空舱,然后进行加热—冷却的循环过程。一般加热时间为3~10 min、冷却时间一般为几十分钟。加热参数(加热电流、加热电压或加热功率)和加热时间根据空心阴极实际点火过程的额定参数并适当增加一定的裕度确定,以保障点火的可靠性。冷却时间根据空心阴极工作后冷却过程温度下降速率确定。

9.3.2　快速寿命试验

空心阴极寿命指标要求数万小时和数万次,按照 1∶1 开展工作寿命试验是验证空心阴极寿命能力的最直接和最有效的方法,但试验的代价太大。因此,快速寿命试验方法应运而生,其可以大大缩短寿命试验的时间,并节约经费。但对于快速寿命试验的有效性需要针对不同的方法进行具体评估。

快速寿命试验的方法有缩短冷却时间、加速发射体蒸发、加速发射体中毒等多种,下面分别介绍不同快速寿命试验的理论研究和方法。

1. 缩短冷却时间

按照电推力器空间应用过程,空心阴极点火放电后,稳定工作一定的时间(数十分钟、数小时或上百小时不等),间隔数小时或更久开始下一个工作周期。两个工作周期之间,空心阴极已充分冷却。空心阴极地面寿命试验过程中,真空条件下空心阴极点火放电后冷却到室温一般需要 2~8 h。寿命试验要求空心阴极完成上万次的点火次数试验,完全冷却后再进行下一次点火是非常不现实的,大多采取缩短冷却时间的方法加速寿命试验的过程。通过大量的地面试验和理论仿真确认,空心阴极放电后冷却 20~60 min,空心阴极发射体的温度可以大幅降低。如果冷却过程通入一定流量的推进剂,或者用其他冷却气体对空心阴极外壳进行吹扫,可以进一步缩短冷却时间。

近年来美国国家航空航天局格林研究中心采用快速加热器热循环试验方法,将冷却时间由常规的 15~30 min 缩短到 4 min,经理论分析认为缩短冷却时间不影响试验数据的有效性[13]。

缩短冷却时间的方法可以尽快达到空心阴极点火次数或加热器热循环次数指标,也是空心阴极地面寿命试验的常用方法。

2. 加速发射体蒸发

空心阴极发射体中活性物质的蒸发率是影响系统寿命的主要机制,而且活性物质的损耗过程(传导、扩散、解吸附和蒸发)均与发射体表面温度有关。例如,钡钨空心阴极的活性物质主要是自由钡,自由钡的存在能降低发射体表面逸出功且有助于点火放电。若发射体的工作温度远高于正常工作温度,将导致发射体中钡的过度蒸发,长时间放电工作后,发射体中的钡大量损耗,直到不能维持所需的放电电流,导致空心阴极寿命终止。例如,国际空间站等离子体接触器开始放电工作时的发射体温度约为 1 200 ℃,然后逐渐降到约 1 150 ℃。工作 23 800 h 后,发射体温度迅速升到 1 230 ℃,维持该温度直到 28 000 h 后阴极不能再启动。因此,将 23 800 h 作为空心阴极发射体耗尽的寿命时间。

美国国家航空航天局喷气推进实验室(JPL)研究表明[14]:真空条件下钡钨空

心阴极发射体温度每降低 30~40 ℃,其寿命会增加 1 倍;反之,真空条件下钡钨空心阴极发射体温度每增加 30~40 ℃,其寿命会减少一半。

采用提高发射体表面温度的加速寿命试验方法可以大幅缩短试验时间和费用,可通过适当调整空心阴极放电电流或质量流量的方法来提高发射体表面温度。而且,可以根据现有试验结果,建立发射体表面温度与活性物质损耗率的仿真模型,用于后续产品的寿命预估。

3. 加速发射体中毒

空心阴极使用过程中,推进剂中的水、氧等成分与发射体材料发生反应生成有害物质,不仅消耗活性物质,同时会沉积在发射体表面,严重的会堵塞发射体基体材料孔洞,使内部贮存的活性物质不能有效释放,造成空心阴极发射能力降低甚至丧失,这一过程称为空心阴极中毒,直接影响空心阴极的性能和寿命。

国外研究机构进行了专项研究,分析水、氧等成分对发射体性能的影响,并给出水、氧分压对材料发射电流的影响数据,如图 9-8 所示。图中显示,1 000 ℃ 以上时钡钨发射体材料与水或氧都可以发生反应,1 440 ℃ 以上六硼化镧发射体材料与氧发生反应。理论分析认为,六硼化镧材料可以使用低纯氙推进剂(纯度不低于99.99%),钡钨发射体材料需使用较高纯度的推进剂(纯度不低于 99.995%)。为了避免氙气中杂质对电推进系统性能和寿命的影响,各国航天器的氙气推进剂纯度和杂质含量都有严格要求,氙气纯度一般不低于 99.999% 或 99.999 5%,水氧含量要求不高于 0.001‰,甚至不得高于 0.000 1‰(体积比)。

电推进系统在航天器上使用时,由于受加注技术、气瓶内表面处理工艺等限制,加注后的氙气中杂质含量一般为 0.000 2‰~0.000 5‰,寿命末期约 0.001‰ 甚

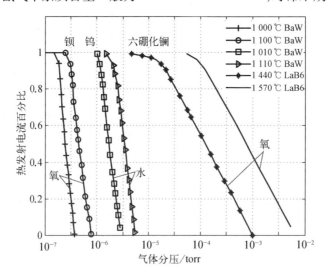

图 9-8　水和氧分压对发射体性能的影响

至更高。因此,电推进系统设计中必须考虑杂质对空心阴极及电推进系统寿命的影响,并进行地面试验验证空心阴极抗中毒能力。

试验可通过人为增加氙气推进剂杂质含量的方法进行。根据理论分析,如果将氙气中杂质含量增加到标准氙气杂质成分含量的 10 倍,空心阴极完成正常寿命时间 1/10 的测试,其受污染程度可等效于正常寿命的极限。

9.4　空心阴极寿命试验特殊设备

空心阴极寿命试验过程中和试验后的跟踪检测非常重要,特别是关键零部件损耗的定量测试数据非常珍贵,可用于修正寿命预估和可靠性计算模型,提高仿真的准确性,还可用于剩余寿命的估算和新产品的设计。

空心阴极寿命试验过程中的检测分析一般采用光学和电子显微镜、激光轮廓仪等测试外观形貌的变化,特别是可以准确测试空心阴极触持极顶和阴极顶孔两个关键部位的形状、尺寸随寿命时间的变化,为寿命预估仿真建模、后续改进和新产品研制提供数据支持。寿命试验过程中,可在真空舱内安装专用的三维光学形貌显微测量系统,定期对空心阴极外观及触持极顶部形貌变化进行三维测量,能减少真空舱开舱和空心阴极暴露大气的次数,避免发射体污染。

空心阴极完成长程寿命试验后,往往要进行破坏性解剖检查分析,目的是验证影响寿命的主要机理,评估寿命试验后关键部件定量损伤。

解剖分析的方法和检测内容包括:① 对空心阴极、发射体、孔板、阴极管、加热器、触持极、绝缘器等零部件的外观进行光学检测和材料分析,以确认各部分的物理状态;② 用扫描电子显微镜(SEM)和 X 射线能谱仪(EDX)分析表面沉积,包括面积和元素组分;③ 用 X 射线衍射分析仪确认发射体表面的化合物组成;④ 采用激光轮廓扫描仪分析阴极顶板、阴极孔、触持极顶、触持极孔的变化,量化质量损失和腐蚀深度。

美国“深空一号”探测器的离子推力器完成 30 352 h 寿命试验后,对主放电空心阴极和中和器进行了解剖分析[11],如图 9-9~图 9-11 所示。图 9-9 是主放电阴极

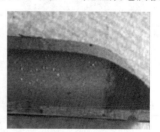

| (a) 下游 | (b) 中游 | (c) 上游 |

图 9-9　“深空一号”离子推力器主放电阴极发射体内表面

图 9 - 10　下游发射体内表面有大量钨晶体

发射体分解后的照片。图 9 - 10 是采用 SEM 对发射体内部进行分析,发现下游发射体出现大量的钨晶体,覆盖了 30%~40% 多孔钨基体表面。下游发射体内表面没有检测到有害的钨酸盐和其他氧化物(中毒层),钨晶体和氧化物会阻止活性物质钡向表面扩散。发射体中游和上游没有发现钨晶体和有害氧化物。图 9 - 11 是沿轴向距离阴极顶孔板不同距离的发射体内表面 SEM 检测分析图,最后一幅图是没有放电工作的发射体,钨基体表面有白色物质为发射体浸渍的活性材料。寿命试验的发射体钨基体表面的活性物质已经耗尽,但是还有大量的活性物质在钨基体内部,放电工作过程中会逐步蒸发到表面保证稳定放电。

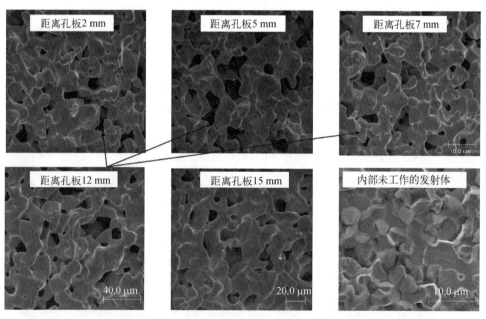

图 9 - 11　寿命试验后发射体距离孔板轴向不同位置的内表面扫描电子显微镜图

　　EDX 分析法用来测定浸渍物质的损耗率,主要通过测量发射体内不同位置的钡和钨的信号对比强度来实现。在给定的深度下,测试发射体不同部位钡:钨信号强度比例,以未放电工作的发射体作为基准,然后与寿命试验的发射体检测值进行比较。根据不同位置测量得到钡：钨的比值,计算出钡损耗深度与孔板轴向距离的关系,如图9-12所示。

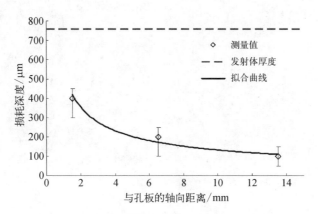

图9-12　长寿命试验后发射体钡：钨比值沿轴向
变化(距离孔板不同位置)

由图9-12可以看出,下部发射体中活性物质被大量消耗,损耗率与孔板的轴向距离呈非线性下降关系。下部端面,活性物质损耗深度达到$400\pm50~\mu m$,相当于总厚度的52%,上部区域活性物质损耗深度为$13.5~\mu m$,损耗了13%。

图9-13给出了试验后主阴极顶孔板形貌,图9-13(a)是顶孔板外观图,图9-13(b)是孔板和阴极焊接处的横截面,方框是试验前孔板的尺寸。由图可以看出,阴极顶与阴极管之间的焊缝已经被完全腐蚀。

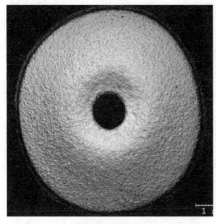

(a)下游外观图　　　　　　　　　　(b)孔板和阴极焊接处的横截面

图9-13　试验后主阴极顶孔板形貌图

图 9－14 为寿命试验前后阴极顶孔板形状的变化。可以看出试验后孔板的小孔区域有非常密集的钨晶体沉积，范围在 0.37～0.717 mm。

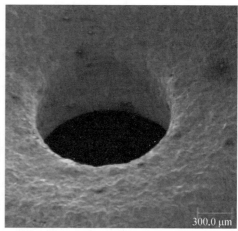

(a) 试验后　　　　　　　　　　　　　　　(b) 试验前

图 9－14　试验前后阴极顶孔板小孔形貌变化

9.5　空心阴极可靠性分析

空心阴极寿命验证是一项高成本、长周期的试验，与推力器一起进行寿命验证试验的成本更高。随着空间任务对电推进系统的长寿命要求，地面试验已经无法实现。例如，美国"深空一号"探测器离子推力器地面寿命时间 30 352 h，历时 5 年多。美国木星探冰轨道探测器（JIMO）采用核动力供电的 6 台离子推力器做主推进，单台推力器寿命要求 8.3 万 h，假设测试期内有效时间占比 75%，进行一次 1.5 倍冗余的寿命测试，将需要长达 19 年试验时间，因此需要发展基于试验数据和理论模型基础上的空心阴极寿命和可靠性预测技术。

通常，空心阴极的可靠性评估可以按照通用产品的可靠性评估方法开展，主要包括如下内容。

1）识别关键失效模式

识别关键失效模式是指根据相近产品的经验确定潜在的损耗失效模式。

2）进行短期试验

进行短期试验是指对新产品进行短期性能测试，测试过程必须覆盖性能指标的包络范围，并进行适当的参数调整，为仿真建模提供输入参数。短期试验的理想情况是在较短的几百小时内没有测试到明显的失效模式。

3）建立关键失效模式的仿真模型

采用保守估计的方法建立大多数损耗失效模型,其余影响寿命的失效模型必须采用概率分析的方法进行处理。

4）进行长寿命试验

产品长寿命试验的目的是验证寿命损耗特性是否符合模型的预期。试验过程可根据测试结果优化参数,目的是增加寿命时间、减缓损耗。为了确认特定失效模式可能导致寿命终结,可采用快速寿命试验的方法进行验证。

5）进行严格的基准测试和验证

对影响产品寿命损耗关键模式的模型必须进行严格验证,这对于产品的鉴定试验是至关重要的。

6）量化失效风险

可靠性分析的结果是能够量化影响产品寿命失效模型的风险。

随着试验数据的积累,空心阴极预期寿命的可靠度评价置信水平将不断提高。利用现有试验数据,对空心阴极预期点火次数的点火可靠度开展了评价。按照国外报道,空心阴极寿命服从韦布尔分布:

$$P(t) = \frac{\beta}{\eta} \left(\frac{t}{\mu} \right)^{\beta-1} \exp\left[-\left(\frac{t}{\mu} \right)^{\beta} \right] \tag{9-1}$$

式中,$P(t)$ 为失效概率;t 为运行时间;β 为形状因子;η 为位置因子[16]。对于 N 个零失效数据寿命试验,即在空心阴极失效之前试验终止,假设终止的时间为 t。在置信度 C 下确定位置因子:

$$\eta = T\left[-\frac{\ln(1-C)}{N} \right]^{-(1/\beta)} \tag{9-2}$$

韦布尔分布的可靠度可以表示为

$$R(t) = e^{-\left(\frac{t}{\eta} \right)^m} \tag{9-3}$$

当产品寿命服从韦布尔分布时,可以通过韦布尔分布的位置因子和形状因子的线性无偏估计的方法,获得产品的各种寿命特征的估计值。利用该方法结合已有产品的数据确定了形状因子 β 和位置因子 η 的值,根据公式预测的空心阴极加热器开关点火的相对概率分布曲线,采用韦布尔分布预测空心阴极在不同置信度下(如 90% 和 95%)的开关点火可靠性分布曲线。

如果点火次数指标采用韦布尔分布进行可靠度分析,那么点火次数地面验证的要求更高,例如,为达到 99% 可靠度的 6 000 次点火要求,单只产品试验验证次数要达到 32 000 次。

　　兰州空间技术物理研究所先后投入 11 支试验样本[9]，开展包括加热器开关次数考核、空心阴极开关点火考核、空心阴极连续工作考核和按照型号在轨飞行时序的开关点火考核试验。截至 2014 年 9 月 15 日，已经完成两支加热器超过 12 000 次开关考核、2 支空心阴极超过 9 000 次开关点火考核。

　　贾艳辉等[9]结合已有寿命试验数据确定了形状因子 β 和位置因子 η 的值分别为 8.335 7 和 16 952。预测的空心阴极开关点火的相对概率分布曲线如图 9 - 15 所示。采用韦布尔分布预测的 LHC - 5 空心阴极开关点火可靠性分布曲线如图 9 - 16 所示。LHC - 5 空心阴极预期开关点火 6 000 次时，预测的可靠度结果为：90%置信度下的可靠度为 0.999 8，95%置信度下可靠度为 0.999 5。

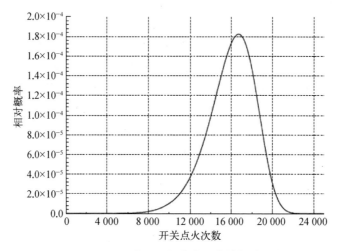

图 9 - 15　LHC - 5 空心阴极点火可靠性相对概率分布

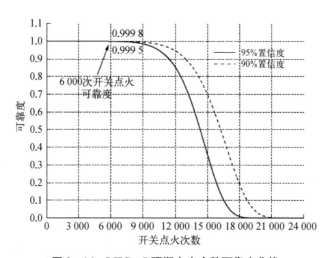

图 9 - 16　LHC - 5 预期点火次数可靠度曲线

9.6　空心阴极寿命试验案例

9.6.1　工作寿命试验

1. 国际空间站等离子体接触器空心阴极寿命试验

国际空间站等离子体接触器的性能指标要求：18 000 h 工作寿命，发射 10 A 电子电流，6 000 次点火，可靠度不低于 99%。

为了满足国际空间站等离子体接触器指标要求，美国国家航空航天局路易斯研究中心进行了空心阴极的长寿命试验和点火循环试验。

1）累计工作时间试验

等离子体接触器空心阴极累计工作时间试验任务是达到国际空间站等离子体接触器要求的 18 000 h 寿命指标，同时验证工质污染控制技术的有效性[1]。

寿命试验产品与飞行产品基本一致，如图 9-17 所示。试验装置采用二极管结构，阳极板安装在阴极下游 6 cm 处（图 9-18）。

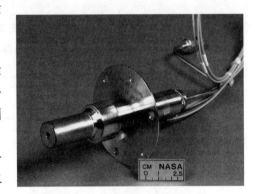

图 9-17　等离子体接触器空心
阴极寿命试验产品

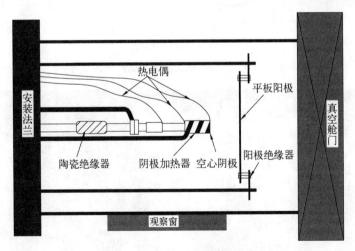

图 9-18　寿命试验装置结构图

试验从 1992 年 12 月 30 日开始到 1997 年 5 月 2 日结束，累计完成了 27 800 h 的寿命试验（3.2 年），远超过设定的 18 000 h 指标。图 9-19 和图 9-20 为寿命试验过程性能参数的变化，图 9-21 为寿命试验前后阴极顶形貌变化。

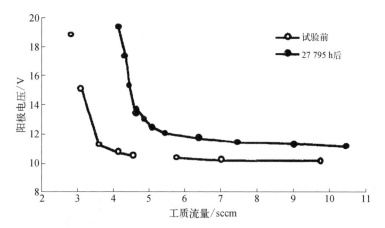

图 9-19　寿命试验前后阳极电压随工质流量的变化

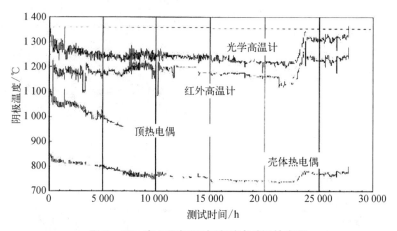

图 9-20　空心阴极温度随测试时间的变化

(a) 试验前　　　　　　　　　　　　(b) 试验后

图 9-21　寿命试验前后阴极顶部照片

2）点火循环试验

空心阴极点火循环试验的任务是达到国际空间站等离子体接触器点火 6 000 次、可靠性≥99% 的指标[2]。点火试验产品同寿命试验产品，如图 9－17 所示。

点火试验设备如图 9－22 所示。真空系统为 84 L 的低温泵系统，对氙气抽速 2 100 L/s，系统极限真空度 $2×10^{-5}$ Pa，工作真空度 $3×10^{-2}$ Pa。工质供应采用实验室氙气供给系统，流量采用质量流量控制器控制。试验电源：加热器电源为 8.5 A 的直流稳流电源，阳极电源为 3 A 稳流源（最大直流电压 40 V），阳极电源同时提供一路脉冲信号用于触发放电，脉冲信号为 750±100 V（脉宽 14 μs）。阴极顶温度测试采用可自动记录的光学温度计。整个试验系统采用计算机进行控制和数据采集。

图 9－22　点火试验设备

点火循环试验分为两种方式进行，即初始试验和快速试验。初始试验累计进行了 125 次点火，每次试验的放电时间和冷却时间都不同，用以评估对点火循环试验的影响。快速试验过程放电 1 min、冷却 20 min。每隔 3 000 次模拟在轨实际情况工作一定的周期，就放电 50 min，冷却 40 min。试验结果如图 9－23～图 9－27 所示。

空心阴极产品成功完成了 32 000 次点火，可靠性达到 99.98%，满足国际空间站等离子体接触器指标要求。

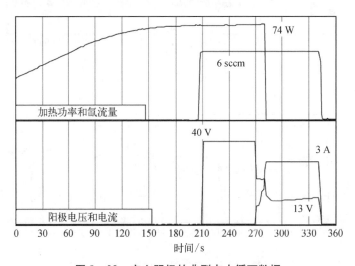

图 9－23　空心阴极的典型点火循环数据

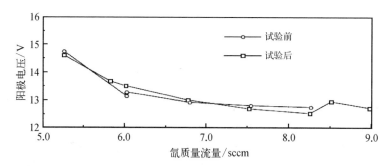

图 9 - 24　点火循环测试前后空心阴极阳极电压-流量特性

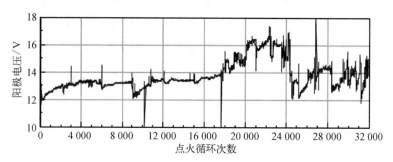

图 9 - 25　阳极电压与点火循环次数的关系

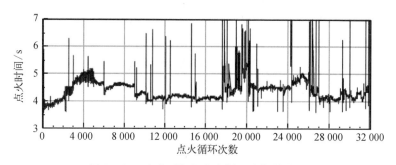

图 9 - 26　点火时间与点火循环次数的关系

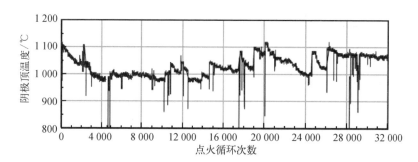

图 9 - 27　阴极顶温度与点火循环次数的关系

2. 上海空间推进研究所4.5 A空心阴极寿命试验

上海空间推进研究所研制的80 mN霍尔推力器用于我国空间站任务。单台霍尔推力器寿命指标为8 000 h和9 000次点火,要求空心阴极的寿命和点火次数不低于推力器指标。因此,从2011年9月到2016年6月,对4.5 A空心阴极寿命试验产品(图9-28)开展了长寿命试验,额定放电电流4.5 A,累计工作寿命28 000 h,点火次数15 000次,远超过空间站核心舱霍尔推力器任务指标要求[10]。

图9-28 4.5 A空心阴极寿命试验产品 **图9-29 空心阴极寿命试验真空设备**

空心阴极寿命试验设备如图9-29所示,真空舱直径0.6 m,长1.2 m。主抽系统为低温泵,对氙气的抽速为3 000 L/s,极限真空度可以达到$4×10^{-5}$ Pa,工作真空度优于$5×10^{-3}$ Pa。试验使用实验室气体工质供给系统,如图9-30所示,工作介质为纯度≥99.999 5%的高纯氙气。试验采用平板阳极的三极管工作方式,如图9-31所示。供电系统采用商业电源,加热器电源为稳流源,点火电源为稳压源,阳极电源为稳压限流电源。试验过程采用计算机控制和数据采集。

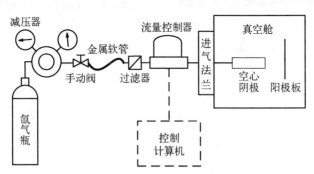

图9-30 空心阴极寿命试验工质供应系统图

4.5 A空心阴极的长寿命试验分为四个阶段:

(1)第一阶段——连续工作寿命试验,每次放电工作100 h左右,根据需要冷却一段时间,共完成134次点火,放电工作10 056 h。

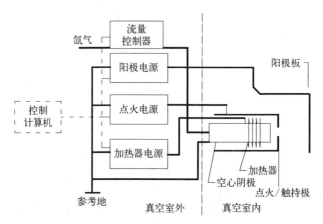

图 9-31 空心阴极寿命试验供电系统图

（2）快速点火循环试验，每个点火循环放电 2 min，冷却 20 min，共完成 10 472 次点火，放电工作 494 h。

图 9-32 空心阴极稳定放电工作时的照片

（3）模拟在轨工作，单次放电 0.5 h 至 2 h 不等，冷却 20 min，共完成点火 4 405 次、放电工作 4 493 h 的试验。

（4）连续寿命试验，共完成 37 次点火，放电工作 5 681 h，试验产品累计寿命达到 28 115 h、点火循环 15 094 次。

图 9-32 为空心阴极稳定放电工作时的照片，图 9-33~图 9-38 为寿命试验数据，图 9-39 和图 9-40 为寿命试验前后触持极顶和阴极顶形貌变化。

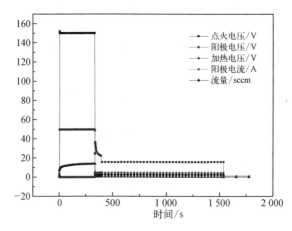

图 9-33 一个典型点火放电循环过程参数变化

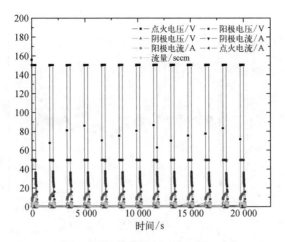

图 9-34　多次点火循环参数变化

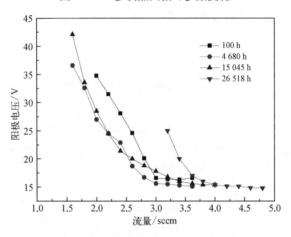

图 9-35　空心阴极的寿命试验过程中性能变化

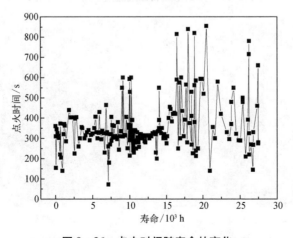

图 9-36　点火时间随寿命的变化

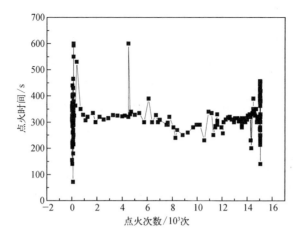

图 9 - 37   点火时间随点火次数的变化

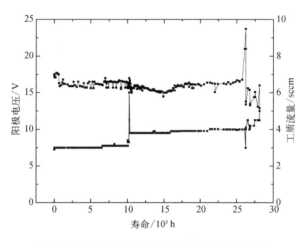

图 9 - 38   阳极电压和工质流量随寿命的变化

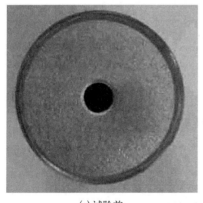

(a) 试验前   (b) 试验后

图 9 - 39   寿命试验前后触持极外观对比

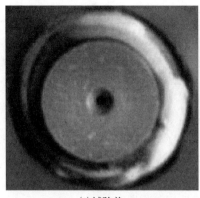 

(a) 试验前   (b) 试验后

图 9 - 40   寿命试验前后阴极顶外观对比

9.6.2   快速寿命试验

1. 缩短冷却时间

空心阴极地面寿命试验的点火次数试验大多采用缩短冷却时间的方法进行。例如,美国国家航空航天局路易斯研究中心进行国际空间站等离子体接触器阴极的 32 000 次点火次数试验中,除了初期 125 次,其余采用缩短冷却时间的快速试验方法:放电 1 min、冷却 20 min,每隔 3 000 次模拟在轨实际情况工作周期(放电 50 min,冷却 40 min,试验情况见 9.6.1 节[1-3])。

上海空间推进研究所的 4.5 A 空心阴极的 15 000 次点火试验中,绝大部分采用冷却 20 min 的方式进行快速点火循环试验,试验情况见 9.6.1 节。

2. 加速发射体蒸发

T6 空心阴极是英国 QinetiQ 公司为 T6 离子推力器研制的主放电空心阴极,用于欧洲航天局水星探测的 BepiColombo 任务和 AlphaBus 商业卫星平台,推力器的推力范围为 70~200 mN、功率为 2.43~4.5 kW、比冲为 3 710~4 120 s、总冲约为 1×10^7 N·s,寿命要求 14 000 h(按照 1.5 倍冗余要求寿命测试指标 21 000 h)。

T6 离子推力器配套的主放电阴极为钡钨阴极,放电电流 9.5~19.5 A。加速寿命试验过程质量流量等参数不变,通过增加放电电流提高发射体温度。T6 阴极的额定放电电流为 17.1 A,当放电电流提高到 22.5 A 时,发射体温度升高了 120 ℃[15]。2007 年 9 月,T6 阴极的加速寿命试验累计 3 790 h,加速因子为 8~16 倍(取决于温度每升高 30 ℃而寿命加倍,还是温度每升高 40 ℃寿命加倍),T6 阴极寿命相当于 30 320 h 或 60 640 h,这两个结果都超过了 BepiColombo 任务所需的阴极寿命。图 9 - 41 为 T6 空心阴极额定点工作与加速寿命测试时发射体温度分布比较。

根据加速寿命理论,英国 QinetiQ 公司为 BepiColobo 任务研制的 T6 钡钨空心阴

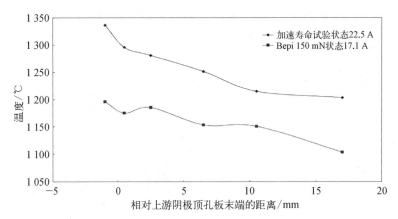

图 9 - 41　T6 空心阴极额定点工作与加速寿命试验中发射体温度分布比较

极的发射体温度比美国国家航空航天局的 NSTAR 钡钨空心阴极发射体温度低 35~126 ℃,也就意味着 T6 空心阴极的预估寿命是 NSTAR 空心阴极寿命的 2~6 倍。

3. 加速发射体中毒

ROS2000 是欧洲航天局支持多家公司联合研制的一款霍尔推力器,该推力器的功率范围为 1.5~2.5 kW,比冲大于 1 700 s,总冲不低于 3.3×10^6 N·s。ROS2000 推力器本体由英国 Astrium 公司研制,空心阴极由英国 QinetiQ 公司提供(图 9 - 42),2002~2003 年在意大利的 ALTA 公司进行了性能测试和鉴定测试。为了满足 ROS2000 任务未来需求,还进行了空心阴极的加速污染测试[15]。

图 9 - 42　ROS2000 试验空心阴极

　　ROS2000 空心阴极的抗中毒能力测试最好的方法是利用鉴定工程样机霍尔推力器进行 1:1 工作参数的工作寿命测试,但是为了能够在短时间内获得有效的结果,采用氙杂质含量是标准氙气杂质含量 10 倍的推进剂进行,试验时间达到全寿命(10 000 h)的 1/10,则认为空心阴极的污染程度达到极限。试验用氙推进剂成分见表 9 - 2。

表 9 - 2　ROS2000 加速污染试验氙气中的杂质成分含量

杂质成分	含量(体积分数)/10^{-6}
H_2	20
N_2	20

续　表

杂质成分	含量（体积分数）/10^{-6}
O_2	10
H_2O	无测量
CO_2	10

加速污染试验共进行了 9 个循环，发射电流 6.7 A，阴极流量 0.3 mg/s。其中首次和末次试验使用标准纯氙气作为性能测试的基准。空心阴极首次试验性能稳定后，从第二个循环周期开始引入高污染、低纯度氙气，共进行 7 次循环试验，累计工作时间超过 1 000 h，末次（第九次）测试恢复标准氙气工作。试验完成后对空心阴极进行分解和状态分析。

试验结果表明，低纯度氙气的使用会对钡钨空心阴极的性能产生一定的影响，但是采用标准纯净氙气会使性能下降得到逆转。采用扫描电子显微镜检测阴极钽管内表面有钽氧化物存在，氧化物含量沿钽管由上游到下游逐步减少，发射体区域没有检测到钽氧化物。阴极管上游区域表面的钽氧化物痕迹表明，阴极管结构充当了一个固有的吸附装置，低纯度氙气到达发射体之前杂质被吸收而净化，该过程的效率取决于钽管温度和低纯度氙气的流速。扫描电子显微镜检测显示，发射体表面活性物质钡含量充足，阴极顶没有发现明显的氧化、腐蚀和破坏，表明空心阴极状态良好，远离寿命末期。

为了进一步研究钡钨空心阴极抗污染能力的极限，在高电流空心阴极中使用更低纯度的氙气进行工作，更低纯度氙气杂质含量如表 9-3 所示。

表 9-3　氙气中的杂质成分含量

杂质成分	含量（体积分数）/10^{-6}
N_2	121±6.1
O_2	22.4±1.1
H_2O	71±7.1
CO_2	14.3±0.7
CH_4	12.8±0.6
Kr	31.9±1.6

试验空心阴极工作时的发射电流和流率分别为 18 A 和 0.3 mg/s，测试共进行了 9 次循环。根据表 9-3 中氧含量，该污染试验相当于空心阴极工作 16 600 h。

试验结果表明，空心阴极发射电流较高时，氙气纯度几乎对阴极工作性能没有明显影响。其原因在于,钽管一直维持在较高温度,充当着更有效的吸附装置,在低纯度氙气到达发射体和阴极顶之前能更有效地吸收氙气中的杂质。为了验证上述分析,测试末期空心阴极发射电流 6.7 A 时持续工作 194 h,阳极电压呈现出与先前试验相同的上升趋势,完成几百小时工作后,阳极电压同样存在一个整体下降趋势。

试验后,对钡钨空心阴极进行了漏率检测、电气性能检查和外观检查,结果表明,空心阴极没有遭受损伤,状态良好,阴极外表面不存在腐蚀或氧化现象。

参考文献

[1] Sarver-Verey T R. 28,000 hour xenon hollow cathode life test. The 25th International Electrical Propulsion Conference, Cleveland, 1997.

[2] Zakany J S. Space station cathode ignition test status at 32,000 cycles. IEPC – 1997 – 167.

[3] Soulas G C. Status of hollow cathode heater development for the space station plasma contactor. AIAA 1994 – 3309.

[4] Simpson H B, Wallace N C. A summary of the QINETIQ hollow cathode development programme in support of European high power Hall effect and gridded thrusters. IEPC – 2003 – 0214.

[5] Shastry R, Aherman D, Soulas G C, et al. NASA's evolutionary xenon (NEXT) long-duration test as of 736 kg of propellant throughput. AIAA 2012 – 4023.

[6] Yim J T, Soulas G C, Rohit S, et al. Update of the NEXT ion thruster service life assessment with post-test correlation to the long-duration test. IEPC – 2017 – 061.

[7] Goebel D M, Katz I, James P, et al. Extending hollow cathode life for electric propulsion in long-term missions. AIAA 2004 – 5911.

[8] 孟伟,徐金灵,张天平. LIPS – 200 离子推力器 12 000 小时长寿命试验成果总结. 中国第十三届电推进会议,北京,2017.

[9] 贾艳辉,郭宁,杨威,等. LHC – 5 空心阴极寿命和可靠性试验研究. 第十届中国电推进技术学术研讨会,上海,2014.

[10] 乔彩霞,康小录. Hollow cathode life test for the 80 mN Hall thruster. IEPC – 2013 – 060.

[11] Sengupta A. Destructive physical analysis of hollow cathodes from the deep space 1 flight spare ion engine 30 000 hr life Test. IEPC – 2005 – 026.

[12] 林祖伦,王小菊. 阴极电子学. 北京: 国防工业出版社,2013.

[13] Verhey T R, Soul G C. Heater validation for the NEXT – C hollow cathodes. IEPC – 2017 – 397.

[14] Katz I, Anderson J R, Polk J E, et al. Model of hollow cathode operation and life limiting mechanism. IEPC – 2003 – 0243.

[15] 薛伟华,乔彩霞,张岩. 空心阴极加速寿命试验方法研究. 第十届中国电推进技术学术研讨会,上海,2014.

[16] Brophyl J R, Polkl J E. Lifetime qualification of electric thrusters for deep-space missions. AIAA 2008 – 5184.

第 10 章
电推进系统组部件寿命试验

10.1 概 述

电推进系统主要涉及三大子系统：电推力器（含空心阴极）子系统、电源处理子系统和推进剂贮供子系统[1]，三个子系统中寿命最短的子系统寿命就代表系统寿命，需要对系统各部分的寿命分别开展研究。电推力器及空心阴极的寿命试验在第 8 章和第 9 章已经介绍，本章主要介绍电源处理子系统和推进剂贮供子系统的寿命试验。

由于不同电推进系统的主要差别在于推力器，电源处理子系统和推进剂贮供子系统的组成和功能差别相对较小，本章以霍尔电推进系统为例，介绍典型电推进系统组成和各部分功能，并对影响系统寿命的单机和部组件进行分析和识别，然后介绍相应组部件的寿命试验方法和试验案例。

10.1.1 电推进系统组成和功能

典型的霍尔电推进系统组成如图 10 - 1 所示。

该系统主要由两条推进分支组成，其中一条支路作为主份，另一条支路作为备份，共同完成航天器的在轨推进任务。每条分支由独立的 2 台霍尔推力器、2 个流量调节模块、2 个滤波模块和 1 台功率处理单元组成。两个推进分支共用 1 个氙气气瓶和 1 个推进剂压力调节模块。

霍尔电推进系统各主要单机的功能如下。

（1）霍尔推力器：推力的最终产生机构，由功率处理单元为其供电，由气瓶模块、压力调节模块和流量调节模块为其提供推进剂。

（2）氙气瓶：用于氙气推进剂的贮存。

（3）压力调节模块：用于氙气推进剂的输送和压力调节控制，保证输送给流量调节模块的氙气推进剂的压力稳定在一定的范围。

（4）流量调节模块：用于向下游霍尔推力器（阳极 1 路，空心阴极 2 路）提供稳定的微小推进剂流量。

（5）控制单元：对压力调节模块、流量调节模块、电源处理单元、推力矢量调

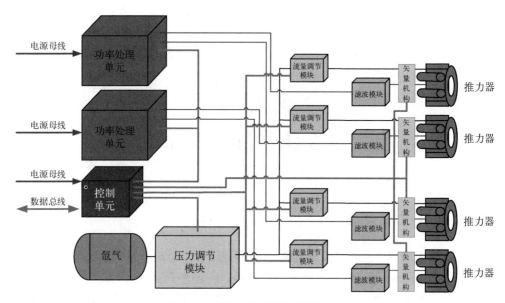

图 10-1 典型霍尔电推进系统组成

节机构(图中为矢量机构)进行驱动和控制;同时负责电推进系统各工作参数的采集并将采集的信息以数字形式发送给上位机。

（6）功率处理单元：作用是根据控制单元指令,对一次母线电源进行转换,按要求对霍尔推力器(阳极、阴极加热器、点火)进行供电。

（7）滤波模块：串联在功率处理单元与霍尔推力器的供电电路上,用于抑制霍尔推力器放电电流振荡。

（8）推力矢量调节机构：用于对推力器的推力矢量进行调节,以满足执行卫星不同任务时的需求。

（9）考虑到完成任务的可靠性,系统主要部分可分为两个互为备份的推进分支。对于功率处理单元、气瓶模块和压力调节模块,在单机内部均进行了双机或双支路冗余处理,避免单点故障。

10.1.2 推进剂贮供子系统

电推进系统使用最多的推进剂为气态氙(Xe),推进剂贮供子系统基本都是由三大功能模块组成的:氙气贮存模块、压力调节模块和流量调节模块,下面分别介绍[2]。

1. 氙气贮存模块

氙气贮存模块由氙气瓶组成,主要功能是贮存氙气,可以根据任务需要选择气瓶的数量和容积。

氙气瓶可以是金属气瓶,也可以是复合材料气瓶。气瓶的形状可以是球形,也可以是柱状。

氙气由于特殊的物理性质,其存储密度一般不超过 1.7 kg/L,压力一般不超过 15 MPa。

2. 压力调节模块

压力调节模块的主要功能是把氙气瓶贮存的高压氙气调节到流量调节模块工作所需的额定压力,并维持其输出压力调节精度。压力调节模块的输出压力可以低至 0.2 MPa(绝压)左右,从氙气瓶最大出口压力可知,压力调节所要求的最大减压比达 75,压力调节精度一般要求优于 2%。

压力调节模块调压方式可分为三类:机械减压器、Bang-Bang 阀电子减压器、比例阀电子减压器和组合减压器。

1) 机械减压器

机械减压采用机械减压器来调节压力。由于氙气压力调节的减压比高达 75 以上,一般的机械减压器的减压比为 20 左右,远不能满足减压要求,所以如果使用机械减压,一般都采用双级机械减压。

2) Bang-Bang 阀电子减压器

Bang-Bang 阀电子减压器的工作过程是:低压压力传感器对缓冲罐的压力进行监测,控制器对低压压力传感器测量值进行采样,并将采样结果与其内部程序的设定值相比较,根据比较的结果输出阀门驱动指令,通过压力控制电磁阀的开关,使缓冲罐的压力维持在预定范围内。图 10-2 是 Bang-Bang 阀电子减压器原理示意图。

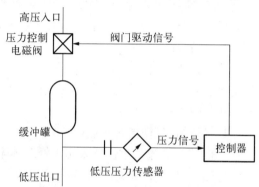

图 10-2　Bang-Bang 阀电子减压器原理示意图

Bang-Bang 阀电子减压器是一种闭环控制装置,其优点是技术成熟、原理简单、容易实现,在设计合理的情况下,可以实现较高的压力控制精度;缺点是需要较大的缓冲罐、对电磁阀的性能要求高、输出压力呈"锯齿"状波动。Bang-Bang 阀电子减压器电磁阀的工作次数与流量、下游容积、推进剂携带量等因素有关,通常要求具有百万次甚至更高的可靠工作能力,欧洲 SMART-1 的阀门工作次数超过了 60 万次。

3) 比例阀电子减压器

利用比例阀构成的电子减压器工作过程与 Bang-Bang 阀电子减压器相似,但由于比例阀是一种"无级"调整设备,消除了上述问题,比例阀电子减压器具有更优越的性能,但目前比例阀技术状态不如通断式电磁阀成熟,图 10-3 是比例阀电子

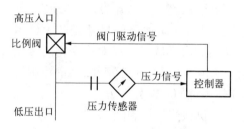

图 10-3　比例阀电子减压器原理框图

减压器的示意图。

比例阀分为电磁比例阀、磁致伸缩比例阀和压电比例阀,其特点都是通过电压来调节阀口的开度,从而得到所需要的压力或流量。

电磁比例阀由于发热等原因在航天推进系统应用时只用开环控制会造成较大误差,但其可以与压力传感器、流量传感器形成闭环控制系统,得到较高的控制精度。

磁致伸缩比例阀结构尺寸大、密封性能差,一般不建议采用。

压电比例阀的特点是低功耗、高驱动电压、行程小,其长度与输出距离比大约在 1 000∶1,以我国某企业研制的压电驱动堆叠为例,100 mm 的堆叠在 150 V 电压下输出的距离为 0.1 mm 左右,因此需要特殊的结构在较小的尺寸限制下实现大的位移输出。

比例阀通常要求具有几十万次甚至上百万次的可靠工作能力。

4)组合减压器

为了满足电推进系统在轨性能优化或者多模式工作,需要调节压力范围更大时,可以采用机械减压和电子减压组合减压器方案。

3. 流量调节模块

流量调节模块的主要功能是输出电推力器所需的微流量,核心是流量控制器。流量控制器主要发展了三种类型:"烧结"型微流量控制器、"迷宫"型微流量控制器和比例微流量控制阀。

1)"烧结"型微流量控制器

"烧结"型微流量控制器采用不锈钢等金属材料烧结而成,金属材料缝隙尺寸要求达到 2~10 μm 量级,才能满足毫克级的流量控制。流量芯体对多余物高度敏感,容易被污染。另外,"烧结"型微流量控制器存在配对困难、可能会"掉渣",导致系统"自污染"等问题。近年来发展的 3D 增材制造技术结合烧结工艺,对于消除"烧结"型流量控制器的上述问题很有帮助。

图 10 - 4   "迷宫"型流量控制器流体通道

2)"迷宫"型微流量控制器

"迷宫"型微流量控制器使被控介质在"迷宫"中流过极为复杂但不很狭窄的通路,在这个过程中介质的速度连续发生变化,流量不断降低,最终达到节流目的。"迷宫"型微流量控制器介质通路的尺寸是几十微米量级,从而大大降低了产品对多余物的敏感程度。图 10 - 4 是"迷宫"型微流量控制器内部流体通道的一部分。

3)比例微流量控制阀

比例微流量控制阀分为电磁比例微流量

控制阀、磁致伸缩比例微流量控制阀和压电比例微流量控制阀,其特点都是通过电压来调节阀口的开度,从而得到所需要的流量,和压电比例阀中的一样,此处不再重复。

三种不同的流量控制器方案,都存在长期工作过程多余物污染、性能变化等可靠性和稳定性问题。

4. 典型的推进剂供给系统

图 10-5 为典型的霍尔电推进贮供子系统组成图,与离子电推进系统类似。

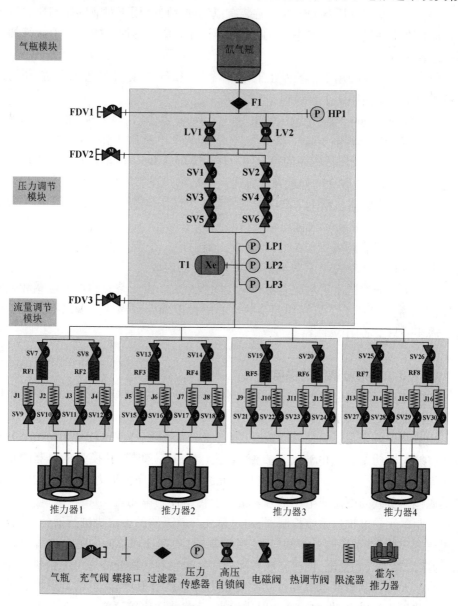

图 10-5　典型霍尔电推进贮供子系统气路方案

贮供系统由 2 只高压气瓶、1 个压力调节模块、4 个流量调节模块及配气管路组成。气瓶为 2 个柱形气瓶,压力调节模块采用 Bang－Bang 阀电子减压器,流量调节模块采用"迷宫"型微流量控制器。

压力调节模块由 2 条相互冗余的配气支路组成,由充气阀、高压传感器、高压自锁阀、Bang－Bang 阀电子减压器(包括 Bang－Bang 电磁阀、低压缓冲气瓶和低压传感器等),各组件功能如下:

(1) 氙气瓶和低压缓冲气瓶下游装有氙气加/排阀,用于对氙气瓶和压力调节模块进行真空抽气和氙气加注,高压自锁阀下游也装有气加/排阀,用于氙气加注后的系统测试。

(2) 高压自锁阀用于系统停止工作时隔离高压气体,阻止其进入下游,压力调节模块每条支路使用 1 个自锁阀。

(3) Bang－Bang 阀电子减压器由 Bang－Bang 电磁阀、缓冲罐、低压传感器等组成。Bang－Bang 阀电子减压器工作时,需要两个电磁阀工作,第三个电磁阀主要作为备份。3 个低压传感器的输出同时作为 Bang－Bang 阀电子减压器闭环控制的反馈信号(采用 3 取 2 的仲裁判读方式),参与输出压力闭环反馈控制。

(4) 压力传感器包括 1 个高压传感器和 3 个低压传感器(1.0 MPa),用于对氙气瓶和缓冲罐内的推进剂气体压力进行监测。

(5) 流量调节模块共有 4 个,每台推力器对应一个流量调节模块。一个流量调节模块由 6 只电磁阀、2 只热调节阀、2 只限流器组成。

(6) 霍尔推力器由霍尔加速器和空心阴极组成。由于空心阴极是敏感和脆弱器件,霍尔推力器带有 2 只互相冗余的空心阴极以确保可靠性。霍尔推力器工作时只需要一只空心阴极工作。

10.1.3　电推进系统的供电系统

电推进系统的供电系统主要包括功率处理单元和控制单元,霍尔电推进系统一般还包含独立滤波模块。

功率处理单元主要为推力器供电,供电功率大,负载特性比较复杂。功率处理单元将航天器功率母线电源通过直流－直流(DC/DC)变换,转换为推力器的负载工作需要的不同类型的电源,根据控制单元的指令和时序为推力器供电,同时完成各电源包括负载的电流或电压信号采集并上传给控制单元。

控制单元是电推进系统控制器,通过总线与航天器的上位机进行通信,接收上位机指令,对贮供系统的各个阀门、流量控制器、功率处理单元的各个电源进行控制,为推力器供气和供电,同时完成各部分信号采集和转换并传递给上位机。控制单元将航天器控制母线电源经过功率变换为压力调节模块、流量调节模块和推力矢量调节机构的供电,供电功率一般比较小,负载特性比较简单。

滤波模块串接在功率处理单元与霍尔推力器供电线路之间,用于抑制霍尔推力器工作时等离子体放电振荡并降低系统的电磁干扰。滤波模块一般靠近霍尔推力器安装,可以更好地降低电磁振荡,减少干扰。

有些电推进系统将控制单元、滤波模块都集成到功率处理单元中,优点是节省尺寸和重量,缺点是内部需要的强弱电和软硬件隔离难度大、滤波效果差。

图 10-6 是典型霍尔电推进系统供电原理图。

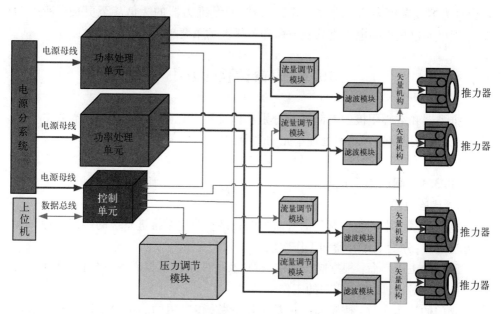

图 10-6　典型霍尔电推进系统供电原理图

10.2　影响系统寿命的主要单机和组部件

推力器工作时,需要推进剂供给系统和供电系统长期同时为推力器服务,才能保证系统完成任务。分析表明,影响电推进系统寿命的主要因素有电推力器(含空心阴极)、推进剂供给系统的阀门、流量控制器和供电系统的功率处理单元。

1. 电推力器

电推力器是电推进系统功能的执行机构,电推力器(含空心阴极)的寿命和可靠性是保证电推进系统功能的核心。

2. 阀门

推进系统工作过程中,压力调节模块中电磁阀和比例阀等阀门通常需要开关几十万次甚至上百万次,是推进剂供给系统的活动部件,影响电推进系统寿命和可靠性。

3. 流量控制器

流量调节模块中的三种方案都存在长期工作过程多余物污染、性能变化等可靠性和稳定性问题,流量控制器处理气体推进剂的能力和稳定性是影响电推进系统寿命的关键因素之一。

4. 功率处理单元

供电系统必须能够长期为推力器供电,有的系统中一台功率处理单元交替为2台推力器或者更多的推力器工作,寿命时间是推力器的2倍甚至更长。所以功率处理单元也是影响电推进系统寿命和可靠性的重要单机。

10.3   寿命试验的方法

推力器和空心阴极的寿命试验分别在前面章节已进行详细介绍,本节主要介绍阀门、流量控制器和功率处理单元的寿命试验方法。

10.3.1   阀门寿命试验

1. 试验内容

电推进系统中的各种阀门的寿命可以直接参照化学推进系统的阀门寿命试验的方法进行,分为工作寿命和工作次数。

阀门的工作寿命:根据阀门结构、材料及所使用的元器件进行分析,并通过与类似阀门的对比,以评定阀门的工作寿命。

阀门的工作次数:按照阀门正常工作参数,在专用的测试台上进行开关次数的试验,工作介质一般选择氮气。

2. 试验方法

阀门工作次数试验的设备如图 10-7 所示,包括气瓶、减压器、过滤器、开关阀、压差表、供电电源、计算机控制台、管路、电缆等。试验台的接口符合被测阀门的机械接口和电接口要求,并能提供阀门工作所需的压力的工质和驱动电源[3]。

阀门寿命试验步骤如下:

(1) 按照原理示意图连接好管路和电缆。

(2) 打开气瓶,调节减压器达到额定工作压力。

(3) 打开被测阀门前后控制的开关阀。

(4) 通过计算机控制台控制电源输出,为电磁阀提供开启所需的额定驱动电压、电流和持续时间,使阀门开启然后关闭,一次开关循环完成。

(5) 在规定的工作状态下进行连续开关试验,工作频率每秒不超过 4 次。

(6) 通过控制软件记录开关次数,达到一定的次数(如 5 000 次),停止试验,测试阀门漏率、响应特性等性能指标,判断是否满足技术条件要求。

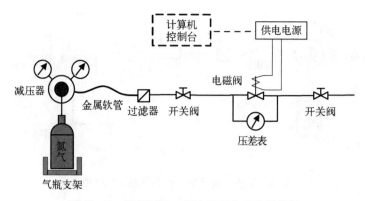

图 10 - 7   阀门累计工作次数寿命试验原理图

（7）如果没有达到总开关次数要求,则重复步骤(4)~(6)继续试验。

（8）如果达到总开关次数要求,试验结束。

3. 试验判据

产品符合下列要求,认为产品寿命满足要求:

（1）试验过程中,复测得到的阀门漏率、响应特性等性能指标符合产品的技术要求。

（2）试验后,对产品进行外观检查、机械结构检查、电性能测试,以及响应特性、密封性、流阻等性能指标测试,确保其符合产品的技术要求。

10.3.2 流量控制器寿命试验

1. 试验内容

流量控制器寿命试验包括开关次数和推进剂通气总量等试验内容。

开关次数主要由电磁阀决定,一般以阀门组件的开关次数作为流量调节模块的开关次数,因此流量调节模块一般不再做开关次数试验。试验台的接口符合被测流量控制器的机械接口和电接口要求,并能提供流量控制器工作所需的压力的工质和驱动电源。

推进剂通气总量试验是模拟流量控制器在轨工作期间推进剂通气总量的能力。电推进一般采用价格昂贵的氙气推进剂,为了降低成本,同时满足模拟通气总量的效果,通常采用高纯氮气作为模拟推进剂,流量控制器内部通过氮气的标准体积总量与所需氙气推进剂相同,即认为达到推进剂通气总量指标。为了提高试验速度,可在验证压力范围内适当提高流量控制器入口压力,提高流量,加速推进剂通气总量测试。

2. 试验方法

流量控制器寿命试验的设备如图 10 - 8 所示,包括气瓶、减压器、过滤器、流量计、被测流量控制器等。

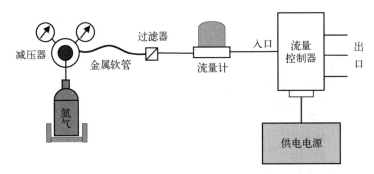

图 10‑8   流量控制器推进剂通气总量试验原理图

流量控制器寿命试验步骤如下：

（1）按照原理示意图连接好管路和电缆。

（2）打开气瓶，调节减压器达到额定工作压力（一般表压为 0.2 MPa）。

（3）流量控制器供电电源打开，所有电磁阀供电打开。

（4）等待流量稳定测试流量值，作为基准值 1。

（5）缓慢调节减压器（一般不超过表压 0.4 MPa），使流量计稳定到设定值。

（6）记录流量显示值、时间、温度和其他参数。

（7）持续通气，直至通过通气总量（流量与时间的乘积）达到要求，控制试验过程中的气体温度变化小于等于 5 ℃。

（8）调节减压器达到额定工作压力（一般表压为 0.2 MPa）；等待流量稳定测试流量值，作为基准值 2，计算基准值 1 和基准值 2 之间的偏差。

（9）试验结束。

3. 试验判据

寿命试验后，产品符合下列要求，认为产品寿命满足要求：

（1）试验前后两个流量基准值的误差小于等于 10%，认为寿命测试有效。

（2）寿命试验后，应对被试产品进行外观检查、机械结构检查、电性能测试、内漏率测试、外漏率测试、常温下流量测试等试验，确保所有检查项符合产品的性能指标要求。

10.3.3   功率处理单元寿命试验

1. 试验内容

功率处理单元的寿命指标和推力器一样，包括累计工作时间和启动次数。

根据推进系统在轨工作过程，确定功率处理单元的累计工作时间和启动次数。累计工作时间试验主要测试 DC/DC 模块额定功率工作条件下总稳定工作时间，启动次数试验主要测试 DC/DC 模块承受从空载跳变到满载浪涌冲击的循环次数。

功率处理单元属于航天产品中的大功率电子单机，研制和试验周期长、成本高,一般只选取 1 台初样产品进行寿命试验。

功率处理单元寿命试验按照工作方式可分为 1∶1 工作寿命试验和加速寿命试验两种,下面分别进行介绍。

2. 工作寿命试验

功率处理单元在正常参数下的工作寿命试验测试系统原理如图 10－9 所示,主要包括测试平台、温度数据采集系统和功率处理单元自动测试系统,各设备的主要功能如下。

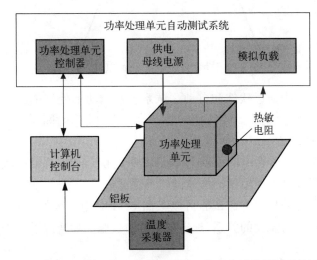

图 10－9　功率处理单元在正常参数下的工作寿命试验测试系统原理图

(1) 测试平台:提供功率处理单元安装测试的工作环境,一般采用大的散热铝板,模拟在轨工作的环境温度。

(2) 温度数据采集系统:主要包括铂电阻、数据采集器和温度采集器,用于试验中产品温度控制点温度测量和数据记录、监测及处理。

(3) 功率处理单元自动测试系统:主要包括供电母线电源、模拟负载、功率处理单元控制器,用于提供功率处理单元工作需要的一次供电电源及负载,采集供电电源及各路电子负载的实测电压和电流值,以及功率处理单元自身输出的各遥测值。

(4) 计算机控制台:模拟功率处理单元控制器的上位机,对功率处理单元进行控制、数据采集和存储,同时采集并记录温度采集系统的数据,显示功率处理单元及温度采集系统的各参数值。

功率处理单元工作寿命试验步骤如下:

(1) 将功率处理单元放置在测试平台上,按照原理图连接好所有的设备。

(2) 开启控制软件,按照预定模式的功率处理单元开始工作。功率处理单元一个工作周期通常模拟在轨工作的过程,包括上电、稳定运行(额定功率)、掉电、断电(图 10 - 10),然后进行下一个循环。

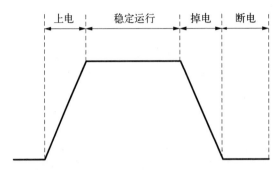

图 10 - 10   功率处理单元寿命试验工作过程

(3) 试验过程中通过软件和自动测试系统监测功率处理单元的性能参数,超出正常的范围应该报警,直到完成预定的启动次数和寿命时间。

3. 加速寿命试验

功率处理单元的寿命时间要求上万小时甚至几万小时,启动次数为数万次,寿命试验通常采用提高工作温度的加速试验方法完成。

功率处理单元的加速寿命试验可以参照 DC/DC 电源模块在加速寿命试验中得到的可靠性数据与温度的关系,确定加速寿命试验的加速因子[4]为

$$A_T = \frac{\tau_{use}}{\tau_{test}} \tag{10 - 1}$$

式中,A_T 为加速因子;τ_{use} 为正常工作条件下的产品寿命;τ_{test} 为试验产品的失效时间。

加速因子根据 Arrehenius 公式计算[2]:

$$A_T = \exp\left(\frac{E_a}{k} \left(\frac{1}{T_{use}} - \frac{1}{T_{test}} \right) \right) \tag{10 - 2}$$

式中,T_{use} 为正常工作条件下的壳温,K;T_{test} 为加速寿命试验条件下的壳温,K;k 为玻尔兹曼常量,$k = 8.617 \times 10^{-5}$ eV/K;E_a 为 DC/DC 电源模块的激活能。

激活能参考最坏情况分析的标准(ECSS - Q - HB - 30 - 01A—Worst case circuit performance analysis)进行选择。功率处理单元的元器件激活能 $E_a = 0.43 \sim 1.67$ eV,对于脉宽调制器取 $E_a = 0.7$ eV。

高温下进行功率处理单元加速寿命试验时,加速温度应该高于实际工作温度,但是应该有合理的幅度,不能引起新的失效机制。通过热分析和热平衡试验的结

果,确定环境最高温度,并适当留有余量。

下面以 DFH-3B 平台电推进系统功率处理单元加速寿命试验计算为例进行说明[5]。将功率处理单元在轨工作的最高工作温度 50 ℃ 定为基准温度 T_{use},测试分析的最高环境温度 80 ℃ 作为 T_{test},考虑到电源处理单元所用元器件自身温升以及对环境温度的限制,取步阶温度 $\Delta T = 5$ ℃,在试验温度 65 ℃、70 ℃、75 ℃、80 ℃ 下,进行基本均等时间的试验,共计 4 008 h,等效产品在轨 50 ℃ 下累计工作时间 22 000 h。采用 Arrehenius 模型进行加速寿命试验的试验参数见表 10-1。

表 10-1　试验参数[50 ℃ 为基准点,采用 Arrehenius 模型($E_a = 0.7$ eV)]

试验阶段	环境温度 T_{test}/℃	试验时间 τ/h	加速因子 A_T	等效试验时间 $A_T\tau$/h	总等效试验时间 $\sum\limits_{i=1}^{n} A_{Ti}\tau_i$/h	总试验时间 $\sum\limits_{i=1}^{n} \tau_i$/h
1	65	1 000	3.05	3 050		
2	70	1 000	4.33	4 330	220 007.7	4 008
3	75	1 000	6.09	6 090		
4	80	1 008	8.47	8 537.7		

1)试验设备

功率处理单元加速寿命试验系统原理如图 10-11 所示,这套设备和图 10-9 的区别在于增加了温度控制箱,其他设备基本一致。温度控制箱的作用是为功率处理单元加速寿命试验提供高温环境。

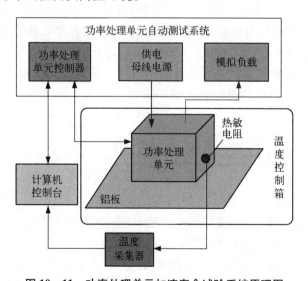

图 10-11　功率处理单元加速寿命试验系统原理图

2）试验步骤

功率处理单元加速寿命试验步骤如下：

（1）将功率处理单元和测试平台一起放置在温度控制箱中，连接所有的电缆。

（2）按照预定模式功率处理单元开始工作，工作方式按照图 10 - 10 进行。

（3）启动温度控制箱，通过温度数据采集系统闭环控制箱体内的温度。

（4）达到预定的试验时间，一个温度点的试验完成。

（5）调节温度控制箱的温度设置，进入下一个温度点的测试，直到完成所有设定的温度点和试验时间。

3）试验判据

功率处理单元电路设计中部分关键电路设计了主备份电路和冗余设计，在试验件加速寿命试验中，容许在主份电路失效的情况下启用备份电路或冗余模块，在启用备份电路或冗余模块后，试验时间累计过程中，出现以下情况时可判定试验件失效：

（1）电源处理单元任意一路模块无输出。

（2）以寿命试验开始测试得到的各电源电压、电流输出值为基准，并以产品性能指标规定各电源电压、电流稳定度的 2 倍为正常波动范围，若任一路电源性能漂移超出此范围，即判断试验件失效。

10.4 功率处理单元寿命试验案例

2016 年，兰州空间技术物理研究所开展了 DFH - 3B 卫星平台离子电推进系统功率处理单元的温度应力加速寿命考核试验。功率处理单元加速寿命试验的加速因子参照式（10 - 2）进行，等效试验时间计算见表 10 - 1。

根据在轨模式确定功率处理单元的加速寿命试验的工作模式为：开机、加热模式（在最后的 1 min 同步进行点火）8 min、推进模式 4 h、关机 2 min，这样一个工作周期共计 4 h 10 min，由于在轨工作要求的 22 000 h 为推进模式累计工作时间，因此加速寿命试验的时间仅累计每个工作周期的推进模式时间。试验中为减少关机等待试验，将加热模式和推进模式的工作时间按照在轨工作时间进行了加倍，同时尽量缩短关机等待时间。

加速寿命试验从 2016 年 4 月 25 日持续到 10 月 20 日，顺利完成了四个温度应力下累计 4 008 h、1 000 次开关机循环试验，加速寿命试验现场如图 10 - 12 所示，试验过程全周期控制温度曲线如图 10 - 13 所示。

DFH - 3B 卫星离子电推进系统功率处理单元加速寿命试验是国内首次开展与飞行产品状态完全一致的鉴定产品功率处理单元加速寿命的试验。试验后的各

图 10-12　DFH-3B 电推进系统功率处理单元加速寿命试验现场

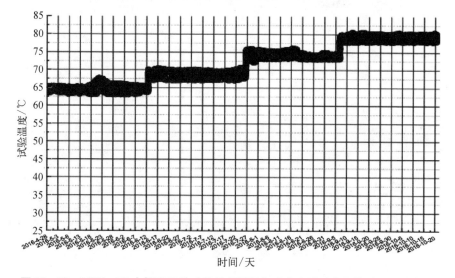

图 10-13　DFH-3B 电推进系统功率处理单元加速寿命试验全周期控制温度曲线

项数据分析表明,在高温度应力下电源性能良好,各项性能指标依然满足要求,表明整个功率处理单元具有良好的裕度设计。

参考文献

[1]　康小录.SJ-9A 卫星霍尔电推进系统研制.中国宇航学会液体推进专业委员会学术研讨会,溧阳,2012.

[2]　武蔥茏,刘国西,陈涛,等.电推进氙气贮供系统研究现状.中国电推进技术学术研讨会,北京,2016.

[3]　中国空间技术研究院.卫星用电磁阀通用技术条件 Q/W 218-91.北京:中国空间技术研

究院,1991.

[4]　章晓文,章红杰,何小琦,等. DC/DC 电源模块可靠性评估方法研究. 微电子学,2017,47 (6): 143 - 146.

[5]　王少宁,张保平,陈昶文,等,DFH - 3B 平台电推进系统 PPU 加速寿命试验方法研究及试验结果. 第十二届中国电推进技术学术研讨会,哈尔滨,2016.

等离子体诊断篇

第11章
等离子体密度及电子温度的诊断

11.1 概　　述

电推进是利用电能将工质电离成等离子体状态,等离子体宏观上表现出带电粒子的集体行为,进而在电磁场作用下可获得较高的比冲,电推进的高比冲特点,使其在空间推进领域占据重要地位。等离子体作为物质存在的第四种状态,描述其特性的物理量主要有等离子体密度(电子密度或离子密度)、电子温度、空间电势、电子能量分布函数等,这里主要介绍电推进等离子体密度和电子温度的诊断测量方法。

等离子体密度与电子温度作为等离子体最基本的参数,可用于解释电推力器工作的微观机理,评估工质利用率、电推进性能、羽流等离子体与航天器的相互作用等,在电推进研制过程中发挥着重要作用。

等离子体密度和电子温度的诊断测量方法较多,如 Langmuir 探针、微波诊断以及基于碰撞-辐射模型的光谱诊断等,其中,Langmuir 探针是目前应用最广泛且较简单的诊断方法。

Langmuir 探针是由 Mott‐Smith 和 Langmuir 提出的,并且他们建立了基本的探针理论,可用于不同类型的稳态等离子体特性研究;后经多年的发展及完善,目前的 Langmuir 探针理论可用于高压、强磁场、定向运动、脉冲等复杂等离子体特性研究。Langmuir 探针在 20 世纪中叶应用到电推进领域,用于电推力器等离子体特性诊断。Langmuir 探针结构简单、操作方便,通过对探针 I‐V 曲线的分析可以获得等离子体密度、电子温度等多种等离子体参数,进而用于评估推力器性能、羽流等离子体与航天器相互作用等。

典型的 Langmuir 探针 I‐V 特性曲线分为不同区域,基于冷离子、Maxwellian 分布的电子、无碰撞鞘层以及稳态等离子体等基本假设,利用能量守恒定律和麦克斯韦方程表征探针收集的离子电流和电子电流,分析获得电子温度、电子密度、离子密度等等离子体参数,结合快速扫描技术还可以实现等离子体参数的实时测量。目前,Langmuir 探针的精度控制在 $\pm(20\% \sim 50\%)$ 范围,误差主要由理论假设及测量噪声等引起,但可以通过探针的优化设计、校正等降低测量误差。

11.2 Langmuir 探针基本理论

Langmuir 探针置于等离子体中收集电子或离子产生电流,通过改变施加在探针上的电压 V_B(对于电推进羽流等离子体典型值为$-100 \sim 100$ V),探针上的电流参数发生改变;在较大的负偏压下,探针主要收集离子,排斥电子,当负偏压达到一定值时,所有的电子被排斥,探针只收集离子,随着负偏压(绝对值)增大,收集的离子达到饱和状态(通常为微安量级);相反,在较大的正偏压下,探针主要收集电子,排斥离子,当正偏压达到一定值时,所有的离子被排斥,探针只收集电子,随着正偏压增大,收集的电子达到饱和状态(通常大于 10 mA);探针上的偏压与收集的电流构成探针的 $I-V$ 特征曲线,通过对曲线进行分析,可获得等离子体参数。

Langmuir 探针基本理论必须满足基本假设:

(1)离子处于冷离子状态,$T_i/T_e \ll 1$;

(2)电子处于或接近热平衡状态,服从 Maxwellian 分布;

(3)无碰撞等离子体,$Kn - \lambda/r_p \gg 1$;

(4)不存在感应磁场,$dB/dt \approx 0$;

(5)非磁化等离子体,$r_{L,e}/r_p \gg 1$;

(6)准中性状态,即离子密度与电子密度相等($n_i \approx n_e$);

(7)各向同性且均匀等离子体。

其中,T_i 为离子温度;T_e 为电子温度;Kn 为克努森数;λ 为平均自由程;r_p 为探针半径,或特征尺寸;B 为磁感应强度;$r_{L,e}$ 为电子的拉莫尔半径。

Langmuir 探针理论的基本假设,在电推进等离子体中通常不能全部满足,例如,电子分布不服从 Maxwellian 分布,而更接近 Druyvesteyn 分布,可通过对 $I-V$ 曲线求导数获得电子能量分布函数(EEDF);又如,电推进等离子体通常为定向运动等离子体,而非各向同性等。对于无法满足的假设条件,可通过一定的理论分析或探针设计进行修正。

在满足基本假设的前提下,开展 Langmuir 探针理论分析,通过空间面积 A 的等离子体电流 I 可表示为

$$I = \frac{1}{4}eA(n_e\bar{v}_e - n_i\bar{v}_i) \tag{11-1}$$

式中,$\bar{v}_e$ 和 $\bar{v}_i$ 分别为电子和离子的平均热速度;n_e 和 n_i 分别为电子和离子的密度。实际测量中,电子和离子需要越过鞘层才可被探针收集;在等离子体中,任何接触面或边界都会形成鞘层,当探针置于等离子体中时,在探针的表面会形成鞘层,鞘层厚度与德拜长度 λ_D 相同量级;在鞘层中,电子和离子的密度是变化的,且鞘层中存在电

场,存在电场的区域是等离子体空间电势 V_p 与探针偏压的过渡区域;当探针偏压大于等离子体电势 V_p($V_B \geqslant V_p$)时,探针排斥离子,吸引电子,探针收集的电流为电子饱和电流 $I_{e,sat}$;当探针偏压远小于悬浮电势 V_f($V_p \ll V_f$,V_f 对应的探针净电流为零)时,探针排斥电子,吸引离子,探针收集的电流为离子饱和电流 $I_{i,sat}$;在中间区域,探针收集的电流包含电子电流和离子电流成分,且电子电流与探针偏压满足指数关系。

基于探针理论的基本假设,电子服从 Maxwellian 分布,电子密度满足 Boltzmann 关系,可表示为

$$n_e(V_B) = n_0 \exp\left(\frac{V_B - V_p}{T_e}\right), \quad V_B \leqslant V_p \tag{11-2}$$

在电推进等离子体中,离子通常处于非热平衡状态,离子密度不满足上述 Boltzmann 关系。

电子电流 I_e 可表示为

$$I_e(V_B) = I_{e,sat} \exp\left(\frac{V_B - V_p}{T_e}\right), \quad V_B \leqslant V_p, \ I_{e,sat} = en_0 A_p \sqrt{\frac{eT_e}{2\pi m_e}} \tag{11-3}$$

式中,A_p 为探针面积;m_e 为电子质量;n_0 为等离子体密度。在探针偏压与空间电势相等时,探针收集的电流为电子饱和电流,探针周围的鞘层被完全中和;然而,随着探针偏压的增大,探针收集到的电子饱和电流增大,电子饱和电流 $I_{e,sat}$ 可表示为 $I_{e,sat} = 3\exp(+1/2)I_{i,sat}\sqrt{m_i/(2\pi m_e)} \approx -323 I_{i,sat}$(氙气工质,基于薄鞘层假设),电子饱和电流值近似为离子饱和电流值的 323 倍;此外,较大的电子饱和电流可能会对等离子体产生扰动。

11.2.1　离子电流理论模型

1. 薄鞘层模型

薄鞘层理论成立的条件为 $r_p/\lambda_D \geqslant 50$,即探针的特征尺寸 r_p 是德拜长度 λ_D 的 50 倍以上。

在薄鞘层理论中,离子以 Bohm 速度进入鞘层,进入鞘层的离子都可被探针收集,达到离子饱和电流;离子在鞘层中的运动可通过动量守恒、能量守恒及泊松方程等求解,离子饱和电流 $I_{i,sat}$ 可表示为

$$I_{i,sat} = -\exp\left(-\frac{1}{2}\right)en_0 A_s \sqrt{\frac{eT_e}{m_i}}, \quad \frac{r_p}{\lambda_D} \geqslant 50 \tag{11-4}$$

式中,A_s 为鞘层面积,忽略离子鞘层的扩张,鞘层面积近似等于探针面积,即 $A_s \approx A_p$;考虑离子鞘层的扩张,基于 Child 鞘层理论,鞘层面积 A_s 可表示为

$$A_s \approx \begin{cases} A_p\left(1 + \dfrac{x_s}{r_p}\right) & \text{（圆柱型探针）} \\[2em] A_p\left(1 + \dfrac{x_s}{r_p}\right)^2 & \text{（球型探针）} \end{cases} \qquad (11-5)$$

式中，x_s 为鞘层厚度，满足 $x_s = \dfrac{\lambda_D\sqrt{2}}{3}\left[\dfrac{2(V_p - V_B)}{T_e}\right]^{3/4}$。

2. 厚鞘层模型

厚鞘层理论成立的条件为 $r_p/\lambda_D \leqslant 3$，即探针特征尺寸小于 3 倍的德拜长度，厚鞘层理论也称为轨道运动限制理论（OML）。

在厚鞘层理论模型中，只有部分进入鞘层的离子能被探针收集；在薄鞘层理论的基础上，考虑离子角动量守恒、离子能量分布等，探针收集的离子与探针偏压、鞘层厚度无关，通常离子电流无法达到饱和，可表示为

$$I_i(V_B) \approx \begin{cases} \dfrac{en_0 A_p}{\pi}\sqrt{\dfrac{2e(V_p - V_B)}{m_i}} & \text{（圆柱型探针）} \\[2em] en_0 A_p\sqrt{\dfrac{eT_e}{2\pi m_i}}\left(\dfrac{V_p - V_B}{T_e}\right) & \text{（球型和平面探针）} \end{cases} \qquad (11-6)$$

式中，$\dfrac{V_p - V_B}{T_e} \gg 1$ 且 $\dfrac{r_p}{\lambda_D} \leqslant 3$。

3. 过渡鞘层模型

过渡鞘层理论成立的条件为 $3 < r_p/\lambda_D < 50$，即探针特征尺寸在 3~50 倍德拜长度范围内。基于过渡鞘层理论无法获得离子电流解析表达式，只可通过数值计算或网络粒子（particle-in-cell，PIC）仿真获得离子电流的数值表达式，对于圆柱型和球型探针，可表示为

$$I_i(V_B, \lambda_D) = eA_p n_0\sqrt{\dfrac{eT_e}{2\pi m_i}}\,a\left(\dfrac{V_p - V_B}{T_e}\right)^b \qquad (11-7)$$

式中，常数 a 和 b 可表示为

$$a = \begin{cases} 1.18 - 0.000\,8\left(\dfrac{r_p}{\lambda_D}\right)^{1.35} & \text{（圆柱型探针）} \\[2em] 1.58 + \left[-0.056 + 0.816\left(\dfrac{r_p}{\lambda_D}\right)\right]^{-0.744} & \text{（球型探针）} \end{cases}$$

$$b = \begin{cases} 0.068\,4 + \left[0.722 + 0.928\left(\dfrac{r_{\mathrm{p}}}{\lambda_{\mathrm{D}}}\right) \right]^{-0.729} & \text{（圆柱型探针）} \\[4mm] -0.933 + \left[0.014\,8 + 0.119\left(\dfrac{r_{\mathrm{p}}}{\lambda_{\mathrm{D}}}\right) \right]^{-0.125} & \text{（球型探针）} \end{cases}$$

必须满足 $\dfrac{V_{\mathrm{p}} - V_{\mathrm{B}}}{T_{\mathrm{e}}} > 1$ 且 $3 < \dfrac{r_{\mathrm{p}}}{\lambda_{\mathrm{D}}} < 50$。

对于平面探针,离子电流的数值表达式为

$$I_{\mathrm{i}}(V_{\mathrm{B}}, \lambda_{\mathrm{D}}) = eA_{\mathrm{p}}n_0\sqrt{\frac{eT_{\mathrm{e}}}{2\pi m_{\mathrm{i}}}}\, a\left(\frac{V_{\mathrm{p}} - V_{\mathrm{B}}}{T_{\mathrm{e}}}\right)^b + \exp\left(-\frac{1}{2}\right) en_0 A_{\mathrm{p}}\sqrt{\frac{eT_{\mathrm{e}}}{m_{\mathrm{i}}}} \quad \text{（平面探针）}$$

$$(11 - 8)$$

式中,常数 a 和 b 可表示为

$$\begin{cases} a = \exp\left(-\dfrac{1}{2}\right)\sqrt{2\pi}\left[2.28\left(\dfrac{r_{\mathrm{p}}}{\lambda_{\mathrm{D}}}\right)^{-0.749} \right] \approx 3.47\left(\dfrac{r_{\mathrm{p}}}{\lambda_{\mathrm{D}}}\right)^{-0.749} & \text{（平面探针）} \\[4mm] b = 0.806\left(\dfrac{r_{\mathrm{p}}}{\lambda_{\mathrm{D}}}\right)^{-0.069\,2} & \text{（平面探针）} \end{cases}$$

必须满足 $3 < \dfrac{V_{\mathrm{p}} - V_{\mathrm{B}}}{T_{\mathrm{e}}} < 30$ 且 $10 < \dfrac{r_{\mathrm{p}}}{\lambda_{\mathrm{D}}} < 45$。

11.2.2　电子电流理论模型

理论上,当电子电流达到饱和状态后,随着探针偏压的增大,探针电子饱和电流应保持不变;但实际测量时发现,当电子电流达到饱和状态后,随着探针偏压增大,探针表面鞘层扩张,导致电子饱和电流随探针偏压线性增大。在探针 I-V 曲线中,探针电流的拐点对应的偏压为等离子体空间电位;在 $\ln I$-V 曲线中,$\ln I$ 曲线达到饱和状态的最小值对应等离子体空间电位,如图 11-1 所示。

根据厚鞘层理论,圆柱型探针的电子电流与探针偏压的平方根成正比,球型探针和平面探针的电子电流与探针偏压成正比;根据薄鞘层理论,探针周围的鞘层仍然会扩张,但相比探针面积,鞘层扩张幅度较小,通常是探针偏压的 3/4 次方和 3/2 次方(分别对应圆柱型探针和球型探针)。无论是厚鞘层理论还是薄鞘层理论,在原始的 I-V 曲线中,空间电势始终对应曲线拐点,或是自然指数过渡到线性的拐点,或是自然指数过渡到 1/2 指数关系的拐点。

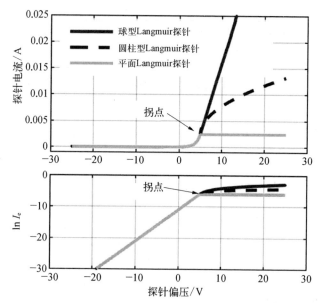

图 11 - 1　电子饱和电流随鞘层扩张的变化趋势(厚鞘层理论) [1]

基于过渡鞘层理论,根据离子电流模型,电子饱和电流 $I_{\text{e, sat}}$ 可表示为

$$I_{\text{e, sat}}(V_B, \lambda_D, T_i/T_e) = eA_p n_0 \sqrt{\frac{eT_e}{2\pi m_e}} \left(a_e + \frac{V_B - V_p}{T_e} \right)^{b_e} \quad (11-9)$$

式中,常数 a_e 和 b_e 可表示为

$$\begin{cases} a_e = -2.8 + \left(\dfrac{T_i}{T_e}\right) \left\{ 5.1 + 0.135 \left[\ln\left(\dfrac{r_p}{\lambda_D}\right) \right]^3 - \dfrac{2.8}{\ln(r_p/\lambda_D)} \right\} + \dfrac{2.8}{\ln(r_p/\lambda_D)} \\[4mm] b_e = \dfrac{2.9}{\ln(r_p/\lambda_D) + 2.3} + 0.11 \left(\dfrac{T_i}{T_e}\right)^{0.65} - 0.38 \end{cases}$$

必须满足 $\dfrac{V_p - V_B}{T_e} > 3$ 且 $5 < \dfrac{r_p}{\lambda_D} < 100$。

电子电流与离子和电子温度的比值有关,而此关联性在电推进等离子体中是可以忽略的,不需要电子密度就可以求解电子电流。如果空间电势可以通过 $I-V$ 曲线获得,那么利用式(11-9)可以获得电子密度;如果空间电势未知,即通过拐点法或一阶导数无法确定空间电势,那么可以利用式(11-3)通过迭代获得空间电势、电子密度及电子电流。

11.2.3　探针分析方法

基于 Langmuir 探针测量的 $I-V$ 特性曲线,分析获得电推进等离子体的基本参

数步骤如下:

(1) 获得 Langmuir 探针的 I-V 特性曲线。探针施加从负到正的扫描电压,测量探针偏压 V_B 及电流 I_{probe},扫描电压(探针偏压)的范围应保证测量的 I-V 特性曲线的探针电流达到电子饱和电流和离子饱和电流;典型的霍尔推力器羽流远场区的扫描电压为−50~20 V,通常情况下−100~100 V 满足绝大多数条件需求。

(2) 获得悬浮电位 $I_{i,sat}$。探针电流为 0 A 所对应的探针偏压,即悬浮电位 V_f。

(3) 获得离子饱和电流。对探针偏压小于 V_f 的 I-V 特性曲线进行线性拟合,获得离子饱和电流曲线,曲线为倾斜的直线,离子饱和电流满足 $I_{i,sat}(V_B) = m_{i,sat} V_B + b_{i,sat}$,其中,$m_{i,sat}$ 和 $b_{i,sat}$ 为斜率和截距;离子饱和电流随着探针偏压减少是增加的;相比线性拟合,更为精确的处理方法是基于 Child-Langmuir 鞘层理论进行指数拟合,对于圆柱型探针和球型探针,拟合幂次分别为 3/4 和 3/2。

(4) 获得电子电流 I_e。电子电流满足 $I_e(V_B) = I_{probe}(V_B) - I_{i,sat}(V_B)$。

(5) 获得空间电势 V_p。对 I-V 特性曲线进行一阶求导,即 dI_e/dV_B,如有必要可以先对原始曲线进行平滑处理,消除测量噪声的影响;dI_e/dV_B-V 曲线的最大值对应的探针偏压即等离子体空间电势;若一阶导数曲线无明显的最大值,则可通过电子温度 T_e 和悬浮电势 V_f 计算获得空间电势 V_p:

$$V_p - V_f = \frac{kT_e}{e}\ln\left(\frac{\bar{v}_e}{\bar{v}_i}\right) = \frac{kT_e}{e}\ln\left(\frac{m_i T_e}{m_e T_i}\right)$$

(6) 获得电子温度 T_e。原始 I-V 特性曲线取自然对数,获得 $\ln I_e$-V_B 曲线,对 V_f 和 V_p 间曲线进行线性拟合,获得直线的斜率,电子温度与该斜率成反比,即 $T_e = (d\ln I_e/dV_B)^{-1}$;若上述方法无法确定斜率,则可通过悬浮电势 V_f 和空间电位 V_p 计算电子温度 T_e:

$$T_e = (V_p - V_f)\left/\ln\left(\sqrt{\frac{m_i}{2\pi m_e}}\right)\right.$$

$$\approx (V_p - V_f)/5.28(\text{Xe})$$

(7) 获得电子密度 n_e。电子密度可表述为

$$n_e = (I_{e,sat}/(eA_p))\sqrt{(2\pi m_e)/(eT_e)}$$

式中,$I_{e,sat} = I_e(V_B = V_p)$。

(8) 获得离子密度 n_i。离子密度可表述为

$$n_i = -(\exp(1/2)I_{i,sat}/(eA_s))\sqrt{m_i/(eT_e)}$$

式中,基于薄鞘层假设,鞘层面积近似等于探针面积,即 $A_s \approx A_p$;在 Child 鞘层假设下,鞘层面积 A_s 可表示为

$$A_s \approx \begin{cases} A_p \left(1 + \dfrac{x_s}{r_p} \right) & \text{(圆柱型探针)} \\ A_p \left(1 + \dfrac{x_s}{r_p} \right)^2 & \text{(球型探针)} \end{cases}$$

式中,x_s 为鞘层厚度,满足 $x_s = \dfrac{\lambda_D \sqrt{2}}{3} \left[\dfrac{1(V_p - V_B)}{T_e} \right]^{3/4}$。

(9) 获得德拜长度 λ_D。满足 $\lambda_D = \sqrt{\varepsilon_0 T_e / (n_0 e)}$,$n_0$ 可为离子密度或电子密度,选择电子密度计算结果更为精确。

(10) 获得探针直径与德拜长度的比值 r_p / λ_D。依据 r_p / λ_D 值确定鞘层扩张修正采用的离子密度方程。

① 若 $r_p / \lambda_D \geq 50$,则符合薄鞘层理论,鞘层扩张可忽略,上述计算方法可行。

② 若 $3 < r_p / \lambda_D < 50$,则符合过渡鞘层理论,离子密度需要考虑鞘层扩张产生的影响,引入修正系数 a 和 b:

$$n_i = \frac{1}{a A_p} \sqrt{2 \pi m_i} \, e^{-(3/2)} \, T_e^{b-1/2} \left[-\frac{\mathrm{d} I^{1/b}}{\mathrm{d} V_B} \right]^b$$

计算过程中,取探针偏压的 $1/b$ 次方,获得 $I^{1/b} - V_B$ 曲线,线性拟合获得悬浮电势 V_f 以下的直线斜率,将其余已知项代入可获得修正后的离子密度。

③ 若 $3 \geq r_p / \lambda_D$,则符合厚鞘层理论,离子密度计算也要考虑鞘层扩张的影响,此时 $a = 2\sqrt{\pi}$,$b = 1/2$(圆柱型探针),或 $a = b = 1$(球型探针和平面探针)。

(11) 如果需要对鞘层进行修正,必须对过程(4)~(10)进行重新计算,并通过迭代求解。

11.2.4 基于二阶导数的分析方法

电子服从 Maxwellian 分布的基本假设,在部分电推进等离子体或等离子体部分区域是不成立的。例如,霍尔电推进羽流主区,主区等离子体近似无碰撞状态,电子不服从 Maxwellian 分布。在电推进等离子体中,高密度的电离区的电子服从 Maxwellian 分布,如霍尔推力器的霍尔电流区域。此外,在电推进等离子体中,电子磁化、离子的定向运动、等离子体壁面效应以及异常电子传导等都会导致电子偏离 Maxwellian 分布,在此情况下,可以通过对 Langmuir 探针的 $I - V$ 特性曲线进行

二次求导,获得电子能量分布函数:

$$f(\varepsilon = V_p - V_B) = \frac{2}{e^2 A_p}(2m_e e\varepsilon)^{1/2}\frac{\mathrm{d}^2 I_e}{\mathrm{d}\varepsilon^2} \qquad (11-10)$$

通过电子能量分布函数可以进一步获得电子密度和有效电子温度:

$$n_e = \int_0^{\infty} f(\varepsilon)\mathrm{d}\varepsilon \qquad (11-11)$$

$$T_{e,\,eff} = \frac{2}{3n_e}\int_0^{\infty} \varepsilon f(\varepsilon)\mathrm{d}\varepsilon \qquad (11-12)$$

　　二阶导数的分析方法是通过对空间电势以下的电子电流二次求导获得电子能量分布函数,而探针 I-V 特性曲线在该区域的电流除了电子电流还包括离子电流成分,因此在数据处理前需要减掉探针电流中的离子电流。此外,基于理论分析结果可见电子电流与探针结构无关,Druyvesteyn 处理方法适用于圆柱型探针、球型探针、平面探针及其他结构探针。

　　然而,二阶导数的分析方法也建立在等离子体各向同性的假设基础上,但实际测量时电推进等离子体通常是各向异性的;电推进羽流等离子体的离子各向异性的特性会导致电子能量分布函数向离子运动方向漂移,但 $f(\varepsilon) \propto \dfrac{\mathrm{d}^2 I_e}{\mathrm{d}\varepsilon^2}$ 关系仍然成立。

　　对于圆柱型探针和平面探针,测量过程中必须保持探针收集面与电子定向运动方向平行,如图 11-2 所示,通过二阶导数的分析方法可以获得电子各向同性的

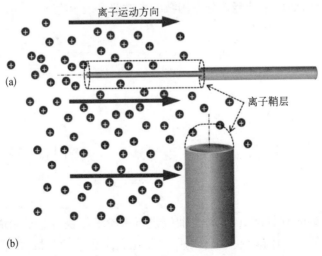

图 11-2　Langmuir 探针收集面与等离子体定向运动方向平行放置[1]

能量分布函数,定向运动特性不会在测量结果中体现。

二阶导数的分析方法存在的主要问题是二次求导会受测量噪声等因素影响,信噪比较低,因此在求导前必须对原始的 $I-V$ 特性曲线取平均或者进行平滑处理。在二次求导过程中,可能影响最终结果的因素如下:

(1) 探针与等离子体间的电路阻抗引起的偏差;

(2) 位移电流引起的偏差;

(3) 对原始曲线的过渡平滑处理人为产生的 Druyvesteyn 分布偏差;

(4) 等离子体工作不稳定或者在 $I-V$ 数据采集过程产生数据漂移;

(5) 未考虑离子电流的影响;

(6) 数据转换误差或电路设计缺陷导致数据采集精度不足;

(7) 探针尺寸或结构设计不合理。

类似于阻滞势分析仪测量离子能量分布的方法,利用 Langmuir 探针的 $I-V$ 特性曲线也可以获得电子能量分布函数,要求探针收集面与测量方向垂直,如平面探针与测量方向垂直、圆柱型探针径向与测量方向平行,利用 $I-V$ 特性曲线的一阶导数可以计算获得电子能量分布函数。

对于平面探针,电子能量分布函数可表示为

$$f(\varepsilon = V_{\mathrm{p}} - V_{\mathrm{B}}) = \frac{1}{eA_{\mathrm{p}}} \frac{2m_{\mathrm{e}}^{1/2}}{e\varepsilon} \frac{\mathrm{d}I_{\mathrm{e}}}{\mathrm{d}\varepsilon} \qquad (11-13)$$

$$f(\varepsilon_{k-1/2} = V_{\mathrm{p}} - V_{\mathrm{B},k-1/2}) = \frac{1}{eA_{\mathrm{p}}} \frac{2m_{\mathrm{e}}^{1/2}}{e\varepsilon_{k-1/2}} \frac{I_{e,k} - I_{e,k-1}}{\varepsilon_k - \varepsilon_{k-1}} (离散) \qquad (11-14)$$

对于圆柱型探针,电子能量分布函数的离散解可表示为

$$f(\varepsilon_{k-1/2} = V_{\mathrm{p}} - V_{\mathrm{B},k-1/2})$$
$$= \begin{cases} 0, & k=0 \\ \dfrac{3\pi I_e \varepsilon_1}{2A_{\mathrm{p}}(\varepsilon_0 - \varepsilon_1)^{3/2}} \sqrt{\dfrac{m_{\mathrm{e}}}{2e^3}}, & k=1 \\ \left\{ \dfrac{3\pi I_e \varepsilon_k}{2A_{\mathrm{p}}} \sqrt{\dfrac{m_{\mathrm{e}}}{2e^3}} - \sum_{j=1}^{k-1} f(\varepsilon_{k-1/2}) \left[(\varepsilon_j - \varepsilon_k)^{3/2} - (\varepsilon_{j-1} - \varepsilon_k)^{3/2} \right] \right\} (\varepsilon_{k-1} - \varepsilon_k)^{-3/2}, & k>1 \end{cases}$$
$$(11-15)$$

利用 Langmuir 探针的 $I-V$ 特性曲线进行一阶求导获得电子能量分布函数的方法在电推进等离子体诊断中并不常用。相比二阶导数的分析方法,一阶导数的数据处理方法信噪比更高,主要体现在两方面:一是一阶导数的分布函数满足

$f \propto \mid \varepsilon_k - \varepsilon_{k-1} \mid^{-3/2}$，分布函数是电子能量的 $-3/2$ 次方，而二阶导数的分布函数是电子能量的 -2 次方；二是一阶导数的分布函数 $f \propto \mid I_k - I_{k-1} \mid$，分布函数与电流是线性关系，而二阶导数的分布函数是电流的 2 次方；虽然一阶导数数据处理方法在电推进等离子体诊断分析中已经得到验证，但在实际测量过程中，仍建议采用二阶导数的分析处理方法。

11.3　等离子体定向运动影响分析

电推进等离子体具备定向运动特征，运动速度通常为超声速，且大于 Bohm 速度，这里定义超声速等离子体马赫数为

$$\frac{U_\infty}{U_{Bohm}} > 1 \qquad (11-16)$$

式中，Bohm 速度表示为 $U_{Bohm} = \sqrt{eT_e / m_i}$。

等离子体的定向运动会对探针的测量结果产生影响，最为直接的表现为探针周围鞘层的变化，如图 11-3 所示，当探针收集面与等离子体定向运动方向垂直时，探针周围的鞘层在等离子体定向运动影响下发生明显变化；但当等离子体定向运动方向与探针收集面平行时，如图 11-2 所示，可基本消除等离子体定向运动造成的影响。因此，在探针安装前，必须明确等离子体定向运动的方向。

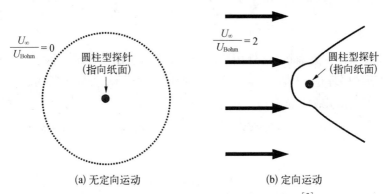

(a) 无定向运动　　　　　　　　　(b) 定向运动

图 11-3　圆柱型 Langmuir 探针鞘层示意图[2]

典型的霍尔推力器工作电压为 300 V，离子速度为 $U_\infty \approx \sqrt{2eV_D / m_i} = 21 \text{ km/s}$，而 Bohm 速度约为 1 050 m/s（电子温度 1.5 eV），等离子体马赫数大于 1；在许多有关电推进等离子体诊断的研究中都忽略了等离子体定向运动的影响，利用探针的基本理论分析讨论问题，这种做法是存在问题的。为消除等离子体定向运动对测量结果的影响，最为简单的方法就是保持探针的收集面与等离子体定向运动方向

平行,此时探针的基本理论是适用的。

在等离子体定向运动情况下的电子温度和电子饱和状态分析,首先明确的是当电子热运动速度远大于等离子体定向速度时,电子温度与探针结构、等离子体定向运动方向无关,在电推进等离子体中上述条件通常是满足的,如电子温度为1.5 eV,电子的热运动速度为510 km/s,而定向速度为21 km/s。但是,电子饱和电流却与等离子体定向运动有关,等离子体定向运动会导致过渡区内探针电流依赖关系由指数关系变为线性关系,如果采用斜率法计算电子温度,计算结果会明显偏高,因此建议在计算电子温度时将曲线处理区域缩短到空间电势以下数个电子伏特,即

$$T_e = (\mathrm{d}\ln I_e / \mathrm{d}V_B)^{-1}, \quad V_f \leqslant V_B \leqslant V_p - 2T_e \qquad (11-17)$$

当探针收集面与定向运动速度方向垂直时,离子定向运动会影响探针收集到的饱和电流,尤其是高能离子(速度大于 10 km/s)基本不受探针偏压的影响,直接打到探针表面,进而导致探针收集电子电流增加;为了排斥高速离子,探针偏压至少在 100 V 以上,这样做的直接后果是增大了电子能量,极易烧毁探针;此外,电推进的放电振荡现象也会影响电子饱和电流数值。

当探针收集面与定向运动方向平行时,探针长度与德拜长度之比远小于等离子体马赫数,末端效应对离子饱和电流的影响可以忽略,即

$$\frac{L}{\lambda_D} \gg \frac{U_\infty}{U_{Bhom}}, \; L /\!/ U_\infty \qquad (11-18)$$

其中,//代表探针收集面积(此处用特征长度 L 表征)与运动方向平行。

根据薄鞘层理论($L \gg r_p \gg \lambda_D$),当探针与定向运动方向平行时,计算离子密度时可以忽略末端效应的影响。对超声速等离子体来说,测量定向运动的离子电流,探针收集面必须与定向运动方向垂直或呈一定夹角,定向运动离子电流可表示为

$$I_{ion} = en_i A U_\infty \qquad (11-19)$$

电推进等离子体具备定向运动速度,在实际测量中,探针收集面通常与定向运动速度方向平行,测量结果可消除定向运动的影响,但是有时需要对定向离子电流进行测量,在这种情况下使用一种变形的 Langmuir 探针,该探针称为马赫探针。在开展定向离子电流测量的同时,需要对各向同性的离子电流进行测量,马赫探针可以实现二者的同时测量。但马赫探针的测量精度较低,目前只有数值仿真方法获得的半经验的表达式。

马赫探针在亚声速等离子体诊断中也有较为广泛的应用,其正确性也已被多普勒偏移激光技术等验证;马赫探针常用于托克马克等离子体测量,在电推进领域,马赫探针也有应用,但其对超声速等离子体测量的精度偏低。目前的马赫探针理论尚不完善,只用于 $U_{\infty}/U_{Bohm} \leqslant 3$($\leqslant$ 代表小于或约等于)的等离子体环境,而超声速的定向运动会干扰马赫探针测量处的等离子体密度和电势,对测量结果造成极大干扰。

11.4　磁场影响分析

磁场是电推进领域常用的一种控制手段,用于优化推力器性能、诱导工质电离、加速等离子体等。磁场对探针 I-V 特性曲线会产生影响,当探针特征尺寸小于拉莫尔半径($r_{L,e} \gg r_p$)时,磁场的影响是可以忽略的。磁场强度($0 \sim 200$ G,G 代表高斯,1 T $= 10\,000$ G)、磁场与探针角度等因素对探针基本理论的影响通常小于 50% 。然而,当探针收集面与磁场方向垂直时,磁化电子通量会获得简化,同时磁场对 I-V 特性曲线的扰动会降到最小。所以,无论磁场的影响是否可以忽略,在测量过程中应尽量保持探针收集面与磁场方向垂直。

在考虑磁场影响情况下,磁化电子的有效收集面积减小到穿越磁力线的探针的横截面积,即

$$A_{p,\,e\text{-eff}} = A_p \cdot B/\mid B \mid \qquad (11-20)$$

图 11-4 给出了在外磁场影响下探针收集面与磁场方向垂直时的有效收集面积,如图中标明阴影面积表示磁化电子电流的有效收集面积。磁化电子的收集理论表明电子通量与磁场强度有关,磁化电子的收集理论过于依赖反常电子输运过程,精度偏低,因此在电推进等离子体分析中不采用磁化电子理论。

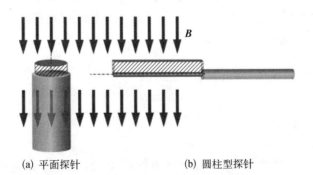

(a) 平面探针　　　　　　(b) 圆柱型探针

图 11-4　外磁场影响下探针收集面与磁场方向
垂直及电子电流收集的有效面积[1]

由于离子质量大,收集的离子电流受磁场影响较小,磁场的影响可以忽略,在典型电推进等离子体中,磁场强度通常为200 G,离子拉莫尔半径在1 m以上。因此,通过离子饱和电流计算离子密度不受外加磁场的影响,尤其在探针负偏压较大的情况下($V_b < V_p - 7.5\,T_e$),探针收集的磁化电子电流可以忽略。

在磁化电子等离子体中,电子温度仍可以通过$I-V$特性曲线过渡区曲线的斜率获得,但数值会提高30%,进而在离子密度的计算时引入误差。此外,也可以通过二次导数分析方法计算电子温度及密度,但对磁化等离子体来说,电子能量分布函数与一阶导数成正比。

无论在何种情况下,磁场的存在必然会干扰$I-V$特性曲线中电子饱和电流的拐点,进而对空间电势的确定产生不确定性。

11.5 放电通道内部的等离子体诊断

电推进放电通道内部是工质电离、等离子体形成的区域,存在较强的电磁场,通常情况下处于非局域平衡状态,复杂的环境使得放电通道内部等离子体特性参数的诊断难度增加。然而,电推进放电通道内部的等离子体特性参数却是工质利用效率、推力器性能在微观尺度上最直接的反映,开展放电通道内部等离子体参数的诊断显得尤为重要。

电推进放电通道内部等离子体密度和电子温度的诊断主要有两种方式:第一种方式是将探针穿过推力器伸入放电通道内部,此种方法常用于离子推力器放电通道内等离子体参数的诊断,但其缺点是对推力器造成损坏,且测量点也非常有限;第二种方式是利用高速往返的移动机构,将探针快速移动到放电通道内测量位置,在极短的时间内完成数据采集,之后快速从放电通道内撤出,此种方法常用于霍尔推力器放电通道内等离子体参数的诊断。霍尔推力器放电通道内电子温度高且等离子体密度大,较长的停留时间会导致探针熔毁,通常配套快速往返移动机构将探针的停留时间控制在100 ms以内[3]。常用的快速往返移动机构采用高速直线电机,加速度可到6g,最大速度可到3 m/s。

11.6 探 针 结 构

11.6.1 单探针

1. 基本结构

Langmuir探针结构较为简单,主要由探针尖、绝缘支撑等构成,如图11-5所示,其基本原理为:在探针尖上施加偏压,通过收集到电流获得探针$I-V$特性曲线;对$I-V$特性曲线进行理论分析,可以获得等离子体空间电势、悬浮电势、等离子体密度、电子温度等离子体参数。根据探针尖的形状,单探针又分为圆柱型、平面型、球型等。图 11-6 给出在电推进领域常用的圆柱型和平面单探针的照片。

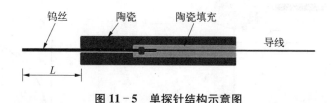

图 11-5　单探针结构示意图

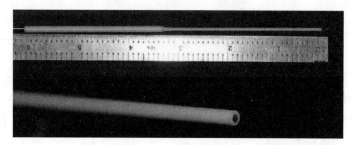

图 11-6　在电推进领域常用的圆柱型和平面单探针的照片[1]

Langmuir 探针在使用过程中,可能会存在探针烧蚀和二次电子发射等问题,通常选用难熔金属和陶瓷材料作为探针主要材料,典型的难熔金属有钨、钼、石墨等,氧化铝和氮化硼是常用的绝缘材料。常用的电缆绝缘材料聚氯乙烯不适用于真空环境,可在真空下使用的材料有特氟龙、硅、聚酰亚胺等。探针表面应保持干净、光滑;探针尖、绝缘支撑等之间的间隙需要用聚酰亚胺胶带、玻璃纤维胶带填充,或者用氧化铝、氮化硼等陶瓷填充。首次使用或长期未使用,需要对探针表面进行电子轰击清洗,具体操作方法是对探针施加 -100 V 的偏压,在电子轰击作用下探针尖发出的光由最初的白光变为红光或橙光,清洗完成。

氙气等稀有气体不与探针尖发生化学反应,但较长时间的轰击也会对探针造成削蚀,进而导致探针尺寸的变化,因此建议在开始测量前和测量结束后,测量探针尺寸的变化。当探针尖被污染时,探针电阻会增大,导致测量的电子温度升高。

2. Langmuir 探针的 $I-V$ 特性曲线

图 11-7 给出了单探针测量电路图,探针伸入等离子体中,通过施加不同的扫描电压,用电流表或采集系统测量探针收集到的电流,得到探针 $I-V$ 特征曲线,如图 11-8 所示。当探针所加偏压为负时,探针吸收离子,排斥电子,随着负偏压增大,探针收集的离子流增大,电子流减小,当负偏压达到一定值后,电子完全被排斥,离子流达到饱和;当探针所加偏压为正时,探针吸收电子,排斥离子,随着正偏

压增大,探针收集的电子流增大,离子流减小,当正偏压达到一定值后,离子完全被排斥,电子流达到饱和。

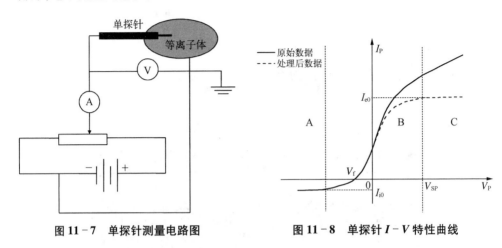

图 11 - 7　单探针测量电路图　　　　图 11 - 8　单探针 I - V 特性曲线

从图 11 - 8 可以看出,单探针 I - V 特征曲线分为三部分: A 为离子饱和区,B 为过渡区,C 为电子饱和区。

A 区:离子饱和区。当探针负偏压达到一定值后,电子被完全排斥,离子电流达到饱和状态;离子饱和电流是探针所能收集到的最大离子电流。

B 区:过渡区。探针电流既有电子成分又有离子成分,探针偏压由负变正,探针由吸收离子排斥电子转为吸收电子排斥离子;在过渡区大部分范围内,电子电流大于离子电流,在对探针 I - V 特性曲线进行分析时,往往会忽略离子电流的影响;过渡区与离子饱和区的分界点对应的探针偏压为等离子体空间电位,空间电位的确定对 I - V 特性曲线分析、等离子体参数的获取至关重要。

C 区:电子饱和区。离子被完全排斥,电子电流达到饱和状态,随着探针偏压增大,电子饱和电流线性增加;电子饱和电流是探针所能收集到的最大电子电流;在电子电流达到饱和状态前,探针周围鞘层的面积基本不变,当电子电流达到饱和状态后,随着探针偏压进一步增大,探针周围鞘层扩张,导致电子饱和电流增大,但电子电流密度随偏压的增大保持不变。

3. 测量电路

单探针测量电路有两种基本结构,如图 11 - 9 所示,主要由探针、扫描电源、采样电阻及示波器(采集电路)等组成。在图 11 - 9(a)所示的测量电路中,采样电阻接地,杂散信号影响较小,采用电阻的阻值通常在 $10 \sim 100\ \Omega$,最常用的电阻是 $50\ \Omega$;探针偏压处于悬浮状态,若使用电池,则探针对偏压变化不敏感;若使用数字电源,则接地电容大,易导致直流信号短路,探针频响较差。为了消除接地电容的影响,可采用如图 11 - 9(b)所示的测量电路。在图 11 - 9(b)所示的测量电路中,

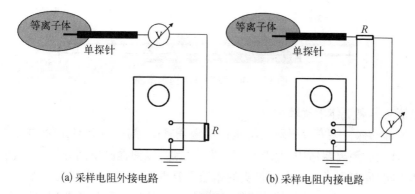

(a) 采样电阻外接电路　　　　　　(b) 采样电阻内接电路

图 11-9　单探针测量电路

采样电阻的电压必须由差分放大器或其他悬浮仪表设备测量。

4. 结果分析

Langmuir 单探针测量等离子体空间电势,探针必须与高阻值的阻抗相连,例如,示波器选用 1 MΩ 的输入电阻,以保证探针处于悬浮状态。采用小阻值的采样电阻可以有效降低干扰信号,如 50 Ω,且要求采样电阻上的压降不能影响探针偏压;采样电阻的阻值存在粗略的选择标准:

$$RI_{i,\,sat} \gg T_e \quad 或 \quad R \gg T_e / I_{i,\,sat} \tag{11-21}$$

采样电阻越大,杂散电容的时间常数 RC 越大,频率响应越快。

在进行单探针 $I-V$ 特性曲线分析前,通常需要对曲线进行平滑处理,消除噪声的干扰,尤其是采用二阶导数的分析方法获得电子能量分布函数时,需要对探针 $I-V$ 特性曲线进行滤波处理,常用的滤波方法有 Savitzky-Golay、Gaussian、Polynomial、Blackman 等[4]。

Langmuir 单探针测量时必须伸入等离子体内部,不可避免地会对等离子体产生干扰,即使较小尺寸的探针,也有可能在探针表面形成较大的鞘层,进而会对等离子体产生干扰。通过与微波诊断、光谱诊断等结果进行对比分析,Langmuir 探针测量的电子密度精度控制在 3%~30%,离子密度精度控制在 10%~50%,电子温度精度控制在 2%~11%,空间电势精度控制在 12%~20%。

11.6.2　双探针

1. 基本结构

在 Langmuir 单探针基础上出现多种变异的 Langmuir 探针,如双探针、三探针等[5]。双探针(图 11-10)由两个完全相同的 Langmuir 单探针组成,两探针间施加偏压 V_B,且均处于悬浮状态;相比 Langmuir 单探针,双探针的设计使得探针收集电流较小,最大电流不超过离子饱和电流,因此探针受热烧熔的概率很小,且较小的

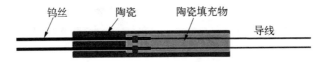

图 11-10　双探针结构示意图

收集电流对等离子体干扰较小。

双探针的探针尖安装于双孔的氧化铝陶瓷管中,陶瓷管起到绝缘和支撑的作用;两探针尖的距离要适中,要求两探针尖尽量近,以便提高空间分辨率,减小对等离子体影响;同时要求保证两探针尖的鞘层不要重叠,以免造成相互干扰。

双探针测量定向运动的等离子体参数时,建议使用对称的圆柱型双探针,且探针收集面与定向运动方向平行。

相比 Langmuir 单探针,双探针尺寸较大,空间分辨率较低,且对等离子体干扰较强;此外,双探针无法获得电子能量分布、空间电势等离子体参数,限制了双探针的应用。

2. $I\text{-}V$ 特性曲线及测量电路

双探针的 $I\text{-}V$ 特性曲线如图 11-11 所示,曲线关于纵轴对称,通常分为两个区,即两侧的离子饱和区和中间的过渡区。离子饱和区的性质与单探针相同,离子被完全吸收,电子被完全排斥,离子电流密度保持不变;而双探针 $I\text{-}V$ 特性曲线的过渡区只是单探针曲线的一部分,并不能呈现完整的等离子体特性,通过双探针测量只可以获得电子温度及离子密度等等离子体参数。图 11-12 给出了双探针的测量电路,探针始终处于悬浮状态。

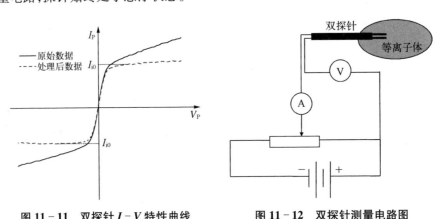

图 11-11　双探针 $I\text{-}V$ 特性曲线　　　　图 11-12　双探针测量电路图

3. 双探针分析方法

基于基尔霍夫定律(Kirchhoff's law),回路中的电流可表示为

$$I_p = I_{+1} - I_{e1} = I_{e2} - I_{+2} \tag{11-22}$$

$$V_B = V_2 - V_1 \tag{11-23}$$

式中，I_+ 和 I_e 分别代表离子电流和电子电流，下标 1 和 2 分别代表探针 1 和探针 2。

探针收集的电子电流可表示为

$$I_{en}(V_n) = I_{en,\,sat} \exp\left(\frac{V_n}{T_e}\right),\ I_{en,\,sat} = en_0 A_n \sqrt{\frac{eT_e}{2\pi m_e}} \tag{11-24}$$

式中，n 代表探针 1 或探针 2。

探针电流可表示为

$$I_p = \frac{I_{+1}\left[R\exp(V_B/T_e) - 1\right]}{R\exp(V_B/T_e) + 1} + \frac{I_{+1} - I_{+2}}{R\exp(V_B/T_e) + 1} \tag{11-25}$$

当两个探针完全相同时，$R = 1$（R 为两探针面积比），双探针的 I-V 特性曲线对称分布，最大电流为离子饱和电流，Langmuir 单探针的有关离子饱和电流的理论均可用于双探针，在高密度等离子体环境下，薄鞘层理论成立，离子饱和电流可表示为

$$I_{i,\,sat} = -\exp\left(-\frac{1}{2}\right) en_0 A_s \sqrt{\frac{eT_e}{m_i}},\quad \frac{r_p}{\lambda_D} \geqslant 50 \tag{11-26}$$

离子电流与探针偏压无关，因此可得 $I_{+1} = I_{+2}$，探针电流可简化为双曲正切解：

$$I_p = I_{+1}\tanh\left(\frac{V_B}{2T_e}\right) + \frac{I_{+1} - I_{+2}}{R\exp(V_B/T_e) + 1} \tag{11-27}$$

离子电流可表达为

$$I_{+n} = e^{3/2} n_0 A_n \left(\frac{T_e}{2\pi m_i}\right)^{0.5} a\left(\frac{-V_n}{T_e}\right)^b \tag{11-28}$$

将电子电流和离子电流表达式代入基尔霍夫方程，双探针电流通用解可表示为

$$I_p = e^{3/2} n_0 A_n \left(\frac{T_e}{2\pi m_i}\right)^{0.5} \left\{ a\left(\frac{-V_1}{T_e}\right)^b \tanh\left(\frac{V_B}{2T_e}\right) + \frac{a(-V_1/T_e)^b - a[-(V_1 + V_B)/T_e]^b}{\exp(V_B/T_e) + 1} \right\} \tag{11-29}$$

式中，a 和 b 为常数。

探针处于悬浮状态,满足[6]:

$$I_{+1} + I_{+2} - I_{e1} - I_{e2} = 0 \tag{11-30}$$

$$a\left[\left(\frac{-V_1}{\xi}\right)^b + \left(\frac{-(V_1 + V_p)}{\xi}\right)^b\right] - \left(\frac{m_i}{m_e}\right)^{0.5} \exp\left(\frac{V_1}{\xi}\right)\left[1 + \exp\left(\frac{V_p}{\xi}\right)\right] = 0 \tag{11-31}$$

式中,ξ 表征局部的电子温度,满足 $\xi = k_B T_e / e$。

基于双探针的 $I - V$ 特性曲线,分析获得等离子体电子温度和电子密度(离子密度或等离子体密度)的过程如下:

(1) 基于薄鞘层理论,粗略估算等离子体密度和电子温度;

(2) 将等离子体密度和电子温度代入基尔霍夫方程,利用数值寻根方法计算常数 a 和 b;

(3) 将 a 和 b 代入探针电流方程,利用线性拟合(如 Levenberg-Marquardt 法)求解等离子体密度和电子温度;

(4) 重复迭代,直到获得满意的结果。

11.6.3   三探针

三探针是 Langmuir 探针的另一种变形,由三个相同尺寸的探针(或电极)构成,通常中间探针处于悬浮状态,电流 I_2 为 0;基于基尔霍夫方程和电子电流微观表达式,可获得三探针基本关系式为

$$\frac{I_1 + I_2}{I_1 + I_3} = \frac{I_{+2} - I_{+1} + I_{e1,\,sat}\exp(V_1/T_e)[1 - \exp(V_{d2}/T_e)]}{I_{+3} - I_{+1} + I_{e1,\,sat}\exp(V_1/T_e)[1 - \exp(V_B/T_e)]} = \frac{1}{2} \tag{11-32}$$

$$I_{en}(V_n) = I_{en,\,sat}\exp\left(\frac{V_n}{T_e}\right), \quad I_{en,\,sat} = en_0 A_n \sqrt{\frac{eT_e}{2\pi m_e}} \tag{11-33}$$

式中,下标 1、2、3 分别代表探针 1、探针 2、探针 3,n 代表探针 1、探针 2 或探针 3。

为了简化,假设离子电流为定值,即

$$I_{+1} = I_{+2} = I_{+3} \tag{11-34}$$

三探针的关系方程可简化为

$$\frac{1 - \exp(V_{d2}/T_e)}{1 - \exp(V_B/T_e)} = \frac{1}{2} \tag{11-35}$$

　　三探针的三个探针离子电流相等的假设不总成立,为减小测量误差,通常要求探针 1 和探针 3 间的电压差 V_B 与电子温度处于同一量级。电子温度可以通过式(11-35)计算,V_{d2} 为悬浮探针(探针 2)和探针 1 之间的电压差。

　　根据 Bohm 判据,等离子体密度可以表示为

$$n_i = \frac{m_i}{T_e} \frac{I_p \exp(1/2)}{A_1 e^{1.5}[\exp(V_{d2}/T_e) - 1]} \qquad (11-36)$$

式中,A_1 为探针表面积,忽略鞘层扩张,探针表面积与探针表面鞘层面积近似相等。

　　三探针最大的优势是操作简单,只需读取电压差就可获得等离子体密度和电子温度,不需要进行扫描电压等操作。三探针也适用于测量实时的等离子体参数,要求测量电路的数据采集可以响应等离子体参数的瞬时变化。此外,三探针也可用于定向运动的电推进等离子体特性诊断。

　　三探针可测量的等离子体参数较少,无法提供电子能量分布函数等相关信息;且三探针不存

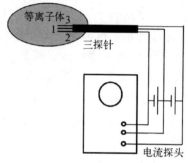

图 11-13　典型的三探针测量电路

在线性拟合等处理,没有噪声的反馈,因此测量结果易受噪声的影响,通常可以通过多次测量求平均值来解决噪声的问题。

11.7　误 差 分 析

　　测量数据的不确定度用前缀"∂"表示,如探针收集面积误差、收集电流误差、探针特征尺寸测量误差等,基于误差传播定律,可以获得主要测量参数的误差表达式:

$$\frac{\partial A_p}{A_p} \approx \frac{2\pi}{A_p}\sqrt{(L + r_p)^2 \partial r_p^2 + r_p^2 \partial L^2}$$

$$\frac{\partial T_e}{T_e} \approx \sqrt{2\left(\frac{\partial V_B}{\Delta V_B}\right)^2 + 2\left(\frac{\partial I_{e,\,sat}}{I_{e,\,sat}} \cdot \frac{T_e}{\Delta V_B}\right)^2}$$

$$\frac{\partial n_e}{n_e} \approx \sqrt{\left(\frac{\partial I_{e,\,sat}}{I_{e,\,sat}}\right)^2 + \left(\frac{\partial A_p}{A_p}\right)^2 + \left(\frac{\partial T_e}{2T_e}\right)^2}$$

$$\frac{\partial n_i}{n_i} \approx \sqrt{\left(\frac{\partial I_{i,\,sat}}{I_{i,\,sat}}\right)^2 + \left(\frac{\partial A_s}{A_s}\right)^2 + \left(\frac{\partial T_e}{2T_e}\right)^2}$$

式中,ΔV_B 为探针偏压的步长,具体尺寸误差由测量精度确定,采集数据误差由采集精度确定。例如,在霍尔推力器羽流等离子体特性测量中,Langmuir 探针的半径为 0.5 mm,长度为 10 mm,探针长度、电压的精度控制在 ±1%,电子电流、探针半径的精度控制在 ±5%,离子电流精度控制在 ±10%,则等离子体参数的测量精度计算为 $\partial T_e / T_e = \pm 13\%$、$\partial n_e / n_e = \pm 8\%$、$\partial n_i / n_i = \pm 54\%$。

11.8   Langmuir 探针在电推进领域的应用

Langmuir 探针结构简单,使用方便,广泛用于霍尔推力器等离子体诊断。如前所述,霍尔推力器等离子体可以分为放电通道内等离子体和羽流区等离子体,二者的等离子体特性有明显的不同,探针的结构也有所不同。测量放电通道内等离子体参数的探针收集面积相对较小,在通道内停留时间也不宜过长,一方面减小探针对推力器工作的影响,另一方面减小等离子体对探针的损伤;羽流区等离子体密度相对较低,所用探针的尺寸要大,以便能获得较大的收集电流和信噪比。

Langmuir 探针只能测量空间固定点(近似)的等离子体参数,需要与移动机构配合才能获得等离子体空间分布情况。霍尔推力器放电通道内等离子体参数测量常使用快速往返机构,其速度至少在几十厘米每秒的量级,探针停留在放电通道内的时间应控制在 100 ms 以内[7-10]。

美国国家航空航天局格林研究中心和密歇根大学的研究小组开展了大量的利用快速往返机构测量放电通道内或近区羽流等离子体参数的研究工作。密歇根大学 Beal 等[6]测量了 NASA - 173M 霍尔推力器放电通道内等离子体参数,利用快速往返机构结合一维移动机构实现放电通道内等离子体参数的空间分布,如图 11 - 14 所示。图 11 - 15 给出了离子密度的空间分布,电子温度峰值、离子密度峰值与径向磁场峰值位置基本一致,而电场强度峰值却在此位置下游 7% ~ 10% Lc(Lc 为放电通道长度)处;随着阳极流量增大,峰值的位置会向推力器下游移动,电子温度由于与中性离子、壁面碰撞加剧而减小;而电场强度随着流量的增大而增大。另外,该研究小组开展了氙气和氪气推进剂不同放电特性的研究,研究发现:氙气推进剂的电离区与霍尔电流区重合,氪气推进剂的电离区位于霍尔电流区的上游;在 500 V 放电电压下,氙气推进剂电子温度最高为 50 eV,离子密度最大为 3×10^{12} cm^{-3},而氪气推进剂电子温度最高为 60 eV,离子密度最大为 4×10^{12} cm^{-3}。

美国国家航空航天局格林研究中心的研究小组利用快速往返机构对 NASA - 300M 和 NASA - 457M 大功率霍尔推力器羽流近场区等离子体特性开展了研究。在磁极附件会形成高温低密度区,预示在磁极表面存在厚鞘层;高温区与加速区的

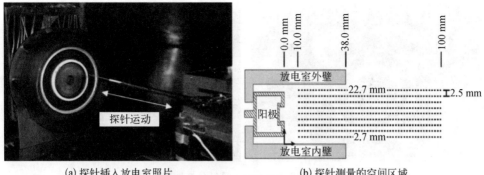

(a) 探针插入放电室照片　　　　　　　(b) 探针测量的空间区域

图 11 - 14　探针插入放电室照片和探针测量的空间区域[6]

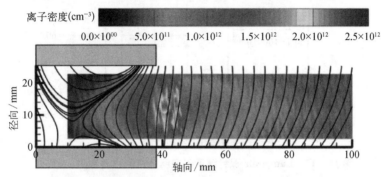

图 11 - 15　Langmuir 探针测量离子密度分布(放电电压 300 V,阳极流量 102.4 sccm)[6]

位置会随着工况的不同而发生改变,在 NASA - 300M 推力器中加速区和高温区均处于 0.3 Lc(Lc 为放电通道长度)处,而在 NASA - 457M 推力器中加速区位于 0.4 Lc 处,高温区位于 0.25 Lc 处;另外,他们还发现电子温度分布与磁力线分布保持一致。

俄罗斯克尔德什研究中心的工作人员[11]利用 Langmuir 探针研究 1.5 kW 霍尔推力器羽流等离子体参数的分布情况,采用 12 个探针组,9 个位于放电室内部,3 个位于推力器外部,如图 11 - 16 所示,最终给出了 12 个位置的电子温度、电子密度、等离子体空间电势及电场强度分布。

意大利研究小组利用 Langmuir 探针测量 SPT - 100B 霍尔推力器羽流等离子参数,给出了电子温度、电子密度在径向和轴向的分布情况。探针测量点空间分布如图 11 - 17 所示。法国的 Dannenmayer 等[12]利用时间分辨的 Langmuir 商用探针(Impedans 产品)测量 PPS - 1350ML 霍尔推力器羽流等离子体电子温度、电子密度及电子能量分布,研究发现电子能量分布服从 Maxwellian 分布且带有高能电子,电子温度、电子密度及能量分布会随着"呼吸效应"振荡频率(约为 13.8 kHz)波动;研究还发现存在一个沿轴向传播的低频等离子体波,其波速与离子哨声波速

图 11-16　Langmuir 探针分布情况[11]

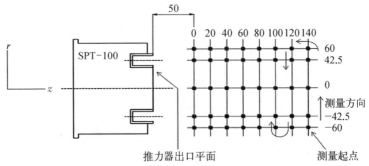

图 11-17　Langmuir 探针测量点空间分布图[11]（单位：mm）

相近。

Warner 等[13,14]在开展 BHT-1000 霍尔推力器研制时利用 Langmuir 探针测量推力器的等离子体参数,通过放电室开孔的方式测量放电通道内等离子体参数,并与 PIC 模型计算结果进行对比,取得较好的一致性。

美国爱德华空军基地的研究人员[15]利用双探针测量了 BHT-200 霍尔推力器羽流等离子体密度及电子温度,并将结果与 DRACO 模型计算结果进行对比,验证仿真模型计算的准确性。双探针测量等离子体密度结果如图 11-18 所示,等离子体密度随着推力器喷口距离和角度的增大而减小;此外,他们还开展了双探针在羽流远场区等离子体特性的研究工作[16],在羽流远场区电子温度较低,探针表面鞘层扩张,探针尺寸增大;基于一种新型分析方法,并与传统的轨道运动限制理论、薄鞘层分析法进行比较,新方法测量的电子温度和电子密度与单探针测量结果保持较好的一致性。上海交通大学与上海空间推进研究所[17]合作开展了利用双探针测量 SPT-70 霍尔推力器羽流区等离子体特性的研究,测量范围在推力器出口 30~100 cm、0°~30°,如图 11-19 所示。研究发现,在研究范围内,电子温度变化较小,电子密度随着与推力器喷口距离的增大而减小,随着角度的增大而减小,75 cm以后电子密度缓慢变小。

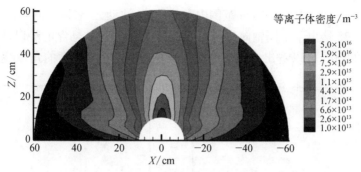

图 11 - 18　双探针测量等离子体密度分布[16]

此外,美国普林斯顿大学[18]、以色列[19]等研究单位和高校也开展了 Langmuir 探针测量霍尔推力器等离子体参数的研究工作。

上海空间推进研究所的研究人员[20]还利用多种类型的 Langmuir 探针测量 HET - 40 霍尔推力器等离子体特性参数。霍尔推力器安装在真空舱一端,Langmuir 探针固定在移动与定位机构上,可实现等离子体特性参数的空间分布测量。图 11 - 20 给出了探针的测量方位示意图,探针移动角度为 0°~180°,轴向可测量范围为 15~80 cm。推力器羽流呈对称分布,实验中只开展 0°~90°角度测量。

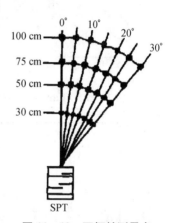

图 11 - 19　双探针测量点分布情况[16]

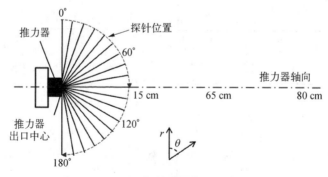

图 11 - 20　探针测量方位示意图

图 11 - 21 给出了 Langmuir 单探针和双探针在轴向 25 cm 处测量的电子温度和电子密度随角度的变化情况,可以看出:随着角度由 0°增大到 90°,电子密度增大而电子温度降低;在 90°处,电子密度最大,可到 1.8×10^{17} m^{-3};且单探针和双探针的测量结果较为接近。早期 Pagano 等利用 Langmuir 单探针测量了俄罗斯火炬机械制造设计局研制的 SPT - 100 霍尔推力器,测得在 24 cm 处电子密度为 1.4×

$10^{17}\,\mathrm{m^{-3}}$,电子温度在径向±6 cm 范围内在2~3 eV 波动,二者测量的数值基本相同。

图 11-22 给出了不同轴向位置电子温度、电子密度、悬浮电势以及等空间电势随角度的变化,可以看出:随着轴向距离的增大,电子密度的角度变化幅度降

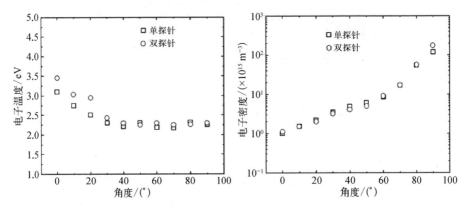

图 11-21　Langmuir 单探针和双探针测量的电子密度和电子温度随角度的变化

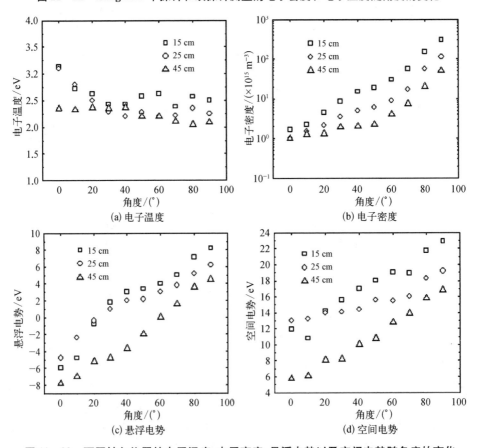

图 11-22　不同轴向位置的电子温度、电子密度、悬浮电势以及空间电势随角度的变化

低,在距离推力器较远处,电子密度降低且随角度分布更加均匀。羽流的输运过程是气体绝热膨胀的过程,同时受局域电磁场的影响。从图 11-22(c)可以看出:悬浮电势较小,在±8 V 范围内变化;当测量角度较小时,悬浮电势为负值,随着角度增大,悬浮电势接近零,在轴向附近时,悬浮电势为正值。图 11-22(d)给出了空间电势随角度的变化,随着角度的增大,等离子体电势单调增大;磁场在霍尔推力器稳定工作中发挥重要作用,但在放电通道外部磁场的影响逐渐减弱,研究表明在羽流区等离子体电势的分布由双极效应决定。

在离子电推进领域,Langmuir 探针也常用于测量推力器等离子体特性。Monterde 等[21]利用 Langmuir 探针测量了 UK-25 离子推力器放电室内部阴极到阳极间的等离子体特性,电子温度在阴极出口处最大为 0.4 ± 0.1 eV,在阳极附近减小到 0.3 ± 0.1 eV;径向的电子密度在轴向位置最大,为 $(5.0\pm0.1)\times10^{11}$ cm^{-3},在放电室附近减小为 $(1.0\pm0.1)\times10^{11}$ cm^{-3},图 11-23 给出了电子密度的空间分布情况;

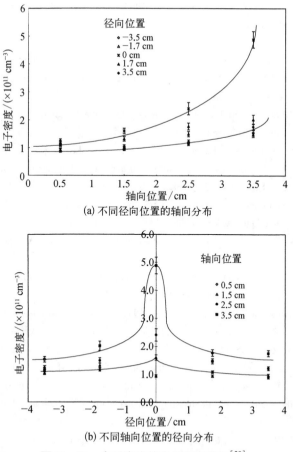

(a) 不同径向位置的轴向分布

(b) 不同轴向位置的径向分布

图 11-23　电子密度的空间分布情况[20]

此外,在对探针 $I-V$ 特性曲线进行分析时,未考虑探针对等离子体的影响;基于无碰撞鞘层假设,利用 $I-V$ 特性曲线的二次导数获得电子的能量分布函数,发现电子服从 Maxwellian 分布。

Foster 等[22]利用圆柱型 Langmuir 探针测量 30 cm 离子推力器束流等离子体特性,通过探针 $I-V$ 特性曲线分析获得离子饱和电流、电子温度和空间电势。在 1.4~4.6 kW 功率范围内,束流等离子体空间电势和电子温度随轴向距离的增大而减小,电子变化幅度较小,在 0.9~1.8 eV 变动;基于 Langmuir 探针测量的空间电势分布,分析获得束流等离子体中电荷交换碰撞与电离碰撞的比值随功率的变化,在所研究的条件下,电荷交换碰撞始终处于主导地位。

参考文献

[1] Lobbia R, Beal B E. Recommended practice for use of Langmuir probes in electric propulsion testing. Journal of Propulsion and Power, 2017, 33(3): 1 - 16.

[2] McMahon J C, Xu G Z, Laframboise J G. The effect of ion drift on the sheath, presheath, and ion-current collection for cylinders in a collisionless plasma. Physics of Plasmas, 2015, 12 (6): 062109.

[3] Haas J M, Gallimore A D, McFall K, et al. Development of a high-speed, reciprocating electrostatic probe system for Hall thruster interrogation. Review of Scientific Instruments, 2000, 71(11): 4131 - 4138.

[4] Magnus F, Gudmundsson J T. Digital smoothing of the Langmuir probe $I-V$ characteristic. Review of Scientific Instruments, 2008, 79: 073503.

[5] Chen F F. Lecture notes on Langmuir probe diagnostics. Los Angeles: University of California.

[6] Beal B, Johnson L, Brown D, et al. Improved analysis techniques for cylindrical and spherical double probes. AFRL - RZ - JA - 2012 - 084.

[7] Linnell J A, Gallimore A D. Internal Langmuir probe mapping of a Hall thruster with xenon and krypton propellant. AIAA - 2006 - 4470.

[8] Reid B M, Gallimore A D. Langmuir probe measurements in the discharge channel of a 6 - kW Hall thruster. AIAA - 2008 - 4920.

[9] Reid B M, Gallimore A D. Plasma potential measurements in the discharge channel of a 6 - kW Hall thruster. AIAA - 2008 - 5185.

[10] Shastry R, Huang W, Herman D A, et al. Plasma potential and Langmuir probe measurements in the near-field plume of the NASA - 457Mv2 Hall thruster. AIAA - 2012 - 4196.

[11] Belikov M B, Gorshkov O A, Lovtsov A S, et al. Probe measurements in the channel of 1.5 kW Hall thruster with discharge voltage up to 1 000 V. IEPC - 2007 - 2131.

[12] Dannenmayer K, Mazouffre S, Kudrna P, et al. The time-varying electron energy distribution function in the plume of a Hall thruster. Plasma Sources Science and Technology, 2014, 23: 065001.

[13] Warner N Z. Performance testing and internal probe measurements of a high specific impulse Hall thruster. Cambridge: Massachusetts Institute of Technology.

［14］　Azziz Y, Warner N Z, Martinez-Sanchez M, et al. High voltage plume measurements and internal probing of the BHT － 1000 Hall thruster. AIAA － 2004 － 4097.

［15］　Nakles M R, Hargus W A, Spicer R L. Experimental and numerical examination of a Hall thruster plume. IEPC － 2007 － 2073.

［16］　Brown D L, Beal B E, Blakely J M. Experimental assessment of double Langmuir probe analysis techniques in a Hall thruster plume. AFRL － RZ － ED － TP － 2012 － 2232.

［17］　Bai Y Z, Wang P Y, Kang X L, et al. Hall thruster plume measurements using a double Langmuir probe. Journal of Propulsion Technology, 2006, 27: 4.

［18］　Pagano D, Coduti G, Scaranzin S, et al. Performance of plume characterization of the SPT100 － B thruster. IEPC － 2015 － 2010.

［19］　Kronhaus I, Kronhaus I. Characterization of CAMILA Hall thruster discharge using electrical probe measurements. AIAA － 2012 － 4315.

［20］　白耀忠, 王平阳, 康小录, 等. Langmiur 双探针测量霍尔推力器的羽流特性. 推进技术, 2006, 27(4): 368 － 371.

［21］　Monterde M P, Haines M G, Dangor A E, et al. Kaufman-type xenon ion thruster coupling plasma: Langmuir probe measurements. Journal of Physics D: Applied Physics, 30: 842 － 855.

［22］　Foster J E, Soulas G C, Patterson M J. Plume and discharge plasma measurements of an NSTAR-type ion thruster. AIAA － 2000 － 3812.

第 12 章
等离子体空间电势测量

12.1 概　　述

等离子体空间电势是电推进等离子体最为重要的参数之一,电势(电场)分布可以反映离子电离、加速的过程及效果,进而可以间接反映电推力器比冲、效率等基本性能,为推力器的磁场及性能优化设计提供支持;此外,羽流区等离子体电势分布是评估航天器与电推进兼容性的关键参数。第 11 章介绍了利用 Langmuir 探针测量等离子体空间电势,但受电推进等离子体环境影响,如等离子体定向运动、强磁场等,尤其放电室内部更为复杂的等离子体环境,导致 Langmuir 探针测量信噪比较低。此外,还可以通过离子能量分析仪以及激光诱导荧光光谱等方法计算分析获得等离子体空间电势,但这些方法往往过程较为复杂,且受测量维度的影响。在诸多测量等离子体空间电势的方法中,发射探针是最为简单、有效的方法,且测量信噪比高。

Langmuir 探针可以通过 $I-V$ 特性曲线的拐点确定空间电势,而发射探针测量空间电势更为精确,信噪比更高。发射探针设计思想是利用金属材料在高温下可发射电子的特性,在大多数情况下,等离子体中电子温度要比发射电子温度(与发射表面温度相同)高得多,在发射表面出现空间电荷富集,导致发射表面的悬浮电势要比空间电势低,对于 Maxwellian 电子分布,差值为电子温度的 1~2 倍。

12.2 基 本 原 理

发射探针理论建立在等离子体鞘层模型基础上,基于简单的离子鞘层模型,如图 12-1 所示,在等离子体边界附近存在一层薄薄的非中性的区域,区域的产生是电子和离子的热运动速度不同,导致到达边界壁面的电子远多于离子,为了维持等离子体电中性的宏观性质,在边界壁面附近产生电势差,电势差通常为负电势,可加速离子,而减速电子;带电粒子达到壁面往往会诱导壁面发射二次电子,最终达到离子通量与电子通量、二次电子通量相等的稳定状态。离子鞘层电势的大小通

常为电子温度(T_e)的数倍,主要由离子质量和电子能量
分布决定,如对于氙气等离子体,其电子满足 Maxwellian
分布,则鞘层的电势差为 $5.75T_e/e$。随着壁面发射的二
次电子数量增多,鞘层电势会减小,直到鞘层电势减小为
零,此时发射表面的悬浮电势近似为等离子体空间电势,
这就是发射探针的理论基础。

　　发射探针存在两种主要测量方式,分别为悬浮式测
量和偏压式测量,悬浮式测量的精度低于偏压式测量精
度,但悬浮式测量的测量电路和数据分析更为简单,使得
悬浮测量方法在电推进领域具有广泛的应用。

　　当发射探针的偏压小于等离子体空间电势时,探针
表面可发射出电子,发射出的电子进入等离子体;当发射
探针的偏压大于等离子体空间电势时,探针表面无法发
射电子,只有少量高能尾电子克服表面电势可进入等离
子体中。图 12-2 为在不同探针温度下发射探针的 I-V
特性曲线[1],图中测量的等离子体空间电势为-21 V,当
探针偏压(悬浮电势)小于空间电势时,探针发射电子,

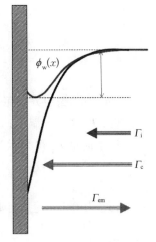

图 12-1　等离子体鞘层示
意图(Γ_i 为离子
通量,Γ_e 为电子
通量,Γ_{em} 为二次
电子通量,$\phi_{w(x)}$
为鞘层电势差)

电流为负值;当探针偏压(悬浮电势)大于空间电势时,探针收集电子,电流为正
值;电流为"零"的点对应的探针偏压(悬浮电势)即空间电势。当探针收集电子
时,随着探针偏压(悬浮电势)增大,探针收集电子电流增大;当探针发射电子时,
随着探针温度升高,发射电子增多,探针电流增大。

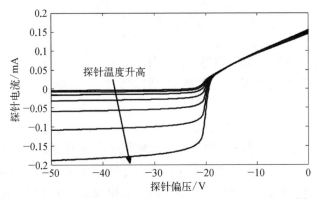

图 12-2　不同探针温度下的发射探针的 I-V 特性曲线[1]

12.2.1　探针模型

基于离子鞘层模型,假设电子服从 Maxwellian 分布,则打到壁面的电子通量

Γ_e 可表示为

$$\Gamma_e = \frac{1}{4} n_s v_e \exp(-e\phi_{sheath}/T_e) \qquad (12-1)$$

式中，n_s 为鞘层边界处电子密度；ϕ_{sheath} 是鞘层电势差；$v_e = \sqrt{8T_e/(\pi m_e)}$ 是电子热速度；T_e 是电子温度；m_e 是电子质量。

离子通量 Γ_i 可表示为

$$\Gamma_i = n_s v_B \qquad (12-2)$$

式中，v_B 为 Bohm 速度，满足 Bohm 判据；鞘层电势 ϕ_{sheath} 满足：

$$\phi_{sheath} = -\frac{T_e}{e} \ln \sqrt{\frac{m_i}{2\pi m_e}} \qquad (12-3)$$

式中，m_i 是离子质量。

发射探针发射电子，随着进入鞘层中的电子增多，鞘层电势减小，当发射的电子达到一定数值后，鞘层电势降为零，考虑二次电子发射，则通量守恒可表示为

$$\Gamma_i + \Gamma_{em} - \Gamma_e = 0 \qquad (12-4)$$

式中，Γ_{em} 是二次电子通量。假设电子温度远大于离子温度，即 $T_e \gg T_i$，则鞘层电势可表示为[2]

$$\phi_{sheath} = -\frac{T_e}{e} \ln \frac{1-\hat{\Gamma}}{\sqrt{2\pi m_e/m_i}} \qquad (12-5)$$

式中，$\hat{\Gamma}$ 为探针发射电子和收集电子通量比，且 $\hat{\Gamma} < 1$。随着探针发射电子增加，鞘层电势降低，当鞘层电势降为零时，发射探针的悬浮电势即等离子体的空间电势。

发射探针的电流主要由收集电流和发射电流组成，其中，在收集电流中离子电流远小于电子电流，在分析收集电流时可忽略离子电流的影响。例如，在氙气等离子体中，电子饱和电流是离子饱和电流的近 500 倍，发射电流可达到电子饱和电流的 10%，比离子饱和电流大至少一个数量级。在电推进等离子体领域，上述假设通常是满足的；而在其他等离子体领域，存在离子电流与电子电流处于同一量级的情况，此时就必须要考虑离子电流的影响。

基于圆柱型 Langmuir 探针的理论模型（忽略空间电荷限制）可定量地阐述发射探针模型。发射探针收集电流可表示为[3]

$$I_e(V_b) = \begin{cases} I_e^* \exp \dfrac{-e(\phi_p - V_b)}{T_e}, & V_b \leqslant \phi_p \\ I_e^* g_e(V_b - \phi_p), & V_b > \phi_p \end{cases} \tag{12-6}$$

式中，V_b 为探针偏压；ϕ_p 为等离子体空间电势；I_e^* 为电子饱和电流；函数 $g_e(V_b - \phi_p)$ 为考虑收集的电子角动量影响的修正函数。

　　发射电流可表示为

$$I_e(V_b) = \begin{cases} I_{et}, & V_b < \phi_p \\ I_{et} \exp\left[\dfrac{-e(V_b - \phi_p)}{T_{em}}\right] g_{em}(V_b - \phi_p), & V_b \geqslant \phi_p \end{cases} \tag{12-7}$$

式中，函数 $g_{em}(V_b - \phi_p)$ 为电子角动量和探针尺寸的影响对发射电流修正函数；T_{em} 为发射电子温度，eV；I_{et} 为热发射电流，由 Richardson - Dushman 方程决定，可表示为[4]

$$I_{et} = A_G T_w^2 S \exp \dfrac{-e\phi_w}{T_w} \tag{12-8}$$

式中，A_G 为材料的 Richardson - Dushman 常数，钨丝的理论值为 3 $A/(cm^2 \cdot K^2)$；ϕ_w 为导线的功函数；T_w 为探针表面温度；S 为导线的表面积。

　　图 12-3 给出了理论上发射探针的 I-V 特性曲线[5]，假设等离子体电势为 0，电子温度为 1 eV，当探针偏压在 0~1 V 范围内时，电子发射电流较小，主要是部分

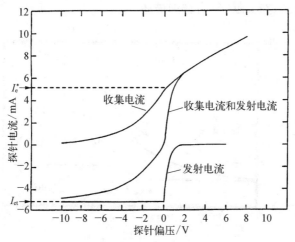

图 12-3　理论上发射探针的 I-V 特性曲线[5]

高能电子克服探针电势进入等离子体中,探针表面电势与表面温度有关,约为 $T_w/e \approx 0.2 \text{ V}$;当探针偏压小于空间电势时,由于温度限制,发射电流不随探针偏压变化而变化。

12.2.2　空间电荷效应

在发射探针测量等离子体空间电势时,空间电荷效应会影响测量结果,探针发射的电子会改变鞘层内电子密度,发射电子和探针收集电子的温度和通量不同是产生空间电荷效应的主要原因。

在发射探针测量等离子体空间电势过程中,由于发射电子和探针收集电子的温度和通量不同,在探针表面鞘层中出现空间电荷富集,改变了探针的悬浮电势,进而对测量结果产生影响。

空间电荷效应的存在,导致探针表面形成双鞘层现象,在双鞘层电势的影响下探针发射的部分电子无法进入等离子体,导致探针悬浮电势要小于等离子体空间电势。当发射电子温度高于等离子体电子温度($T_e < T_{em}$)时,空间电荷效应对测量结果影响较为明显;当发射电子温度与等离子体电子温度相当($T_e \sim T_{em}$)时,空间电荷效应对测量结果的影响可以忽略。

空间电荷效会改变探针在空间电势附近的 $I-V$ 特性曲线,图 12-4 给出了在空间电荷效应影响下发射探针的 $I-V$ 特性曲线,发射电流曲线分为三个区:在探针偏压大于空间电势的区域,探针电流主要为收集电流;在空间电势以下的缓变区域,称为空间电荷限制区(S 区);在探针偏压小于电压 V_s 的区域,称为温度限制区(T 区),电压 V_s 为 T 区和 S 区的分界线,对应的是 T 区和 S 区的发射电流相等时的探针偏压,由探针表面温度决定。Ye 和 Takamura 给出了空间电荷效应下探针电流的解析表达式,在文献[6]有详细描述。

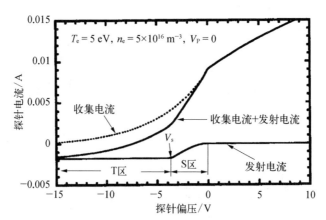

图 12-4　在空间电荷效应影响下发射探针的 $I-V$ 特性曲线[6]

12.2.3　磁场影响分析

发射探针可用于存在磁场的等离子体环境,但磁场的存在会影响电子的运动,需要对探针的有效面积进行修正。为了减弱磁场影响,探针的放置方式非常关键。对于发卡环状的探针,通常放置在与磁场垂直的位置上,如图 12-5 所示。

在强磁场中,发射探针的探针丝通入电流会产生安培力,在力的作用下可能会导致探针丝的变形。探针丝在安培力的作用下产生的变形量 δ 可表示为

$$\delta = \frac{I_{\mathrm{H}} B L^4}{8EI} \qquad (12-9)$$

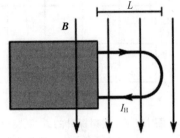

图 12-5　探针与磁场位置关系

式中, I_{H} 为探针丝加热电流; B 为磁感应强度; L 为探针的长度; E 为杨氏模量; I 为转动惯量。在典型的霍尔推力器中, $I_{\mathrm{H}} = 2\,\mathrm{A}$, $B = 200\,\mathrm{G}$, $L = 0.5\,\mathrm{cm}$, $I = \pi r_{\mathrm{p}}^4/4 = 1.2 \times 10^{-9}\,\mathrm{cm}^4$, 在室温下钨丝的杨氏模量为 411 GPa,在探针工作温度下约为 300 GPa,假设探针丝的直径为 0.012 5 cm,探针丝的变形量为 10^{-4} cm,基本可以忽略;当探针丝的直径为 0.05 cm 时,磁感应强度为 20 000 G(典型的 VASIMR 磁感应强度),探针丝的变形量为 3 cm,此种情况下容易导致探针损坏,必须考虑磁场的影响,可适当减小探针尺寸降低磁场的影响。

12.3　空间电势的获取方法

发射探针通过加热探针丝使其发射电子,电子进入探针表面鞘层,中和鞘层电势差,当鞘层电势达到零时,探针悬浮电势与其所处位置的空间电势相等,通过测量探针悬浮电势即可获得等离子体空间电势。

12.3.1　测量方法

等离子体空间电势就是发射探针在等离子体环境下 I-V 特性曲线与负载曲线的交点所对应的探针悬浮电势。其中,负载曲线是指用于测量探针电流的电子电路在不存在等离子体时的 I-V 特性曲线,通常该曲线与电阻呈线性关系,有时也会受电子电路的影响。理想状态下,负载曲线是一条水平线,此时的悬浮电势对应的探针电流为零。图 12-6 给出了发射探针的 I-V 特性曲线,探针发射电流在从零开始增大的过程中,探针的悬浮电势由快速增大再到饱和状态,电势达到饱和状态后在空间电荷效应的影响下,随着发射电流的进一步增大,悬浮电势缓慢增

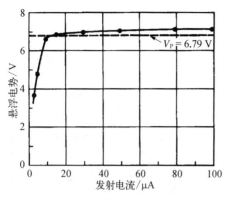

图 12-6　发射探针的 I-V 特性曲线
（等离子体电势为 6.79 V）[7]

加,电势达到饱和的拐点对应的悬浮电势即等离子体空间电势。

交点法确定等离子体空间电势通常适用于电子密度在 $10^5 \sim 10^{12}$ cm^{-3} 范围的等离子体环境。当电子密度低于 10^5 cm^{-3} 时,鞘层电子饱和电流较小,空间电荷效应明显,在空间电荷效应作用下,探针发射的部分电子被限制在鞘层内,导致测量的空间电势与实际值存在较大偏差;当电子密度大于 10^{12} cm^{-3} 时,为了保证探针悬浮电势达到饱和(鞘层电势为零),探针表面需要达到较高温度,往往会导致探针的熔毁。

在发射探针中,探针丝的悬浮电势才是最接近等离子体空间电势的测量结果,而在实际测量过程中,测量点通常在真空舱外,测量结果受导线电阻和探针电阻(探针丝到连接导线的电阻)的影响。为了最大限度地减小测量误差,可采用四线测量的方法,消除导线电阻对测量结果的影响,具体可通过分别测量探针两端的悬浮电势,取两次测量结果的平均值以减小误差。

相比四线测量法,还有一种更为精确的测量方法,测量电路如图 12-7 所示[8]。在探针测量电路上并联一个由两个串联电阻组成的采集电路,通过测量两电阻间的电压确定探针的悬浮电势。为防止探针断路,采集电路电流过载,烧毁采样电阻,在采集电路上增加保险丝;此外,要求采集电路的电阻值远大于探针和导线的阻值,以保证采集电路中的电流尽量小,减小测量误差。为保证测量的准确性,需要在真空环境下进行校正,校正方法:探针通入一定电流(几百毫安),测量采集电路两电阻间的电压作为测量的基准。

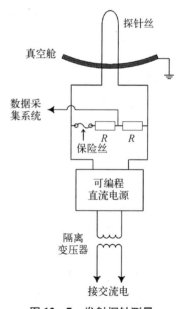

图 12-7　发射探针测量电路示意图[8]

12.3.2　加热电流的选择

选择适合的加热电流对发射探针尤为重要,发射电流过小,无法保证探针的悬浮电势达到饱和状态;发射电流太大,则容易缩短探针寿命,甚至导致探针熔毁。相同结构的探针,加热电流变化较小,但不同结构的探针,加热电流变化较大。

选择合适的加热电流,需要测量探针悬浮电势随加热电流的变化情况。在较小的加热电流下,发射电子几乎可以忽略,悬浮电势变化较小;随着加热电流的增加,悬浮电势迅速增大;随着加热电流进一步增加,悬浮电势增大的速度逐渐减小,如图 12-8 所示。理想情况的最佳加热电流是悬浮电势恰好达到饱和状态。

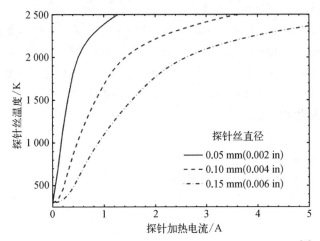

图 12-8 三种尺寸探针丝的温度随加热电流的变化曲线[9]

探针的发射电流与测量环境的等离子体密度有关,等离子体密度越大,探针需要的发射电流越大。需要注意的是,在测量过程中选择的探针加热电流必须满足所有测量位置、测量工况的需求,即在任何工况下,任何测量位置加热电流都必须使得探针电势达到饱和状态,尤其是在霍尔推力器等离子体环境测量过程中,放电通道内的等离子体密度大,需要的加热电流较大;而在羽流等离子体远场区,等离子体密度较小,需要的加热电流较小,整个测量区域内的探针加热电流跨度较大,必须保证满足所有测量区域对探针加热电流的要求。

基于能量守恒定律,探针通入加热电流产生的热量与探针散失的热量相等,探针的散热途径主要有通过探针丝末端的传导散热、Stefan-Boltzmann 辐射散热以及发射电子带走的热量。根据长导线假设 ($l \gg a$, 导线长度远大于直径),传导散热可以忽略,探针的发射率为 ε, 则能量守恒可表示为

$$I^2 R = \varepsilon \sigma S (T^4 - T_{amb}^4) + \phi_w I_{em} \qquad (12-10)$$

式中,S 为辐射散热表面积, $S = 2\pi a l$;σ 为 Stefan-Boltzmann 常量;T 为探针温度;T_{amb} 为探针周围环境温度;I_{em} 为发射电流。由于材料的功函数比发射电子温度高一个量级,因此发射电流尾部的附加能量损失也是可以忽略的。上述方程的解可表示为

$$I = \left\{ \frac{2\pi a^3}{\rho} \left[\sigma \varepsilon (T^4 - T_{amb}^4) + \phi_w A_G T^2 \exp\left(\frac{-e\phi_w}{k_B T} \right) \right] \right\}^{1/2} \qquad (12-11)$$

式中,电导率 ρ 与温度 T 相关,材料的发射率 ε 与波长和探针表面条件有关,电流与探针尺寸关系可表示为 $I \propto a^{3/2}$。

图 12-8 给出了三种不同尺寸的探针丝的温度随加热电流的变化曲线[9],三种不同的探针的长度是半径的 2 倍 ($l = 2a$),材料主要特性参数值为 $\varepsilon = 0.4$, $\phi_w = 2.6\ \text{eV}$, $A_G = 3A/(\text{cm}^2 \cdot \text{K}^2)$。

Haas 和 Gallimore[10]利用 0.125 mm 直径的探针测量霍尔推力器放电通道内等离子体特性,探针的加热电流为 4.5~6 A。在霍尔推力器放电通道内等离子体密度峰值为 $10^{13}\ \text{cm}^{-3}$ 量级,电子温度为 30 eV,基于薄鞘层圆柱型探针模型,电子饱和电流密度约为 $1.5 \times 10^5\ \text{mA/cm}^2$;加热电流对应的探针(钨丝)温度为 2 500 K,与图 12-8 中的结果相符。

12.3.3　误差分析

发射探针的饱和悬浮电势实际要比等离子体空间电势低,主要受电子能量分布函数和预鞘层的影响。探针的饱和悬浮电势 V_f^{em} 与等离子体空间电势 ϕ_p 满足:

$$V_f^{\text{em}} = \phi_p - \alpha T_e \qquad (12-12)$$

二者的差异主要体现在系数 α 和电子温度 T_e 上。Hobbs 和 Wesson[2]将 Bohm 判据代入解泊松方程,求解发现探针的悬浮电势比鞘层边缘的电势低约 $1.0T_e$,利用数值方法求解发现悬浮电势比空间电势低约 $1.5T_e$[11]。此外,当等离子体中存在大量的高能电子时,如束流等离子体,探针饱和悬浮电势接近高能电子的阻滞势,无法实现对空间电势的测量;相反,假如电子能量分布函数为常数,探针饱和悬浮电势与空间电势就不存在差异。

除此之外,探针悬浮电势的测量也存在噪声的干扰,常用峰峰值的一半来描述噪声产生的误差。测量噪声主要来源于等离子体自身的扰动、加热源不稳定性导致探针温度的波动、电路连接导线对测量电势的影响等。

探针饱和悬浮电势与空间电势间没有明确的解析表达式,但 Hobbs 和 Wesson[12]研究发现饱和电势比预鞘层边界电势小约 $1.0T_e$,考虑到碰撞的影响,预鞘层电势比空间电势低 $0.5T_e \sim 1.0T_e$,则探针的饱和悬浮电势 V_f^{em} 可表示为

$$V_f^{\text{em}} \approx \phi_p - 1.5T_e + \Delta\phi_{\text{VC}} \qquad (12-13)$$

式中, $\Delta\phi_{\text{VC}}$ 为空间电荷效应引起的电势差。

对于典型的等离子体推力器, $T_e \gg T_w$, $\Delta\phi_{\text{VC}} < 0.15T_e$,电势差 $\Delta\phi_{\text{VC}}$ 值非常小,可以近似忽略。在有关等离子体推力器的试验测量中同样发现等离子体空间电势和探针饱和悬浮电势的差异在 $1.5T_e \sim 2.0T_e$ 量级范围内。

为获得精确的空间电势,还必须求解电子温度,在这里可以通过发射探针在冷

态和热态两种状态下的悬浮电势计算电子温度。通常来说,探针悬浮电势在未饱
和状态下,电势起到排斥电子、吸引离子的作用,以便达到离子通量和电子通量相
等、探针的净电流为零的稳定状态。基于圆柱型探针模型,电子电流 I_e 可表示为

$$I_e(V_b) = \frac{en_e S}{4}\sqrt{\frac{8T_e}{\pi m_e}}\exp\left(\frac{e(V_b - \phi_p)}{T_e}\right) \qquad (12-14)$$

当探针尺寸远大于德拜长度时,薄鞘层理论成立,离子以 Bohm 速度进入鞘
层,进入鞘层的离子均可被探针收集,最终达到离子与电子通量相等的状态,以
保持等离子体的电中性,探针在不发射电子(冷态)情况下的悬浮电势 V_{fl}^{cold} 可表
示为

$$V_{fl}^{cold} = \phi_p + \phi_{sheath} \approx \phi_p - 5.77T_e \qquad (12-15)$$

式中, $V_{fl}^{cold} - \phi_p$ 为空间电势与探针表面电势差; ϕ_{sheath} 为鞘层边缘与探针表面电势
差,两者的差为预鞘层电势;因子 0.61 表示从主等离子体区到鞘层边缘的等离子
体密度变化(详见预鞘层假设)。

在厚鞘层模型下,电子电流表达式[式(12-14)]同样成立,只是根据轨道运
动限制理论,进入鞘层的离子只有部分能被探针收集,离子电流 I_i 可表示为

$$I_i(V_b) = \frac{2en_i S}{\sqrt{\pi}}\sqrt{\frac{-e(V_b - \phi_p)}{2\pi m_i}} \qquad (12-16)$$

当离子电流与电子电流相等时,通过式(12-14)和式(12-16)可获得探针悬
浮电势表达式为

$$\frac{4m_e}{\pi m_i} = \frac{T_e}{e(\phi_p - V_{fl}^{cold})}\exp\left(\frac{2e(V_{fl}^{cold} - \phi_p)}{T_e}\right) \qquad (12-17)$$

对于氙气等离子体,方程的数值解为

$$V_{fl}^{cold} = \phi_p - 5.24T_e \qquad (12-18)$$

基于厚鞘层模型计算的探针悬浮电势比基于薄鞘层模型计算的结果要小约
10%,悬浮电势向等离子体空间电势偏移。

当探针尺寸与德拜长度之比近似为 1 时,轨道运动限制理论不成立,但是数值计
算的结果在 $a/\lambda_d < 3$ 条件下与轨道运动限制的电流表达式[式(12-16)]非常接近,
而悬浮电势却在薄鞘层和厚鞘层计算结果之间。典型的霍尔推力器放电通道等离
子体电子密度 n_e 约为 5×10^{11} cm^{-3},电子温度 T_e 约为 20 eV,德拜长度近似为
0.05 mm,如果发射探针直径为 0.1 mm,则比值 $a/\lambda_d \approx 1$,然而,根据 Steinbrüchel[12]

研究发现此种情况下基于轨道运动限制计算的离子电流和悬浮电势仍然适用。

基于平面探针模型,探针表面鞘层满足薄鞘层假设,由方程(12-13)和(12-15)可得电子温度表达式为

$$T_e^{exp} = \frac{V_{fl}^{em} - V_{fl}^{cold}}{4.27} \qquad (12-19)$$

式中,T_e^{exp} 为试验测量的电子温度,有别于等离子体电子温度 T_e;V_{fl}^{em} 为热状态悬浮电势。

在探针尺寸与德拜长度近似相等的情况下,冷态探针的悬浮电势满足式(12-18)。热态探针的悬浮电势可表示为

$$V_{fl}^{em} \approx \phi_p - \alpha T_e \qquad (12-20)$$

由于探针悬浮电势总小于等离子体电势,α 系数应大于 0。相比薄鞘层理论,$\alpha <$ 1.5, 由式(12-18)和式(12-20)得电子温度为

$$T_e = \frac{V_{fl}^{em} - V_{fl}^{cold}}{5.24 - \alpha} = \frac{4.27 T_e^{exp}}{5.24 - \alpha} \qquad (12-21)$$

T_e 的最大值为 $T_e(\alpha = 0) = 0.815 T_e^{exp}$,最小值为 $T_e(\alpha = 1.5) = 1.142 T_e^{exp}$,可以粗略地计算误差 ΔT_e 为

$$\Delta T_e \approx \pm 0.17 T_e^{exp} \qquad (12-22)$$

ΔT_e 为基于平面探针模型的电子温度最大偏差,若推力器的电子温度为 20 eV,则最大误差为 3.4 eV。

12.4　加　热　方　法

发射探针测量过程中需要外部电源将探针丝加热到发射电子的状态,实现探针丝加热的方法较多,常用的有直流电焦耳加热、交流电焦耳加热、自持加热以及激光加热等。

12.4.1　直流电焦耳加热

直流电焦耳加热是最简单也是最常用的发射探针加热方式,直接将探针丝通入直流电流实现加热,直流电焦耳加热可实现电子持续稳定发射,电子发射可调可控。

理论上,钨丝加热到 2 000 ℃即可发射电子,但在此温度下,钨丝蒸发、热冲击、人为误操作等因素导致钨丝极为脆弱,极易损坏。较粗的探针丝,如 0.5 mm 直径及以

上,可采用人工控制电源加热;较细的探针丝,建议采用计算机控制加热的模式。

发射探针使用的直流加热电源处于悬浮状态,直流电源的最大悬浮电压要大于等离子体空间电势,否则会出现漏电流,产生较大的测量误差。

发射探针在非测量状态下,建议将加热电流调小,长时间通入过大的加热电流会加快材料的蒸发,缩短探针寿命;如果在非测量状态下停止加热,测量开始时需要重新加热使其发射电子,然而反复冷却—加热同样会缩短探针寿命。因此,建议发射探针一旦开始测量,不建议在测量间隙将探针冷却,始终通入较小的电流维持探针热平衡,直到测量结束。非测量状态下的加热电流以探针刚好显红时最佳。探针在非测量状态下通入电流保持探针始终处于热平衡状态,既可以消除探针测量时加热电流与探针升温的时间延迟,又有利于尽早判断探针是否出现过热的问题。对于 0.1 mm 直径的发射探针,建议的非测量状态下的加热电流选择 1.5 ~ 2.5 A,此时电子发射电流为 0.3~0.5 A。

12.4.2 交流电焦耳加热

假设发射探针在测量时无电流流过,探针丝不存在电压分布,探针悬浮电势的测量会更加准确[13],为此,可用交流电对探针丝进行加热。交流电焦耳加热采用半波整流交流电,前半周期对探针丝进行加热,后半周期进行数据采集(电路图见图 12-9);数据采集期间探针丝无电流通过,测量悬浮电势会更为精确[14]。交流电焦耳加热采用的电源频率通常为 50 Hz 或 60 Hz,更高频率的电源也可以,但是要确保数据采集的时间要小于半周期,还必须小于探针冷却的时间(典型的冷却时间在 10 ms 量级)。

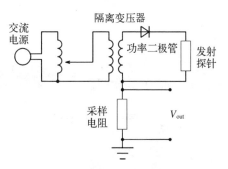

图 12-9 发射探针的半波整流加热和采样电路示意图[14]

12.4.3 自持加热

高密度、高温等离子体环境使得发射探针测量更加复杂,在高能量密度下,探针容易熔毁,为此研究人员提出了自持加热探针[15],自持加热探针利用测量的等离子体环境进行加热。简单的自持加热探针可以是一根导线,暴露在等离子体环境中,探针通过高阻抗电阻或高阻抗隔离放大器与地连接;自持发射探针通过测量悬浮电势获得空间电势,探针无须环形结构,尺寸较小,对等离子体环境干扰小。目前,自持加热探针主要用于磁控核聚变等离子体测量,这种等离子体温度高、密度高,电子温度约为 30 eV,离子与电子温度近似相同,电子密度可达 3×10^{13} cm^{-3}。自持加热的发射探针可推广应用到高能量密度的电推进等离子体环境,如电弧推力器、磁等离子体动力推力器(MPD)以及霍尔推力器放电通道内等等离子体环境。

12.4.4　激光加热

激光加热探针与自持加热探针类似,探针丝中无电流,可以消除探针丝上电压和温度分布对测量结果的影响。Ono 和 Teii[16] 提出了激光加热的方法,激光采用 10~20 W 的连续波的 CO 红外激光器,探针丝采用 0.4 mm 直径的铂丝,铂丝表面镀碳膜以增加激光的吸收率,通过改变激光功率改变电子的发射量。

激光加热发射探针已经应用于直流放电、射频放电以及托卡马克等等离子体测量。发射探针丝的材料也有很多,如铂、钨、石墨和 LaB_6 等。图 12-10 给出了可移动的激光加热发射探针测量原理示意图[17],测量系统实现了可移动测量且激光无须重复聚焦,目前已经应用到螺旋波等离子体测量。在激光加热发射探针材料中,石墨材料探针尖对测量结果的噪声影响最小;LaB_6 材质的探针尖发射电流最大,且在工作数小时后仍未有材料蒸发的迹象。

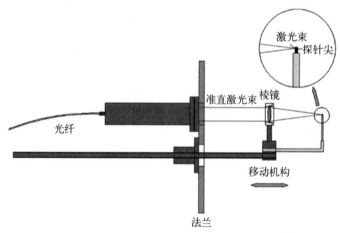

图 12-10　激光加热发射探针测量原理示意图[17]

12.5　探　针　结　构

12.5.1　材料

发射探针的探针丝最常用的是钨材料,钨具有较高的熔点,约 3 695 K,可以加热到较高的温度,电子发射电流较大。为了进一步增强钨的电子发射能力,在钨中掺入 0.5%~2.0% 的氧化钍,可以降低钨材料的功函数,电子发射能力最高可提高 3 个数量级。钍虽为放射性元素,但半衰期较长,其危险性较低。钍钨发射体材料的应用范围很广,在电推进领域常用作发射探针的探针丝材料,但是钨和钍钨不能用于含氧气的环境。

为减小探针对等离子体环境的干扰,探针所用导线尺寸应尽量小,常用的直径是 $0.0025\sim0.05$ cm;在高能量密度等离子体中,为防止探针熔毁,可选用较大尺寸的导线;在电推力器等具有定向运动的等离子体环境时,存在离子溅射,可选用较大尺寸的导线。

在电推进等离子体中,发射探针寿命根据测量等离子体环境不同通常在数秒到几十小时。在霍尔推力器放电通道内等高能量密度的等离子体环境中,探针丝是极易容易熔毁的,通常配置高速的往复机构(速度在每秒数米)进行测量,往复机构快速地将探针移动到测量位置,探针在极短时间内完成测量,再快速移出。在电推进羽流等离子体测量中,最严重的问题是离子溅射,假如离子推力器束流密度为 1 mA/cm^2,探针的溅射速率为 1×10^{-7} cm/s,忽略材料的蒸发等其他因素的影响,0.01 cm 半径的探针也只能工作 25 h。为了延长探针的寿命,为探针配置移动定位机构,严格控制探针暴露在等离子体中的时间,探针寿命可以延长到 10 h 以上。

12.5.2 结构

发射探针结构(图 12 - 11)较为简单,主要由探针丝和绝缘体等构成,探针丝常用的是发夹环状结构,探针丝伸入陶瓷等绝缘体内,与导线连接。为避免陶瓷绝缘体鞘层与探针丝鞘层发生重叠,通常要求探针丝的长度大于 2 倍的德拜长度。

钨丝　　陶瓷　　　　　　　　　　　　　　　导线

图 12 - 11　典型发射探针结构示意图

12.5.3 连接

发射探针的探针丝与导线的连接方式较多,常用的有焊接、机械连接等。钨与铜焊接难度大,通常可选择镀金的镍丝或镍铬丝替代铜导线,也可以将钨丝与导线通过端子压接或直接嵌入陶瓷材料中。

12.5.4 支撑结构

支撑结构(屏蔽体)一方面将探针丝两端绝缘,另一方面支撑探针在等离子体中定位。常用的支撑结构材料为氧化铝陶瓷管,氧化铝陶瓷绝缘性能好,耐高温(约 2000 K)。然而,在某些环境中不能采用氧化铝陶瓷,如高能量密度的等离子体环境中,高能粒子打到氧化铝陶瓷表面可诱发二次电子,二次电子发射会影响等离子体特性。在电推进等离子体中,尤其是存在磁场的环境中,可以考虑在支撑结构的外侧增加分段导体屏蔽[18]。

12.6   发射探针在电推进领域的应用

发射探针已经用于多种不同类型电推力器等离子体空间电势的测量,如霍尔推力器、螺旋波等离子体推力器、离子推力器、电弧推力器以及磁等离子体动力推力器等。像电弧推力器喉部、霍尔推力器放电室内以及磁等离子体动力推力器等,具有高能粒子,极易损坏探针,需要配合高速移动定位机构使用,尽量减少停留在等离子体中的时间;脉冲等离子体推力器等虽具有高密度特点,但属于脉冲工作模式,粒子能量不足以损坏探针,可采用发射探针常规测量方法。

在霍尔电推进领域,很多研究机构利用发射探针测量等离子体空间电势分布,如美国的密歇根大学[19-23]、普林斯顿大学[24,25]等。此外,研究人员结合 Langmuir 探针可以实现电子温度的测量,在等离子体中电子温度与空间电势、悬浮电势满足如下关系:

$$V_p - V_f = -\frac{k_B T_e}{e}\ln\left(0.605\sqrt{\frac{2\pi m_e}{m_i}}\right) \qquad (12-23)$$

式中,V_p、V_f 分别为空间电势和悬浮电势;m_i 为离子质量;m_e 为电子质量。悬浮电势由 Langmuir 探针测量,空间电势则由发射探针测量,利用式(12-23)即可计算电子温度。这种方法适用于等离子体空间电势过高、Langmuir 探针达不到离子饱和区的情况,如高放电电压的放电通道内等。Reid 和 Gallinore[26] 利用 Langmuir 探针和发射探针研究了 6 kW 级霍尔推力器等离子体电子温度轴向分布,图 12-12

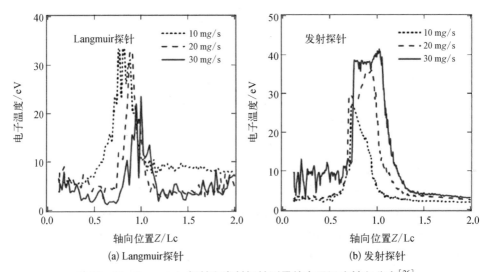

(a) Langmuir 探针   (b) 发射探针

图 12-12   Langmuir 探针和发射探针测量的电子温度轴向分布[26]

给出了两种探针的测量结果,Langmuir 探针和发射探针测量结果存在差异:相同条件下,电子温度最大值不同,最大值位置不同,但最大值都随着阳极流量的增大向推力器下游移动。

发射探针也可用于双鞘层等离子体测量,如螺旋波等离子体推力器等离子体环境,图 12-13 给出了利用发射探针测量螺旋波等离子体推力器空间电势的分布情况[27]。

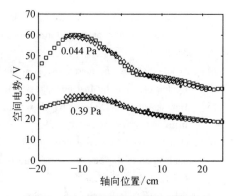

图 12-13　发射探针测量的等离子体空间电势的轴向分布[27]

参考文献

[1]　Sheehan J P, Hershkowitz N. Emissive probes. Plasma Sources Science and Technology, 2011, 20(6): 063001.

[2]　Hobbs G D, Wesson J A. Heat flow through a Langmuir sheath in the presence of electron emission. Plasma Physics, 1967, 9(1): 85-87.

[3]　Smith J R, Hershkowitz N, Coakley P. Inflection-point method of interpreting emissive probe characteristics. Review of Scientific Instruments, 1979, 50(2): 210-218.

[4]　Ibach H, Lüth H. Solid-State Physics: An Introduction to Principles of Materials Science. 4th ed. Berlin: Springer-Verlag, 2009: 154.

[5]　Hershkowitz N. How Langmuir Probes Work, Plasma Diagnostics. New York: Academic Press, 1989: 113-183.

[6]　Ye M Y, Takamura S. Effect of space-charge limited emission on measurements of plasma potential using emissive probes. Physics of Plasmas, 2000, 7(8): 3457-3463.

[7]　Kemp R F, Sellen J M. Plasma potential measurements by electron emissive probes. Review of Scientific Instruments, 1966, 37(4): 455.

[8]　McDonald M S, Liang R, Gallimore A D. Practical application of wide bandwidth floating emissive probes and wavelet analysis to the X2 nested Hall thruster. International Electric Propulsion Conference, Washington, 2013.

[9]　Sheehan J P, Raitses Y, Hershkowitz N, et al. Recommended practice for use of emissive probes in electric propulsion testing. Journal of Propulsion and Power, 2017, 33(3): 1-6.

[10]　Haas J M, Gallimore A D. Internal plasma potential profiles in a laboratory — Model Hall thruster. Physics of Plasmas, 2001, 8(2): 652-660.

[11]　Schwager L A. Effects of secondary and thermionic electron emission on the collector and source sheaths of a finite ion temperature plasma using kinetic theory and numerical simulation. Physics of Fluids B, 1993, 5(2): 631-645.

[12]　Steinbrüchel C. A new method for analyzing Langmuir probe data and the determination of ion densities and etch yields in an etching plasma. Journal of Vacuum Science and Technology A: Vacuum, Surfaces, and Films, 1990, 8(3): 1663-1667.

［13］ Fujita H, Yagura S, Yamada E. An influence of a heating voltage on an emissive probe characteristic in a plasma. Journal of the Physical Society of Japan, 1981, 50(11): 3759 – 3761.

［14］ Makowski M A, Emmert G A. New method to measure plasma potential with emissive probes. Review of Scientific Instruments, 1983, 54(7): 830 – 836.

［15］ Hershkowitz N, Nelson B, Pew J, et al. Self-emissive probes. Review of Scientific Instruments, 1983, 54(1): 29 – 34.

［16］ Ono S, Teii S. Laser-heated emission of electrons from a carbon-coated metal-surface and its application to the emissive probe measurements. Review of Scientific Instruments, 1979, 50 (10): 1264 – 1267.

［17］ Schrittwieser R W, Stärz R, Ionita C, et al. A radially movable laser-heated emissive probe. Journal of Plasma Fusion Research, 2009, 8: 632 – 636.

［18］ Staack D, Raitses Y, Fisch N J. Shielded electrostatic probe for nonperturbing plasma measurementsin Hall thrusters. Review of Scientific Instruments, 2004, 75(2): 393 – 399.

［19］ Haas J M, Gallimare A D. Considerations on the role of the Hall current in a laboratory-model thruster. IEEE Transactions on Plasma Science, 2002, 30: 2.

［20］ Haas J M, Gallimore A D. Internal plasma potential profiles in a laboratory — Model Hall thruster. Physics of Plasmas, 2001, 8: 2.

［21］ Hass J M. Low-perturbation interrogation of the internal and near-field plasma structure of a Hall thruster using a high-speed probe. Detroit: University of Michigan.

［22］ Hofer R R, Gallimore A D. Recent results from internal and very-near-field plasma diagnostics of a high specific impulse Hall thruster. IEPC – 2003 – 2037.

［23］ Reid B M. The influence of neutral flow rate in the operation of Hall thrusters. Detroit: University of Michigan.

［24］ Raitsesb Y, Staack D. Electron-wall interaction in Hall thrusters. Physics of Plasmas, 2005, 12: 057104.

［25］ Raitses Y, Smirnov A, Staack D, et al. Measurements of secondary electron emission effects in the Hall thruster discharge. Physics of Plasmas, 2006, 13: 014502.

［26］ Reid B M, Gallimore A D. Langmuir probe measurements in the discharge channel of a 6 – kW Hall thruster. AIAA – 2008 – 4920.

［27］ Lafleur T, Charles C, Boswell R W. Detailed plasma potential measurements in a radio-frequency expanding plasma obtained from various electrostatic probes. Physics of Plasmas, 2009, 16(4): 44510.

第 13 章
离子特性测量

13.1 概　述

比冲是空间推进领域最为重要的性能指标之一,电推力器比冲本质上是电推力器羽流等离子体中离子的平均速度,通过测量离子速度或能量分布特性,可以表征电推力器比冲性能。此外,电推力器羽流等离子体复杂的构成及动力学特性可能对航天器产生力矩、热及溅射等影响。据此,开展电推力器羽流等离子体离子特性研究对于理解电推力器微观加速机理、电推力器性能优化、评估电推力器羽流等离子体与航天器间相互作用等具有重要意义。

目前在电推进领域广泛应用的羽流等离子体离子特性测量诊断方法主要有阻滞势分析仪(retarding potential analyzer, RPA)、E×B 探针以及飞行时间(time-of-flight, TOF)法等。本章主要介绍采用 RPA 探针测量羽流等离子体中的离子能量分布,采用 E×B 探针测量分析羽流等离子体中离子成分及占比,采用 TOF 法测量羽流等离子体中离子速度。

早期 RPA 探针主要用于大气电离层等离子体特性测量,后来随着薄膜沉积、离子注入、材料表面改性等半导体工艺的发展,RPA 探针逐步应用到半导体工艺领域;之后,RPA 探针才应用到电推进领域,用于测量电推力器羽流等离子体离子能量特性,在霍尔推力器、离子推力器、螺旋波等离子体推力器等羽流等离子体离子特性测量诊断中发挥重要作用。E×B 探针最早被德国科学家 Wilhelm Wien 用于研究阳极射线,也被称为 Wien 过滤器,通过 E×B 探针测量的离子电流可分析获得离子成分及不同种类离子占比,结合离子能量或速度分布可较完整地呈现离子整体特性。TOF 法具有简单可靠的特点,可用于稳态以及脉冲电推力器羽流等离子体离子速度测量,被广泛用于微阴极电弧推力器离子速度测量[1-3]。

13.2 离子能量分布测量

离子能量分布是推力器羽流等离子体离子重要特性,可以间接反映推力器比冲等基本性能;同时,由于羽流区等离子体是近似辐射状喷出,其与航天器的角度决定羽流有可能达到航天器(太阳能帆板)敏感表面,进而可能会影响航天器的性能。电推力器的空间应用必须解决羽流等离子体与航天器的兼容性问题,离子能量分布是其中最重要的评估参数,而 RPA 探针是测量电推力器羽流等离子体离子能量分布最常用的方法。

13.2.1　基本原理

RPA 探针是测量等离子体离子能量分布的常用方法,探针主要由栅极、收集极、屏蔽壳等组成,只有能量(或者能量与电荷比)比栅极阻滞势大的离子才能通过栅极被收集。图 13-1 给出了典型的 RPA 探针的结构示意图,探针由 4 个栅极组成,探针工作原理见图 13-2,栅极 1 处于悬浮状态,可以减小对等离子体的干扰,此外栅极 1 还可以稀释等离子体提高 RPA 内部德拜长度,进而消除空间电荷的影响;栅极 2 施加负偏压,用于排斥等离子体中的电子;栅极 4 也施加负偏压,一方面抑制离子与上游栅极碰撞产生的二次电子达到收集极,另一方面减小高能离子与收集极碰撞诱导二次电子发射;栅极 3 施加扫描(正)电压,作为离子过滤器,只有能量与电荷比高于栅极 3 阈值电压的离子才能到达收集极。

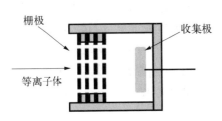

图 13-1　RPA 探针结构示意图

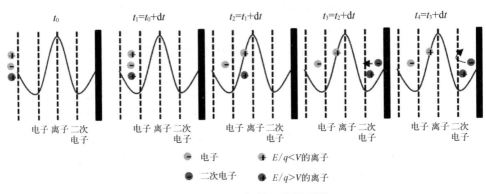

图 13-2　RPA 探针工作原理图

当离子轰击产生的二次电子发射系数较小时,探针可省略栅极 4,只采用 3 个栅极设计。当电推力器等离子体中 Xe^+ 能量低于 1 keV 时,离子轰击不锈钢收集极诱导的二次电子发射系数小于 0.02,对测量结果不构成影响,探针可以采用 3 个栅极设计[4]。

13.2.2　测量电路

图 13-3(a)给出了 RPA 探针测量电路,主要由直流偏压电源、扫描电压电源

以及数字电流表等组成;直流偏压电压为栅极 2(和栅极 4)提供负偏压,电压通常为 $-15 \sim -30$ V;扫描电源与栅极 3 连接,电源量程不小于电推力器工作电压(加速电压)的 1.5 倍。图 13 - 3(b)给出了 RPA 栅极的电势分布情况。

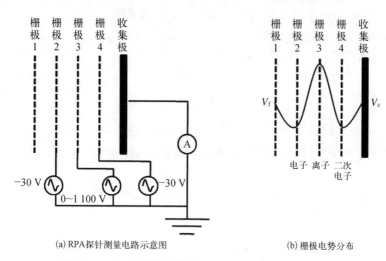

(a) RPA 探针测量电路示意图　　　　　(b) 栅极电势分布

图 13 - 3　RPA 探针测量电路示意图和栅极电势分布

图 13 - 4 给出了典型的 RPA 探针 I - V 特性曲线。当扫描电压较小时,离子几乎全部通过栅极 3,收集的离子电流最大;当扫描电压较大时,能量最大的离子也无法通过栅极 3,收集的离子电流最小;当扫描电压在工作电压(或加速电压)附近时,离子数量最多,离子电流随扫描电压剧烈变化。

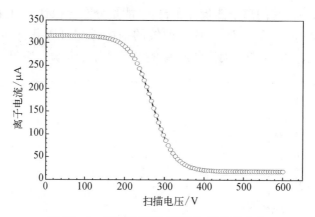

图 13 - 4　典型的 RPA 探针 I - V 特性曲线

13.2.3　数据处理

探针收集极离子电流 I 可表示为

$$I(V) = A_c Z_i en_i \int_{v(V)}^{\infty} v_i f(v_i)\,\mathrm{d}v_i \qquad (13-1)$$

式中，A_c 为离子收集面积；V 为栅极 3 的扫描偏压；Z_i 为离子所带电荷数；n_i 为离子的数密度；v_i 为离子的速度；$f(v_i)$ 为归一化的离子能量分布。

离子的速度 v_i 可以表示为

$$v_i = \sqrt{\frac{2Z_i eV}{m_i}} \qquad (13-2)$$

式中，m_i 为离子质量。

假设离子在狭窄区域内产生，加速电势近似相同：

$$\mathrm{d}v_i = \sqrt{\frac{eZ_i}{2m_i}}\,V^{-1/2}\mathrm{d}V \qquad (13-3)$$

$$f(v)\,\mathrm{d}v = f(V)\,\mathrm{d}V \qquad (13-4)$$

探针 $I\text{-}V$ 特性曲线一阶导数 $\dfrac{\mathrm{d}I}{\mathrm{d}V}$ 可表示为

$$\frac{\mathrm{d}I}{\mathrm{d}V} = \frac{Z_i^2 e^2 n_i A_c}{m_i} f(V) \qquad (13-5)$$

式中，$f(V)$ 为归一化的离子能量分布，离子能量分布与探针 $I\text{-}V$ 特性曲线的一阶导数成正比。通过探针 $I\text{-}V$ 特性曲线的一阶导数可以获得离子能量分布，如图 13 - 5 所示。RPA 探针无法分辨多价离子，离子能量分布中包括多价离子。

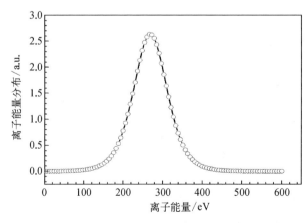

图 13 - 5 RPA 探针测量的典型离子能量分布

13.2.4 关键尺寸设计

1. 栅极孔径

在 RPA 探针的设计中,必须确定合适的栅极孔径,通常要求栅极孔径小于鞘层厚度,确保栅极起到过滤离子的作用。图 13 - 6 给出了不同栅极鞘层厚度与栅极孔径尺寸下离子的运动情况,当栅极孔径大于鞘层厚度时,栅极起不到过滤离子的作用;只有当栅极孔径小于鞘层厚度、鞘层横跨整个栅极孔时,栅极偏压才能起到过滤离子的作用。栅极表面鞘层厚度一般为德拜长度的 5~10 倍,(电子)德拜长度 λ_D 表示为

$$\lambda_D = \left(\frac{\varepsilon_0 k T_e}{n_e e^2} \right)^{1/2} \tag{13-6}$$

式中,ε_0 为真空介电常数;k 为玻尔兹曼常量;T_e 为电子温度;n_e 为电子的数密度;e 为元电荷数。德拜长度 λ_D 与电子温度 T_e 和电子密度 n_e 有关,可以根据等离子体参数估算鞘层厚度 s,进而确定栅极孔径 l。

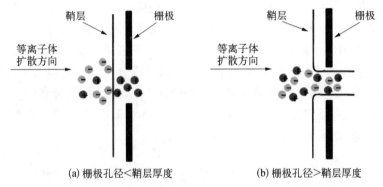

(a) 栅极孔径<鞘层厚度   (b) 栅极孔径>鞘层厚度

图 13 - 6 不同栅极鞘层厚度与栅极孔径尺寸下离子的运动情况

2. 栅极间距

空间电荷效应是 RPA 探针设计时必须考虑的影响因素之一,离子在栅极间累积会改变栅极间电势分布,导致测量结果出现偏差,确定栅极间距尤其是栅极 2 和栅极 3 的间距尤为重要。栅极间距与上游电子温度 T_e 和栅极偏压有关,在 Child 鞘层假设下,栅极间距满足:

$$\frac{d}{\lambda_D} < 1.02 \left(\frac{V_{\text{Bias}}}{T_e} \right)^{3/4} \tag{13-7}$$

式中,d 为栅极间距;V_{Bias} 为栅极偏压。

此外,在 RPA 探针设计时还需要考虑离子收集角度和栅极透过率等问题,离

子的收集角度和栅极通过率直接影响着收集离子电流的大小及信噪比。

13.2.5 RPA 探针在霍尔推力器中的应用

RPA 探针主要用于测量电推力器羽流等离子体离子能量分布,通过离子能量分布可计算相对离子电流,探针配合移动机构或者探针阵列可以测量离子电流空间分布[5]。RPA 探针已经广泛应用于霍尔推力器羽流等离子体离子能量分布的测量,如在 NASA – 173M[6-9]、BHT – 200[10]、BHT – 1500[11,12]、SPT – 100[13]、D – 55[14]等成熟的霍尔推力器研发中都开展过相关研究工作。

图 13 – 7 给出了利用 RPA 探针测量的 BHT – 1500 霍尔推力器羽流离子能量分布[4],测量位置在推力器出口下游 1 m 处,从 0°(推力器中轴线)到−90°离子能量分布由单峰分布过渡到双峰分布再到单峰分布;在−90°处离子数峰值对应的离子能量约为 20 V,这部分低能离子主要由电荷交换碰撞产生,称为电荷交换碰撞(CEX)离子;在−80°处离子能量分布主要由低能 CEX 离子和少量的高能束流离子构成,低能 CEX 离子数相比−90°处有所增长;在−70°处离子能量分布由低能 CEX 离子、高能束流离子以及部分中间能量离子等构成,低能 CEX 离子数降低而高能束流离子数增长,中间能量离子主要来源于束流离子发生弹性碰撞损失部分能量后的离子和束流离子加速位置在加速区下游导致的能量偏低的离子;在−60°处离子能量分布由低能 CEX 离子、高能束流离子以及部分中间能量离子等构成,且高能束流离子数大于低能 CEX 离子数;在−50°和−40°处离子能量分布中高能束流离子占据主体地位,且包含大量中等能量离子;在−30°以上,离子能量分布呈现单峰分布,主要由高能束流离子构成。

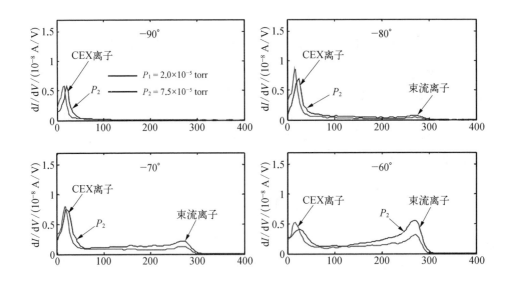

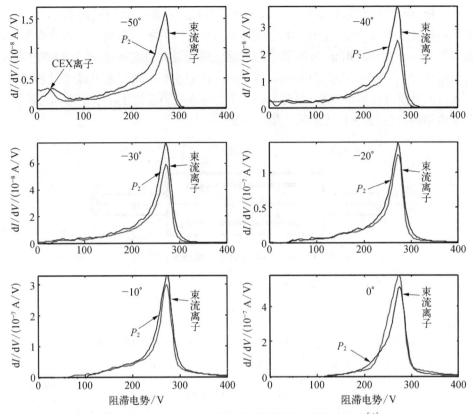

图 13 - 7　BHT - 1500 霍尔推力器羽流离子能量分布[4]

13.3　离子成分及比例的分析

电推力器羽流等离子体中除了一价离子还有少量多价离子,多价离子的存在是一把双刃剑,一方面多价离子加速后获得更大的速度(正比于离子所带电荷数的算术平方根),可以提高推力器的比冲性能;另一方面多价离子的产生需要消耗更多的能量,降低推力器效率等性能。此外,高能量的多价离子可能会导致严重的推力器溅射削蚀,增强羽流等离子体与航天器的相互作用[15,16]。E×B 探针是测量电推力器等离子体离子电流成分及占比最常用的方法。

13.3.1　基本原理

E×B 探针利用正交的电磁场建立离子过滤器,筛选不同速度的离子;在电推力器等离子体中,离子在相同的电场下被加速,多价离子获得的速度更大,进而实现区分单价和多价离子的目的。图 13 - 8 给出了 E×B 探针结构原理示意图,主要由前准直筒、离子过滤器、后准直筒及收集极等构成。在前准直筒的限制下,离子以水平初速度进入过滤器;在正交的电磁场中离子受到电场力和洛伦兹力的作用,电场力与洛伦兹力方向相反;过滤器中的磁感应强度通常固定不变,通过调整电场或极板电压大小,离子合外力为零或者离子满足特定速度的要求才可以通过过滤器,进入后准直筒被收集极捕获;而离子合力不为零或者离子速度不满足要求,运动方向发生偏转,打到极板而无法被收集极捕获。

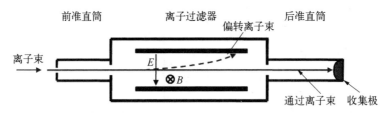

图 13 - 8　E×B 探针结构原理示意图

在离子过滤器中,离子所受外力 F 可表示为

$$F = eZ_i(E - vB) \tag{13-8}$$

式中,E 为电场强度;B 为磁感应强度;v 为离子速率;Z_i 为离子所带电荷数。

当离子达到某一速度 v_0 时,离子所受合外力为零,即

$$eZ_i(E - v_0 B) = 0 \tag{13-9}$$

此时的离子速度可表示为

$$v_0 = \frac{E}{B} = \frac{V}{dB} \tag{13-10}$$

式中,d 为极板间的距离;V 为极板间的电压,满足 $V = Ed$。

当电场和磁场确定后,只有特定速度的离子才可以通过过滤器。磁感应强度固定不变,可以通过改变极板电压实现对不同速度离子的筛选。离子过滤器中的磁场通常由永磁体产生,电场由平行极板建立,通过改变极板电压改变板间均匀电场的大小。

在电推进等离子体中,假设待测离子在狭窄区域内产生,不同种类(带电量不同)离子的平均加速电势相等,则离子经加速后获得的速率(进入 E×B 探针前的速率)可表示为

$$v = \sqrt{\frac{2eZ_i V_{a,i}}{m_i}} \tag{13-11}$$

式中,$V_{a,i}$ 为离子加速电势;m_i 为离子质量。不同离子的加速电势 $V_{a,i}$ 近似相等,

离子的速度 v 只与离子所带电荷数有关,满足 $v \propto Z_i^{1/2}$,不同种类的离子速率不同,通过离子速度可以区分不同类型离子。这里忽略了等离子体与舱壁间的电势差,在某些情况下则是需要考虑的[17]。

探针收集板的离子电流 I_i 可表示为

$$I_i = eZ_i n_i A_C u_i (1 + \gamma_i) = eZ_i A_C n_i \sqrt{\frac{2eZ_i V_{a,i}}{m_i}} (1 + \gamma_i) \qquad (13-12)$$

式中, A_C 为收集极面积; γ_i 为二次电子发射系数。二次电子发射对测量结果是有影响的,但可以采取一定的措施降低影响,可采用的措施主要有:在 E×B 探针的后准直筒和收集极间加入栅极,栅极施加负电位可以有效减小二次电子的影响[18];或者,探针收集极采用特殊形状设计和特殊材料,如高纵横比、圆锥形设计,并且在收集极表面镀钨,同样可减小二次电子发射[17]。

E×B 探针可测量电推力器等离子体中离子电流,离子电流曲线呈多峰分布,不同的峰对应不同种类的离子,通过对测量结果的分析可以获得不同种类离子所占比重。每种离子的离子电流 I_i 占比 Ω_i 可表示为

$$\Omega_i = \frac{I_i}{\sum I_i} \qquad (13-13)$$

式中, $\sum \Omega_i = 1$, i 为正整数,代表离子所带电荷数。电推力器最常用的推进剂为氙气,氙气等离子体中的离子主要有 Xe^+ 、 Xe^{2+} 、 Xe^{3+} ,对于霍尔推力器,工作电压为 700 V 时, Xe^+ 占比 90% 左右, Xe^{2+} 占比接近 10%, Xe^{3+} 占 1% 左右;当工作电压增大到 900 V 以上,会出现少量的 Xe^{4+} ,占比通常小于 0.1%,可以忽略,因此 i 值通常取 1~3。

第 i 种离子(密度)占比 ξ_i 为

$$\xi_i = \frac{n_i}{\sum n_i} \qquad (13-14)$$

式中, n_i 为不同离子的相对密度, $\sum \xi_i = 1$ 。

第 i 种离子的离子流与离子密度关系为

$$\Omega_i = \frac{Z_i^{3/2} \xi_i (1 + \gamma_i)}{\sum [Z_i^{3/2} \xi_i (1 + \gamma_i)]} \qquad (13-15)$$

式中, γ_i 为二次电子发射系数, Xe^+ 、 Xe^{2+} 、 Xe^{3+} 二次电子发射系数(氙离子撞击钨)

分别为 0.018、0.216、0.756[17]。

13.3.2　测量电路

E×B 探针测量电路主要由数字电流表、扫描电源、稳压电阻等组成,如图 13-9 所示,探针过滤器中的磁场由永磁体产生,大小在几千高斯量级;通过平行极板产生均匀电场,与扫描电源连接,通过改变极板电压产生不同强度的电场,对不同速度的离子进行筛选;电阻 R 起稳定扫描电压的作用,常选用的阻值是 500 kΩ 和 1 MΩ;为了抑制二次电子发射,在收集极前加一栅极,栅极与偏压电源相连,偏压值通常为-15~-30 V;电流表与收集极相连,用于测量收集到的离子电流;前准直筒悬浮,而后准直筒及舱壁接地。

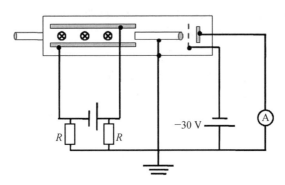

图 13-9　E×B 探针测量电路图

13.3.3　误差分析

离子电流分布存在不同离子峰值展宽及重叠的现象,主要原因有两点:一是离子的电离位置不同,导致加速电势有所区别;二是在羽流区发生碰撞反应,导致峰值展宽及重叠。离子电流峰值展宽和重叠现象在霍尔推力器等离子体中更为明显,离子推力器工质的电离和离子的加速过程基本是分开的,不同离子的电流峰值是清晰的,可以直接通过电流峰值确定离子占比。

1. 离子电流峰值的展宽及重叠效应

对霍尔推力器来说,有多种不同的方法可用于分析计算不同离子的电流占比,如峰值法、三角拟合法、高斯拟合法以及变指数拟合法等。

1) 峰值法

峰值法(图 13-10)是最简单直观的分析方法,忽略电流峰值的展宽和重叠,不同离子的电流即对应的峰值电流[7]。

2) 三角拟合法

三角拟合法是在考虑峰值展宽的基础上最为简单的离子电流分析方法,通过

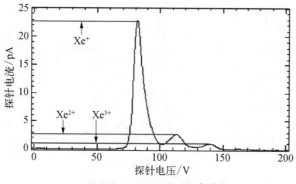

图 13-10　峰值法图解[19]

电流峰值与半高宽构成一个三角形,三角形的面积就是对应离子的电流值。三角拟合法计算的是不同离子的电流粗略值,不是离子电流的精确绝对值,是在最大限度考虑展宽效应的同时给出的不同离子电流的相对值[20]。三角拟合法通常采用右侧的半高宽值,左侧相对右侧对称,构成三角形,如图 13-11 所示。

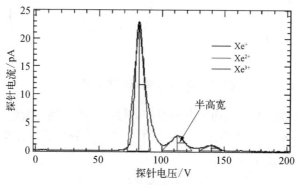

图 13-11　三角拟合法图解[20]

3) 高斯拟合法

高斯拟合法[21]通过对每种离子峰值电流进行高斯拟合进而确定离子电流,通常从最高价离子峰值电流开始进行高斯拟合,如图 13-12 所示的三价离子,确定离子电流高斯分布,再依次对二价、一价离子峰值电流进行拟合;每次拟合前需将完成拟合的离子电流在原始曲线中减掉,避免重复拟合。高斯分布在所有探针电压值下的积分即离子的电流值。相比三角拟合法,高斯拟合法更为精确地捕捉了电流峰值对应的面积,但仍未考虑不同离子电流的叠加效应。

4) 变指数拟合法

变指数拟合法[22](图 13-13)假设离子电流分布介于高斯分布($\propto e^{v^2}$)和 Druynesteyn 分布($\propto e^4$)之间。高斯分布描述的是完全碰撞状态下的平衡态分布,

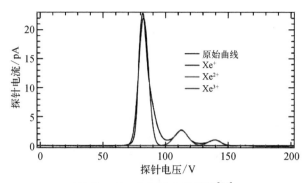

图 13 - 12　高斯拟合法图解[21]

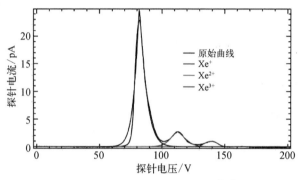

图 13 - 13　变指数拟合法图解[22]

Druynesteyn 分布描述的是在均匀电场中带电粒子与中性原子发生弹性碰撞下的带电粒子的稳态分布,电推进羽流等离子体中离子电流分布更符合变指数分布。

离子电流 I 表示为

$$I = eZnvA_C \tag{13-16}$$

式中,Z 为离子带电荷数;n 为离子数密度;v 为离子速度;A_C 为收集面积。

假设离子能量分布为 $f(E)$,速度分布为 $f(v)$,离子数密度 n 满足:

$$n \sim f(E)\mathrm{d}E \sim f(v)\mathrm{d}v \tag{13-17}$$

离子速度满足:

$$v \sim E^{0.5} \sim V \tag{13-18}$$

式中,V 为探针电压。

离子能量分布可表示为

$$f(E) = aE^{0.5}\exp(-b\mid\sqrt{E} - \sqrt{E_0}\mid^n) \tag{13-19}$$

离子电流的可变指数拟合函数可表示为

$$I = aV^3 \exp(-b| V - V_0 |^n) \quad (13-20)$$

式中,a、b、V_0、n 均为拟合系数。

变指数拟合法的处理方式与高斯拟合法相同,相比而言,在峰值电流的拟合精度方面不如高斯拟合法,但变指数拟合法却考虑了不同离子电流的重叠效应。

2. 电荷交换碰撞影响

电推力器羽流等离子体中的离子与中性粒子发生电荷交换碰撞,高速离子成为中性粒子,会导致测量结果出现偏差;背景中性粒子主要来自未电离的工质气体和地面真空舱本底气体,未电离的工质气体随着距离指数级下降,研究表明 BPT-4000(XR-5)霍尔推力器在 0.02 m 以外的羽流区域本底气体密度高于未电离的工质密度[23]。此外,离子推力器的离子能量更高且流量较小,电荷交换碰撞产生的影响要远小于在霍尔推力器离子能量分布测量中产生的影响,如图 13-14 所示。

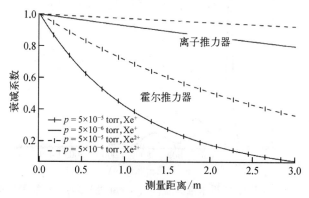

图 13-14 霍尔推力器和离子推力器羽流等离子体中
离子随测量距离的衰减情况

基于 Anderson[24] 提出的电荷交换模型,假设背景气体密度均分分布,Shastry 等提出了电荷交换修正模型,一价离子、二价离子、三价离子的衰减系数 $(j/j_0)_{Xe^+}$、$(j/j_0)_{Xe^{2+}}$、$(j/j_0)_{Xe^{3+}}$ 可表示为

$$(j/j_0)_{Xe^+} = \exp(-n_0 \sigma_1 z) \quad \sigma_1 = 87.3 - 13.6\log(V_d) \quad (13-21)$$

$$(j/j_0)_{Xe^{2+}} = \exp(-n_0 \sigma_2 z) \quad \sigma_2 = 45.7 - 8.9\log(2V_d) \quad (13-22)$$

$$(j/j_0)_{Xe^{3+}} = \exp(-n_0 \sigma_3 z) \quad \sigma_3 = 16.9 - 3.0\log(3V_d) \quad (13-23)$$

式中,n_0 为背景气体密度;z 为测量距离;σ_1、σ_2、σ_3 为碰撞截面;V_d 为电推力器工作电压。

13.3.4 E×B 探针典型应用

在电推进领域,E×B 探针常用于霍尔和离子推力器羽流等离子体中离子特性的研究[17,18,23,25]。美国密歇根大学的 Kim 和 Gallimore[15] 利用 E×B 探针研究了 SPT－100 霍尔推力器羽流等离子体中多价离子的分布情况。他们发现：Xe^{2+} 和 Xe^{3+} 产生于推力器出口平面附近，而 Xe^+ 则在上游产生；在放电电压 300 V、电流 4.5 A 工况下，在推力器出口平面下游 0.5 m 处，经修正后的 Xe^+、Xe^{2+}、Xe^{3+} 占比分别为 93.0%、6.4%、0.6%；离子在放电通道内的加速和羽流区碰撞的作用，导致离子能量分布介于 Maxwellian 分布和 Druyvesteyn 分布之间。图 13－15 给出了 SPT－100 霍尔推力器在 0°、50 cm 处多种离子的能量分布，离子以一价离子为主，还包括二价离子、三价离子及很少量的四价离子。图 13－16 给出了 SPT－100 霍尔推力器在推力器出口下游 50 cm 处主要的三种离子随角度的变化，一价离子占比为 80%~90%，二价离子占比为 10%~20%，三价离子占比在 10% 以下，并且每种离子的占比会随着角度发生变化。

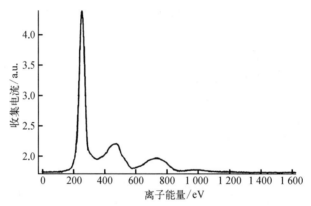

图 13－15　SPT－100 霍尔推力器(0°、50 cm 处) 多种离子能量分布[15]

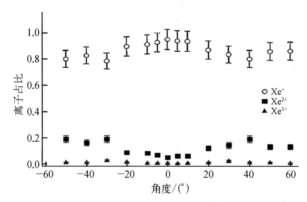

图 13－16　SPT－100 霍尔推力器出口下游 50 cm 处不同种
离子分布的占比随角度变化[15]

电推力器羽流等离子体中的多价离子会随着推力器工作电压和功率的增加而增多，在高功率、高电压下，多价离子的影响是不可避免的，也是不可忽略的。密歇根大学的 Hofer 和 Brown[17,18] 在攻读博士学位期间开展了 NASA - 173M 6 kW 霍尔推力器羽流等离子体多价离子的研究,当推力器工作电压从 300 V 增大到 900 V 时,Xe^+ 的含量从 96% 减小到 86%,Xe^{2+} 的含量从 4% 增大到 12%,Xe^{3+} 的含量从 1% 增大到 2%[18]。

13.4　离子速度的测量

离子速度的测量可以追溯到 1930 年,Tanberg[26] 通过两种间接方法对真空电弧产生的 Cu 离子速度进行了测量:第一种是基于阴极上等离子体的反作用力和阴极材料的蒸发率;第二种是依据悬浮叶片上等离子体产生的力和其上的材料冷凝率;两种方法测量的离子速度均在 $1.6×10^4$ m/s 左右。随后,Davis 和 Miller[27] 通过静电能量分析器对 C、Al、Ca、Ni 等不同阴极材料的离子速度进行了研究,发现不同阴极材料的离子速度在 $0.65×10^4 \sim 3.7×10^4$ m/s 范围内。到 20 世纪 90 年代末,TOF 法被用于测量不同阴极材料的离子速度[28]。TOF 法具有简单、可靠的优势,在等离子体离子速度测量领域具有广泛应用,尤其在脉冲等离子体放电方面,TOF 法优势更为明显。

13.4.1　基本原理

假设离子在羽流区运动过程中速度保持不变,在电推力器中轴线下游放置两个栅网探针,探针间距为 ΔL,当离子经过栅网时会被检测出来并记录,通过测量离子经过两个栅网探针所需的时间 Δt,离子在两探针间的平均速度即离子速度 v 可表示为

$$v = \frac{\Delta L}{\Delta t} \tag{13 - 24}$$

在离子传播路径上放置多个栅网探针,即可获得电推力器中轴线方向上的离子速度变化情况。

13.4.2　测量方案

TOF 法测量电推力器等离子体离子速度最关键的问题是确定离子被检测的判断依据,最常用的方法是使电推力器等离子体产生扰动,离子密度的变化会引起检测信号的变化,变化的信号作为离子被检测的依据。

对稳态放电的电推力器来说,可以通过脉冲调制放电电压或电流的方式引起等离子体的扰动,如图 13 - 17 所示;也可以通过终止电推力器放电的方式引起等离子体密度变化,如图 13 - 18 所示。脉冲调制的方法可以引起等离子体密度的扰动,但同样会引起离子速度的变化,导致测量结果产生偏差。

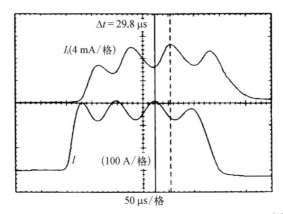

图 13-17 典型的脉冲调制放电电流和离子电流变化[2]

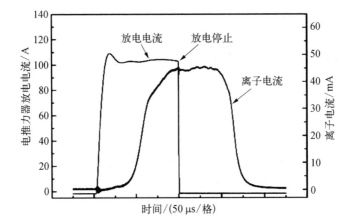

图 13-18 电推力器终止放电前后放电电流和离子电流变化[3]

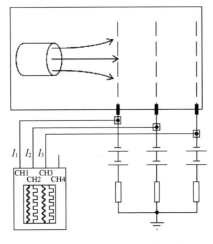

图 13-19 单探针测量电路示意图

对脉冲式电推力器来说,无须调制或终止放电,脉冲放电的工作模式决定其存在等离子体密度的扰动。

根据栅网探针的不同设计,TOF 法也分为单探针和双探针等测量方案。图 13-19 给出了单探针测量电路示意图。单栅网探针依次与电源、电阻串联并接地,探针施加 -50 V 以上的负偏压,确保收集到离子饱和电流;串联电阻通常为几十欧姆到几百欧姆;用电流探头同步测量每个回路的电流信号并记录。TOF 法假设离子在运动过程中速度不变,为减少测量误差,要求探针间距不能过大。

图 13-20 给出了双探针测量电路示意图。每根探针由两组栅网构成,上游的栅网施加一个负偏压,以确保收集到离子饱和电流;每根探针中两组栅网轴向距离为 10 mm,栅网间会产生一个电流峰;调制脉冲的周期越短,测量系统的时间分辨率越高,但限于栅网间的距离大于等离子体空间尺度(离子速度通常在 10^4 m/s 量级),调制脉冲的周期应大于 1 μs。相比于单探针,双探针可用于等离子体局部离子速度测量;此外,双探针测量电路独立于放电电路,测量的信噪比更高。

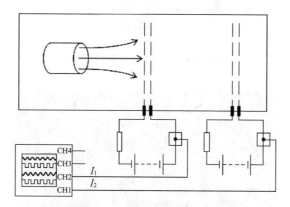

图 13-20　双探针测量电路示意图

13.4.3　栅网探针结构设计

栅网探针的几何形状和栅格大小设计应该充分考虑等离子体的传播路径,探针通常为圆型结构,其直径由羽流束发散角以及距推力器出口平面的距离决定,必须保证栅网完全覆盖等离子体束流。栅网采用金属丝,如铜丝、不锈钢丝等,线径小于 0.5 mm。栅网孔径必须远大于测量等离子体的德拜长度,以减小对等离子体的扰动,并确保足够多的离子可以通过栅网。

13.4.4　TOF 法在微阴极电弧推力器中的应用

微阴极电弧推力器(micro-cathode arc thruster, μCAT)是通过阴阳极间电弧放电,烧蚀阴极形成的等离子体被磁场约束、加速喷出产生推力的一种微型电推力器。图 13-21 为 μCAT 工作原理示意图,推力器主要包括阴极、阳极、绝缘体、磁芯和电磁线圈等部件。

μCAT 为脉冲式电推力器,图 13-22 给出了 μCAT 典型的工作电流、电压波形,点火电压为 380 V,工作期间,放电电压稳定在 50 V 左右,电流从 47.8 A 下降到 0 A 至电弧熄灭,电弧持续时间接近 500 μs[29]。

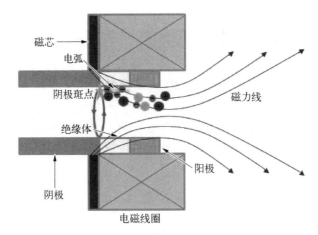

图 13 - 21 μCAT 工作原理示意图

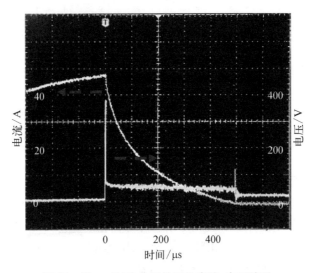

图 13 - 22 μCAT 典型的工作电流、电压波形

图 13 - 23(a)给出了双栅网探针测量装置照片,图 13 - 23(b)给出了栅网探针位置关系,测量装置放置在电推力器阴极斑点下游 68 mm 处,栅网探针中轴线与电推力器中轴线重合。

μCAT 单个放电脉冲内栅网探针电流较小,且存在噪声干扰,测量信噪比较低。μCAT 以周期性脉冲模式工作,采用测量多个脉冲取平均值的方法,可有效减少噪声干扰,提高信噪比。此外,电推力器等离子体密度与放电电流成正比,可以通过增大电推力器放电电流起到提高信噪比的效果。

在试验中,假定电推力器放电瞬间就产生了等离子体,放电电流下降瞬间等离子体开始传播,用初始电流峰值来标记离子电流,计算阴极斑点到第一组栅网间的

(a) 双栅网探针测量装置照片

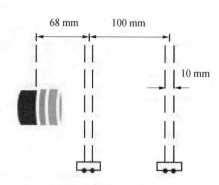
(b) 栅网探针的位置关系

图 13 - 23　双栅网探针测量装置照片及栅网探针的位置关系

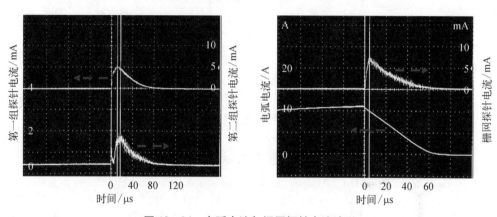

图 13 - 24　电弧电流与栅网探针电流波形

离子平均速度。图 13 - 24 给出了电弧电流与栅网探针电流波形。

表 13 - 1 和表 13 - 2 给出了阴极斑点与栅网探针间和两组栅网探针间的测量结果,在 3 组磁感应强度下均测量 5 次,计算每次离子速度再取平均值。图 13 - 25 给出了不同磁感应强度下的离子速度曲线,在试验测量范围内,离子速度为 15 000 ~ 30 000 m/s。

表 13 - 1　阴极斑点与栅网探针间的测量结果

磁场强度/T	第 n 次测量的飞行时间/μs					平均飞行时间/μs
	1	2	3	4	5	
0.032	4.67	3.87	4.67	4.57	4.99	4.554
0.065	3.57	3.69	3.77	3.57	3.47	3.614
0.097	3.47	3.55	3.37	3.51	3.61	3.502

表 13-2 两组栅网探针间测量结果

磁场强度/T	第 n 次测量的飞行时间/μs					平均飞行 时间/μs
	1	2	3	4	5	
0.032	5.88	5.08	5.48	5.68	5.74	5.572
0.065	3.94	4.74	4.34	4.54	4.74	4.46
0.097	4.04	4.02	4.22	4.08	3.99	4.07
0.129	3.32	3.48	3.28	3.48	3.68	3.448

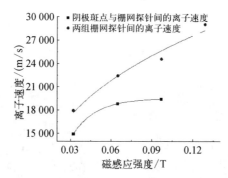

图 13-25 不同磁场强度下的离子速度变化情况

参考文献

[1] Davis W D, Miller H C. Analysis of the electrode products emitted by DC arcs in a vacuum ambient. Journal of Applied Physics, 1969, 40(5): 2212-2221.

[2] Yushkov G Y, Anders A, Oks E M, et al. Ion velocities in vacuum arc plasmas. Journal of Applied Physics, 2000, 88(10): 5618-5622.

[3] Byon E, Anders A. Ion energy distribution functions of vacuum arc plasmas. Journal of Applied Physics, 2003, 93(4): 1899-1906.

[4] Azziz Y. Experimental and theoretical characterization of a Hall thruster plume. Cambridge: Massachusetts Institute of Technology.

[5] 张乾鹏, 康小录, 余水淋. 霍尔推力器羽流离子能量实验研究[J]. 火箭推进, 2010, 36(3): 10-14, 38.

[6] Hofer R R, Gallimore A D. Recent results from internal and very-near-field plasma diagnostics of a high specific impulse Hall thruster. IEPC-2003-2037.

[7] Hofer R R. Development and characterization of high-efficiency, high-specific impulse xenon Hall thrusters. Detroit: University of Michigan, 2004.

[8] Brown D L. Investigation of low discharge voltage Hall thruster characteristics and evaluation of loss mechanisms. Detroit: University of Michigan, 2009.

[9] Reid B M. The influence of neutral flow rate in the operation of Hall thrusters. Detroit: University of Michigan, 2009.

[10] Nakles M R, Hargus W A, Spicer R L. Experimental and numerical examination of a Hall

thruster plume. IEPC – 2007 – 2073.

[11] Azziz Y. Experimental and theoretical characterization of a Hall thruster plume. Cambridge: Massachusetts Institute of Technology.

[12] Azziz Y, Martinez-Sanchez M, Szabo J J. Effect of discharge voltage on plume divergence of a high specific impulse Hall thruster. AIAA – 2005 – 4403.

[13] Pagano D, Coduti G, Scaranzin S, et al. Performance of plume characterization of the SPT100 – B thruster. IEPC – 2015 – 2010.

[14] Zakharenkov L E, Semenkin A V, Lebedev Y V. Measurement features and results of TAL D – 55 plume. IEPC – 2005 – 2184.

[15] Kim S W, Gallimore A D. Plume study of a 1. 35 – kW SPT – 100 using a EXB probe. Journal of Spacecraft and Rockets, 2002, 39: 6.

[16] Vahrenkamp R P. Measurement of double charged ions in the beam of a 30 cm mercury bombardment thruster. AIAA – 73 – 1057.

[17] Hofer R R. Development and characterization of high-efficiency, high-specific impulse xenon Hall thrusters. Detroit: University of Michigan, 2004.

[18] Brown D L. Investigation of low discharge voltage Hall thruster characteristics and evaluation of loss mechanisms. Detroit: University of Michigan, 2009.

[19] Shastry R, Hofer R R, Reid B M, et al. Method for analyzing E×B probe spectra from Hall thruster plumes. The 44th AIAA/ASME/SAE/ASEE Joint Propulsion Conference and Exhibit, Hartford, 2008.

[20] Beal B E. Clustering of Hall-effect thrusters for high-power electric propulsion applications. Detroit: The University of Michigan, 2004.

[21] Linnell J A. An evaluation of krypton propellant in Hall thrusters. Detroit: University of Michigan, 2007.

[22] Kim S W. Experimental investigations of plasma parameters and species-dependent ion energy distribution in the plasma exhaust plume of a Hall thruster. Detroit: University of Michigan, 1999.

[23] Mikellides I G, Katz I, Kuharski R A, et al. Elastic scattering of ions in electrostatic thruster plumes. Journal of Propulsion and Power, 2005, 21(1): 111 – 118.

[24] Anderson J. Charge-exchange collision effect on E × B probe location for NEXIS testing. Internal Memorandum, Jet Propulsion Laboratory, 2004.

[25] Sengupta A, Brophy J R, Anderson J R, et al. An overview of the results from the 30,000 hr life test of deep space 1 flight spare ion engine. The 40th AIAA/ASME/SAE/ASEE Joint Propulsion Conference and Exhibit, Fort Lauderdate, 2004.

[26] Tanberg R. On the cathode of an arc drawn in vacuum. Physics Reviews, 1929, 35: 1080 – 1089.

[27] Davis W D, Miller H C. Analysis of the electrode products emitted by dc arcs in a vacuum ambient. Journal of Applied Physics, 1969, 40: 2212 – 2221.

[28] Bugaev A S, Oks E M, Yushkov G Y, et al. Enhanced ion charge states in vacuum arc plasmas using a "current spike" method. Review of Scientific Instrument, 2000, 71: 701.

[29] 田雷超,康小录,杭观荣,等. 微阴极电弧推力器的设计与试验. 推进技术,2018,39(9): 2153 – 2160.

第 14 章
等离子体光谱诊断

14.1 概　　述

　　静电探针是电推进等离子体最常用的诊断测量工具,但在使用探针时不可避免地会对等离子体产生扰动。光谱诊断作为一种非侵入式的诊断测量方法,可以有效避免对等离子体的干扰,也是电推力器等离子体常用的诊断测量方法。

　　光谱诊断常用的方法有发射光谱、吸收光谱、光腔衰荡光谱、激光诱导荧光光谱以及拉曼光谱等。在电推进领域,应用最广的是发射光谱和激光诱导荧光光谱等。

　　发射光谱的谱线强度可定性地表征电推进等离子体的辐射特性,通过对空间谱线强度的观察可定性判断电推力器工作的稳定性、羽流分布的均匀性以及束流的发散情况。此外,基于发射谱线的物理模型可以分析获得电推力器等离子体基本特性参数。

　　激光诱导荧光光谱用于测量电推进等离子体的离子速度,相比静电探针,激光诱导荧光光谱对等离子体干扰更小,测量结果更为精确,但激光诱导荧光光谱测量系统较为复杂。此外,激光诱导荧光光谱不仅可以测量羽流等离子体离子速度,也可以测量电推力器内部等离子体离子速度[1],通过分析离子速度还可获得电推力器电场分布[1]、离子速度矢量分布[2,3]等动力学参数。

14.2 发射光谱诊断

14.2.1 基本介绍

　　发射光谱是最简单、应用范围最广的一种等离子体诊断技术,发射光谱是物质的分子、原子、离子、自由基等从高能态跃迁到低能态,释放出不同波长的光子所形成的光谱。发射光谱携带着等离子体中电子密度、温度等信息,通过对发射光谱的测量和分析,可以获得等离子体成分、各成分的相对含量等参数。在霍尔电推进领域,发射光谱已经用于研究霍尔推力器等离子体发射特性、推力器放电通道壁面溅射削蚀特性以及时间分辨特性等;此外,基于发射光谱建立的物理模型可以分析获得电推力器等离子体电子温度、电子能量分布以及原子数密度等信息。

霍尔推力器等离子体发射谱线主要由电子或离子与中性原子碰撞辐射形成,主要碰撞反应如表 14 - 1 所示。

表 14 - 1 霍尔推力器中主要的碰撞激发反应

序号	反应类型	参考文献
1	$e^- + Xe \longrightarrow Xe^* + e^-$	[4]
2	$e^- + Xe \longrightarrow Xe^{q+*} + (q+1)e^-$	[4]
3	$e^- + Xe^+ \longrightarrow Xe^{+*} + e^-$	[4]
4	$e^- + Xe^+ \longrightarrow Xe^{(q+1)+*} + (q+1)e^-$	[4]
5	$e^- + Xe^m \longrightarrow Xe^* + e^-$	[4]
6	$e^- + Xe^m \longrightarrow Xe^{q+*} + (q+1)e^-$	[4]
7	$Xe^+ + Xe \longrightarrow Xe^{+*} + Xe^*$	[4]
8	$Xe^{2+} + Xe \longrightarrow Xe^{2+*} + Xe^*$	[4]
9	$Xe^{2+} + Xe \longrightarrow Xe^{+*} + Xe^{+*}$	[4]

注: Xe^m 为亚稳态氙原子。

在霍尔推力器等离子体中常用的谱线有氙原子 Xe I 的 828.012 nm 谱线和氙离子 Xe II 的 484.433 nm 谱线,基本特性参数如下:

(1) Xe I (828.012 nm)谱线。跃迁能级 $5p^5(^2P^0_{3/2})6s - 5p^5(^2P^0_{3/2})6p$,初始级能量为 9.93 eV,末级能量为 8.11 eV。

(2) Xe II (484.433 nm)谱线。跃迁能级 $5p^4(^2D^0_{7/2})6s - 5p^5(^2P^0_{3/2})6p$,初始能级能量为 14.1 eV,末级能级能量为 11.54 eV。

日冕模型为最简单的发射光谱物理模型,模型建立起谱线强度与等离子体参数间的关系,通过对谱线强度的分析可以获得等离子体基本参数。

日冕模型只考虑电子与原子的碰撞激发过程,高能态仅源于基态或低能级亚稳态激发,退激发以自发辐射形式完成,忽略了亚稳态逐级激发以及重粒子间碰撞激发等过程,建立谱线强度 I_{mk} 与等离子体参数的表达式如下:

$$I_{mk} = A_{mk} \frac{hc}{\lambda_{mk}} n_e n_0 \langle \sigma v_e \rangle_{0m} \qquad (14-1)$$

式中,A_{mk} 为电子从 m 能级退激到 k 能级的概率;$\langle \sigma v_e \rangle_{0m}$ 为电子碰撞从基态跃迁到 m 能级的概率;λ_{mk} 为谱线波长;n_e 为电子密度;n_0 为原子密度;h 为普朗克常量; c 为真空光速。

14.2.2　发射光谱的应用

1. 等离子体辐射特性

基于电推力器等离子体发射光谱可以分析获得推力器辐射特性。俄罗斯研究人员在对 SPT 型霍尔推力器研究发现,波长在 $110 \sim 230$ nm 的谱线辐射功率为 160 W,波长在 $230 \sim 400$ nm 的谱线辐射功率为 4 W,波长在 $400 \sim 630$ nm 的谱线辐射功率为 19 W,波长在 $630 \sim 5500$ nm 的谱线辐射功率为 25 W,其中紫外区辐射功率占到总辐射功率的 22% 以上。俄罗斯研究人员[5,6]还开展了针对 ATON 型霍尔推力器的辐射特性研究,与 SPT 霍尔推力器不同,ATON 推力器等离子体在红外波段谱线的辐射功率占总辐射功率的 90%,其中,主要的 9 条谱线占据辐射功率 70% 的能量。

氙气工质霍尔推力器在 $260 \sim 1100$ nm 波长范围内,存在 430 条以上的谱线,大约有 260 条谱线由 Xe II 碰撞辐射产生,主要是紫外线和可见光谱线;绝大多数由 Xe III 产生的谱线位于紫外区;红外区谱线主要由 Xe I 产生[7]。

2. 等离子体密度及电子温度

Karabadzhak 等[4,8]建立了霍尔推力器等离子体发射谱线的激发-辐射模型,考虑了电子与原子、氙离子与原子以及二价氙离子与原子的三类碰撞激发,涵盖了 12 条可见光谱线和 8 条近红外谱线,而在此之前的研究基本只考虑到电子与中性原子碰撞。而研究发现离子与原子碰撞激发在霍尔推力器发射光谱形成中发挥着重要作用,以 D-55 霍尔推力器作为研究对象,开展了推力器发射谱线及气压对谱线强度影响的研究,分析计算了电子温度及等离子体密度,其中离子碰撞对近红外谱线强度影响较大,在研究近红外谱线强度时,需要考虑离子碰撞对激发的影响;利用光谱法分析计算的电子温度与离子密度同探针测量的结果保持一致,如图 14-1 所示。

Jameson 等[9]利用发射谱线和 Langmuir 探针研究了霍尔推力器羽流区中性粒子密度随轴向距离变化,Langmuir 探针用于测量等离子体密度,光探针用于测量 823.2 nm 谱线强度,二者的比值可用于计算羽流区等离子体中性氙原子密度。

Meezan 等[10]利用日冕模型研究了霍尔推力器中的反常电子传导,重点分析 Xe I 631 nm 和 828 nm 及 Xe II 541.9 nm 三条谱线在放电通道内的变化情况并计算了电子温度,发现了与静电探针测量结果不同的现象,电子温度在电离区明显降低,测量误差在 30% 左右;此外,等离子体振荡幅度与电子传导有关,随着电子传导增大,等离子体振荡幅值增大。

Sommerville 等[11]利用发射光谱研究了 BPT-2000 霍尔推力器在出口平面下

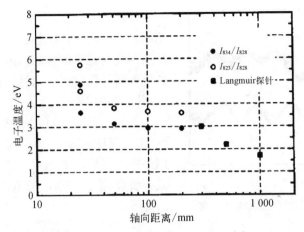

图 14-1　D-55 霍尔推力器电子温度随轴向距离的变化[8]（**实心圆、空心圆及实心**

方块分别为 I_{834}/I_{828}、I_{823}/I_{828} **及 Langmuir 探针计算或测量结果**）

游 160 mm 处的电子温度径向分布,采用了 Karabadzhak 等[4,8]建立的碰撞-辐射模型,模型中考虑了亚稳态原子,计算结果与 Langmuir 探针测量结果非常接近,电子温度在 3.5~4.0 eV,如图 14-2 所示。

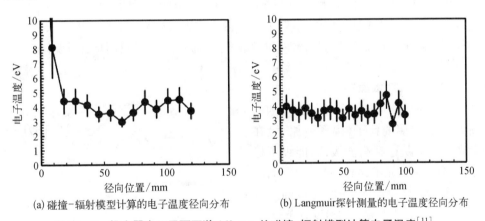

(a) 碰撞-辐射模型计算的电子温度径向分布　　　　(b) Langmuir 探针测量的电子温度径向分布

图 14-2　推力器出口平面下游 160 mm 处碰撞-辐射模型计算电子温度[11]

径向分布和 Langmuir 探针测量的电子温度径向分布

3. 霍尔推力器放电振荡

美国斯坦福大学研究小组[10]利用谱线辐射振荡的标准偏差研究了振荡幅值,离子谱线振荡随着放电电压增大而增强,等离子体密度的振荡随着放电电压增大;在近阳极区离子振荡较小,原子振荡较大。

日本名古屋大学研究人员[12]也开展了谱线辐射振荡研究,在阳极附近氙原子谱线强度要高于离子谱线强度;随着放电电压增大,谱线辐射强度的振荡频率基本

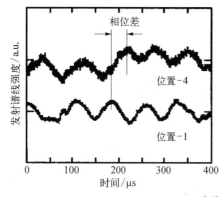

图 14-3　径向不同位置处谱线辐射强度[12]

呈线性增加,且放电电流振荡与谱线辐射振荡同相位。此外,研究人员利用光谱法研究径向谱线与霍尔漂移之间的关系,径向不同位置处谱线辐射振荡信号存在相位差,且强度不同,如图 14-3 所示。

发射光谱除了可用于等离子体辐射特性、电子温度、等离子体密度等研究,还可以用于推力器放电通道内电离区位置及电离效率研究、推力器放电通道内电子能量分布研究等。

14.3　激光诱导荧光光谱诊断

霍尔和离子等电推进技术已经进入空间应用的阶段,但仍存在诸多影响推力器性能及稳定性问题尚未解决,如霍尔推力器电子穿越磁场的传导机制、等离子体与壁面的相互作用机理、能量损失机制等。激光诱导荧光技术是一种非侵入式的等离子体光谱诊断技术,具有等离子体干扰小、测量精度高、可实现空间和时间分辨测量等优势,在电推力器等离子体中获得广泛的应用,通过激光诱导荧光测量分析可以获取电推力器等离子体速度分布等动力学特性,对理解电推力器微观物理机制具有重要作用。

14.3.1　基本原理

激光诱导荧光是一种非侵入式的诊断方法,被检测的粒子(离子或原子)在激光作用下跃迁到高能级,高能级不稳定,会自发辐射光子,如图 14-4 所示,由于被测粒子存在定向运动,通过确定多普勒频移进而获得粒子的速度分布。

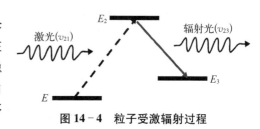

图 14-4　粒子受激辐射过程

氙气是电推力器最常用的推进剂,除氙气,氪气是地面试验中常用的推进剂,氪气在地球的储量是氙气的 10 倍,且氪气比冲比氙气高 20% 左右,SpaceX 公司在星链通信卫星星座中配置氪气工质的霍尔电推进系统。表 14-2 给出了在电推进领域采用激光诱导荧光诊断技术常用的氙气和氪气激发反应基本参数。

表 14-2　电推进领域采用激光诱导荧光诊断技术常用的激发反应基本参数

初始能级	入射激光波长/nm	荧光波长/nm	粒子种类	参考文献
$Xe_{II}\,5d^4D_{7/2}$	605.11	529.22	氙离子	[13]
$Xe_{II}\,5d^4F_{7/2}$	834.72	541.91	氙离子	[1]、[14]

续　表

初始能级	入射激光波长/nm	荧光波长/nm	粒子种类	参考文献
$Xe_I 6s[1/2]_2^0(1s_2)$	834.68	473.41	氙原子	[13]
$Xe_I 6s[3/2]_2^0(1s_5)$	823.16	823.16	氙原子	[13]
$Kr_{II\ 4}d^4F_{7/2}$	820.27	462.92	氪离子	[15]
$Kr_{II\ 5}d^4D_{7/2}$	728.98	473.90	氪离子	[2]

14.3.2　系统基本组成

激光诱导荧光测量系统主要由激光器、光路系统、采集系统及辅助测量系统等构成。激光器一般为染料激光器,通常采用 Nd：YAG 激光器作为染料激光器的泵浦源。

图 14-5 为激光诱导荧光测量系统激光发射光路,其中,BS 代表分光镜,M 代表反光镜。在整个系统中,Faraday 隔离器的作用是防止激光返回激光器,造成激光器损坏;光谱仪用于精确测量激光波长,功率表对功率进行实时监控,干涉仪用于激光模式的检测;斩波器对激光进行调制;入射激光通过单模式光纤入射到真空舱的待测等离子体中。此外,激光诱导荧光诊断系统还包括信号收集系统,主要由光电倍增管或电荷耦合器件(CCD)及简单光路(透镜、反射镜等)构成。激光入射方向及信号检测方向存在多种模式,如图 14-6 所示:入射激光可以平行于推力器轴向入射,也可以垂直于轴向入射;可以从推力器正前方入射,也可以从正后方入射;采集方向可以垂直于入射方向,也可以与入射方向成一定夹角。需要注意的是,最终测量的粒子速度方向是沿着入射激光的方向,与采集方向无关。

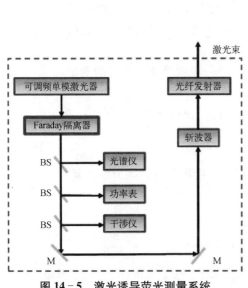

图 14-5　激光诱导荧光测量系统
激光发射光路示意图

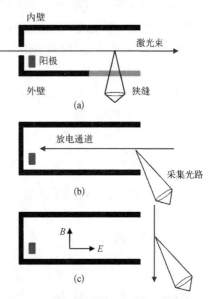

图 14-6　常用的激光入射和采集路径

14.3.3　数据分析

激光诱导荧光诊断是一种基于多普勒效应的诊断技术,根据多普勒效应,当被测量的粒子发生定向运动时,光子的频率会发生移动,多普勒频移 $\Delta \nu$ 可表示为

$$\Delta \nu = \nu - \nu_0 = \frac{v}{\lambda_k} \quad\quad (14-2)$$

$$v_k = c \frac{\nu - \nu_0}{\nu} \qu\quad (14-3)$$

式中,v_k 和 λ_k 分别为激光束的波速和波长;ν_0 和 ν 分别为多普勒频移前后的频率。根据式(14-2),可以分析计算粒子的速度分布,基于测量的粒子速度分布可以获得其他宏观参数。

1)离子速度分布

霍尔推力器工作在正交的电磁场中,磁场约束电子,电子在局域的富集产生强电场。法国空间技术研究中心的 Mazouffre 等[1]利用激光诱导荧光方法测量了 5 kW 级 PPS X000-ML 霍尔推力器放电通道及羽流区等离子体沿轴向的离子速度分布,如图 14-7 所示,电推力器出口平面在 0 mm 处,从-15 mm 到 20 mm 的区域为离子加速区,宽度约为 35 mm;在放电通道内部,离子的展宽比羽流区要小;霍尔推力器工作电压为 500 V,理论上的离子最大速度为 27 000 m/s,而测量的离子最大速度要大于理论最大速度值。

Mazouffre 等[15]还研究了更小尺寸的 200 W 霍尔推力器,发现推力器等离子体中存在 4 种不同动力学行为的离子,在推力器出口平面的上游存在大量的反向离子,如图 14-8 所示,反向离子的存在在 Spektor 等[2,3]的研究中也被提及。

2)粒子平均速度

粒子平均速度是指粒子速度分布的一阶矩,也就是速度分布的期望。

3)速度展宽(离散度)

速度展宽是指粒子速度分布的二阶矩,此外,速度离散度 p 还可以表示为

$$p = 2\sqrt{2\ln 2} \times \sigma \approx 2.35 \times \sigma \ququad (14-4)$$

式中,σ 为标准差。当粒子满足高斯分布时,速度离散度 p 等于半高宽。

4)粒子温度

粒子温度满足:

$$m\sigma^2 = k_B T \ququad (14-5)$$

式中,σ 为标准差,通过式(14-4)获得;k_B 为玻尔兹曼常量;T 为粒子温度;m 为粒子的质量。

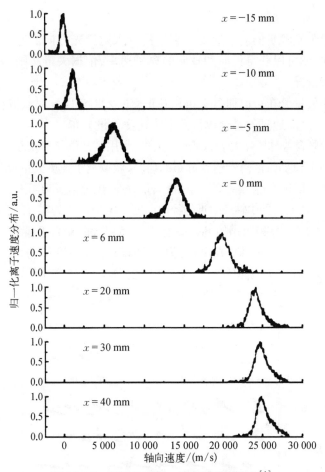

图 14-7　沿轴向的归一化离子速度分布[1]

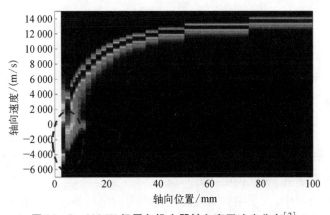

图 14-8　200 W 级霍尔推力器轴向离子速度分布[2]

5）速度矢量场分布

激光诱导荧光测量的离子速度为离子沿着入射激光方向的速度,通过改变激光的入射方向,就可以获得径向和轴向的离子速率,依据矢量法则,可获得离子速度矢量的分布情况。

离子速度矢量分布可以通过 2 组相互正交的入射光路同时获取径向和轴向的离子速度分布,进而通过矢量合成得到离子速度矢量分布。

Spektor 等联合普林斯顿大学的研究人员[2,3]利用激光诱导荧光方法开展了圆柱型霍尔推力器(FCHT)羽流区离子速度分布的研究,获取离子速度矢量分布,如图 14-9 所示,灰色箭头为阴极在过载模式下的速度矢量分布,黑色箭头为阴极在正常模式下的速度矢量分布。在推力器中轴线附近的径向速度($r = 0\,\mathrm{cm}$)为零,径向距离越大,径向速度越大。此外,美国宇航公司的 Beiting 等[16]对 5 kW 的 SPT140 推力器、密歇根大学的 Williams 研究小组[17]对 5 kW 的 P5 推力器、Hargus 等对 500 W 的 Stanford 霍尔推力器[18]和 200 W BHT - 200 推力器[19]、密歇根大学 Huang 研究小组[20]对 6 kW 级 H6 霍尔推力器等均采用激光诱导荧光技术进行了近羽流区离子速度矢量分布的测量。

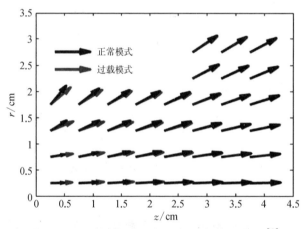

图 14-9   阴极在两种模式下的速度矢量分布图[2]

6）电场分布

电场强度 $E_x(x)$ 满足:

$$E_x(x) = \frac{\mathrm{d}U(x)}{\mathrm{d}x} = \frac{m}{e}v(x)\frac{\mathrm{d}v(x)}{\mathrm{d}x} \tag{14-6}$$

式中,$U(x)$ 为加速电势;$v(x)$ 为粒子速度;m 为粒子质量;e 为元电荷。通过对离子速度分布进行求导,可获得电场分布。

在霍尔推力器中,离子主要通过放电通道内的电场加速获得能量,电场分布直接决定离子速度分布情况,反之,通过测量的离子速度分布可以获得电场分布。

图 14 - 10 给出了 PPS X000 - ML 霍尔推力器轴向的电场分布和电离频率,其中,点线图为两种不同方法获得的电场分布,线图为电离频率,可以看出电离区和加速区部分重叠,部分推进剂电离发生在加速区,这种现象在霍尔推力器中是普遍存在的。电场分布与磁场拓扑紧密联系,分布极其相似;电场宽度由推力器尺寸决定,受工作条件的影响,一般来说电场宽度近似为放电通道平均半径尺度。

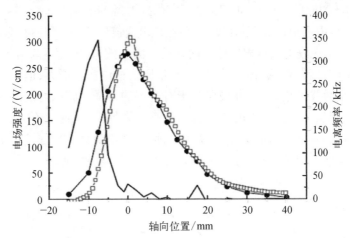

图 14 - 10 PPS X000 - ML 霍尔推力器轴向的电场分布及电离频率[3]

7) 离子回旋速度

在霍尔推力器中,电子被磁化,离子处于非磁化状态,但离子仍会在洛伦兹力的作用下,沿着轴向旋转运动。通过测量离子在放电室圆周上的速度矢量可以获得离子回旋速度空间分布情况,如图 14 - 11 所示。

8) 原子速度分布

原子速度分布的测量方法与测量离子速度分布相同,区别在于选用的激光波长及跃迁能级不同,对于氙气,可选用的氙原子能级有 Xe($1s_2$) 和 Xe($1s_5$),详见表 14 - 2。$1s_2$ 态的氙原子数较少,辐射的荧光强度弱,考虑到光子湮灭效应,测量结果无法呈现原子的动力学行为。相比来说,$1s_5$ 态的氙原子寿命长、数量多,可用于原子速度分布的测量。

离子的电离加速直接影响着推力器的基本性能、寿命等,对霍尔推力器的研究具有重要意义,相比而言,中性原子的重要性并没有那么突出,相关的研究工作较少。然而,原子的输运可

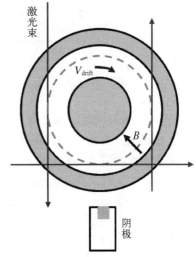

图 14 - 11 激光诱导荧光测量离子回旋速度方法

以间接反映电离区相关信息,有助于理解电荷交换碰撞、等离子体与壁面的相互作用等霍尔推力器动力学问题,对研究霍尔推力器的物理机制具有很大帮助。

1997 年 Cedolin 等[21]首度开展霍尔推力器中原子速度的研究,发现在推力器出口平面下游原子轴向速度存在最大值。之后,Hargus、Huang 等研究小组[18,22,23]都发现在霍尔推力器中原子在放电通道内部是被加速的。图 14 - 12 给出了 PPS 100 - ML、PPS X000 - ML、Stanford HT 等霍尔推力器 Xe($1s_5$) 和 Xe($1s_2$) 原子轴向速度分布,在放电通道内,原子速度增大;在放电通道外部,原子速度减小。原因主要有两点:一是在放电通道内氙原子向开放空间扩散,其速度逐渐增大;二是慢速的氙原子弛豫时间较长,更容易被电离,导致原子整体速度增大,但研究中发现测得的氙原子信号强度增大,这种现象尚未有合理的解释。放电通道外原子速度减小,主要是由于从推力器喷出的原子轴向不存在力的作用,速度不变,但是来自阴极和背景气体的碰撞会引起原子速度减小,因此在羽流区的原子有两种:一种是从推力器喷出的快原子;另一种是来自阴极和背景气体的慢原子。

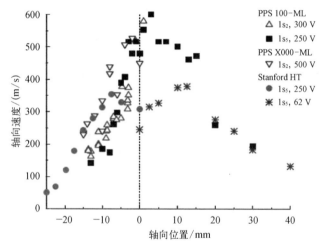

图 14 - 12   不同种霍尔推力器 Xe($1s_5$) 和 Xe($1s_2$) 原子轴向速度分布[23]

9) 时间分辨离子速度分布及电场分布

时间分辨的离子速度分布测量理论上可以通过两种手段实现:一种是采用高时间分辨率的设备,分辨率须达到微秒甚至纳秒量级;另一种是采用触发、延迟的巧妙方法实现时间分辨的功能。

通过测量的实时离子速度分布 $v_x(x, t)$,实时的电场分布可以表述为

$$E_x = \frac{m}{e}\left(\frac{\partial \bar{v}_x}{\partial t} + \bar{v}_x \cdot \frac{\partial \bar{v}_x}{\partial x} \right) \tag{14-7}$$

式中,$\bar{v}_x$ 为 x 方向平均离子速度。

　　霍尔推力器等离子体是非稳态的,在这种正交的磁化等离子体中存在着不同时间和空间尺度的多种振荡,振荡的频率从千赫兹到吉赫兹。放电振荡对霍尔推力器工质电离、离子加速等过程产生很大影响,影响最大的为频率在几十千赫兹的低频振荡——呼吸振荡,呼吸振荡来源于工质在通道内电离和工质补充交替占统治地位的一种外在体现,振荡频率与离子填充的速度有关。呼吸振荡现象不仅会扰动放电电流,而且对离子束发散角、离子能量、电子密度和温度等参数都会产生较大影响。等离子体振荡现象与电势时间变化或者随时间变化的加速电场等相关,因此开展时间分辨的电场(离子速度分布)的研究具有重要意义。速度分布时间分辨功能的实现要求检测到的荧光光子时间分辨率达到 1 μs,可以采用信号发生器、数字信号延迟发生器等实现。

　　法国空间研究中心的 Mazouffre 研究小组[24-26]开展了 200 W 量级霍尔推力器离子速度研究,采用激光诱导荧光技术实现推力器电场强度的瞬时测量,时间分辨率到达 100 ns。图 14-13 给出了霍尔推力器放电通道内外的瞬时电场强度,电场

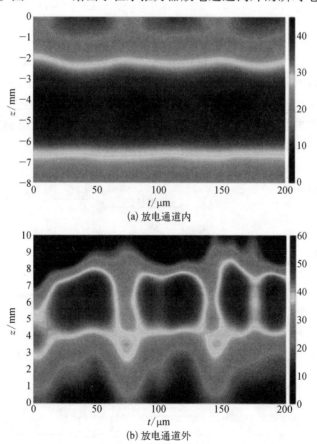

(a) 放电通道内

(b) 放电通道外

图 14-13　放电通道内和外瞬时电场强度[25] **(单位: V/cm)**

强度轮廓呈双峰结构,在放电通道外,电场也随时间振荡。

14.3.4　误差分析

激光诱导荧光光谱中除了多普勒展宽,还包含超精细结构展宽、自然展宽、仪器展宽、压力展宽、饱和展宽及塞曼展宽等,上述展宽都会对测量结果产生一定影响,是需要考虑的误差因素。

超精细结构展宽主要体现在同位素影响,Xe 有 7 种同位素,Kr 有 5 种同位素,同位素的存在会导致检测谱线出现频移和复杂的精细结构,同位素效应会对测量结果产生误差[27]。

在典型的等离子体激光诱导荧光光谱中,压力展宽和仪器展宽通常比多普勒展宽小 3 个数量级,是可以忽略的。

塞曼展宽是由磁场引起的,展宽的大小与磁场强度成正比,当磁场较强时必须考虑修正。此外,还需要考虑激光束在功率饱和情况下的饱和效应。

14.3.5　激光诱导荧光测量羽流特性案例[28]

激光诱导荧光测量在 $\Phi2.4$ m×3 m 真空舱内进行,测量对象为 SPT - 70 霍尔推力器,推力器额定功率为 660 W,电压为 310 V,图 14 - 14 给出了激光诱导荧光测量系统的示意图,包括霍尔推力器及部分镜组,激励激光信号通过空间光路注入真空舱内,激发荧光信号通过光纤收集。激光调节与荧光收集镜组通过镜架杆固定于精密电动位移台上,通过电极驱动可实现移动,测量点位于电推力器喷口下游

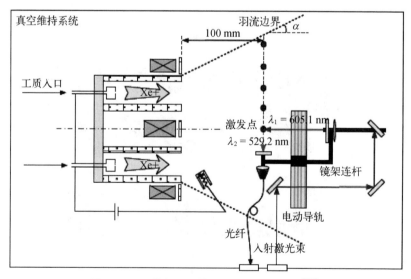

图 14 - 14　激光诱导荧光测量系统示意图[28]

100 mm 平面上不同径向距离。

图 14-15 给出了阳极电压 310 V、气体流量 24 sccm 以及径向位置为 0 mm 处测量的荧光光谱,通过高斯滤波器反卷积方法从光谱中获得多普勒频移,利用多普勒频移可获得离子速度分布(IVDF)。图 14-16 给出了不同阳极电压下的离子速度分布,离子分布呈现典型的 Maxwellian 分布,随着阳极电压的增大,离子速度分布右移,即研究的阳极电压范围内,随着电压增大推力器比冲提高。图 14-17 给出了离子平均速度和离子温度随阳极电压的变化情况,离子平均速度和离子温度随阳极电压增大。

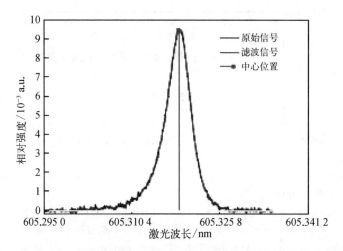

图 14-15 典型的激光诱导荧光光谱数据(阳极电压 310 V,气体流量 24 sccm,$r=0$ mm)

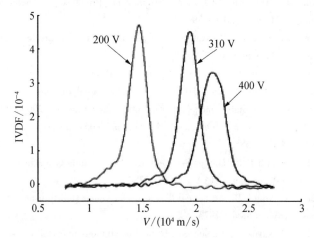

图 14-16 不同阳极电压下的离子速度分布

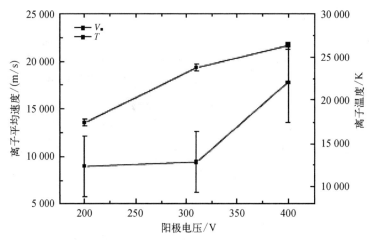

图 14 - 17　离子平均速度和离子温度随阳极电压变化情况[28]

参考文献

[1]　Mazouffre S, Kulaev V, Perez-Luna J. Ion diagnostics of a discharge in crossed electric and magnetic fields for electric propulsion. Plasma Sources Science and Technology, 2009, 18: 034022.

[2]　Spektor R, Diamant K D, Beiting E J, et al. LIF measurements of the cylindrical Hall thruster plume. IEPC - 2009 - 2137.

[3]　Spektor R, Diamant K D, Beiting E J, et al. Laser induced fluorescence measurements of the cylindrical Hall thruster plume. Physics of Plasmas, 2010, 17: 093502.

[4]　Karabadzhak C Y G F, Dressler R A. Passive optical diagnostic of Xe - propelled Hall thrusters. Emission cross sections. Journal of Applied Physics, 2006, 99: 113304.

[5]　Bishaev A M, Bugrova A I, Desyatskov A V, et al. Spectral characteristics of SPT - ATON plasma radiation. The 4th All-Russian Seminar on Problems of Theoretical and Applied Electron Optics, Moscow, 2000: 79 - 81.

[6]　Bishaev A M, Bugrova A I, Desyatskov A V, et al. Spectral characteristics of SPT - ATON plasma radiation. ESA SP - 465.

[7]　Karabadzhak G F, Semenkin A V. Investigation of TAL optical emissions. IEPC - 1997 - 131.

[8]　Karabadzhak G F, Chiu Y, Dressler R A. Passive optical diagnostic of Xe propelled Hall thrusters. Collisional-radiative model. Journal of Applied Physics, 2007, 99: 113305.

[9]　Jameson K K, Goebel D M, Watkins R M. Neutral density measurement in a Hall thruster plume. AIAA - 2007 - 5853.

[10]　Meezan N B, Schmidt D P, Hargus W A, et al. Optical study of anomalous electron transport in a laboratory Hall thruster. AIAA - 1999 - 2284.

[11]　Sommerville J D, King L B. An optical diagnostic for xenon Hall thrusters including metastable contributions. AIAA - 2006 - 4823.

[12]　Komurasaki K, Yasuyuki S, Daisuke K. Optical oscillations in a Hall thruster. AIAA - 1998 - 3638.

[13] Williams J G, Gallimore A D, Smith T B. Laser induced fluorescence measurement of ion velocities in the plume of a Hall effect thruste. AIAA − 1999 − 2424.

[14] Pawelec E, Mazouffre S, Sadeghi N. Hyperfine structure of some near-infrared Xe Ⅰ and Xe Ⅱ lines. Spectrochimica Acta Part B: Atomic Spectroscopy, 2011, 66: 470 − 475.

[15] Lejeune A, Bourgeois G, Mazouffre S. Kr Ⅱ and Xe Ⅱ axial velocity distribution functions in a cross-field ion source. Physics of Plasmas, 2012, 19: 073501.

[16] Beiting E J, Pollard J E. Measurements of xenon ion velocities of the SPT − 140 using laser induced fluorescence. Proceedings of the 3rd International Conference on Spacecraft Propulsion, Cannes, 2000: 897 − 900.

[17] Williams Jr G, Gallimore A, Smith T, et al. Laser induced fluorescence measurement of ion velocities in the plume of a Hall effect thruste. AIAA − 99 − 2424.

[18] Hargus W A, Cappelli M A. Interior and exterior laser − induced fluorescence and plasma measurements within a Hall thruster. Journal of Propulsion and Power, 2002, 18: 159 − 168.

[19] Hargus W A. Laser-induced fluorescence-derived Hall effect thruster ion velocity distribution visualization. IEEE Transactions on Plasma Science, 2011, 39: 2918 − 2919.

[20] Huang W, Gallimore A D, Smith T B. Two-axis laser-induced fluorescence of singly-charged xenon inside a 6-kW Hall thruster. AIAA − 2011 − 1015.

[21] Cedolin R J, Hargus Jr W A, Storm P V, et al. Laser-induced fluorescence study of a xenon Hall thruster. Applied Physics B, 1997, 65: 459 − 469.

[22] Hargus W A, Cappelli M A. Laser-induced fluorescence measurements of velocity within a Hall discharge. Applied Physics B, 2001, 72: 961 − 969.

[23] Huang W, Gallinore A D. Laser-induced fluorescence study of neutral xenon flow evolution inside a 6 kW Hall thruster. IEPC − 2009 − 87.

[24] Mazouffre S. Laser-induced fluorescence diagnostics of the cross-field discharge of Hall thrusters. Plasma Sources Science and Technology, 2013, 22: 013001.

[25] Mazouffre S, Tsikata S, Vaudolon J. Development and experimental characterization of a wall-less Hall thruster. Journal of Applied Physics, 2014, 116: 243302.

[26] Vaudolon J, Khiar B, Mazouffre S. Time evolution of the electric field in a Hall thruster. Plasma Sources Science and Technology, 2014, 23: 022002.

[27] Paduch K, Bieron J. Hyperfine-structure calculations in Xe Ⅱ. Journal of Physics B: Atomic, Molecular and Optical Physics, 2000, 33: 303 − 301.

[28] Yang X, Hang G R, Cheng M S, et al. Performance evaluation of a 40-mN Hall thruster using laserinduced flourescence with comprchensire error analysis. IEEE Transactions on plasmascience, 2019, 47(10): 4691 − 4699.